论非线性代数方程组的消去法

朱望规 著

学苑出版社

图书在版编目(CIP)数据

论非线性代数方程组的消去法/朱望规著. —北京:学苑出版社,2018.8
ISBN 978-7-5077-5496-4

Ⅰ. ①论… Ⅱ. ①朱… Ⅲ. ①非线性方程-方程组-消去法 Ⅳ. ①O175

中国版本图书馆 CIP 数据核字(2018)第 140900 号

出 版 人：孟　白
责任编辑：李　耕　徐志琴
出版发行：学苑出版社
社　　址：北京市丰台区南方庄 2 号院 1 号楼
邮政编码：100079
网　　址：www.book001.com
电子邮箱：xueyuanpress@163.com
销售电话：010-67601101（营销部）、010-67603091（总编室）
印　刷　厂：北京建宏印刷有限公司
开本尺寸：787×1092　1/16
印　　张：11.875
字　　数：252 千字
版　　次：2018 年 8 月第 1 版
印　　次：2018 年 8 月第 1 次印刷
定　　价：98.00 元

目　录

绪论 ··· 1

第一篇　用经典方法证明初等几何定理

第一章　Morley 定理与三角、解析几何证明 ·· 7

1.1　Morley 定理概述 ··· 7

　1.1.1　$t_i, s_i, t'_i, s'_i, t''_i, s''_i$ 的直线方程 ·· 8

　1.1.2　27 个点 ·· 9

　1.1.3　Morley 定理百年前的证明与结论 ··· 17

1.2　（用三角与解析几何）证明 Morley 定理 ··· 20

　1.2.1　证明 △DEF 为正三角形 ·· 20

　1.2.2　证明 △$D_{11}E_{11}F_{11}$ 为正三角形 ··· 22

　1.2.3　证明 △$D_{22}E_{22}F_{22}$ 为正三角形 ··· 23

　1.2.4　证明一组平行线之一与另一组平行线之一夹角为 60° ························· 25

　1.2.5　证明 Morley 定理有 27 个正三角形 ·· 26

1.3　Morley 定理有多少三角形？ ··· 43

　1.3.1　形如 △$D_{qy}E_{\gamma p}F_{pq}$（简化为 △$[p, q, \gamma]$）的三角形（见图 1-8） ············· 43

　1.3.2　形如 △$L_{qy}M_{\gamma p}N_{pq}$（简化为 △$[\bar{p}, \bar{q}, \bar{\gamma}]$）的三角形 ························ 43

　1.3.3　另有 6 个非正三角形 ·· 44

　1.3.4　相应对 1.3.3 的共轭三角形 ·· 45

　1.3.5　另有 18 个有一个角为 60° 的非正三角形 ·· 45

第二章　Morley 定理的 Gauss 消去法证明 ·· 46

2.1　坐标的数字化 ··· 46

2.2　27 个正三角形的证明 ·· 54

第三章　实例 ··· 87

第二篇　初等几何定理的机器证明

第四章　初等几何定理的坐标化 ··· 101

4.1 范例 1 的坐标化	101
4.2 范例 2 的坐标化	106
4.2.1 h_i 公式组的推导	106
4.2.2 27 个三角形的验证	109
4.2.3 由 h_i 公式组反解出 27 个三角形	111
4.3 其他定解条件	118
4.3.1 另一种定解条件	118
4.3.2 再一种定解条件	119

第五章 $h_i=0$ 公式组或 $F_i=0$ 公式组的经典代数解法 122

5.1 范例 1 的代数解法	122
5.1.1 范例 1 的 $F_i=0$ 公式组的第一种解法	123
5.1.2 范例 1 的 $F_i=0$ 公式组的第二种解法	128
5.2 范例 2 的 $h_i=0$ 公式组的解法	130

第六章 Gröbner 基算法 147

6.1 范例 1 的 Gröbner 基算法	147
6.2 范例 2 的 Gröbner 基算法	150

第七章 国内引入的非线性消去法(推演范例 1) 155

7.1 对 g_1(从 F_i 解出 $x_i=\cdots$ 时,改为 f_i)	155
7.2 对 g_2	159
7.3 对 g_3	163
7.4 用实例简化	168

第八章 引入 $g_j=0$ 公式组所产生的问题 170

第九章 △ABC 外接圆的同心圆上一点到 △ABC 三边垂足形成的三角形面积问题 177

9.1 关于 Simson 线	177
9.2 面积问题	180

参考文献 183

后记 184

绪 论

初等几何定理的机器证明过程大致经过以下几个步骤:
(1) 定理定解条件数字化,生成多项式表示的 $h_i = 0$ 公式组;
(2) 把问题结论变成 $g_j = 0$ 公式组;
(3) 利用代数方法把 $h_i = 0$ 公式组等价变换生成三角阵列的 $F_i = 0$ 公式组;
(4) 用 $F_i = 0$ 公式组的逐个 $x_i(x_n, x_{n-1}, \cdots, x_2, x_1)$,消去 g_j 中的 x_i,得最终的余式 $g_j^{(n)}$。当 $g_j^{(n)} = 0$ 时,问题结论成立;当 $g_j^{(n)} \neq 0$ 时,问题结论不成立。

1965 年 B. Buchberger 提出了名叫 Gröbner 基的算法,把一个一元多项式(实际上是其中一个元作主元的多元多项式)除另一个选与前面相同的元作主元的多元多项式,看作是相同变量的多项式除法,其余式等于余式定理的余式。Gröbner 基算法可以看成一个非线性消去法。Gröbner 基算法用来做上述的(3),从 $h_i = 0$ 公式组来获得 $F_i = 0$ 公式组。

在 20 世纪 80 年代国内引入非线性消去法,想把"线性空间的任一向量表示为线性空间基向量的线性组合",将此用到非线性代数方程组,从而增加了 $g_j = 0$ 公式组,并用来做上述的(4)。但对非线性的 g_j 而言,并不能表示为 Gröbner 基向量的线性或非线性组合。对 n 个变量的 n 个非线性代数方程组而言,可以使 $F_i = 0$ 公式组的每个 F_i 就是 Gröbner 基向量。换句话说:非线性的 g_j 并不能表示为 $F_i = 0$ 的线性或非线性组合。当 $F_i = 0$ 公式组是三角阵列且每个 $F_i = 0$ 都是不超过 4 次代数方程时,用 Gröbner 基算法才可以解出变量 x_i 的代数表达式。但该算法没有提供新东西、新结果,没有 Gröbner 基算法,我们用纯代数方法一样能得到完全相同的 x_i 的代数表达式。就国内的非线性消去法所引入的 $g_j = 0$ 来说,由二所解出的 x_i 表达式的不一致性,又难以判定 $g_j = 0$ 或 $g_j \neq 0$,从而非线性消去法失效。在第八章指出了 $g_j = 0$ 引入所产生的问题。还要指出,用 Gröbner 基算法所得到的 $F_i = 0$ 公式组未必是三角阵列,也不能保证每个 $F_i = 0$ 方程次数不超过 4 次(超过 4 次代数方程没有代数表达式的解)。Gröbner 基算法常常是无效的。Gröbner 基算法和多项式代数的研究弥补不了非线性消去法的致命之处。

下面以范例 1 为例(参见本书 4.1 及第七章),简介非线性消去法全过程。先得到 $F_i = 0$ 公式组如下:

$$\begin{cases} F_1 = (3(u_1-u_2)^2 u_2^2 - (u_1^2+6u_1u_2-6u_2^2)u_3^2+3u_3^4)x_1 - (3(u_1-u_2)^2-u_3^2)(3u_2^2-u_3^2)u_3 = 0 \\ F_2 = (3u_2^2-u_3^2)u_3x_2 - (u_2^2-3u_3^2)u_2x_1 = 0 \\ F_3 = ((3u_2^2-u_3^2)u_3(x_1^2+x_2^2))x_3^3 + 3(-2u_2u_3(x_1^2+x_2^2)-u_1(u_2^2-u_3^2)x_1+2u_1u_2u_3x_2) \\ \quad \times (u_2x_1-u_3x_2)x_3^2 + 3(u_3(x_1^2+x_2^2)+u_1u_2x_1-u_1u_3x_2)(u_2x_1-u_3x_2)^2 x_3 \\ \quad -u_1x_1(u_2x_1-u_3x_2)^3 = 0 \\ F_4 = -(u_2x_1-u_3x_2)x_4 + (u_3x_1+u_2x_2)x_3 = 0 \\ F_5 = (((u_1-u_2)x_1-u_3x_2)x_4 - (u_3x_1+(u_1-u_2)x_2)x_3+u_3(x_1^2+x_2^2))x_5 \\ \quad + ((u_1-u_2)x_1+u_3x_2-u_1u_3)(-x_1x_4+x_2x_3) = 0 \\ F_6 = ((u_1-u_2)x_1+u_3x_2-u_1u_3)x_6 + (u_3x_1-(u_1-u_2)x_2+(u_1-u_2)u_1)x_5 \\ \quad - ((u_1-u_2)x_1+u_3x_2-u_1u_3)u_1 = 0 \end{cases}$$

这是最简单的非线性代数方程组,五个线性方程及一个三次方程。

同时有要证明的目标,第三组 $g_j = 0$ 公式组:

$$(\Delta)\begin{cases} g_1 = 2(x_4-u_2)x_6+2(x_3-u_3)x_5-(x_4^2+x_3^2)+(u_2^2+u_3^2)=0 \\ g_2 = x_6^2-2x_4x_6+x_5^2-2x_3x_5+2(u_2x_4+u_3x_3)-(u_2^2+u_3^2)=0 \\ g_3 = x_6^2-2u_2x_6+x_5^2-2u_3x_5-(x_4^2+x_3^2)+2(u_2x_4+u_3x_3)=0 \end{cases}$$

对消去法而言,$F_i = 0 (i = \overline{1,6})$ 公式组是已知的,$g_j = 0 (j = \overline{1,3})$ 是欲证明的。

非线性消去法用 $F_i = 0$ 逐个消去 $g_j = 0$ 中的变量 x_6、x_5、x_4、x_3、x_2、x_1:

(1) 用 f_6:$[(x_2-u_1)u_3+(u_1-u_2)x_1]x_6 = ((u_1-u_2)(x_2-u_1)-u_3x_1)x_5+(u_3(x_2-u_1)+(u_1-u_2)x_1)u_1$ 消去 x_6。

(2) 用 f_5:$[(u_3x_2-(u_1-u_2)x_1)x_4+((u_1-u_2)x_2+u_3x_1)x_3-u_3(x_1^2+x_2^2)]x_5 = (u_3(x_2-u_1)+(u_1-u_2)x_1)(-x_1x_4+x_2x_3)$ 消去 x_5。

(3) 用 f_4:$(u_2x_1-u_3x_2)x_4 = (u_3x_1+u_2x_2)x_3$ 消去 x_4。

(4) 用 f_3:$(3u_2^2-u_3^2)u_3(x_1^2+x_2^2)x_3^3 = 3(2u_2u_3(x_1^2+x_2^2)+u_1(u_2^2-u_3^2)x_1-2u_1u_2u_3x_2)(u_2x_1-u_3x_2)x_3^2 - 3(u_3(x_1^2+x_2^2)+u_1u_2x_1-u_1u_3x_2)(u_2x_1-u_3x_2)^2 x_3 + u_1x_1(u_2x_1-u_3x_2)^3$ 消去 x_3^3。(如有 x_3^4,先对 f_3 两边乘 x_3,消去 x_3^4,再一次消去 x_3^3)。

(5) 用 f_2:$u_3(3u_2^2-u_3^2)x_2 = u_2(u_2^2-3u_3^2)x_1$ 消去 x_2。

(6) 用 f_1:$[3(u_1-u_2)^2 u_2^2 - (u_1^2+6u_1u_2-6u_2^2)u_3^2+3u_3^4]x_1 = (3(u_1-u_2)^2-u_3^2)\times(3u_2^2-u_3^2)u_3$ 消去 x_1。

消去过程结束,得到 g_j 对 g_1 是 $g_1^{(6)}$、对 g_2 是 $g_2^{(5)}$、对 g_3 是 $g_3^{(7)}$。形如:

$$(\cdots)\times\left(\frac{x_3}{u_2x_1-u_3x_2}\right)^2 + (\cdots)\times\left(\frac{x_3}{u_2x_1-u_3x_2}\right) + (\cdots)$$

此时不能做 $g_j = 0$ 或 $g_j \neq 0$ 的判定。(见第七章)

因为对范例 1 的 $F_i = 0$ 公式组来讲,仅适用于 $\Delta D_{00}E_{00}F_{00}$、$\Delta D_{01}E_{10}F_{00}$ 与 $\Delta D_{02}E_{20}F_{00}$。

也就是说,只有这三个三角形的坐标 (x_2, x_1)、(x_4, x_3)、(x_6, x_5) 代入 $F_i = 0 (i = \overline{1,6})$ 才全部成立 $F_i = 0$。这三个三角形中 $\Delta D_{00}E_{00}F_{00}$ 与 $\Delta D_{02}E_{20}F_{00}$ 是正三角形,$\Delta D_{01}E_{10}F_{00}$ 不是正三角形。这个时候如果能判定 $g_j = 0$ 或 $g_j \neq 0$,就会引起思维逻辑的混乱。因为这时的判定,

若 $g_j=0$，则三个三角形都是正三角形；若 $g_j\neq 0$，则三个三角形都是非正三角形。与实际上有两个正三角形一个非正三角形不一致。

这里的关键是 x_3 在起作用，由于 x_3 的取值不一样，有的成了正三角形，有的则不是正三角形。

在第七章中用特例指证法证明此时不能判定 $g_j=0$ 或 $g_j\neq 0$。对 $u_1=1, u_2=0.4, u_3=0.2$，此时 $x_1=1.144, x_2=0.208, x_1^2+x_2^2=1.352$（一个实例），代入 g_j，出现了与上述一致的结果：$\Delta D_{00}E_{00}F_{00}$ 与 $\Delta D_{02}E_{20}F_{00}$ 是正三角形，而 $\Delta D_{01}E_{10}F_{00}$ 不是正三角形。确实不能做出统一的 $g_j=0$ 还是 $g_j\neq 0$ 的判定，其实这已经足够了。

在5.1节用纯代数的方法解出了范例1的 x_i 的形式表达式（用 Gröbner 基算法得与5.1.2相同结果），但是代入 $g_j=0$ 公式组时，由于表达式的不一致性，我们无法判定 $g_j=0$ 或 $g_j\neq 0$，无法得到所期望的结果。在5.2节用纯代数方法解出了范例2的 $h_i=0$ 公式组的 x_i 的形式解，但用 Gröbner 基算法是无论如何解不出来的。在6.2节指出 Gröbner 基算法所得到的结果不是三角阵列形式，如果硬性解出，由于最后的 x_i 的多项式方程高达12次，无法得到 x_i 的解。

从而得出结论：非线性消去法不能形成真正的算法，是失败的。不能模仿 Gauss 消去法形成非线性消去法。Gröbner 基算法与多项式代数不能挽救非线性消去法的致命之处。

另外，范例2（见本书4.2节）得出的 $h_i=0$ 公式组是：

$$(*)\begin{cases} h_1 = u_2 x_1^3 - 3 u_3 x_1^2 x_2 - 3 u_2 x_1 x_2^2 + u_3 x_2^3 = 0 \\ h_2 = (u_1-u_2) x_1^3 - 3 u_3 x_1^2(u_1-x_2) - 3(u_1-u_2) x_1 (u_1-x_2)^2 + u_3 (u_1-x_2)^3 = 0 \\ h_3 = (u_3 x_1 + u_2 x_2) x_3 + (u_2 x_1 - u_3 x_2) x_4 = 0 \\ h_4 = u_1 u_3 (u_2^2+u_3^2-u_3 x_3-u_2 x_4)^3 - 3(u_3^2-(u_1-u_2)u_2)(-u_2 x_3+u_3 x_4)(u_2^2+u_3^2-u_3 x_3-u_2 x_4)^2 \\ \qquad - 3 u_1 u_3 (-u_2 x_3+u_3 x_4)^2 (u_2^2+u_3^2-u_3 x_3-u_2 x_4) + (u_3^2-(u_1-u_2)u_2)(-u_2 x_3+u_3 x_4)^3 = 0 \\ h_5 = (-(u_1-u_2) x_1 + u_3 (u_1-x_2))(u_1-x_6) - (u_3 x_1-(u_1-u_2)(u_1-x_2)) x_5 = 0 \\ h_6 = (-u_2 x_3 + u_3 x_4)(-u_3 x_5+(u_1-u_2)x_6+u_3^2-(u_1-u_2)u_2) \\ \qquad + (u_2^2+u_3^2-u_3 x_3-u_2 x_4)((u_1-u_2)x_5+u_3 x_6-u_1 u_3) = 0 \end{cases}$$

这样的 $h_i=0$ 公式组用 Gröbner 基算法或其他代数方法得不到三角阵列的 $F_i=0$ 公式组，无法去做消去法。

本书对特例 $u_1=1, u_2=0.4, u_3=0.2$ 用直接代入法与反解法说明，这个（*）$h_i=0$ 公式组的适用对象正是 Morley 定理的27个三角形。这里用上了第三章实例给出的27个三角形顶点坐标。

这里产生与范例1同样的思维逻辑的混乱。设想一下，不管什么消去法，一步一步下来，逐个消去各个变量，得到最终的残量，对27个三角形统一判定 $g_j=0$ 或 $g_j\neq 0$，只可能得出它们全都是正三角形，或者全都不是正三角形。注意，这里是18个正三角形与9个非正三角形。统一处理是绝无可能的，而且也没有办法利用（*）$h_i=0$ 公式组来做一个个三角形的检验。

本书在5.2节利用类比三角学中的三倍角公式，用卡丹公式解出了（*）$h_i=0$ 公式组的精确解。指出多项式代数中把非线性代数方程组归化为多个线性代数方程组时，由于此时线性代数方程组的系数不再是多项式或有理分式,从而线性代数方程组的精确解不具有代数形式,代入 g_j 后同样不能判定 $g_j=0$ 或 $g_j\neq 0$。多项式代数并不能克服或弥补非线性消去法的致命伤。

有的时候,一个几何定理的结论无法用 $g_j=0$ 来表示,如面积为常数时,就不能写成 $g_j=0$。也就无法去做消去法了。

因此,不能模仿线性代数方程组的 Gauss 消去法去形成非线性消去法。

初等几何定理的机器证明一般都可以用 Gauss 消去法来实现,如果没有实现,说明没有找对路子。而非线性消去法是不可能成功的。

Morley 定理涉及 △ABC 三个角所有的三等分线方程及 27 个点的坐标公式。本书用坐标化 $A(0,0)$、$B(u_1,0)$、$C(u_2,u_3)$ 得出了:①用 u_1、u_2、u_3 及角 α、β 表示的角三等分线方程及 27 个点坐标公式;②用 u_1 及角 α、β 表示的角三等分线方程及 27 个点坐标公式。从而用三角及解析几何证明了 Morley 定理。

设定 $A(0,0)$、$B(u_1,0)$、$F(u_2,u_3)$,解出了用 u_1、u_2、u_3 表示的 x_1、x_2、x_3、x_4、x_5、x_6 的线性的三角阵列的 $F_i=0$ 公式组。随后用 Gauss 消去法证明了 Morley 定理。

本书重新诠释了 Morley 定理,使对三等分线的正、逆时针转向及 27 个点的来历得到理解。

第 一 篇

用经典方法证明初等几何定理[①]

[①] 经典方法主要指初等几何、三角、代数、解析几何等方法。鉴于 Morley 定理用初等几何证明已有很多,本书不再使用,而使用三角、代数及解析几何方法。

本篇分三章阐述。

第一章首先用解析几何方法给出 Morley 定理有关的 18 条直线的点斜式方程,得出 27 个点关于参数 u_1、α、β 的坐标表达式。进一步利用三角与解析几何证明了 Morley 定理。

第二章给出了 Morley 定理有关的 18 条直线(角的三等分线)的关于参数 u_1、u_2、u_3 的直线方程,利用这些直线方程,使用 Gauss 消去法与直接代入有关三角形边长公式证明了 Morley 定理。

第三章通过实例,给出了为验证本书数学推导准确的数据依据。

第一章 Morley 定理与三角、解析几何证明

1.1 Morley 定理概述

1899 年 Johns Hopkins 大学的 prof. Morley 发现了 Morley 定理,1913 年 11 月 14 日 F. Glanville Taylor 和 W. L. Marr 证明了我们所知的 27 个点的分布,它们都在由内 Morley 正三角形与两个外 Morley 正三角形的 9 条边所形成的三组平行线上,其中任意两组平行线夹角为 60°,即 $\pi/3$,且 27 个点的每个点都是两组平行线之一的交点($27\times 2=54$),恰恰是在上述 3 个 Morley 正三角形的每条边形成的平行线上有其中的 6 个点($9\times 6=54$),于是形成了 27 个正三角形。他们的结果刊登在 *Proceedings of Edinburgh Math Society* (XXXII),1914 年,p119—p150。这篇论文虽然发表于百年前,但很好找,剑桥大学有电子版,爱丁堡大学有杂志原版。美国 R.A.约翰逊著、单壿译,由上海教育出版社出版的《近代欧氏几何学》p222—p224 上有介绍。

首先介绍一下与 Morley 定理有关的基本概念:

有一个任意 $\triangle ABC$,可以用 $A(0,0)$、$B(u_1,0)$、$\angle A=3\alpha$、$\angle B=3\beta$ 来确定。此时有 $\angle C=\pi-3\alpha-3\beta=3\gamma$,且有 $\alpha+\beta+\gamma=\dfrac{\pi}{3}$。也可以用 $A(0,0)$、$B(u_1,0)$、$C(u_2,u_3)$ 来确定。这里有:$u_2=\dfrac{u_1\tan3\beta}{\tan3\alpha+\tan3\beta}=\dfrac{u_1\sin3\beta\cos3\alpha}{\sin3(\alpha+\beta)}$,$u_3=\dfrac{u_1\tan3\alpha\tan3\beta}{\tan3\alpha+\tan3\beta}=\dfrac{u_1\sin3\beta\sin3\alpha}{\sin3(\alpha+\beta)}$,或 $\tan3\alpha=\dfrac{u_3}{u_2}$,$\tan3\beta=\dfrac{u_3}{u_1-u_2}$。

我们还会用到 $\triangle ABC$ 的外接圆半径 R,有 $u_1=2R\sin3\gamma$,$\sqrt{(u_1-u_2)^2+u_3^2}=2R\sin3\alpha$,$\sqrt{u_2^2+u_3^2}=2R\sin3\beta$。

$\triangle ABC$ 的内角与外角有三等分线,$\triangle CAB$ 有内角三等分线 t_1、s_1,外角三等分线 t'_1、t''_1、s'_1、s''_1,t_1 顺时针方向旋转 120° 得 t'_1,旋转 240° 得 t''_1,s_1 逆时针方向旋转 120° 得 s'_1,旋转 240° 得 s''_1。其他二角 $\angle ABC$、$\angle ACB$ 也有内角三等分线 t_2、s_2、t_3、s_3。同样对 t_2、t_3 顺时针方向旋转 120° 得 t'_2、t'_3,旋转 240° 得 t''_2、t''_3;s_2、s_3 逆时针方向旋转 120° 得 s'_2、s'_3,旋转 240° 得 s''_2、s''_3。如图 1-1 所示。

图中 D_{qr} 用记号 $(1,\gamma_r,\beta_q)$,$r=0$ 指 t_3,$r=1$ 指 t'_3,$r=2$ 指 t''_3,$q=0$ 指 s_2,$q=1$ 指 s'_2,$q=2$ 指 s''_2。D_{qr} 是相应 t_3 或 t'_3 或 t''_3 与 s_2 或 s'_2 或 s''_2 的交点。E_{rp} 用记号 $(\gamma_r,1,\alpha_p)$,$p=0$ 指 t_1,$p=1$ 指 t'_1,$p=2$ 指 t''_1,$r=0$ 指 s_3,$r=1$ 指 s'_3,$r=2$ 指 s''_3,E_{rp} 是相应 t_1 或 t'_1 或 t''_1 与 s_3 或 s'_3 或 s''_3 的交点。F_{pq} 用记号 $(\beta_q,\alpha_p,1)$,$q=0$ 指 t_2,$q=1$ 指 t'_2,$q=2$ 指 t''_2,$p=0$ 指 s_1,$p=1$ 指 s'_1,$p=2$ 指 s''_1,F_{pq} 是相应 t_2 或 t'_2 或 t''_2 与 s_1 或 s'_1 或 s''_1 的交点。如图 1-1 所示。记号

$(1,\gamma_r,\beta_q)$、$(\gamma_r,1,\alpha_p)$、$(\beta_q,\alpha_p,1)$ 第 1 个指 A 顶点，第 2 个指 B 顶点，第 3 个指 C 顶点，1 表示与相应顶点无关。

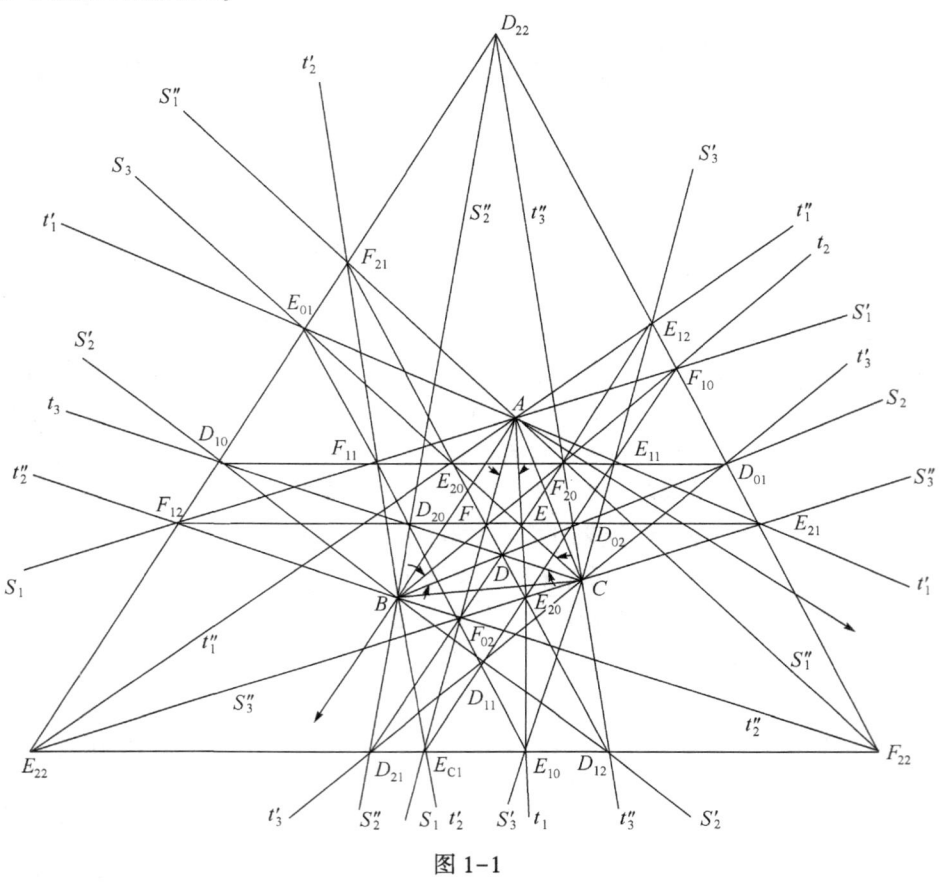

图 1-1

我们先以 $A(0,0)$、$B(u_1,0)$、$C(u_2,u_3)$ 来推导每条 t、s 的点斜式方程（即给出点及直线与 x 轴夹角），求出 27 个点关于 u_1、α、β、u_2、u_3 的坐标表达式，再用 $u_2=\dfrac{u_1\cos3\alpha\sin3\beta}{\sin3(\alpha+\beta)}$，$u_3=\dfrac{u_1\sin3\alpha\sin3\beta}{\sin3(\alpha+\beta)}$ 代入，得出以 u_1、α、β 为参数的 27 个点坐标表达式。

1.1.1 $t_i, s_i, t'_i, s'_i, t''_i, s''_i$ 的直线方程

$t_1:y=x\tan2\alpha$, $\qquad t'_1:y=x\tan\left(\dfrac{\pi}{3}+2\alpha\right)$, $\qquad t''_1:y=x\tan\left(\dfrac{2\pi}{3}+2\alpha\right)$,

$s_1:y=x\tan\alpha$, $\qquad s'_1:y=x\tan\left(\alpha-\dfrac{\pi}{3}\right)$, $\qquad s''_1:y=x\tan\left(\alpha-\dfrac{2\pi}{3}\right)$,

$t_2:y=(x-u_1)\tan(-\beta)$, $\qquad t'_2:y=(x-u_1)\tan\left(\dfrac{\pi}{3}-\beta\right)$, $\qquad t''_2:y=(x-u_1)\tan\left(\dfrac{2\pi}{3}-\beta\right)$,

$s_2:y=-(x-u_1)\tan2\beta$, $\qquad s'_2:y=-(x-u_1)\tan\left(\dfrac{\pi}{3}+2\beta\right)$, $\qquad s''_2:y=-(x-u_1)\tan\left(\dfrac{2\pi}{3}+2\beta\right)$,

$t_3: y-u_3=(x-u_2)\tan\left(\alpha-2\beta-\dfrac{\pi}{3}\right)$, $t'_3: y-u_3=(x-u_2)\tan(\alpha-2\beta)$,

$t''_3: y-u_3=(x-u_2)\tan\left(\dfrac{\pi}{3}+\alpha-2\beta\right)$,

$s_3: y-u_3=(x-u_2)\tan\left(\dfrac{\pi}{3}+2\alpha-\beta\right)$, $s'_3: y-u_3=(x-u_2)\tan(2\alpha-\beta)$,

$s''_3: y-u_3=(x-u_2)\tan\left(2\alpha-\beta-\dfrac{\pi}{3}\right)$。

1.1.2 27 个点

27 个点用 (t,s) 表示 t 与 s 的交点。其中 E_{00} 即 E,F_{00} 即 F,D_{00} 即 D(见表 1-1)。

表 1-1 27 个点

$E_{00}(t_1,s_3)$	$E_{10}(t_1,s'_3)$	$E_{20}(t_1,s''_3)$
$F_{00}(t_2,s_1)$	$F_{10}(t_2,s'_1)$	$F_{20}(t_2,s''_1)$
$D_{00}(t_3,s_2)$	$D_{10}(t_3,s'_2)$	$D_{20}(t_3,s''_2)$
$E_{01}(t'_1,s_3)$	$E_{11}(t'_1,s'_3)$	$E_{21}(t'_1,s''_3)$
$F_{01}(t'_2,s_1)$	$F_{11}(t'_2,s'_1)$	$F_{21}(t'_2,s''_1)$
$D_{01}(t'_3,s_2)$	$D_{11}(t'_3,s'_2)$	$D_{21}(t'_3,s''_2)$
$E_{02}(t''_1,s_3)$	$E_{12}(t''_1,s'_3)$	$E_{22}(t''_1,s''_3)$
$F_{02}(t''_2,s_1)$	$F_{12}(t''_2,s'_1)$	$F_{22}(t''_2,s''_1)$
$D_{02}(t''_3,s_2)$	$D_{12}(t''_3,s'_2)$	$D_{22}(t''_3,s''_2)$

由 t、s 的直线表达式可解出 27 个点的坐标表达式:

$$E_{00}: \begin{cases} x=\dfrac{\cos 2\alpha}{\sin(\overline{\pi/3}^{①}-\beta)}\left(u_2\sin\left(\dfrac{\pi}{3}+2\alpha-\beta\right)-u_3\cos\left(\dfrac{\pi}{3}+2\alpha-\beta\right)\right) \\ y=\dfrac{\sin 2\alpha}{\sin(\overline{\pi/3}-\beta)}\left(u_2\sin\left(\dfrac{\pi}{3}+2\alpha-\beta\right)-u_3\cos\left(\dfrac{\pi}{3}+2\alpha-\beta\right)\right) \end{cases}$$

$$F_{00}: \begin{cases} x=\dfrac{u_1\cos\alpha\sin\beta}{\sin(\alpha+\beta)} \\ y=\dfrac{u_1\sin\alpha\sin\beta}{\sin(\alpha+\beta)} \end{cases}$$

$$D_{00}: \begin{cases} x=\dfrac{-u_1\sin 2\beta\cos(\overline{\pi/3}-\alpha+2\beta)+u_2\sin(\overline{\pi/3}-\alpha+2\beta)\cos 2\beta+u_3\cos(\overline{\pi/3}-\alpha+2\beta)\cos 2\beta}{\sin(\overline{\pi/3}-\alpha)} \\ y=\dfrac{(u_1-u_2)\sin(\overline{\pi/3}-\alpha+2\beta)\sin 2\beta-u_3\cos(\overline{\pi/3}-\alpha+2\beta)\sin 2\beta}{\sin(\overline{\pi/3}-\alpha)} \end{cases}$$

---

① $\overline{\pi/3}$ 表示 $\left(\dfrac{\pi}{3}\right)$,$\overline{2\pi/3}$ 表示 $\left(\dfrac{2\pi}{3}\right)$,以下同。

$$E_{10}:\begin{cases} x=\dfrac{\cos 2\alpha}{\sin\beta}(u_3\cos(2\alpha-\beta)-u_2\sin(2\alpha-\beta)) \\ y=\dfrac{\sin 2\alpha}{\sin\beta}(u_3\cos(2\alpha-\beta)-u_2\sin(2\alpha-\beta)) \end{cases}$$

$$F_{10}:\begin{cases} x=\dfrac{-u_1\sin\beta\cos(\overline{\pi/3}-\alpha)}{\sin(\overline{\pi/3}-\alpha-\beta)} \\ y=\dfrac{u_1\sin\beta\sin(\overline{\pi/3}-\alpha)}{\sin(\overline{\pi/3}-\alpha-\beta)} \end{cases}$$

$$D_{10}:\begin{cases} x=\dfrac{u_1\sin(\overline{\pi/3}+2\beta)\cos(\overline{\pi/3}-\alpha+2\beta)-u_2\sin(\overline{\pi/3}-\alpha+2\beta)\cos(\overline{\pi/3}+2\beta)-u_3\cos(\overline{\pi/3}-\alpha+2\beta)\cos(\overline{\pi/3}+2\beta)}{\sin\alpha} \\ y=\dfrac{-(u_1-u_2)\sin(\overline{\pi/3}+2\beta)\sin(\overline{\pi/3}-\alpha+2\beta)+u_3\cos(\overline{\pi/3}-\alpha+2\beta)\sin(\overline{\pi/3}+2\beta)}{\sin\alpha} \end{cases}$$

$$E_{20}:\begin{cases} x=\dfrac{\cos 2\alpha\times(u_2\sin(\overline{\pi/3}-2\alpha+\beta)+u_3\cos(\overline{\pi/3}-2\alpha+\beta))}{\sin(\overline{\pi/3}+\beta)} \\ y=\dfrac{\sin 2\alpha\times(u_2\sin(\overline{\pi/3}-2\alpha+\beta)+u_3\cos(\overline{\pi/3}-2\alpha+\beta))}{\sin(\overline{\pi/3}+\beta)} \end{cases}$$

$$F_{20}:\begin{cases} x=\dfrac{u_1\sin\beta\cos(\overline{\pi/3}+\alpha)}{\sin(\overline{\pi/3}+\alpha+\beta)} \\ y=\dfrac{u_1\sin\beta\sin(\overline{\pi/3}+\alpha)}{\sin(\overline{\pi/3}+\alpha+\beta)} \end{cases}$$

$$D_{20}:\begin{cases} x=\dfrac{u_1\sin(\overline{\pi/3}-2\beta)\cos(\overline{\pi/3}-\alpha+2\beta)+u_2\cos(\overline{\pi/3}-2\beta)\sin(\overline{\pi/3}-\alpha+2\beta)+u_3\cos(\overline{\pi/3}-\alpha+2\beta)\cos(\overline{\pi/3}-2\beta)}{\sin(\overline{\pi/3}+\alpha)} \\ y=\dfrac{-(u_1-u_2)\sin(\overline{\pi/3}-\alpha+2\beta)\sin(\overline{\pi/3}-2\beta)+u_3\sin(\overline{\pi/3}-2\beta)\cos(\overline{\pi/3}-\alpha+2\beta)}{\sin(\overline{\pi/3}+\alpha)} \end{cases}$$

$$E_{01}:\begin{cases} x=\dfrac{\cos(\overline{\pi/3}+2\alpha)}{\sin\beta}\left(-u_2\sin\left(\dfrac{\pi}{3}+2\alpha-\beta\right)+u_3\cos\left(\dfrac{\pi}{3}+2\alpha-\beta\right)\right) \\ y=\dfrac{\sin(\overline{\pi/3}+2\alpha)}{\sin\beta}\left(-u_2\sin\left(\dfrac{\pi}{3}+2\alpha-\beta\right)+u_3\cos\left(\dfrac{\pi}{3}+2\alpha-\beta\right)\right) \end{cases}$$

$$F_{01}:\begin{cases} x=\dfrac{u_1\sin(\overline{\pi/3}-\beta)\cos\alpha}{\sin(\overline{\pi/3}-\alpha-\beta)} \\ y=\dfrac{u_1\sin(\overline{\pi/3}-\beta)\sin\alpha}{\sin(\overline{\pi/3}-\alpha-\beta)} \end{cases}$$

第一章 Morley 定理与三焦、解析几何证明

$$D_{01}:\begin{cases}x=\dfrac{u_1\sin2\beta\cos(\alpha-2\beta)+u_2\sin(\alpha-2\beta)\cos2\beta-u_3\cos(\alpha-2\beta)\cos2\beta}{\sin\alpha}\\y=\dfrac{(u_1-u_2)\sin(\alpha-2\beta)\sin2\beta+u_3\cos(\alpha-2\beta)\sin2\beta}{\sin\alpha}\end{cases}$$

$$E_{11}:\begin{cases}x=\dfrac{\cos(\overline{\pi/3}+2\alpha)}{\sin(\overline{\pi/3}+\beta)}(u_3\cos(2\alpha-\beta)-u_2\sin(2\alpha-\beta))\\y=\dfrac{\sin(\overline{\pi/3}+2\alpha)}{\sin(\overline{\pi/3}+\beta)}(u_3\cos(2\alpha-\beta)-u_2\sin(2\alpha-\beta))\end{cases}$$

$$F_{11}:\begin{cases}x=\dfrac{u_1\sin(\overline{\pi/3}-\beta)\cos(\overline{\pi/3}-\alpha)}{\sin(\overline{\pi/3}+\alpha+\beta)}\\y=\dfrac{-u_1\sin(\overline{\pi/3}-\beta)\sin(\overline{\pi/3}-\alpha)}{\sin(\overline{\pi/3}+\alpha+\beta)}\end{cases}$$

$$D_{11}:\begin{cases}x=\dfrac{u_1\sin(\overline{\pi/3}+2\beta)\cos(\alpha-2\beta)+u_2\cos(\overline{\pi/3}+2\beta)\sin(\alpha-2\beta)-u_3\cos(\overline{\pi/3}+2\beta)\cos(\alpha-2\beta)}{\sin(\overline{\pi/3}+\alpha)}\\y=\dfrac{(u_1-u_2)\sin(\alpha-2\beta)\sin(\overline{\pi/3}+2\beta)+u_3\cos(\alpha-2\beta)\sin(\overline{\pi/3}+2\beta)}{\sin(\overline{\pi/3}+\alpha)}\end{cases}$$

$$E_{21}:\begin{cases}x=\dfrac{\cos(\overline{\pi/3}+2\alpha)}{\sin(\overline{\pi/3}-\beta)}\left(u_2\sin\left(\dfrac{\pi}{3}-2\alpha+\beta\right)+u_3\cos\left(\dfrac{\pi}{3}-2\alpha+\beta\right)\right)\\y=\dfrac{\sin(\overline{\pi/3}+2\alpha)}{\sin(\overline{\pi/3}-\beta)}\left(u_2\sin\left(\dfrac{\pi}{3}-2\alpha+\beta\right)+u_3\cos\left(\dfrac{\pi}{3}-2\alpha+\beta\right)\right)\end{cases}$$

$$F_{21}:\begin{cases}x=\dfrac{-u_1\sin(\overline{\pi/3}-\beta)\cos(\overline{\pi/3}+\alpha)}{\sin(\alpha+\beta)}\\y=\dfrac{-u_1\sin(\overline{\pi/3}-\beta)\sin(\overline{\pi/3}+\alpha)}{\sin(\alpha+\beta)}\end{cases}$$

$$D_{21}:\begin{cases}x=\dfrac{u_1\sin(\overline{2\pi/3}+2\beta)\cos(\alpha-2\beta)+u_2\cos(\overline{2\pi/3}+2\beta)\sin(\alpha-2\beta)-u_3\cos(\overline{2\pi/3}+2\beta)\cos(\alpha-2\beta)}{\sin(\overline{\pi/3}-\alpha)}\\y=\dfrac{(u_1-u_2)\sin(\overline{2\pi/3}+2\beta)\sin(\alpha-2\beta)+u_3\sin(\overline{2\pi/3}+2\beta)\cos(\alpha-2\beta)}{\sin(\overline{\pi/3}-\alpha)}\end{cases}$$

$$E_{02}:\begin{cases}x=\dfrac{\cos(\overline{2\pi/3}+2\alpha)}{\sin(\overline{\pi/3}+\beta)}\left(u_3\cos\left(\dfrac{\pi}{3}+2\alpha-\beta\right)-u_2\sin\left(\dfrac{\pi}{3}+2\alpha-\beta\right)\right)\\y=\dfrac{\sin(\overline{2\pi/3}+2\alpha)}{\sin(\overline{\pi/3}+\beta)}\left(u_3\cos\left(\dfrac{\pi}{3}+2\alpha-\beta\right)-u_2\sin\left(\dfrac{\pi}{3}+2\alpha-\beta\right)\right)\end{cases}$$

$$F_{02}:\begin{cases} x=\dfrac{u_1\sin(\overline{\pi/3}+\beta)\cos\alpha}{\sin(\overline{\pi/3}+\alpha+\beta)} \\ y=\dfrac{u_1\sin(\overline{\pi/3}+\beta)\sin\alpha}{\sin(\overline{\pi/3}+\alpha+\beta)} \end{cases}$$

$$D_{02}:\begin{cases} x=\dfrac{u_1\sin2\beta\cos(\overline{\pi/3}+\alpha-2\beta)+u_2\cos2\beta\sin(\overline{\pi/3}+\alpha-2\beta)-u_3\cos2\beta\cos(\overline{\pi/3}+\alpha-2\beta)}{\sin(\overline{\pi/3}+\alpha)} \\ y=\dfrac{\sin2\beta}{\sin(\overline{\pi/3}+\alpha)}\left[(u_1-u_2)\sin\left(\dfrac{\pi}{3}+\alpha-2\beta\right)+u_3\cos\left(\dfrac{\pi}{3}+\alpha-2\beta\right)\right] \end{cases}$$

$$E_{12}:\begin{cases} x=\dfrac{\cos(\overline{2\pi/3}+2\alpha)}{\sin(\overline{\pi/3}-\beta)}[-u_2\sin(2\alpha-\beta)+u_3\cos(2\alpha-\beta)] \\ y=\dfrac{\sin(\overline{2\pi/3}+2\alpha)}{\sin(\overline{\pi/3}-\beta)}[-u_2\sin(2\alpha-\beta)+u_3\cos(2\alpha-\beta)] \end{cases}$$

$$F_{12}:\begin{cases} x=\dfrac{u_1\sin(\overline{\pi/3}+\beta)\cos(\overline{\pi/3}-\alpha)}{\sin(\alpha+\beta)} \\ y=\dfrac{-u_1\sin(\overline{\pi/3}+\beta)\sin(\overline{\pi/3}-\alpha)}{\sin(\alpha+\beta)} \end{cases}$$

$$D_{12}:\begin{cases} x=\dfrac{u_1\sin(\overline{2\pi/3}-2\beta)\cos(\overline{\pi/3}+\alpha-2\beta)-u_2\cos(\overline{2\pi/3}-2\beta)\sin(\overline{\pi/3}+\alpha-2\beta)+u_3\cos(\overline{2\pi/3}-2\beta)\cos(\overline{\pi/3}+\alpha-2\beta)}{\sin(\overline{\pi/3}-\alpha)} \\ y=\dfrac{(u_1-u_2)\sin(\overline{\pi/3}+\alpha-2\beta)\sin(\overline{2\pi/3}-2\beta)+u_3\cos(\overline{\pi/3}+\alpha-2\beta)\sin(\overline{2\pi/3}-2\beta)}{\sin(\overline{\pi/3}-\alpha)} \end{cases}$$

$$E_{22}:\begin{cases} x=\dfrac{\cos(\overline{2\pi/3}+2\alpha)}{\sin\beta}\left[-u_2\sin\left(\dfrac{2\pi}{3}+2\alpha-\beta\right)+u_3\cos\left(\dfrac{2\pi}{3}+2\alpha-\beta\right)\right] \\ y=\dfrac{\sin(\overline{2\pi/3}+2\alpha)}{\sin\beta}\left[-u_2\sin\left(\dfrac{2\pi}{3}+2\alpha-\beta\right)+u_3\cos\left(\dfrac{2\pi}{3}+2\alpha-\beta\right)\right] \end{cases}$$

$$F_{22}:\begin{cases} x=u_1\sin\left(\dfrac{\pi}{3}+\beta\right)\times\dfrac{\cos(\overline{\pi/3}+\alpha)}{\sin(\overline{\pi/3}-\alpha-\beta)} \\ y=u_1\sin\left(\dfrac{\pi}{3}+\beta\right)\times\dfrac{\sin(\overline{\pi/3}+\alpha)}{\sin(\overline{\pi/3}-\alpha-\beta)} \end{cases}$$

$$D_{22}:\begin{cases} x=\dfrac{-u_1\sin(\overline{\pi/3}-2\beta)\cos(\overline{\pi/3}+\alpha-2\beta)+u_2\sin(\overline{\pi/3}+\alpha-2\beta)\cos(\overline{\pi/3}-2\beta)-u_3\cos(\overline{\pi/3}+\alpha-2\beta)\cos(\overline{\pi/3}-2\beta)}{\sin\alpha} \\ y=\dfrac{-(u_1-u_2)\sin(\overline{\pi/3}+\alpha-2\beta)-u_3\cos(\overline{\pi/3}+\alpha-2\beta)}{\sin\alpha}\sin\left(\dfrac{\pi}{3}-2\beta\right) \end{cases}$$

将上述 27 个点的坐标表达式代入 $u_2 = \dfrac{u_1\cos3\alpha\sin3\beta}{\sin3(\alpha+\beta)}$，$u_3 = \dfrac{u_1\sin3\alpha\sin3\beta}{\sin3(\alpha+\beta)}$，得出以 u_1、α、β 为参数的坐标表达式。

请注意，此时给出 $A(0,0)$、$B(u_1,0)$、$F(u_2,u_3)$ 与给出 $A(0,0)$、$B(u_1,0)$、$C(u_2,u_3)$ 就统一成一种坐标式。只是给出 $F(u_2,u_3)$，直接得 α、β；给出 $C(u_2,u_3)$ 则先得出 3α、3β，除 3 才得出 α、β。见图 1-2 与图 1-3。

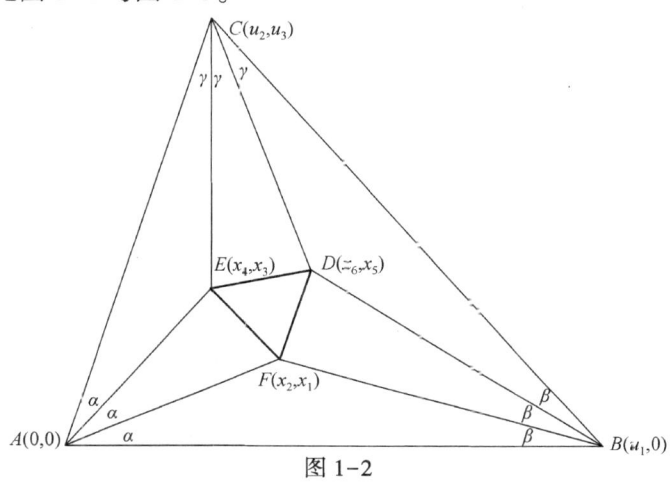

图 1-2

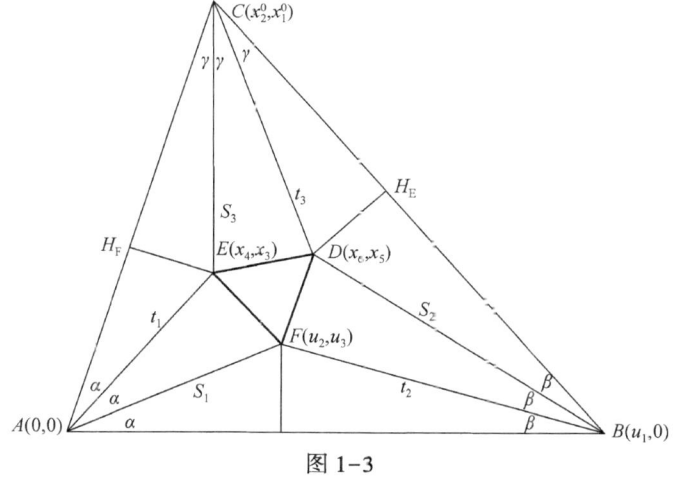

图 1-3

$$E_{00}:\begin{cases}x=\dfrac{u_1\cos2\alpha\sin\beta\sin(\overline{\pi/3}+\beta)}{\sin(\alpha+\beta)\sin(\overline{\pi/3}+\alpha+\beta)}\\[2mm] y=\dfrac{u_1\sin2\alpha\sin\beta\sin(\overline{\pi/3}+\beta)}{\sin(\alpha+\beta)\sin(\overline{\pi/3}+\alpha+\beta)}\end{cases}$$

$$F_{00}:\begin{cases}x=\dfrac{u_1\cos\alpha\sin\beta}{\sin(\alpha+\beta)}\\[2mm] y=\dfrac{u_1\sin\alpha\sin\beta}{\sin(\alpha+\beta)}\end{cases}$$

$$D_{00}: \begin{cases} x = \dfrac{-u_1\sin 2\beta\cos(\overline{\pi/3-\alpha+2\beta})}{\sin(\overline{\pi/3-\alpha})} + \dfrac{u_1\sin 3\beta\cos 2\beta\cos(\overline{\pi/3-\alpha+\beta})}{2\sin(\overline{\pi/3-\alpha})\sin(\alpha+\beta)\sin(\overline{\pi/3+\alpha+\beta})} \\ y = \dfrac{u_1\sin 2\beta\sin(\overline{\pi/3-\alpha+2\beta})}{\sin(\overline{\pi/3-\alpha})} - \dfrac{u_1\sin 3\beta\sin 2\beta\cos(\overline{\pi/3-\alpha+\beta})}{2\sin(\overline{\pi/3-\alpha})\sin(\alpha+\beta)\sin(\overline{\pi/3+\alpha+\beta})} \end{cases}$$

$$E_{10}: \begin{cases} x = \dfrac{u_1\cos 2\alpha\sin(\overline{\pi/3-\beta})\sin(\overline{\pi/3+\beta})}{\sin(\overline{\pi/3-\alpha+\beta})\sin(\overline{\pi/3+\alpha+\beta})} \\ y = \dfrac{u_1\sin 2\alpha\sin(\overline{\pi/3-\beta})\sin(\overline{\pi/3+\beta})}{\sin(\overline{\pi/3-\alpha+\beta})\sin(\overline{\pi/3+\alpha+\beta})} \end{cases}$$

$$F_{10}: \begin{cases} x = \dfrac{-u_1\sin\beta\cos(\overline{\pi/3-\alpha})}{\sin(\overline{\pi/3-\alpha+\beta})} \\ y = \dfrac{u_1\sin\beta\sin(\overline{\pi/3-\alpha})}{\sin(\overline{\pi/3-\alpha+\beta})} \end{cases}$$

$$D_{10}: \begin{cases} x = \dfrac{u_1\sin(\overline{\pi/3+2\beta})\cos(\overline{\pi/3-\alpha+2\beta})}{\sin\alpha} - \dfrac{u_1\sin 3\beta\cos(\overline{\pi/3+2\beta})\cos(\overline{\pi/3-\alpha+\beta})}{2\sin\alpha\sin(\alpha+\beta)\sin(\overline{\pi/3+\alpha+\beta})} \\ y = \dfrac{-u_1\sin(\overline{\pi/3+2\beta})\sin(\overline{\pi/3-\alpha+2\beta})}{\sin\alpha} + \dfrac{u_1\sin 3\beta\sin(\overline{\pi/3+2\beta})\cos(\overline{\pi/3-\alpha+\beta})}{2\sin\alpha\sin(\alpha+\beta)\sin(\overline{\pi/3+\alpha+\beta})} \end{cases}$$

$$E_{20}: \begin{cases} x = \dfrac{u_1\sin\beta\sin(\overline{\pi/3-\beta})\cos 2\alpha}{\sin(\alpha+\beta)\sin(\overline{\pi/3-\alpha+\beta})} \\ y = \dfrac{u_1\sin\beta\sin(\overline{\pi/3-\beta})\sin 2\alpha}{\sin(\alpha+\beta)\sin(\overline{\pi/3-\alpha+\beta})} \end{cases}$$

$$F_{20}: \begin{cases} x = \dfrac{u_1\sin\beta\cos(\overline{\pi/3+\alpha})}{\sin(\overline{\pi/3+\alpha+\beta})} \\ y = \dfrac{u_1\sin\beta\sin(\overline{\pi/3+\alpha})}{\sin(\overline{\pi/3+\alpha+\beta})} \end{cases}$$

$$D_{20}: \begin{cases} x = \dfrac{u_1\sin(\overline{2\pi/3+2\beta})\cos(\overline{\pi/3-\alpha+2\beta})}{\sin(\overline{\pi/3+\alpha})} + \dfrac{u_1\sin 3\beta\cos(\overline{\pi/3-2\beta})\cos(\overline{\pi/3-\alpha+\beta})}{2\sin(\overline{\pi/3+\alpha})\sin(\alpha+\beta)\sin(\overline{\pi/3+\alpha+\beta})} \\ y = \dfrac{-u_1\sin(\overline{2\pi/3+2\beta})\sin(\overline{\pi/3-\alpha+2\beta})}{\sin(\overline{\pi/3+\alpha})} + \dfrac{u_1\sin 3\beta\sin(\overline{\pi/3-2\beta})\cos(\overline{\pi/3-\alpha+\beta})}{2\sin(\overline{\pi/3+\alpha})\sin(\alpha+\beta)\sin(\overline{\pi/3+\alpha+\beta})} \end{cases}$$

$$E_{01}: \begin{cases} x = -\dfrac{u_1\sin(\overline{\pi/3-\beta})\sin(\overline{\pi/3+\beta})\cos(\overline{\pi/3+2\alpha})}{\sin(\alpha+\beta)\sin(\overline{\pi/3+\alpha+\beta})} \\ y = \dfrac{-u_1\sin(\overline{\pi/3-\beta})\sin(\overline{\pi/3+\beta})\sin(\overline{\pi/3+2\alpha})}{\sin(\alpha+\beta)\sin(\overline{\pi/3+\alpha+\beta})} \end{cases}$$

$$F_{01}:\begin{cases} x=\dfrac{u_1\sin(\pi/3-\beta)\cos\alpha}{\sin(\pi/3-\alpha+\beta)} \\ y=\dfrac{u_1\sin(\pi/3-\beta)\sin\alpha}{\sin(\pi/3-\alpha+\beta)} \end{cases}$$

$$D_{01}:\begin{cases} x=\dfrac{u_1\sin2\beta\cos(\alpha-2\beta)}{\sin\alpha}-\dfrac{u_1\sin3\beta\cos2\beta\cos(\alpha+\beta)}{2\sin\alpha\sin(\pi/3+\alpha+\beta)\sin(\pi/3-\alpha+\beta)} \\ y=\dfrac{u_1\sin2\beta\sin(\alpha-2\beta)}{\sin\alpha}+\dfrac{u_1\sin3\beta\sin2\beta\cos(\alpha+\beta)}{2\sin\alpha\sin(\pi/3+\alpha+\beta)\sin(\pi/3-\alpha+\beta)} \end{cases}$$

$$E_{11}:\begin{cases} x=\dfrac{u_1\cos(\pi/3+2\alpha)\sin\beta\sin(\pi/3-\beta)}{\sin(\pi/3-\alpha+\beta)\sin(\pi/3+\alpha+\beta)} \\ y=\dfrac{u_1\sin(\pi/3+2\alpha)\sin\beta\sin(\pi/3-\beta)}{\sin(\pi/3-\alpha+\beta)\sin(\pi/3+\alpha+\beta)} \end{cases}$$

$$F_{11}:\begin{cases} x=\dfrac{u_1\sin(\pi/3-\beta)\cos(\pi/3-\alpha)}{\sin(\pi/3+\alpha+\beta)} \\ y=\dfrac{-u_1\sin(\pi/3-\beta)\sin(\pi/3-\alpha)}{\sin(\pi/3+\alpha+\beta)} \end{cases}$$

$$D_{11}:\begin{cases} x=\dfrac{u_1\sin(\pi/3+2\beta)\cos(\alpha-2\beta)}{\sin(\pi/3+\alpha)}-\dfrac{u_1\sin3\beta\cos(\pi/3+2\beta)\cos(\alpha+\beta)}{2\sin(\pi/3+\alpha)\sin(\pi/3+\alpha+\beta)\sin(\pi/3-\alpha+\beta)} \\ y=\dfrac{u_1\sin(\pi/3+2\beta)\sin(\alpha-2\beta)}{\sin(\pi/3+\alpha)}+\dfrac{u_1\sin3\beta\sin(\pi/3+2\beta)\cos(\alpha+\beta)}{2\sin(\pi/3+\alpha)\sin(\pi/3+\alpha+\beta)\sin(\pi/3-\alpha+\beta)} \end{cases}$$

$$E_{21}:\begin{cases} x=\dfrac{u_1\cos(\pi/3+2\alpha)\sin\beta\sin(\pi/3+\beta)}{\sin(\alpha+\beta)\sin(\pi/3-\alpha+\beta)} \\ y=\dfrac{u_1\sin(\pi/3+2\alpha)\sin\beta\sin(\pi/3+\beta)}{\sin(\alpha+\beta)\sin(\pi/3-\alpha+\beta)} \end{cases}$$

$$F_{21}:\begin{cases} x=\dfrac{-u_1\sin(\pi/3-\beta)\cos(\pi/3+\alpha)}{\sin(\alpha+\beta)} \\ y=\dfrac{-u_1\sin(\pi/3-\beta)\sin(\pi/3+\alpha)}{\sin(\alpha+\beta)} \end{cases}$$

$$D_{21}:\begin{cases} x=\dfrac{u_1\cos(\alpha-2\beta)\sin(2\pi/3+2\beta)}{\sin(\pi/3-\alpha)}-\dfrac{u_1\cos(2\pi/3+2\beta)\sin3\beta\cos(\alpha+\beta)}{2\sin(\pi/3-\alpha)\sin(\pi/3+\alpha+\beta)\sin(\pi/3-\alpha+\beta)} \\ y=\dfrac{u_1\sin(\alpha-2\beta)\sin(2\pi/3+2\beta)}{\sin(\pi/3-\alpha)}+\dfrac{u_1\sin(2\pi/3+2\beta)\sin3\beta\cos(\alpha+\beta)}{2\sin(\pi/3-\alpha)\sin(\pi/3+\alpha+\beta)\sin(\pi/3-\alpha+\beta)} \end{cases}$$

$$E_{02}:\begin{cases}x=\dfrac{u_1\cos(\overline{\pi/3-2\alpha})\sin\beta\sin(\overline{\pi/3-\beta})}{\sin(\alpha+\beta)\sin(\overline{\pi/3+\alpha+\beta})}\\ y=\dfrac{-u_1\sin(\overline{\pi/3-2\alpha})\sin\beta\sin(\overline{\pi/3-\beta})}{\sin(\alpha+\beta)\sin(\overline{\pi/3+\alpha+\beta})}\end{cases}$$

$$F_{02}:\begin{cases}x=\dfrac{u_1\sin(\overline{\pi/3+\beta})\cos\alpha}{\sin(\overline{\pi/3+\alpha+\beta})}\\ y=\dfrac{u_1\sin(\overline{\pi/3+\beta})\sin\alpha}{\sin(\overline{\pi/3+\alpha+\beta})}\end{cases}$$

$$D_{02}:\begin{cases}x=\dfrac{u_1\sin2\beta\cos(\overline{\pi/3+\alpha-2\beta})}{\sin(\overline{\pi/3+\alpha})}+\dfrac{u_1\sin3\beta\cos2\beta\cos(\overline{\pi/3+\alpha+\beta})}{2\sin(\overline{\pi/3+\alpha})\sin(\alpha+\beta)\sin(\overline{\pi/3-\alpha+\beta})}\\ y=\dfrac{u_1\sin2\beta\sin(\overline{\pi/3+\alpha-2\beta})}{\sin(\overline{\pi/3+\alpha})}-\dfrac{u_1\sin3\beta\sin2\beta\cos(\overline{\pi/3+\alpha+\beta})}{2\sin(\overline{\pi/3+\alpha})\sin(\alpha+\beta)\sin(\overline{\pi/3-\alpha+\beta})}\end{cases}$$

$$E_{12}:\begin{cases}x=\dfrac{-u_1\cos(\overline{\pi/3-2\alpha})\sin\beta\sin(\overline{\pi/3+\beta})}{\sin(\overline{\pi/3-\alpha+\beta})\sin(\overline{\pi/3+\alpha+\beta})}\\ y=\dfrac{u_1\sin(\overline{\pi/3-2\alpha})\sin\beta\sin(\overline{\pi/3+\beta})}{\sin(\overline{\pi/3-\alpha+\beta})\sin(\overline{\pi/3+\alpha+\beta})}\end{cases}$$

$$F_{12}:\begin{cases}x=\dfrac{u_1\sin(\overline{\pi/3+\beta})\cos(\overline{\pi/3-\alpha})}{\sin(\alpha+\beta)}\\ y=\dfrac{-u_1\sin(\overline{\pi/3+\beta})\sin(\overline{\pi/3-\alpha})}{\sin(\alpha+\beta)}\end{cases}$$

$$D_{12}:\begin{cases}x=\dfrac{u_1\sin(\overline{\pi/3+2\beta})\cos(\overline{\pi/3+\alpha-2\beta})}{\sin(\overline{\pi/3-\alpha})}+\dfrac{u_1\sin3\beta\cos(\overline{\pi/3+2\beta})\cos(\overline{\pi/3+\alpha+\beta})}{2\sin(\overline{\pi/3-\alpha})\sin(\alpha+\beta)\sin(\overline{\pi/3-\alpha+\beta})}\\ y=\dfrac{u_1\sin(\overline{\pi/3+2\beta})\sin(\overline{\pi/3+\alpha-2\beta})}{\sin(\overline{\pi/3-\alpha})}-\dfrac{u_1\sin3\beta\sin(\overline{\pi/3+2\beta})\cos(\overline{\pi/3+\alpha+\beta})}{2\sin(\overline{\pi/3-\alpha})\sin(\alpha+\beta)\sin(\overline{\pi/3-\alpha+\beta})}\end{cases}$$

$$E_{22}:\begin{cases}x=\dfrac{u_1\cos(\overline{\pi/3-2\alpha})\sin(\overline{\pi/3-\beta})\sin(\overline{\pi/3+\beta})}{\sin(\alpha+\beta)\sin(\overline{\pi/3-\alpha+\beta})}\\ y=\dfrac{-u_1\sin(\overline{\pi/3-2\alpha})\sin(\overline{\pi/3-\beta})\sin(\overline{\pi/3+\beta})}{\sin(\alpha+\beta)\sin(\overline{\pi/3-\alpha+\beta})}\end{cases}$$

$$F_{22}:\begin{cases}x=\dfrac{u_1\sin(\overline{\pi/3+\beta})\cos(\overline{\pi/3+\alpha})}{\sin(\overline{\pi/3-\alpha+\beta})}\\ y=\dfrac{u_1\sin(\overline{\pi/3+\beta})\sin(\overline{\pi/3+\alpha})}{\sin(\overline{\pi/3-\alpha+\beta})}\end{cases}$$

$$D_{22}: \begin{cases} x = \dfrac{-u_1\sin(\pi/3-2\beta)\cos(\pi/3+\alpha-2\beta)}{\sin\alpha} + \dfrac{u_1\sin3\beta\cos(\pi/3-2\beta)\cos(\pi/3+\alpha+\beta)}{2\sin\alpha\sin(\alpha+\beta)\sin(\pi/3-\alpha+\beta)} \\ y = \dfrac{-u_1\sin(\pi/3-2\beta)\sin(\pi/3+\alpha-2\beta)}{\sin\alpha} + \dfrac{u_1\sin3\beta\sin(\pi/3-2\beta)\cos(\pi/3+\alpha+\beta)}{2\sin\alpha\sin(\alpha+\beta)\sin(\pi/3-\alpha+\beta)} \end{cases}$$

1.1.3 Morley 定理百年前的证明与结论

Morley 定理百年前的证明与结论见图 1-4。

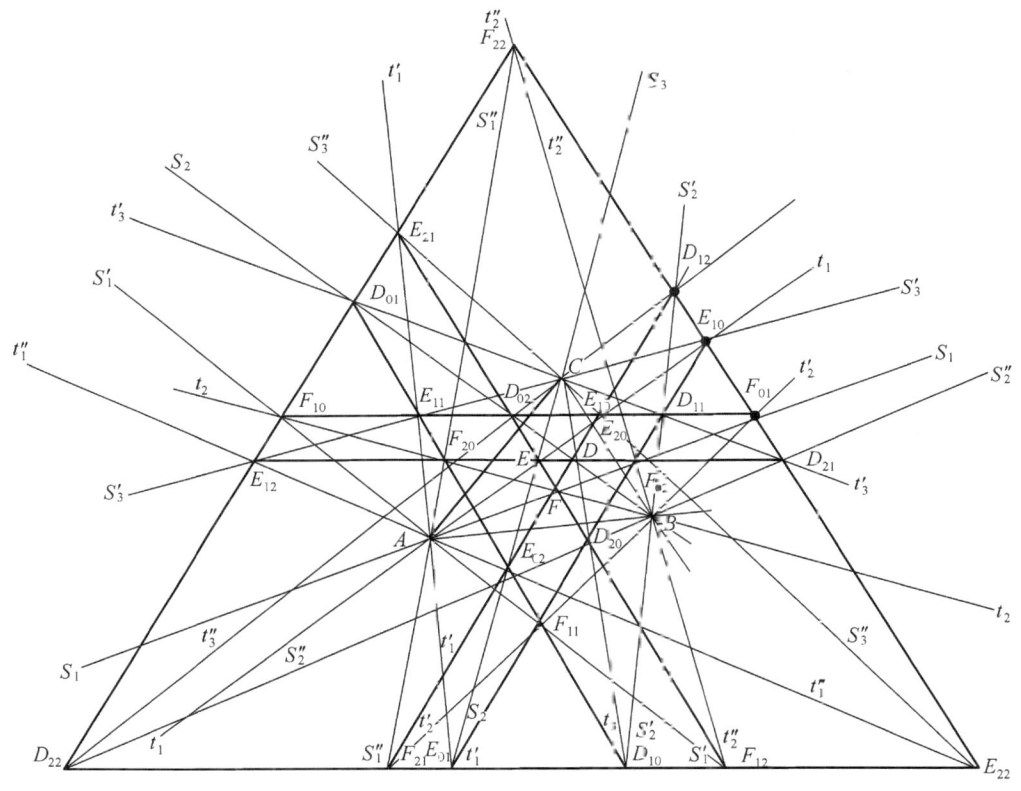

图 1-4

对任意 $\triangle ABC$，Morley 判定（D_{00} 与 D，E_{00} 与 E，F_{00} 与 F 为同一个点）：

① $\triangle DEF$ 组成正三角形，称为内 Morley 三角形；$\triangle D_{11}E_{11}F_{11}$ 及 $\triangle D_{22}E_{22}F_{22}$ 组成正三角形，称为外 Morley 三角形。

② 这 3 个正三角形的 9 条边组成 3 组平行线（每组三条平行线），即 $EF/\!/E_{11}F_{11}/\!/E_{22}F_{22}$、$FD/\!/F_{11}D_{11}/\!/F_{22}D_{22}$、$DE/\!/D_{11}E_{11}/\!/D_{22}E_{22}$。

③ 这 27 个点分别在 3 组 9 条平行线上：

EF 上还有 $D_{02}D_{20}E_{21}F_{12}$　　　FD 上还有 $D_{12}E_{02}E_{20}F_{21}$　　　DE 上还有 $D_{21}E_{12}F_{02}F_{20}$；

$E_{11}F_{11}$ 上还有 $D_{01}D_{10}E_{02}F_{20}$　　$F_{11}D_{11}$ 上还有 $D_{20}E_{01}E_{10}F_{02}$　　$D_{11}E_{11}$ 上还有 $D_{02}E_{20}F_{01}F_{10}$；

$E_{22}F_{22}$ 上还有 $D_{12}D_{21}E_{10}F_{01}$　　$F_{22}D_{22}$ 上还有 $D_{01}E_{12}E_{21}F_{10}$　　$D_{22}E_{22}$ 上还有 $D_{10}E_{01}F_{12}F_{21}$。

④ $\triangle D_{q\gamma}E_{\gamma p}F_{pq}$ 简化为 $\triangle[p,q,\gamma]$，这里 p,q,γ 可以取 $0,1,2$。

这样表示的三角形有 27 个，其中 $p+q+\gamma\neq 1\pmod 3$ 为正三角形，$p+q+\gamma=1\pmod 3$ 为非正三角形。见表 1-2。

表 1-2

正三角形	非正三角形	正三角形	正三角形
$\triangle DEF$	$\triangle D E_{01}F_{10}$ $\triangle D_{10}E F_{01}$ $\triangle D_{01}E_{10}F$	$\triangle D E_{02}F_{20}$ $\triangle D_{20}E F_{02}$ $\triangle D_{02}E_{20}F$	$\triangle D_{01}E_{12}F_{20}$ $\triangle D_{20}E_{01}F_{12}$ $\triangle D_{12}E_{20}F_{01}$ $\triangle D_{10}E_{02}F_{21}$ $\triangle D_{21}E_{10}F_{02}$ $\triangle D_{02}E_{21}F_{10}$
$\triangle D_{11}E_{11}F_{11}$	$\triangle D_{11}E_{12}F_{21}$ $\triangle D_{21}E_{11}F_{12}$ $\triangle D_{12}E_{21}F_{11}$	$\triangle D_{11}E_{10}F_{01}$ $\triangle D_{01}E_{11}F_{10}$ $\triangle D_{10}E_{01}F_{11}$	
$\triangle D_{22}E_{22}F_{22}$	$\triangle D_{22}E_{20}F_{02}$ $\triangle D_{02}E_{22}F_{20}$ $\triangle D_{20}E_{02}F_{22}$	$\triangle D_{22}E_{21}F_{12}$ $\triangle D_{12}E_{22}F_{21}$ $\triangle D_{21}E_{12}F_{22}$	

⑤ 还有 15 个三角形不能表示为 $\triangle D_{q\gamma}E_{\gamma p}F_{pq}$，不能归入④，有 6 个非正三角形，9 个正三角形。见表 1-3。

表 1-3

非正三角形	$\triangle D_{01}E_{01}F_{01}$ $\triangle D_{12}E_{12}F_{12}$	$\triangle D_{02}E_{02}F_{02}$ $\triangle D_{20}E_{20}F_{20}$	$\triangle D_{10}E_{10}F_{10}$ $\triangle D_{21}E_{21}F_{21}$
正三角形	$\triangle D D_{21}D_{12}$ $\triangle E E_{21}E_{12}$ $\triangle F F_{21}F_{12}$	$\triangle D_{11}D_{02}D_{20}$ $\triangle E_{11}E_{02}E_{20}$ $\triangle F_{11}F_{02}F_{20}$	$\triangle D_{22}D_{01}D_{10}$ $\triangle E_{22}E_{01}E_{10}$ $\triangle F_{22}F_{01}F_{10}$

其中后 9 个正三角形顶点(即表 1-2 及表 1-3 中第 3 列的正三角形)都在这三组 9 条平行线上，④与⑤合起来有 27 个正三角形。

⑥ 以下可以进一步把④的判断改为：

对 $\triangle D_{q\gamma}E_{\gamma p}F_{pq}$，当 $p+q+\gamma\neq 1\pmod 3$ 为正三角形，$p+q+\gamma=1\pmod 3$ 为非正三角形或将此改为 t_1 或 t'_1 或 t''_1，与 AB 夹角 $+t_2$ 或 t'_2 或 t''_2，与 BC 夹角 $+t_3$ 或 t'_3 或 t''_3，与 CA 夹角

$$=\begin{cases}\pm\dfrac{\pi}{3}\pmod\pi\text{ 为正三角形}\\ 0\pmod\pi\text{ 为非正三角形}\end{cases}.$$

$D_{q\gamma}$ 指 t_3 与 CA 的夹角，$\gamma=0$ 是 2γ，$\gamma=1$ 是 $2\gamma+\dfrac{\pi}{3}$，$\gamma=2$ 是 $2\gamma+\dfrac{2\pi}{3}$；$E_{\gamma p}$ 指 t_1 与 AB 的夹角，$p=0$ 是 2α，$p=1$ 是 $2\alpha+\dfrac{\pi}{3}$，$p=2$ 是 $2\alpha+\dfrac{2\pi}{3}$；F_{pq} 指 t_2 与 BC 的夹角，$q=0$ 是 2β，$q=1$ 是 $2\beta+\dfrac{\pi}{3}$，$q=2$ 是 $2\beta+\dfrac{2\pi}{3}$。见表 1-4。

表 1-4

三角形	t_3 与 CA 夹角	t_1 与 AB 夹角	t_2 与 BC 夹角	三角和	类别
$\triangle D_{00}E_{00}F_{00}$	2γ	2α	2β	$\dfrac{2\pi}{3}$	正三角形
$\triangle D_{00}E_{02}F_{20}$	2γ	$2\alpha+\dfrac{2\pi}{3}$	2β	$\dfrac{4\pi}{3}$	正三角形
$\triangle D_{20}E_{00}F_{02}$	2γ	2α	$2\beta+\dfrac{2\pi}{3}$	$\dfrac{4\pi}{3}$	正三角形
$\triangle D_{02}E_{20}F_{00}$	$2\gamma+\dfrac{2\pi}{3}$	2α	2β	$\dfrac{4\pi}{3}$	正三角形
$\triangle D_{11}E_{11}F_{11}$	$2\gamma+\dfrac{\pi}{3}$	$2\alpha+\dfrac{\pi}{3}$	$2\beta+\dfrac{\pi}{3}$	$\dfrac{5\pi}{3}$	正三角形
$\triangle D_{11}E_{10}F_{01}$	$2\gamma+\dfrac{\pi}{3}$	2α	$2\beta+\dfrac{\pi}{3}$	$\dfrac{4\pi}{3}$	正三角形
$\triangle D_{01}E_{11}F_{10}$	$2\gamma+\dfrac{\pi}{3}$	$2\alpha+\dfrac{\pi}{3}$	2β	$\dfrac{4\pi}{3}$	正三角形
$\triangle D_{10}E_{01}F_{11}$	2γ	$2\alpha+\dfrac{\pi}{3}$	$2\beta+\dfrac{\pi}{3}$	$\dfrac{4\pi}{3}$	正三角形
$\triangle D_{22}E_{22}F_{22}$	$2\gamma+\dfrac{2\pi}{3}$	$2\alpha+\dfrac{2\pi}{3}$	$2\beta+\dfrac{2\pi}{3}$	$\dfrac{8\pi}{3}$	正三角形
$\triangle D_{22}E_{21}F_{12}$	$2\gamma+\dfrac{2\pi}{3}$	$2\alpha+\dfrac{\pi}{3}$	$2\beta+\dfrac{2\pi}{3}$	$\dfrac{7\pi}{3}$	正三角形
$\triangle D_{12}E_{22}F_{21}$	$2\gamma+\dfrac{2\pi}{3}$	$2\alpha+\dfrac{2\pi}{3}$	$2\beta+\dfrac{\pi}{3}$	$\dfrac{7\pi}{3}$	正三角形
$\triangle D_{21}E_{12}F_{22}$	$2\gamma+\dfrac{\pi}{3}$	$2\alpha+\dfrac{2\pi}{3}$	$2\beta+\dfrac{2\pi}{3}$	$\dfrac{7\pi}{3}$	正三角形
$\triangle D_{01}E_{12}F_{20}$	$2\gamma+\dfrac{\pi}{3}$	$2\alpha+\dfrac{2\pi}{3}$	2β	$\dfrac{5\pi}{3}$	正三角形
$\triangle D_{20}E_{01}F_{12}$	2γ	$2\alpha+\dfrac{\pi}{3}$	$2\beta+\dfrac{2\pi}{3}$	$\dfrac{5\pi}{3}$	正三角形
$\triangle D_{12}E_{20}F_{01}$	$2\gamma+\dfrac{2\pi}{3}$	2α	$2\beta+\dfrac{\pi}{3}$	$\dfrac{5\pi}{3}$	正三角形
$\triangle D_{10}E_{02}F_{21}$	2γ	$2\alpha+\dfrac{2\pi}{3}$	$2\beta-\dfrac{\pi}{3}$	$\dfrac{5\pi}{3}$	正三角形
$\triangle D_{21}E_{10}F_{02}$	$2\gamma+\dfrac{\pi}{3}$	2α	$2\beta-\dfrac{2\pi}{3}$	$\dfrac{5\pi}{3}$	正三角形
$\triangle D_{02}E_{21}F_{10}$	$2\gamma+\dfrac{2\pi}{3}$	$2\alpha+\dfrac{\pi}{3}$	2β	$\dfrac{5\pi}{3}$	正三角形
$\triangle D_{00}E_{01}F_{10}$	2γ	$2\alpha+\dfrac{\pi}{3}$	2β	$\dfrac{3\pi}{3}$	非正三角形
$\triangle D_{10}E_{00}F_{01}$	2γ	2α	$2\beta+\dfrac{\pi}{3}$	$\dfrac{3\pi}{3}$	非正三角形
$\triangle D_{01}E_{10}F_{00}$	$2\gamma+\dfrac{\pi}{3}$	2α	2β	$\dfrac{3\pi}{3}$	非正三角形
$\triangle D_{11}E_{12}F_{21}$	$2\gamma+\dfrac{\pi}{3}$	$2\alpha+\dfrac{2\pi}{3}$	$2\beta+\dfrac{\pi}{3}$	$\dfrac{6\pi}{3}$	非正三角形
$\triangle D_{21}E_{11}F_{12}$	$2\gamma+\dfrac{\pi}{3}$	$2\alpha+\dfrac{\pi}{3}$	$2\beta+\dfrac{2\pi}{3}$	$\dfrac{6\pi}{3}$	非正三角形

(续)

三角形	t_3 与 CA 夹角	t_1 与 AB 夹角	t_2 与 BC 夹角	三角和	类别
$\triangle D_{12}E_{21}F_{11}$	$2\gamma+\dfrac{2\pi}{3}$	$2\alpha+\dfrac{\pi}{3}$	$2\beta+\dfrac{\pi}{3}$	$\dfrac{6\pi}{3}$	非正三角形
$\triangle D_{22}E_{20}F_{02}$	$2\gamma+\dfrac{2\pi}{3}$	2α	$2\beta+\dfrac{2\pi}{3}$	$\dfrac{6\pi}{3}$	非正三角形
$\triangle D_{02}E_{22}F_{20}$	$2\gamma+\dfrac{2\pi}{3}$	$2\alpha+\dfrac{2\pi}{3}$	2β	$\dfrac{6\pi}{3}$	非正三角形
$\triangle D_{20}E_{02}F_{22}$	2γ	$2\alpha+\dfrac{2\pi}{3}$	$2\beta+\dfrac{2\pi}{3}$	$\dfrac{6\pi}{3}$	非正三角形

对形如 $\triangle D_{q\gamma}E_{\gamma p}F_{pq}$ 的三角形,用⑥可得上述结论。

对非形如 $\triangle D_{q\gamma}E_{\gamma p}F_{pq}$ 的三角形,此判断则不能成立。见表 1-5。

表 1-5

三角形	t_3 与 CA 夹角	t_1 与 AB 夹角	t_2 与 BC 夹角	三角和
$\triangle D_{01}E_{01}F_{01}$	$2\gamma+\dfrac{\pi}{3}$	$2\alpha+\dfrac{\pi}{3}$	$2\beta+\dfrac{\pi}{3}$	$\dfrac{5\pi}{3}$
$\triangle D_{02}E_{02}F_{02}$	$2\gamma+\dfrac{2\pi}{3}$	$2\alpha+\dfrac{2\pi}{3}$	$2\beta+\dfrac{2\pi}{3}$	$\dfrac{8\pi}{3}$
$\triangle D_{10}E_{10}F_{10}$	2γ	2α	2β	$\dfrac{2\pi}{3}$
$\triangle D_{12}E_{12}F_{12}$	$2\gamma+\dfrac{2\pi}{3}$	$2\alpha+\dfrac{2\pi}{3}$	$2\beta+\dfrac{2\pi}{3}$	$\dfrac{8\pi}{3}$
$\triangle D_{20}E_{20}F_{20}$	2γ	2α	2β	$\dfrac{2\pi}{3}$
$\triangle D_{21}E_{21}F_{21}$	$2\gamma+\dfrac{\pi}{3}$	$2\alpha+\dfrac{\pi}{3}$	$2\beta+\dfrac{\pi}{3}$	$\dfrac{5\pi}{3}$

以上均非正三角形,用⑥判断为正三角形。其他则不一一列举了。

Taylor 与 Marr 证明的记号与叙述手法可能大家不太熟悉。为直观易懂,下面改用三角证明上述结论。

1.2 (用三角与解析几何)证明 Morley 定理

1.2.1 证明 $\triangle DEF$ 为正三角形

设 $\triangle ABC$ 外接圆半径为 R,则有 $AB=2R\sin3\gamma$,$BC=2R\sin3\alpha$,$CA=2R\sin3\beta$。

对 $\triangle AEC$ 用正弦定理:$\dfrac{AE}{\sin\gamma}=\dfrac{CE}{\sin\alpha}=\dfrac{2R\sin3\beta}{\sin(\pi-\alpha-\gamma)}$,

$$AE=\dfrac{2R\sin3\beta\sin\gamma}{\sin(\pi/3-\beta)},\qquad CE=\dfrac{2R\sin3\beta\sin\alpha}{\sin(\pi/3-\beta)}。$$

注意:$\sin(\pi-\alpha-\gamma)=\sin(\alpha+\gamma)=\sin\left(\dfrac{\pi}{3}-\beta\right)$。

将三角形旋转一下,B 为顶点,对 $\triangle AFB$ 用正弦定理;再旋转一下,C 为顶点,对

△BDC 用正弦定理,同理有：$AF = \dfrac{2R\sin3\gamma\sin\beta}{\sin(\overline{\pi/3-\gamma})}$, $\qquad BF = \dfrac{2R\sin3\gamma\sin\alpha}{\sin(\overline{\pi/3-\gamma})}$,

$$CD = \dfrac{2R\sin3\alpha\sin\beta}{\sin(\overline{\pi/3-\alpha})}, \qquad BD = \dfrac{2R\sin3\alpha\sin\gamma}{\sin(\overline{\pi/3-\alpha})}.$$

利用公式：$\sin3x = 3\sin x - 4\sin^3 x = 4\sin x\left(\dfrac{\sqrt{3}}{2}-\sin x\right)\left(\dfrac{\sqrt{3}}{2}+\sin x\right)$

$= 4\sin x\left(\sin\dfrac{\pi}{3}-\sin x\right)\left(\sin\dfrac{\pi}{3}+\sin x\right)$

$= 4\sin x \times 2\sin\dfrac{1}{2}\left(\dfrac{\pi}{3}-x\right)\cos\dfrac{1}{2}\left(\dfrac{\pi}{3}+x\right) \times 2\sin\dfrac{1}{2}\left(\dfrac{\pi}{3}+x\right)\cos\dfrac{1}{2}\left(\dfrac{\pi}{3}-x\right)$

$= 4\sin\left(\dfrac{\pi}{3}-x\right)\sin\left(\dfrac{\pi}{3}+x\right)\sin x$

进一步有：

$AE = 8R\sin\beta\sin\gamma\sin\left(\dfrac{\pi}{3}+\beta\right)$, $\qquad CE = 8R\sin\beta\sin\alpha\sin\left(\dfrac{\pi}{3}+\beta\right)$,

$AF = 8R\sin\gamma\sin\beta\sin\left(\dfrac{\pi}{3}+\gamma\right)$, $\qquad BF = 8R\sin\gamma\sin\alpha\sin\left(\dfrac{\pi}{3}+\gamma\right)$,

$CD = 8R\sin\alpha\sin\beta\sin\left(\dfrac{\pi}{3}+\alpha\right)$, $\qquad BD = 8R\sin\alpha\sin\gamma\sin\left(\dfrac{\pi}{3}+\alpha\right)$.

对△AEF 用余弦定理：

$EF^2 = AE^2 + AF^2 - 2AE \times AF\cos\alpha$

$= (8R\sin\beta\sin\gamma)^2\left[\sin^2\left(\dfrac{\pi}{3}+\beta\right) + \sin^2\left(\dfrac{\pi}{3}+\gamma\right) - 2\sin\left(\dfrac{\pi}{3}+\beta\right)\sin\left(\dfrac{\pi}{3}+\gamma\right)\cos\alpha\right]$

有：$\cos\alpha = -\cos(\pi-\alpha) = -\cos\left(\dfrac{\pi}{3}+\beta+\dfrac{\pi}{3}+\gamma\right)$

$= -\cos\left(\dfrac{\pi}{3}+\beta\right)\cos\left(\dfrac{\pi}{3}+\gamma\right) + \sin\left(\dfrac{\pi}{3}+\beta\right)\sin\left(\dfrac{\pi}{3}+\gamma\right)$

$\overline{EF}^2 = (8R\sin\beta\sin\gamma)^2\left[\sin^2\left(\dfrac{\pi}{3}+\beta\right) + \sin^2\left(\dfrac{\pi}{3}+\gamma\right) + 2\sin\left(\dfrac{\pi}{3}+\beta\right)\sin\left(\dfrac{\pi}{3}+\gamma\right)\right.$

$\left.\times\left(\cos\left(\dfrac{\pi}{3}+\beta\right)\cos\left(\dfrac{\pi}{3}+\gamma\right) - \sin\left(\dfrac{\pi}{3}+\beta\right)\sin\left(\dfrac{\pi}{3}+\gamma\right)\right)\right]$

$= (8R\sin\beta\sin\gamma)^2\left[\sin^2\left(\dfrac{\pi}{3}+\beta\right)\left(1-\sin^2\left(\dfrac{\pi}{3}+\gamma\right)\right) + \sin^2\left(\dfrac{\pi}{3}+\gamma\right)\left(1-\sin^2\left(\dfrac{\pi}{3}+\beta\right)\right)\right.$

$\left. + 2\sin\left(\dfrac{\pi}{3}+\beta\right)\sin\left(\dfrac{\pi}{3}+\gamma\right)\cos\left(\dfrac{\pi}{3}+\beta\right)\cos\left(\dfrac{\pi}{3}+\gamma\right)\right]$

$= (8R\sin\beta\sin\gamma)^2\left[\sin\left(\dfrac{\pi}{3}+\beta\right)\cos\left(\dfrac{\pi}{3}+\gamma\right) + \cos\left(\dfrac{\pi}{3}+\beta\right)\sin\left(\dfrac{\pi}{3}+\gamma\right)\right]^2$

$= (8R\sin\beta\sin\gamma)^2\sin^2\left(\dfrac{2\pi}{3}+\beta+\gamma\right) = (8R\sin\alpha\sin\beta\sin\gamma)^2$

有：$\frac{2\pi}{3}+\beta+\gamma=\pi-\alpha$，$EF=8R\sin\alpha\sin\beta\sin\gamma$，同理对 $\triangle BFD$、$\triangle CDE$ 用余弦定理，有：$\overline{DE}=\overline{FD}=8R\sin\alpha\sin\beta\sin\gamma$，由此可见 $\triangle DEF$ 为正三角形。

1.2.2　证明 $\triangle D_{11}E_{11}F_{11}$ 为正三角形

从 $\triangle D_{11}E_{11}F_{11}$ 形成可知（图 1-5）：

$\angle FBB_2 = \angle DBB_1 = \angle EAA_2 = \angle FAA_1 = \angle DCC_2 = \angle ECC_1 = \frac{2\pi}{3}$

$\angle FBF_{11} = \angle DBD_{11} = \angle FAF_{11} = \angle EAE_{11} = \angle DCD_{11} = \angle ECE_{11} = \frac{\pi}{3}$

$\angle BF_{11}A = \pi - \left(\frac{\pi}{3}-\alpha\right) - \left(\frac{\pi}{3}-\beta\right) = \frac{\pi}{3}+\alpha+\beta$ 　　$\angle D_{11}BF_{11} = \frac{2\pi}{3}+\beta$

$\angle AE_{11}C = \pi - \left(\frac{\pi}{3}-\alpha\right) - \left(\frac{\pi}{3}-\gamma\right) = \frac{\pi}{3}+\alpha+\gamma$ 　　$\angle F_{11}AE_{11} = \frac{2\pi}{3}+\alpha$

$\angle BD_{11}C = \pi - \left(\frac{\pi}{3}-\beta\right) - \left(\frac{\pi}{3}-\gamma\right) = \frac{\pi}{3}+\beta+\gamma$ 　　$\angle E_{11}CD_{11} = \frac{2\pi}{3}+\gamma$

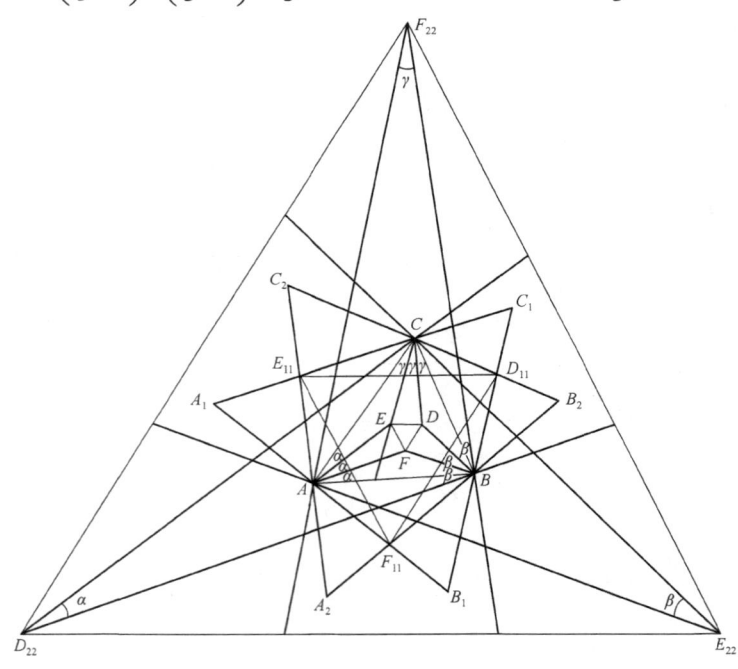

图 1-5

有：$AB=2R\sin3\gamma$，$BC=2R\sin3\alpha$，$CA=2R\sin3\beta$，在 $\triangle AF_{11}B$ 中用正弦定理得：

$$\frac{2R\sin3\gamma}{\sin(\overline{\pi/3}+\alpha+\beta)} = \frac{AF_{11}}{\sin(\overline{\pi/3}-\beta)} = \frac{F_{11}B}{\sin(\overline{\pi/3}-\alpha)}$$

$$AF_{11} = \frac{2R\sin3\gamma\sin(\overline{\pi/3}-\beta)}{\sin(\overline{\pi/3}+\alpha+\beta)} = \frac{8R\sin\gamma\sin(\overline{\pi/3}-\gamma)\sin(\overline{\pi/3}+\gamma)\sin(\overline{\pi/3}-\beta)}{\sin(\overline{\pi/3}+\gamma)}$$

$$AF_{11}=8R\sin\left(\frac{\pi}{3}-\gamma\right)\sin\left(\frac{\pi}{3}-\beta\right)\sin\gamma , F_{11}B=8R\sin\left(\frac{\pi}{3}-\gamma\right)\sin\left(\frac{\pi}{3}-\alpha\right)\sin\gamma$$

同理,对 $\triangle BD_{11}C$, $\triangle CE_{11}A$ 用正弦定理得:

$$BD_{11}=8R\sin\alpha\sin\left(\frac{\pi}{3}-\alpha\right)\sin\left(\frac{\pi}{3}-\gamma\right) , D_{11}C=8R\sin\alpha\sin\left(\frac{\pi}{3}-\alpha\right)\sin\left(\frac{\pi}{3}-\beta\right)$$

$$CE_{11}=8R\sin\beta\sin\left(\frac{\pi}{3}-\beta\right)\sin\left(\frac{\pi}{3}-\alpha\right) , E_{11}A=8R\sin\beta\sin\left(\frac{\pi}{3}-\beta\right)\sin\left(\frac{\pi}{3}-\gamma\right)$$

在 $\triangle F_{11}AE_{11}$ 中用余弦定理得:

$$\overline{E_{11}F_{11}}^2=\overline{AF_{11}}^2+\overline{E_{11}A}^2-2\overline{E_{11}A}\times\overline{AF_{11}}\cos\left(\frac{2\pi}{3}+\alpha\right)$$

$$=\left(8R\sin\left(\frac{\pi}{3}-\beta\right)\sin\left(\frac{\pi}{3}-\gamma\right)\right)^2\left(\sin^2\beta+\sin^2\gamma-2\sin\beta\sin\gamma\cos\left(\frac{2\pi}{3}+\alpha\right)\right)$$

有: $\cos\left(\frac{2\pi}{3}+\alpha\right)=\cos(\pi-\beta-\gamma)=-\cos(\beta+\gamma)=-(\cos\beta\cos\gamma-\sin\beta\sin\gamma)$,

$$\sin^2\beta+\sin^2\gamma-2\sin\beta\sin\gamma\cos\left(\frac{2\pi}{3}+\alpha\right)=\sin^2\beta+\sin^2\gamma+2\sin\beta\cos\beta\sin\gamma\cos\gamma-2\sin^2\beta\sin^2\gamma$$

$$=\sin^2\beta(1-\sin^2\gamma)+\sin^2\gamma(1-\sin^2\beta)+2\sin\beta\cos\beta\sin\gamma\cos\gamma=(\sin\beta\cos\gamma+\sin\gamma\cos\beta)^2$$

$$=\sin^2(\beta+\gamma)=\sin^2\left(\frac{\pi}{3}-\alpha\right)$$

$$\overline{E_{11}F_{11}}=8R\sin\left(\frac{\pi}{3}-\alpha\right)\sin\left(\frac{\pi}{3}-\beta\right)\sin\left(\frac{\pi}{3}-\gamma\right)$$

同理在 $\triangle F_{11}BD_{11}$ 及 $\triangle D_{11}CE_{11}$ 中用余弦定理可得:

$$\overline{F_{11}D_{11}}=\overline{D_{11}E_{11}}=8R\sin\left(\frac{\pi}{3}-\alpha\right)\sin\left(\frac{\pi}{3}-\beta\right)\sin\left(\frac{\pi}{3}-\gamma\right)$$

由此可见 $\triangle D_{11}E_{11}F_{11}$ 是正三角形。

1.2.3　证明 $\triangle D_{22}E_{22}F_{22}$ 为正三角形

从 $\triangle D_{22}E_{22}F_{22}$ 形成可知:

$$\angle DBD_{22}=\angle FBF_{22}=\angle FAF_{22}=\angle EAE_{22}=\angle DCD_{22}=\angle ECE_{22}=\frac{\pi}{3}$$

$$\angle BD_{22}C=\pi-\left(\frac{\pi}{3}+\beta\right)-\left(\frac{\pi}{3}+\gamma\right)=\alpha , \angle CE_{22}A=\pi-\left(\frac{\pi}{3}+\gamma\right)-\left(\frac{\pi}{3}+\alpha\right)=\beta$$

$$\angle AF_{22}B=\pi-\left(\frac{\pi}{3}+\alpha\right)-\left(\frac{\pi}{3}+\beta\right)=\gamma , \angle F_{22}BD_{22}=\frac{\pi}{3}+\frac{\pi}{3}-\beta=\frac{2\pi}{3}-\beta$$

$$\angle E_{22}AF_{22}=\frac{\pi}{3}+\frac{\pi}{3}-\alpha=\frac{2\pi}{3}-\alpha , \angle D_{22}CE_{22}=\frac{\pi}{3}+\frac{\pi}{3}-\gamma=\frac{2\pi}{3}-\gamma$$

$\triangle AF_{22}B$ 用正弦定理得:

$$\frac{2R\sin3\gamma}{\sin\gamma}=\frac{BF_{22}}{\sin(\pi/3+\alpha)}=\frac{AF_{22}}{\sin(\pi/3+\beta)}$$

$$AF_{22} = 8R\sin\left(\frac{\pi}{3}+\gamma\right)\sin\left(\frac{\pi}{3}+\beta\right)\sin\left(\frac{\pi}{3}-\gamma\right)$$

$$BF_{22} = 8R\sin\left(\frac{\pi}{3}+\gamma\right)\sin\left(\frac{\pi}{3}+\alpha\right)\sin\left(\frac{\pi}{3}-\gamma\right)$$

同理 $\triangle BD_{22}C$ 及 $\triangle CE_{22}A$ 用正弦定理得：

$$BD_{22} = 8R\sin\left(\frac{\pi}{3}+\alpha\right)\sin\left(\frac{\pi}{3}+\gamma\right)\sin\left(\frac{\pi}{3}-\alpha\right)$$

$$CD_{22} = 8R\sin\left(\frac{\pi}{3}+\alpha\right)\sin\left(\frac{\pi}{3}+\beta\right)\sin\left(\frac{\pi}{3}-\alpha\right)$$

$$CE_{22} = 8R\sin\left(\frac{\pi}{3}+\beta\right)\sin\left(\frac{\pi}{3}+\alpha\right)\sin\left(\frac{\pi}{3}-\beta\right)$$

$$AE_{22} = 8R\sin\left(\frac{\pi}{3}+\beta\right)\sin\left(\frac{\pi}{3}+\gamma\right)\sin\left(\frac{\pi}{3}-\beta\right)$$

$\triangle E_{22}AF_{22}$ 用余弦定理得：

$$\overline{E_{22}F_{22}}^2 = \overline{AE_{22}}^2 + \overline{AF_{22}}^2 - 2\overline{AE_{22}} \times \overline{AF_{22}}\cos\left(\frac{2\pi}{3}-\alpha\right)$$

$$= \left(8R\sin\left(\frac{\pi}{3}+\beta\right)\sin\left(\frac{\pi}{3}+\gamma\right)\right)$$

$$\times\left[\sin^2\left(\frac{\pi}{3}-\beta\right)+\sin^2\left(\frac{\pi}{3}-\gamma\right)-2\sin\left(\frac{\pi}{3}-\beta\right)\sin\left(\frac{\pi}{3}-\gamma\right)\cos\left(\frac{2\pi}{3}-\alpha\right)\right]$$

有：$\cos\left(\frac{2\pi}{3}-\alpha\right) = -\cos\left(\frac{\pi}{3}+\alpha\right) = -\cos\left(\frac{\pi}{3}-\beta+\frac{\pi}{3}-\gamma\right)$

$$= -\left[\cos\left(\frac{\pi}{3}-\beta\right)\cos\left(\frac{\pi}{3}-\gamma\right)-\sin\left(\frac{\pi}{3}-\beta\right)\sin\left(\frac{\pi}{3}-\gamma\right)\right]$$

$$\sin^2\left(\frac{\pi}{3}-\beta\right)+\sin^2\left(\frac{\pi}{3}-\gamma\right)-2\sin\left(\frac{\pi}{3}-\beta\right)\sin\left(\frac{\pi}{3}-\gamma\right)\cos\left(\frac{2\pi}{3}-\alpha\right)$$

$$=\sin^2\left(\frac{\pi}{3}-\beta\right)+\sin^2\left(\frac{\pi}{3}-\gamma\right)-2\sin^2\left(\frac{\pi}{3}-\beta\right)\sin^2\left(\frac{\pi}{3}-\gamma\right)$$

$$+2\sin\left(\frac{\pi}{3}-\beta\right)\sin\left(\frac{\pi}{3}-\gamma\right)\cos\left(\frac{\pi}{3}-\beta\right)\cos\left(\frac{\pi}{3}-\gamma\right)$$

$$=\sin^2\left(\frac{\pi}{3}-\beta\right)\times\left(1-\sin^2\left(\frac{\pi}{3}-\gamma\right)\right)+\sin^2\left(\frac{\pi}{3}-\gamma\right)\left(1-\sin^2\left(\frac{\pi}{3}-\beta\right)\right)$$

$$+2\sin\left(\frac{\pi}{3}-\beta\right)\sin\left(\frac{\pi}{3}-\gamma\right)\cos\left(\frac{\pi}{3}-\beta\right)\cos\left(\frac{\pi}{3}-\gamma\right)$$

$$=\left[\sin\left(\frac{\pi}{3}-\beta\right)\cos\left(\frac{\pi}{3}-\gamma\right)+\cos\left(\frac{\pi}{3}-\beta\right)\sin\left(\frac{\pi}{3}-\gamma\right)\right]^2$$

$$=\sin^2\left(\frac{\pi}{3}-\beta+\frac{\pi}{3}-\gamma\right)=\sin^2\left(\frac{\pi}{3}+\alpha\right)$$

$$E_{22}F_{22} = 8R\sin\left(\frac{\pi}{3}+\alpha\right)\sin\left(\frac{\pi}{3}+\beta\right)\sin\left(\frac{\pi}{3}+\gamma\right)$$

同理,$\triangle F_{22}BD_{22}$、$\triangle D_{22}CE_{22}$用余弦定理可得:

$F_{22}D_{22} = D_{22}E_{22} = 8R\sin\left(\dfrac{\pi}{3}+\alpha\right)\sin\left(\dfrac{\pi}{3}+\beta\right)\sin\left(\dfrac{\pi}{3}+\gamma\right)$,故$\triangle D_{22}E_{22}F_{22}$是正三角形。

1.2.4 证明一组平行线之一与另一组平行线之一夹角为 60°

从 1.2.1 可知:$BF = 8R\sin\alpha\sin\gamma\sin\left(\dfrac{\pi}{3}+\gamma\right)$,$DF = 8R\sin\alpha\sin\beta\sin\gamma$。

对$\triangle DBF$用正弦定理:

$$\dfrac{8R\sin\alpha\sin\beta\sin\gamma}{\sin\beta} = \dfrac{8R\sin\alpha\sin\gamma\sin(\pi/3+\gamma)}{\sin(\angle BDF)}$$

$\sin(\angle BDF) = \sin\left(\dfrac{\pi}{3}+\gamma\right)$,$\angle BDF = \dfrac{\pi}{3}+\gamma$

则 DF 对 x 轴倾角为:$\pi - \left(\dfrac{\pi}{3}+\gamma\right) - 2\beta = \dfrac{\pi}{3} + \dfrac{\pi}{3} - \beta - \gamma - \beta = \dfrac{\pi}{3}+\alpha-\beta$。

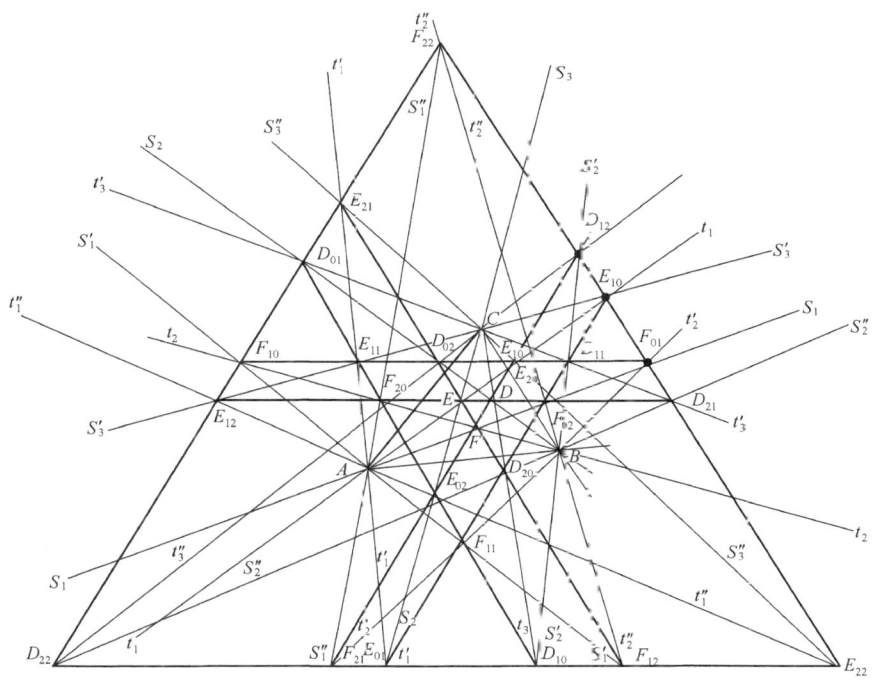

图 1-6

从图 1-6 可知$\angle ABD_{11} = \dfrac{\pi}{3}+2\beta$,$\angle D_{11}BF_{11} = \dfrac{2\pi}{3}+\beta$。

对$\triangle D_{11}BF_{11}$用正弦定理:

从 1.2.2 可知:

$BF_{11} = 8R\sin\left(\dfrac{\pi}{3}-\alpha\right)\sin\left(\dfrac{\pi}{3}-\gamma\right)\sin\gamma$, $D_{11}F_{11} = 8R\sin\left(\dfrac{\pi}{3}-\alpha\right)\sin\left(\dfrac{\pi}{3}-\beta\right)\sin\left(\dfrac{\pi}{3}-\gamma\right)$

$$\frac{8R\sin(\overline{\pi/3-\alpha})\sin(\overline{\pi/3-\beta})\sin(\overline{\pi/3-\gamma})}{\sin(\overline{2\pi/3+\beta})} = \frac{8R\sin(\overline{\pi/3-\alpha})\sin(\overline{\pi/3-\gamma})\sin\gamma}{\sin(\angle BD_{11}F_{11})}$$

有：$\sin\left(\dfrac{2\pi}{3}+\beta\right)=\sin\left(\dfrac{\pi}{3}-\beta\right)$，$\angle BD_{11}F_{11}=\gamma$；则 $D_{11}F_{11}$ 对 x 轴倾角为：$\pi-\left(\dfrac{\pi}{3}+2\beta\right)-\gamma$

$=\dfrac{\pi}{3}+\alpha-\beta$。

从图 1-6 可知：$\angle ABF_{22}=\dfrac{\pi}{3}+\beta$，$\angle D_{22}BF_{22}=\dfrac{2\pi}{3}-\beta$。

从 1.2.3 可知：

$$BD_{22}=8R\sin\left(\dfrac{\pi}{3}+\alpha\right)\sin\left(\dfrac{\pi}{3}+\gamma\right)\sin\left(\dfrac{\pi}{3}-\alpha\right)$$

$$D_{22}F_{22}=8R\sin\left(\dfrac{\pi}{3}+\alpha\right)\sin\left(\dfrac{\pi}{3}+\beta\right)\sin\left(\dfrac{\pi}{3}+\gamma\right)$$

对 $\triangle D_{22}BF_{22}$ 用正弦定理$\left(\text{注意}：\sin\left(\dfrac{\pi}{3}+\beta\right)=\sin\left(\dfrac{2\pi}{3}-\beta\right)\right)$：

$$\frac{8R\sin(\overline{\pi/3+\alpha})\sin(\overline{\pi/3+\beta})\sin(\overline{\pi/3+\gamma})}{\sin(\overline{2\pi/3-\beta})} = \frac{8R\sin(\overline{\pi/3+\alpha})\sin(\overline{\pi/3+\gamma})\sin(\overline{\pi/3-\alpha})}{\sin(\angle BF_{22}D_{22})},$$

$\angle BF_{22}D_{22}=\dfrac{\pi}{3}-\alpha$，

则 $D_{22}F_{22}$ 对 x 轴倾角为：$\pi-\left(\dfrac{\pi}{3}+\beta\right)-\left(\dfrac{\pi}{3}-\alpha\right)=\dfrac{\pi}{3}+\alpha-\beta$。

由此可见 $DF/\!/D_{11}F_{11}/\!/D_{22}F_{22}$ 对 x 轴倾角为 $\dfrac{\pi}{3}+\alpha-\beta$，由正三角形性质可见：$DE/\!/D_{11}E_{11}$ $/\!/D_{22}E_{22}$ 对 x 轴倾角为 $\alpha-\beta$，$EF/\!/E_{11}F_{11}/\!/E_{22}F_{22}$ 对 x 轴倾角为 $\dfrac{2\pi}{3}+\alpha-\beta$。

则 Morley 定理②证毕。可见一组平行线之一与另一组平行线之一夹角为 60°。

1.2.5 证明 Morley 定理有 27 个正三角形

先求出 27 个点坐标表达式、9 条平行线的点斜式直线方程及相应截距；再去证明 27 个点的每个点在 9 条平行线中的两条直线（它们之间夹角为 $\dfrac{\pi}{3}$）上。

证明 27 个点在 9 条三组平行线上。

直线 $EF/\!/E_{11}F_{11}/\!/E_{22}F_{22}$ 与 x 轴倾角为 $\dfrac{2\pi}{3}+\alpha-\beta$，直线 $FD/\!/F_{11}D_{11}/\!/F_{22}D_{22}$ 与 x 轴倾角为 $\dfrac{\pi}{3}+\alpha-\beta$，直线 $DE/\!/D_{11}E_{11}/\!/D_{22}E_{22}$ 与 x 轴倾角为 $\alpha-\beta$（也可看图 1-6）。

直线方程如下：

$$EF: y-x\tan\left(\dfrac{2\pi}{3}+\alpha-\beta\right)+\dfrac{u_1\sin\beta\sin(\overline{\pi/3+\beta})}{\sin(\alpha+\beta)\cos(\overline{2\pi/3+\alpha-\beta})}=0(\text{代入}F_{00})$$

$E_{11}F_{11}: y - x\tan\left(\dfrac{2\pi}{3}+\alpha-\beta\right) + \dfrac{u_1\sin\beta\sin(\overline{\pi/3-\beta})}{\sin(\overline{\pi/3+\alpha+\beta})\cos(\overline{2\pi/3-\alpha-\beta})} = 0$（代入$F_{11}$）

$E_{22}F_{22}: y - x\tan\left(\dfrac{2\pi}{3}+\alpha-\beta\right) + \dfrac{u_1\sin(\overline{\pi/3+\beta})\sin(\overline{\pi/3-\beta})}{\sin(\overline{\pi/3-\alpha+\beta})\cos(\overline{2\pi/3+\alpha-\beta})} = 0$（代入$F_{22}$）

$FD: y - x\tan\left(\dfrac{\pi}{3}+\alpha-\beta\right) + \dfrac{u_1\sin\beta\sin(\overline{\pi/3-\beta})}{\sin(\alpha+\beta)\cos(\overline{\pi/3-\alpha-\beta})} = 0$（代入$F_{00}$）

$F_{11}D_{11}: y - x\tan\left(\dfrac{\pi}{3}+\alpha-\beta\right) + \dfrac{u_1\sin(\overline{\pi/3-\beta})\sin(\overline{\pi/3+\beta})}{\sin(\overline{\pi/3+\alpha+\beta})\cos(\overline{\pi/3+\alpha-\beta})} = 0$（代入$F_{11}$）

$F_{22}D_{22}: y - x\tan\left(\dfrac{\pi}{3}+\alpha-\beta\right) - \dfrac{u_1\sin(\overline{\pi/3+\beta})\sin\beta}{\sin(\overline{\pi/3-\alpha+\beta})\cos(\overline{\pi/3+\alpha-\beta})} = 0$（代入$F_{22}$）

$DE: y - x\tan(\alpha-\beta) - \dfrac{u_1\sin\beta\sin(\overline{\pi/3+\beta})}{\sin(\overline{\pi/3+\alpha+\beta})\cos(\alpha-\beta)} = 0$（代入$E_{00}$）

$D_{11}E_{11}: y - x\tan(\alpha-\beta) - \dfrac{u_1\sin\beta\sin(\overline{\pi/3-\beta})}{\sin(\overline{\pi/3-\alpha+\beta})\cos(\alpha-\beta)} = 0$（代入$E_{11}$）

$D_{22}E_{22}: y - x\tan(\alpha-\beta) + \dfrac{u_1\sin(\overline{\pi/3-\beta})\sin(\overline{\pi/3+\beta})}{\sin(\alpha+\beta)\cos(\alpha-\beta)} = 0$（代入$E_{22}$）

我们用的直线方程是 $y=kx+d, d=y-kx$。

EF 截距 (d_{EF}) $\dfrac{-u_1\sin\beta\sin(\overline{\pi/3+\beta})}{\sin(\alpha+\beta)\cos(\overline{2\pi/3+\alpha-\beta})}$； $E_{11}F_{11}$ 截距 $(d_{E_{11}F_{11}})$ $\dfrac{-u_1\sin\beta\sin(\overline{\pi/3-\beta})}{\sin(\overline{\pi/3+\alpha+\beta})\cos(\overline{2\pi/3+\alpha-\beta})}$；

$E_{22}F_{22}$ 截距 $(d_{E_{22}F_{22}})$ $\dfrac{-u_1\sin(\overline{\pi/3+\beta})\sin(\overline{\pi/3-\beta})}{\sin(\overline{\pi/3-\alpha+\beta})\cos(\overline{2\pi/3+\alpha-\beta})}$； FD 截距 (d_{FD}) $\dfrac{-u_1\sin\beta\sin(\overline{\pi/3-\beta})}{\sin(\alpha+\beta)\cos(\overline{\pi/3+\alpha-\beta})}$；

$F_{11}D_{11}$ 截距 $(d_{F_{11}D_{11}})$ $\dfrac{-u_1\sin(\overline{\pi/3+\beta})\sin(\overline{\pi/3-\beta})}{\sin(\overline{\pi/3+\alpha+\beta})\cos(\overline{\pi/3+\alpha-\beta})}$； $F_{22}D_{22}$ 截距 $(d_{F_{22}D_{22}})$ $\dfrac{u_1\sin\beta\sin(\overline{\pi/3+\beta})}{\sin(\overline{\pi/3-\alpha+\beta})\cos(\overline{\pi/3+\alpha-\beta})}$；

DE 截距 (d_{DE}) $\dfrac{u_1\sin\beta\sin(\overline{\pi/3+\beta})}{\sin(\overline{\pi/3+\alpha+\beta})\cos(\alpha-\beta)}$； $D_{11}E_{11}$ 截距 $(d_{D_{11}E_{11}})$ $\dfrac{u_1\sin\beta\sin(\overline{\pi/3-\beta})}{\sin(\overline{\pi/3-\alpha+\beta})\cos(\alpha-\beta)}$；

$D_{22}E_{22}$ 截距 $(d_{D_{22}E_{22}})$ $\dfrac{-u_1\sin(\overline{\pi/3-\beta})\sin(\overline{\pi/3+\beta})}{\sin(\alpha+\beta)\cos(\alpha-\beta)}$。

以下用截距相等来证明以下直线有相应点：

$E_{00}F_{00}(EF)$ 有 $E_{00},E_{21},F_{00},F_{12},D_{02},D_{20}$；

$E_{11}F_{11}$ 有 $E_{11},E_{02},F_{11},F_{20},D_{01},D_{10}$；

$E_{22}F_{22}$ 有 $E_{22},E_{10},F_{01},F_{22},D_{12},D_{21}$；

$F_{00}D_{00}(FD)$ 有 $E_{02},E_{20},F_{00},F_{21},D_{00},D_{12}$；

$F_{11}D_{11}$ 有 $E_{01}, E_{10}, F_{02}, F_{11}, D_{11}, D_{20}$；
$F_{22}D_{22}$ 有 $E_{12}, E_{21}, F_{10}, F_{22}, D_{01}, D_{22}$；
$D_{00}E_{00}(DE)$ 有 $E_{00}, E_{12}, F_{02}, F_{20}, D_{00}, D_{21}$；
$D_{11}E_{11}$ 有 $E_{11}, E_{20}, F_{01}, F_{10}, D_{02}, D_{11}$；
$D_{22}E_{22}$ 有 $E_{01}, E_{22}, F_{12}, F_{21}, D_{10}, D_{22}$。见图 1-7。

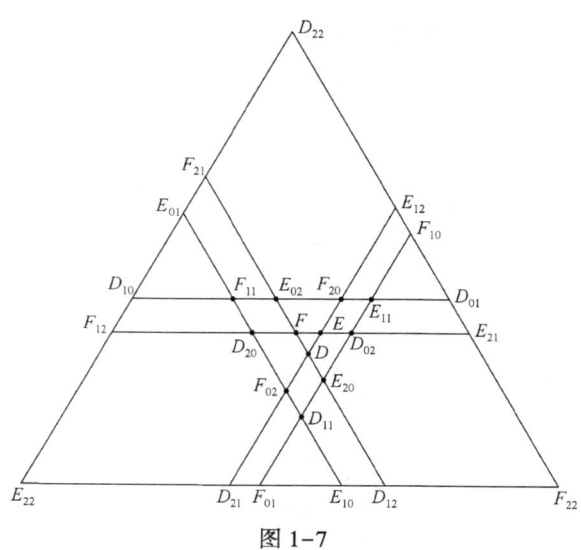

图 1-7

（1）E_{00} 在 EF 上

$$d = \frac{u_1 \sin\beta \sin(\overline{\pi/3+\beta})}{\sin(\alpha+\beta)\sin(\overline{\pi/3+\alpha+\beta})} \times \frac{-\sin(\overline{2\pi/3-\alpha+\beta})}{\cos(\overline{2\pi/3+\alpha-\beta})} = \frac{-u_1\sin\beta\sin(\overline{\pi/3+\beta})}{\sin(\alpha+\beta)\cos(\overline{2\pi/3+\alpha-\beta})} = d_{EF}$$

E_{00} 确在 EF 上。

（2）E_{21} 在 EF 上

$$d = \frac{u_1 \sin\beta \sin(\overline{\pi/3+\beta})}{\sin(\alpha+\beta)\sin(\overline{\pi/3-\alpha+\beta})} \times \frac{-\sin(\overline{\pi/3-\alpha+\beta})}{\cos(\overline{2\pi/3+\alpha-\beta})} = \frac{-u_1\sin\beta\sin(\overline{\pi/3+\beta})}{\sin(\alpha+\beta)\cos(\overline{2\pi/3+\alpha-\beta})} = d_{EF}$$

E_{21} 确在 EF 上。

（3）F_{12} 在 EF 上

$$d = \frac{u_1\sin(\overline{\pi/3+\beta})}{\sin(\alpha+\beta)} \times \frac{-\sin\beta}{\cos(\overline{2\pi/3+\alpha-\beta})} = d_{EF}$$

F_{12} 确在 EF 上。

（4）E_{11} 在 $E_{11}F_{11}$ 上

$$d = \frac{u_1\sin\beta\sin(\overline{\pi/3-\beta})}{\sin(\overline{\pi/3-\alpha+\beta})\sin(\overline{\pi/3+\alpha+\beta})} \times \frac{-\sin(\overline{\pi/3-\alpha+\beta})}{\cos(\overline{2\pi/3+\alpha-\beta})} = d_{E_{11}F_{11}}$$

E_{11} 确在 $E_{11}F_{11}$ 上。

（5）E_{02}在$E_{11}F_{11}$上

$$d = \frac{u_1\sin\beta\sin(\overline{\pi/3-\beta})}{\sin(\alpha+\beta)\sin(\overline{\pi/3+\alpha+\beta})} \times \frac{-\sin(\alpha+\beta)}{\cos(\overline{2\pi/3+\alpha-\beta})} = d_{E_{11}F_{11}}$$

E_{02}确在$E_{11}F_{11}$上。

（6）F_{20}在$E_{11}F_{11}$上

$$d = \frac{u_1\sin\beta}{\sin(\overline{\pi/3+\alpha+\beta})} \times \frac{-\sin(\overline{\pi/3-\beta})}{\cos(\overline{2\pi/3+\alpha-\beta})} = d_{E_{11}F_{11}}$$

F_{20}确在$E_{11}F_{11}$上。

（7）E_{22}在$E_{22}F_{22}$上

$$d = \frac{u_1\sin(\overline{\pi/3-\beta})\sin(\overline{\pi/3+\beta})}{\sin(\alpha+\beta)\sin(\overline{\pi/3-\alpha+\beta})} \times \frac{-\sin(\alpha+\beta)}{\cos(\overline{2\pi/3+\alpha-\beta})} = d_{E_{22}F_{22}}$$

E_{22}确在$E_{22}F_{22}$上。

（8）E_{10}在$E_{22}F_{22}$上$\left(\text{注意}：\sin\left(\frac{2\pi}{3}-\overline{\alpha+\beta}\right)=\sin\left(\frac{\pi}{3}+\overline{\alpha+\beta}\right)\right)$

$$d = \frac{u_1\sin(\overline{\pi/3-\beta})\sin(\overline{\pi/3+\beta})}{\sin(\overline{\pi/3-\alpha+\beta})\sin(\overline{\pi/3+\alpha+\beta})} \times \frac{-\sin(\overline{2\pi/3-\alpha+\beta})}{\cos(\overline{2\pi/3+\alpha-\beta})} = d_{E_{22}F_{22}}$$

E_{10}确在$E_{22}F_{22}$上。

（9）F_{01}在$E_{22}F_{22}$上$\left(\text{注意}：\sin\left(\frac{2\pi}{3}-\beta\right)=\sin\left(\frac{\pi}{3}+\beta\right)\right)$

$$d = \frac{u_1\sin(\overline{\pi/3-\beta})}{\sin(\overline{\pi/3-\alpha+\beta})} \times \frac{-\sin(\overline{2\pi/3-\beta})}{\cos(\overline{2\pi/3+\alpha-\beta})} = d_{E_{22}F_{22}}$$

F_{01}确在$E_{22}F_{22}$上。

（10）E_{02}在FD上$\left(\text{注意}：\sin\left(\frac{2\pi}{3}-\overline{\alpha+\beta}\right)=\sin\left(\frac{\pi}{3}+\overline{\alpha+\beta}\right)\right)$

$$d = \frac{u_1\sin\beta\sin(\overline{\pi/3-\beta})}{\sin(\alpha+\beta)\sin(\overline{\pi/3+\alpha+\beta})} \times \frac{-\sin(\overline{2\pi/3-\alpha+\beta})}{\cos(\overline{\pi/3+\alpha-\beta})} = d_{FD}$$

E_{02}确在FD上。

（11）E_{20}在FD上

$$d = \frac{u_1\sin(\overline{\pi/3-\beta})\sin\beta}{\sin(\alpha+\beta)\sin(\overline{\pi/3-\alpha+\beta})} \times \frac{-\sin(\overline{\pi/3-\alpha+\beta})}{\cos(\overline{\pi/3+\alpha-\beta})} = d_{FD}$$

E_{20}确在FD上。

（12）F_{21}在FD上

$$d = \frac{-u_1\sin(\overline{\pi/3-\beta})}{\sin(\alpha+\beta)} \times \frac{\sin\beta}{\cos(\overline{\pi/3+\alpha-\beta})} = d_{FD}$$

F_{21} 确在 FD 上。

(13) E_{01} 在 $F_{11}D_{11}$ 上

$$d = \frac{-u_1 \sin(\overline{\pi/3 - \beta}) \sin(\overline{\pi/3 + \beta})}{\sin(\alpha + \beta) \sin(\overline{\pi/3 + \alpha + \beta})} \times \frac{\sin(\alpha + \beta)}{\cos(\overline{\pi/3 + \alpha - \beta})} = d_{F_{11}D_{11}}$$

E_{01} 确在 $F_{11}D_{11}$ 上。

(14) E_{10} 在 $F_{11}D_{11}$ 上

$$d = \frac{u_1 \sin(\overline{\pi/3 - \beta}) \sin(\overline{\pi/3 + \beta})}{\sin(\overline{\pi/3 - \alpha + \beta}) \sin(\overline{\pi/3 + \alpha + \beta})} \times \frac{-\sin(\overline{\pi/3 - \alpha + \beta})}{\cos(\overline{\pi/3 + \alpha - \beta})} = d_{F_{11}D_{11}}$$

E_{10} 确在 $F_{11}D_{11}$ 上。

(15) F_{02} 在 $F_{11}D_{11}$ 上

$$d = \frac{u_1 \sin(\overline{\pi/3 + \beta})}{\sin(\overline{\pi/3 + \alpha + \beta})} \times \frac{-\sin(\overline{\pi/3 - \beta})}{\cos(\overline{\pi/3 + \alpha - \beta})} = d_{F_{11}D_{11}}$$

F_{02} 确在 $F_{11}D_{11}$ 上。

(16) E_{12} 在 $F_{22}D_{22}$ 上 (注意: $\sin(\overline{2\pi/3 - \alpha + \beta}) = \sin(\overline{\pi/3 + \alpha + \beta})$)

$$d = \frac{u_1 \sin\beta \sin(\overline{\pi/3 + \beta})}{\sin(\overline{\pi/3 - \alpha + \beta}) \sin(\overline{\pi/3 + \alpha + \beta})} \times \frac{\sin(\overline{2\pi/3 - \alpha + \beta})}{\cos(\overline{\pi/3 + \alpha - \beta})} = d_{F_{22}D_{22}}$$

E_{12} 确在 $F_{22}D_{22}$ 上。

(17) E_{21} 在 $F_{22}D_{22}$ 上

$$d = \frac{u_1 \sin\beta \sin(\overline{\pi/3 + \beta})}{\sin(\alpha + \beta) \sin(\overline{\pi/3 - \alpha + \beta})} \times \frac{\sin(\alpha + \beta)}{\cos(\overline{\pi/3 + \alpha - \beta})} = d_{F_{22}D_{22}}$$

E_{21} 确在 $F_{22}D_{22}$ 上。

(18) F_{10} 在 $F_{22}D_{22}$ 上 (注意: $\sin(\overline{2\pi/3 - \beta}) = \sin(\overline{\pi/3 + \beta})$)

$$d = \frac{u_1 \sin\beta}{\sin(\overline{\pi/3 - \alpha + \beta})} \times \frac{\sin(\overline{2\pi/3 - \beta})}{\cos(\overline{\pi/3 + \alpha - \beta})} = d_{F_{22}D_{22}}$$

F_{10} 确在 $F_{22}D_{22}$ 上。

(19) E_{12} 在 DE 上

$$d = \frac{u_1 \sin\beta \sin(\overline{\pi/3 + \beta})}{\sin(\overline{\pi/3 - \alpha + \beta}) \sin(\overline{\pi/3 + \alpha + \beta})} \times \frac{\sin(\overline{\pi/3 - \alpha + \beta})}{\cos(\alpha - \beta)} = d_{DE}$$

E_{12} 确在 DE 上。

(20) F_{02} 在 DE 上

$$d = \frac{u_1 \sin(\overline{\pi/3 + \beta})}{\sin(\overline{\pi/3 + \alpha + \beta})} \times \frac{\sin\alpha \cos(\alpha - \beta) - \cos\alpha \sin(\alpha - \beta)}{\cos(\alpha - \beta)} = \frac{u_1 \sin(\overline{\pi/3 + \beta}) \sin\beta}{\sin(\overline{\pi/3 + \alpha + \beta}) \cos(\alpha - \beta)} = d_{DE}$$

F_{02} 确在 DE 上。

第一章 Morley 定理与三角、解析几何证明

(21) F_{20} 在 DE 上

$$d = \frac{u_1\sin\beta}{\sin(\overline{\pi/3+\alpha+\beta})} \times \frac{\sin(\overline{\pi/3+\beta})}{\cos(\alpha-\beta)} = d_{DE}$$

F_{20} 确在 DE 上。

(22) E_{20} 在 $D_{11}E_{11}$ 上

$$d = \frac{u_1\sin\beta\sin(\overline{\pi/3-\beta})}{\sin(\alpha+\beta)\sin(\overline{\pi/3-\alpha+\beta})} \times \frac{\sin(\alpha+\beta)}{\cos(\alpha-\beta)} = d_{D_{11}E_{11}}$$

E_{20} 确在 $D_{11}E_{11}$ 上。

(23) F_{01} 在 $D_{11}E_{11}$ 上

$$d = \frac{u_1\sin(\overline{\pi/3-\beta})}{\sin(\overline{\pi/3-\alpha+\beta})} \times \frac{\sin\beta}{\cos(\alpha-\beta)} = d_{D_{11}E_{11}}$$

F_{01} 确在 $D_{11}E_{11}$ 上。

(24) F_{10} 在 $D_{11}E_{11}$ 上

$$d = \frac{u_1\sin\beta}{\sin(\overline{\pi/3-\alpha+\beta})} \times \frac{\sin(\overline{\pi/3-\alpha})\cos(\alpha-\beta)+\cos(\overline{\pi/3-\alpha})\sin(\alpha-\beta)}{\cos(\alpha-\beta)} = d_{D_{11}E_{11}}$$

F_{10} 确在 $D_{11}E_{11}$ 上。

(25) E_{01} 在 $D_{22}E_{22}$ 上

$$d = \frac{-u_1\sin(\overline{\pi/3-\beta})\sin(\overline{\pi/3+\beta})}{\sin(\alpha+\beta)\sin(\overline{\pi/3+\alpha+\beta})} \times \frac{\sin(\overline{\pi/3+\alpha+\beta})}{\cos(\alpha-\beta)} = d_{D_{22}E_{22}}$$

E_{01} 确在 $D_{22}E_{22}$ 上。

(26) F_{12} 在 $D_{22}E_{22}$ 上

$$d = \frac{u_1\sin(\overline{\pi/3+\beta})}{\sin(\alpha+\beta)} \times \frac{-\sin(\overline{\pi/3-\beta})}{\cos(\alpha-\beta)} = d_{D_{22}E_{22}}$$

F_{12} 确在 $D_{22}E_{22}$ 上。

(27) F_{21} 在 $D_{22}E_{22}$ 上

$$d = \frac{-u_1\sin(\overline{\pi/3-\beta})}{\sin(\alpha+\beta)} \times \frac{\sin(\overline{\pi/3+\beta})}{\cos(\alpha-\beta)} = d_{D_{22}E_{22}}$$

F_{21} 确在 $D_{22}E_{22}$ 上。

(28) D_{02} 在 EF 上

$$d = \frac{-u_1\sin 2\beta\sin(\overline{\pi/3+\beta})}{\sin(\alpha+\beta)\cos(\overline{2\pi/3+\alpha-\beta})} - \frac{u_1\sin 3\beta\cos(\overline{\pi/3+\alpha+\beta})}{2\sin(\overline{\pi/3+\alpha})\cos(\overline{2\pi/3+\alpha-\beta})\sin(\alpha+\beta)}$$

$$= \frac{-u_1\sin\beta\sin(\overline{\pi/3+\beta})}{\sin(\overline{\pi/3+\alpha})\cos(\overline{2\pi/3+\alpha-\beta})}\left(2\cos\beta+\frac{2\sin(\overline{\pi/3-\beta})\cos(\overline{\pi/3+\alpha+\beta})}{\sin(\alpha+\beta)}\right)$$

$$= \frac{-u_1\sin\beta\sin(\overline{\pi/3+\beta})}{\sin(\overline{\pi/3+\alpha})\cos(\overline{2\pi/3+\alpha-\beta})\sin(\alpha+\beta)}(\sin(\alpha+2\beta)+\sin\alpha+\sin\left(\frac{2\pi}{3}+\alpha\right)-\sin(\alpha+2\beta))$$

$$d = \frac{-u_1\sin\beta\sin(\overline{\pi/3+\beta})}{\sin(\alpha+\beta)\cos(\overline{2\pi/3+\alpha-\beta})} \times \frac{2\sin(\overline{\pi/3+\alpha})\cos\overline{\pi/3}}{\sin(\overline{\pi/3+\alpha})} = d_{EF}$$

D_{02} 确在 EF 上。

(29) D_{20} 在 EF 上

$$d = \frac{u_1\sin(\overline{\pi/3-2\beta})}{\sin(\overline{\pi/3+\alpha})} \times \frac{-\sin(\overline{\pi/3-\alpha+2\beta})\cos(\overline{2\pi/3+\alpha-\beta})-\cos(\overline{\pi/3-\alpha+2\beta})\sin(\overline{2\pi/3+\alpha-\beta})}{\cos(\overline{2\pi/3+\alpha-\beta})}$$

$$+\frac{u_1\sin3\beta\cos(\overline{\pi/3-\alpha+\beta})}{2\sin(\overline{\pi/3+\alpha})\sin(\alpha+\beta)\sin(\overline{\pi/3+\alpha+\beta})}$$

$$\times\frac{\sin(\overline{\pi/3-2\beta})\cos(\overline{2\pi/3+\alpha-\beta})-\cos(\overline{\pi/3-2\beta})\sin(\overline{2\pi/3+\alpha-\beta})}{\cos(\overline{2\pi/3+\alpha-\beta})}$$

$$= \frac{+u_1\sin(\overline{\pi/3-2\beta})\sin\beta}{\sin(\overline{\pi/3+\alpha})\cos(\overline{2\pi/3+\alpha-\beta})} - \frac{u_1\sin3\beta\cos(\overline{\pi/3-\alpha+\beta})}{2\sin(\overline{\pi/3+\alpha})\sin(\alpha+\beta)\cos(\overline{2\pi/3+\alpha-\beta})}$$

$$= \frac{-u_1\sin\beta\sin(\overline{\pi/3+\beta})}{\sin(\alpha+\beta)\cos(\overline{2\pi/3+\alpha-\beta})} \cdot \frac{[-2\cos(\overline{\pi/3+\beta})\sin(\alpha+\beta)+2\sin(\overline{\pi/3-\beta})\cos(\overline{\pi/3-\alpha+\beta})]}{\sin(\overline{\pi/3+\alpha})}$$

$$= \frac{-u_1\sin\beta\sin(\overline{\pi/3+\beta})}{\sin(\alpha+\beta)\cos(\overline{2\pi/3+\alpha-\beta})} \cdot \frac{[-\sin(\overline{\pi/3+\alpha+2\beta})+\sin(\overline{\pi/3-\alpha})+\sin(\overline{2\pi/3-\alpha-2\beta})+\sin\alpha]}{\sin(\overline{\pi/3+\alpha})}$$

$$= d_{EF}\frac{\sin(\overline{2\pi/3+\alpha})+\sin\alpha}{\sin(\overline{\pi/3+\alpha})} = d_{EF}\frac{2\sin(\overline{\pi/3+\alpha})\cos(\overline{\pi/3})}{\sin(\overline{\pi/3+\alpha})} = d_{EF}$$

D_{20} 确在 EF 上。

(30) D_{01} 在 $E_{11}F_{11}$ 上（注意：$\sin(\overline{2\pi/3+\alpha+\beta})=\sin(\overline{\pi/3-\alpha+\beta})$ 及 $\sin(\overline{2\pi/3+\beta})=\sin(\overline{\pi/3-\beta})$）

$$d = \frac{u_1\sin2\beta}{\sin\alpha} \times \frac{\sin(\alpha-2\beta)\cos(\overline{2\pi/3+\alpha-\beta})-\cos(\alpha-2\beta)\sin(\overline{2\pi/3+\alpha-\beta})}{\cos(\overline{2\pi/3+\alpha-\beta})}$$

$$+\frac{u_1\sin3\beta\cos(\alpha+\beta)}{2\sin\alpha\sin(\overline{\pi/3+\alpha+\beta})\sin(\overline{\pi/3-\alpha+\beta})} \times \frac{\sin2\beta\cos(\overline{2\pi/3+\alpha-\beta})+\cos2\beta\sin(\overline{2\pi/3+\alpha-\beta})}{\cos(\overline{2\pi/3+\alpha-\beta})}$$

$$= \frac{-u_1\sin2\beta\sin(\overline{\pi/3-\beta})}{\cos(\overline{2\pi/3+\alpha-\beta})\sin\alpha} + \frac{u_1\sin3\beta\cos(\alpha+\beta)}{2\sin\alpha\sin(\overline{\pi/3+\alpha+\beta})\cos(\overline{2\pi/3+\alpha-\beta})}$$

$$= \frac{-u_1\sin\beta\sin(\overline{\pi/3-\beta})}{\sin(\overline{\pi/3+\alpha+\beta})\cos(\overline{2\pi/3+\alpha-\beta})} \cdot \frac{[2\cos\beta\sin(\overline{\pi/3+\alpha+\beta})-2\sin(\overline{\pi/3+\beta})\cos(\alpha+\beta)]}{\sin\alpha}$$

$$= d_{E_{11}F_{11}} \times \frac{1}{\sin\alpha}[\sin(\overline{\pi/3+\alpha+2\beta})+\sin(\overline{\pi/3+\alpha})-\sin(\overline{\pi/3+\alpha+2\beta})-\sin(\overline{\pi/3-\alpha})]$$

$$= d_{E_{11}F_{11}} \frac{2\sin\alpha\cos(\overline{\pi/3})}{\sin\alpha} = d_{E_{11}F_{11}}$$

D_{01} 确在 $E_{11}F_{11}$ 上。

(31) D_{10} 在 $E_{11}F_{11}$ 上

$$d = \frac{-u_1 \sin(\overline{\pi/3+2\beta})}{\sin\alpha}$$

$$\times \frac{\sin(\overline{\pi/3-\alpha+2\beta}) \times \cos(\overline{2\pi/3+\alpha-\beta}) + \cos(\overline{\pi/3-\alpha+2\beta})\sin(\overline{2\pi/3+\alpha-\beta})}{\cos(\overline{2\pi/3+\alpha-\beta})}$$

$$+ \frac{u_1\sin 3\beta \cos(\overline{\pi/3-\alpha+\beta})}{2\sin\alpha\sin(\alpha+\beta)\sin(\overline{\pi/3+\alpha+\beta})} \times \frac{\sin(\overline{\pi/3+2\beta})\cos(\overline{2\pi/3+\alpha-\beta}) + \cos(\overline{\pi/3+2\beta})\sin(\overline{2\pi/3+\alpha-\beta})}{\cos(\overline{2\pi/3-\alpha-\beta})}$$

$$= \frac{u_1 \sin(\overline{\pi/3+2\beta})\sin\beta}{\sin\alpha\cos(\overline{2\pi/3+\alpha-\beta})} - \frac{u_1\sin 3\beta\cos(\overline{\pi/3-\alpha+\beta})}{2\sin\alpha\sin(\overline{\pi/3+\alpha+\beta})\cos(\overline{2\pi/3+\alpha-\beta})}$$

$$= \frac{-u_1 \sin\beta\sin(\overline{\pi/3-\beta})}{\sin(\overline{\pi/3+\alpha+\beta})\cos(\overline{2\pi/3-\alpha-\beta})} \times \frac{-2\sin(\overline{\pi/3+\alpha+\beta})\cos(\overline{\pi/3-\beta}) + 2\sin(\overline{\pi/3+\beta})\cos(\overline{\pi/3-\alpha-\beta})}{\sin\alpha} = d_{E_{11}F_{11}}$$

D_{10} 确在 $E_{11}F_{11}$ 上。

(32) D_{12} 在 $E_{22}F_{22}$ 上

$$d = \frac{u_1\sin(\overline{\pi/3+2\beta})}{\sin(\overline{\pi/3-\alpha})}$$

$$\times \frac{\sin(\overline{\pi/3+\alpha-2\beta})\times\cos(\overline{2\pi/3+\alpha-\beta})-\cos(\overline{\pi/3+\alpha-2\beta})\sin(\overline{2\pi/3+\alpha-\beta})}{\cos(\overline{2\pi/3+\alpha-\beta})}$$

$$- \frac{u_1\sin 3\beta\cos(\overline{\pi/3+\alpha+\beta})}{2\sin(\overline{\pi/3-\alpha})\sin(\alpha+\beta)\sin(\overline{\pi/3-\alpha-\beta})}$$

$$\times \frac{\sin(\overline{\pi/3+2\beta})\cos(\overline{2\pi/3+\alpha-\beta})+\cos(\overline{\pi/3+2\beta})\sin(\overline{2\pi/3+\alpha-\beta})}{\cos(\overline{2\pi/3+\alpha-\beta})}$$

$$= \frac{-u_1\sin(\overline{\pi/3+\beta})\sin(\overline{2\pi/3-2\beta})}{\sin(\overline{\pi/3-\alpha})\cos(\overline{2\pi/3+\alpha-\beta})}$$

$$+ \frac{u_1\sin 3\beta\cos(\overline{\pi/3+\alpha+\beta})}{2\sin(\overline{\pi/3-\alpha})\sin(\overline{\pi/3-\alpha-\beta})\cos(\overline{2\pi/3+\alpha-\beta})}$$

$$= \frac{-2u_1\sin(\overline{\pi/3-\beta})\cos(\overline{\pi/3-\beta})\sin(\overline{\pi/3+\beta})}{\sin(\overline{\pi/3-\alpha})\cos(\overline{2\pi/3+\alpha-\beta})}$$

$$+ \frac{2\sin\beta\sin(\overline{\pi/3+\beta})\sin(\overline{\pi/3-\beta})\cos(\overline{\pi/3+\alpha+\beta})}{\sin(\overline{\pi/3-\alpha})\sin(\overline{\pi/3-\alpha-\beta})\cos(\overline{2\pi/3+\alpha-\beta})}$$

$$= \frac{-u_1\sin(\overline{\pi/3+\beta})\sin(\overline{\pi/3-\beta})}{\sin(\overline{\pi/3-\alpha-\beta})\cos(\overline{2\pi/3+\alpha-\beta})}$$

$$\times \frac{2\sin(\overline{\pi/3-\alpha-\beta})\cos(\overline{\pi/3-\beta})-2\sin\beta\cos(\overline{\pi/3+\alpha+\beta})}{\sin(\overline{\pi/3-\alpha})}$$

$$= d_{E_{22}F_{22}} \times \frac{\sin(\overline{2\pi/3-\alpha-2\beta})-\sin\alpha-\sin(\overline{\pi/3+\alpha+2\beta})+\sin(\overline{\pi/3+\alpha})}{\sin(\overline{\pi/3-\alpha})}$$

$$= d_{E_{22}F_{22}} \times \frac{\sin(\overline{2\pi/3-\alpha})-\sin\alpha}{\sin(\overline{\pi/3-\alpha})} = d_{E_{22}F_{22}} \frac{2\cos 2\pi/3 \sin(\overline{\pi/3-\alpha})}{\sin(\overline{\pi/3-\alpha})} = d_{E_{22}F_{22}}$$

D_{12} 确在 $E_{22}F_{22}$ 上。

（33） D_{21} 在 $E_{22}F_{22}$ 上

$$d = \frac{u_1\sin(\overline{2\pi/3+2\beta})}{\sin(\overline{\pi/3-\alpha})}$$

$$\times \frac{\sin(\alpha-2\beta)\cos(\overline{2\pi/3+\alpha-\beta})-\cos(\alpha-2\beta)\sin(\overline{2\pi/3+\alpha-\beta})}{\cos(\overline{2\pi/3+\alpha-\beta})}$$

$$+ \frac{u_1\sin 3\beta\cos(\alpha+\beta)}{2\sin(\overline{\pi/3-\alpha})\sin(\overline{\pi/3+\alpha+\beta})\sin(\overline{\pi/3-\alpha-\beta})}$$

$$\times \frac{\sin(\overline{2\pi/3+2\beta})\cos(\overline{2\pi/3+\alpha-\beta})+\cos(\overline{2\pi/3+2\beta})\sin(\overline{2\pi/3+\alpha-\beta})}{\cos(\overline{2\pi/3+\alpha-\beta})}$$

$$= \frac{-u_1\sin(\overline{2\pi/3+2\beta})\sin(\overline{2\pi/3+\beta})}{\sin(\overline{\pi/3-\alpha})\cos(\overline{2\pi/3+\alpha-\beta})}$$

$$- \frac{u_1\sin 3\beta\cos(\alpha+\beta)}{2\sin(\overline{\pi/3-\alpha})\sin(\overline{\pi/3-\alpha-\beta})\cos(\overline{2\pi/3+\alpha-\beta})}$$

$$= \frac{-u_1\times 2\sin(\overline{\pi/3+\beta})\cos(\overline{\pi/3+\beta})\sin(\overline{\pi/3-\beta})}{\sin(\overline{\pi/3-\alpha})\cos(\overline{2\pi/3+\alpha-\beta})}$$

$$- \frac{2\sin\beta\sin(\overline{\pi/3+\beta})\sin(\overline{\pi/3-\beta})\cos(\alpha+\beta)}{\sin(\overline{\pi/3-\alpha})\cos(\overline{2\pi/3+\alpha-\beta})\sin(\overline{\pi/3-\alpha-\beta})}$$

$$= \frac{-u_1\sin(\overline{\pi/3+\beta})\sin(\overline{\pi/3-\beta})}{\sin(\overline{\pi/3-\alpha-\beta})\cos(\overline{2\pi/3+\alpha-\beta})}$$

$$\times \frac{2\sin(\overline{\pi/3-\alpha-\beta})\cos(\overline{\pi/3+\beta})+2\sin\beta\cos(\alpha+\beta)}{\sin(\overline{\pi/3-\alpha})}$$

$$= \frac{-u_1\sin(\overline{\pi/3+\beta})\sin(\overline{\pi/3-\beta})}{\sin(\overline{\pi/3-\alpha-\beta})\cos(\overline{2\pi/3+\alpha-\beta})} \times \frac{\sin(\overline{2\pi/3-\alpha})\sin\alpha}{\sin(\overline{\pi/3-\alpha})} = D_{E_{22}F_{22}}$$

第一章　Morley 定理与三角、解析几何证明　　35

D_{21} 确在 $E_{22}F_{22}$ 上。

（34）D_{00} 在 $F_{00}D_{00}$ 上

$$d = \frac{u_1 \sin 2\beta}{\sin(\overline{\pi/3-\alpha})}$$

$$\times \frac{\sin(\overline{\pi/3-\alpha+2\beta})\cos(\overline{\pi/3+\alpha-\beta})+\cos(\overline{\pi/3-\alpha+2\beta})\sin(\overline{\pi/3+\alpha-\beta})}{\cos(\overline{\pi/3+\alpha-\beta})}$$

$$-\frac{u_1 \sin 3\beta \cos(\overline{\pi/3-\alpha-\beta})}{2\sin(\overline{\pi/3-\alpha})\sin(\alpha+\beta)\sin(\overline{\pi/3+\alpha+\beta})}$$

$$\times \frac{\sin 2\beta \cos(\overline{\pi/3+\alpha-\beta})+\cos 2\beta \sin(\overline{\pi/3+\alpha-\beta})}{\cos(\overline{\pi/3+\alpha-\beta})}$$

$$= \frac{u_1 \sin 2\beta \sin(\overline{2\pi/3+\beta})}{\sin(\overline{\pi/3-\alpha})\cos(\overline{\pi/3+\alpha-\beta})} - \frac{u_1 \sin 3\beta \cos(\overline{\pi/3-\alpha-\beta})}{2\sin(\overline{\pi/3-\alpha})\sin(\alpha+\beta)\cos(\overline{\pi/3+\alpha-\beta})}$$

$$= \frac{u_1 2\sin\beta\cos\beta\sin(\overline{\pi/3-\beta})}{\sin(\overline{\pi/3-\alpha})\cos(\overline{\pi/3+\alpha-\beta})} - \frac{u_1 2\sin\beta\sin(\overline{\pi/3-\beta})\sin(\overline{\pi/3+\beta})\cos(\overline{\pi/3-\alpha-\beta})}{\sin(\overline{\pi/3-\alpha})\sin(\alpha+\beta)\cos(\overline{\pi/3+\alpha-\beta})}$$

$$= \frac{-u_1 \sin(\overline{\pi/3-\beta})\sin\beta}{\sin(\alpha+\beta)\cos(\overline{\pi/3+\alpha-\beta})} \times \left(\frac{-2\sin(\alpha+\beta)\cos\beta+2\sin(\overline{\pi/3+\beta})\cos(\overline{\pi/3-\alpha-\beta})}{\sin(\overline{\pi/3-\alpha})}\right)$$

$$= \frac{-u_1 \sin(\overline{\pi/3-\beta})\sin\beta}{\sin(\alpha+\beta)\cos(\overline{\pi/3+\alpha-\beta})} \times \frac{-\sin(\alpha+2\beta)-\sin\alpha+\sin(\overline{2\pi/3-\alpha})+\sin(\alpha+2\beta)}{\sin(\overline{\pi/3-\alpha})} = d_{FD}$$

D_{00} 确在 FD[①] 上。

（35）D_{12} 在 FD 上

$$d = \frac{u_1 \sin(\overline{\pi/3+2\beta})}{\sin(\overline{\pi/3-\alpha})}$$

$$\times \frac{\sin(\overline{\pi/3+\alpha-2\beta})\cos(\overline{\pi/3+\alpha-\beta})-\cos(\overline{\pi/3+\alpha-2\beta})\sin(\overline{\pi/3+\alpha-\beta})}{\cos(\overline{\pi/3+\alpha-\beta})}$$

$$-\frac{u_1 \sin 3\beta \cos(\overline{\pi/3+\alpha+\beta})}{2\sin(\overline{\pi/3-\alpha})\sin(\alpha+\beta)\sin(\overline{\pi/3-\alpha-\beta})}$$

$$\times \frac{\sin(\overline{\pi/3+2\beta})\cos(\overline{\pi/3+\alpha-\beta})+\cos(\overline{\pi/3+2\beta})\sin(\overline{\pi/3+\alpha-\beta})}{\cos(\overline{\pi/3+\alpha-\beta})}$$

$$= \frac{-2u_1 \sin\beta \sin(\overline{\pi/3-\beta})\cos(\overline{\pi/3-\beta})}{\sin(\overline{\pi/3-\alpha})\cos(\overline{\pi/3+\alpha-\beta})}$$

---

① DE 即 $D_{00}E_{00}$，FD 即 $F_{00}D_{00}$，EF 即 $E_{00}F_{00}$，以下同。

$$-\frac{2u_1\sin\beta\sin(\overline{\pi/3-\beta})\sin(\overline{\pi/3+\beta})\cos(\overline{\pi/3+\alpha+\beta})\sin(\overline{\pi/3-\alpha-\beta})}{\sin(\overline{\pi/3-\alpha})\cos(\overline{\pi/3+\alpha-\beta})\sin(\alpha+\beta)\sin(\overline{\pi/3-\alpha-\beta})}$$

$$=\frac{-u_1\sin\beta\sin(\overline{\pi/3-\beta})}{\sin(\alpha+\beta)\cos(\overline{\pi/3+\alpha-\beta})}$$

$$\times\frac{2\cos(\overline{\pi/3-\beta})\sin(\alpha+\beta)+2\sin(\overline{\pi/3+\beta})\cos(\overline{\pi/3+\alpha+\beta})}{\sin(\overline{\pi/3-\alpha})}$$

$$=d_{FD}\times\frac{\sin(\overline{\pi/3+\alpha})-\sin(\overline{\pi/3-\alpha-2\beta})+\sin(\overline{2\pi/3+\alpha+2\beta})-\sin\alpha}{\sin(\overline{\pi/3-\alpha})}$$

$$=d_{FD}\frac{\sin(\overline{2\pi/3-\alpha})-\sin\alpha}{\sin(\overline{\pi/3-\alpha})}=d_{FD}$$

D_{12} 确在 FD 上。

(36) D_{11} 在 $F_{11}D_{11}$ 上

$$d=\frac{u_1\sin(\overline{\pi/3+2\beta})}{\sin(\overline{\pi/3+\alpha})}\times\frac{\sin(\alpha-2\beta)\cos(\overline{\pi/3+\alpha-\beta})-\cos(\alpha-\beta)\sin(\overline{\pi/3+\alpha-\beta})}{\cos(\overline{\pi/3+\alpha-\beta})}$$

$$+\frac{u_1\sin3\beta\cos(\alpha+\beta)}{2\sin(\overline{\pi/3+\alpha})\sin(\overline{\pi/3+\alpha+\beta})\sin(\overline{\pi/3-\alpha-\beta})}$$

$$\times\frac{\sin(\overline{\pi/3+2\beta})\cos(\overline{\pi/3+\alpha-\beta})+\cos(\overline{\pi/3+2\beta})\sin(\overline{\pi/3+\alpha-\beta})}{\cos(\overline{\pi/3+\alpha-\beta})}$$

$$=\frac{-u_1\times2\sin(\overline{\pi/3-\beta})\cos(\overline{\pi/3-\beta})\sin(\overline{\pi/3+\beta})}{\sin(\overline{\pi/3+\alpha})\cos(\overline{\pi/3+\alpha-\beta})}$$

$$+\frac{u_1 2\sin\beta\sin(\overline{\pi/3-\beta})\sin(\overline{\pi/3+\beta})\cos(\alpha+\beta)}{\sin(\overline{\pi/3+\alpha})\sin(\overline{\pi/3+\alpha+\beta})\cos(\overline{\pi/3+\alpha-\beta})}$$

$$=\frac{-u_1\sin(\overline{\pi/3-\beta})\sin(\overline{\pi/3+\beta})}{\sin(\overline{\pi/3+\alpha+\beta})\cos(\overline{\pi/3+\alpha-\beta})}$$

$$\times\frac{+2\cos(\overline{\pi/3-\beta})\sin(\overline{\pi/3+\alpha+\beta})-2\sin\beta\cos(\alpha+\beta)}{\sin(\overline{\pi/3+\alpha})}$$

$$=d_{F_{11}D_{11}}\times\frac{\sin(\overline{2\pi/3+\alpha})+\sin(\alpha+2\beta)-\sin(\alpha+2\beta)+\sin\alpha}{\sin\alpha}=d_{F_{11}D_{11}}$$

D_{11} 确在 $D_{11}F_{11}$ 上。

(37) D_{20} 在 $F_{11}D_{11}$ 上

$$d=\frac{-u_1\sin(\overline{\pi/3-2\beta})}{\sin(\overline{\pi/3+\alpha})}$$

$$\times \frac{\sin(\overline{\pi/3}-\alpha+2\beta)\cos(\overline{\pi/3}+\alpha-\beta)+\cos(\overline{\pi/3}-\alpha+2\beta)\sin(\overline{\pi/3}+\alpha-\beta)}{\cos(\overline{\pi/3}+\alpha-\beta)}$$

$$+\frac{u_1\sin 3\beta\cos(\overline{\pi/3}-\alpha-\beta)}{2\sin(\overline{\pi/3}+\alpha)\sin(\alpha+\beta)\sin(\overline{\pi/3}+\alpha+\beta)}$$

$$\times \frac{\sin(\overline{\pi/3}-2\beta)\cos(\overline{\pi/3}+\alpha-\beta)-\cos(\overline{\pi/3}-2\beta)\sin(\overline{\pi/3}+\alpha-\beta)}{\cos(\overline{\pi/3}+\alpha-\beta)}$$

$$=\frac{-u_1\times\sin(\overline{2\pi/3}+\beta)\sin(\overline{\pi/3}-\beta)}{\sin(\overline{\pi/3}+\alpha)\cos(\overline{\pi/3}+\alpha-\beta)}$$

$$-\frac{2u_1\sin\beta\sin(\overline{\pi/3}-\beta)\sin(\overline{\pi/3}+\beta)\cos(\overline{\pi/3}-\alpha-\beta)}{\sin(\overline{\pi/3}+\alpha)\sin(\overline{\pi/3}+\alpha+\beta)\cos(\overline{\pi/3}+\alpha-\beta)}$$

$$=\frac{-u_1\sin(\overline{\pi/3}-\beta)\sin(\overline{\pi/3}+\beta)}{\sin(\overline{\pi/3}+\alpha+\beta)\cos(\overline{\pi/3}+\alpha-\beta)}$$

$$\times\frac{2\cos(\overline{\pi/3}+\beta)\sin(\overline{\pi/3}+\alpha+\beta)+2\sin\beta\cos(\overline{\pi/3}-\alpha-\beta)}{\sin(\overline{\pi/3}+\alpha)}$$

$$=d_{F_{11}D_{11}}\times\frac{\sin(\overline{2\pi/3}+\alpha+2\beta)+\sin\alpha-\sin(\overline{\pi/3}-\alpha-2\beta)+\sin(\overline{\pi/3}-\alpha)}{\sin(\overline{\pi/3}+\alpha)}$$

$$=d_{F_{11}D_{11}}\times\frac{\sin(\overline{2\pi/3}+\alpha)+\sin\alpha}{\sin(\overline{\pi/3}+\alpha)}=d_{F_{11}D_{11}}$$

D_{20}确在$F_{11}D_{11}$上。

（38）D_{01}在$F_{22}D_{22}$上

$$d=\frac{u_1\sin 2\beta}{\sin\alpha}\times\frac{\sin(\alpha-2\beta)\cos(\overline{\pi/3}+\alpha-\beta)-\cos(\alpha-2\beta)\sin(\overline{\pi/3}+\alpha-\beta)}{\cos(\overline{\pi/3}+\alpha-\beta)}$$

$$+\frac{u_1\sin 3\beta\cos(\alpha+\beta)}{2\sin\alpha\sin(\overline{\pi/3}+\alpha+\beta)\sin(\overline{\pi/3}-\alpha-\beta)}\times\frac{\sin 2\beta\cos(\overline{\pi/3}+\alpha-\beta)+\cos 2\beta\sin(\overline{\pi/3}+\alpha-\beta)}{\cos(\overline{\pi/3}+\alpha-\beta)}$$

$$=\frac{-2u_1\sin\beta\cos\beta\sin(\overline{\pi/3}+\beta)}{\sin\alpha\cos(\overline{\pi/3}+\alpha-\beta)}+\frac{u_1 2\sin\beta\sin(\overline{\pi/3}+\beta)\sin(\overline{\pi/3}-\beta)\cos(\alpha+\beta)}{\sin\alpha\sin(\overline{\pi/3}-\alpha-\beta)\cos(\overline{\pi/3}+\alpha-\beta)}$$

$$=\frac{+u_1\sin\beta\sin(\overline{\pi/3}+\beta)}{\sin(\overline{\pi/3}-\alpha-\beta)\cos(\overline{\pi/3}+\alpha-\beta)}$$

$$\times\frac{-2\cos\beta\sin(\overline{\pi/3}-\alpha-\beta)+2\sin(\overline{\pi/3}-\beta)\cos(\alpha+\beta)}{\sin\alpha}$$

$$=d_{F_{22}D_{22}}\times\frac{-\sin(\overline{\pi/3}-\alpha)-\sin(\overline{\pi/3}-\alpha-2\beta)+\sin(\overline{\pi/3}+\alpha)+\sin(\overline{\pi/3}-\alpha-2\beta)}{\sin\alpha}$$

$$= d_{F_{22}D_{22}}$$

D_{01} 确在 $F_{22}D_{22}$ 上。

(39) D_{22} 在 $F_{22}D_{22}$ 上

$$d = \frac{-u_1 \sin(\overline{\pi/3 - 2\beta})}{\sin\alpha}$$

$$\times \frac{\sin(\overline{\pi/3+\alpha-2\beta})\cos(\overline{\pi/3+\alpha-\beta}) - \cos(\overline{\pi/3+\alpha-2\beta})\sin(\overline{\pi/3+\alpha-\beta})}{\cos(\overline{\pi/3+\alpha-\beta})}$$

$$+ \frac{u_1 \sin 3\beta \cos(\overline{\pi/3+\alpha+\beta})}{2\sin\alpha \sin(\alpha+\beta) \sin(\overline{\pi/3-\alpha-\beta})}$$

$$\times \frac{\sin(\overline{\pi/3-2\beta})\cos(\overline{\pi/3+\alpha-\beta}) - \cos(\overline{\pi/3-2\beta})\sin(\overline{\pi/3+\alpha-\beta})}{\cos(\overline{\pi/3+\alpha-\beta})}$$

$$= \frac{+2 u_1 \sin(\overline{\pi/3+\beta})\cos(\overline{\pi/3+\beta})\sin\beta}{\sin\alpha \cos(\overline{\pi/3+\alpha-\beta})}$$

$$- \frac{2 u_1 \sin\beta \sin(\overline{\pi/3+\beta})\sin(\overline{\pi/3-\beta})\cos(\overline{\pi/3+\alpha+\beta})}{\sin\alpha \sin(\overline{\pi/3-\alpha-\beta})\cos(\overline{\pi/3+\alpha-\beta})}$$

$$= \frac{u_1 \sin\beta \sin(\overline{\pi/3+\beta})}{\sin(\overline{\pi/3-\alpha-\beta})\cos(\overline{\pi/3+\alpha-\beta})}$$

$$\times \frac{+2\cos(\overline{\pi/3+\beta})\sin(\overline{\pi/3-\alpha-\beta}) - 2\sin(\overline{\pi/3-\beta})\cos(\overline{\pi/3+\alpha+\beta})}{\sin\alpha}$$

$$= d_{F_{22}D_{22}} \times \frac{+\sin(\overline{2\pi/3-\alpha}) - \sin(\alpha+2\beta) - \sin(\overline{2\pi/3+\alpha}) + \sin(\alpha+2\beta)}{\sin\alpha}$$

$$= d_{F_{22}D_{22}} \frac{-\sin(\overline{\pi/3-\alpha}) + \sin(\overline{\pi/3+\alpha})}{\sin\alpha}$$

$$= d_{F_{22}D_{22}}$$

D_{22} 确在 $F_{22}D_{22}$ 上。

(40) D 在 DE 上

$$d = \frac{u_1 \sin 2\beta}{\sin(\overline{\pi/3-\alpha})} \times \frac{\sin(\overline{\pi/3-\alpha+2\beta})\cos(\alpha-\beta) + \cos(\overline{\pi/3-\alpha+2\beta})\sin(\alpha-\beta)}{\cos(\alpha-\beta)}$$

$$- \frac{u_1 \sin 3\beta \cos(\overline{\pi/3-\alpha-\beta})}{2\sin(\overline{\pi/3-\alpha})\sin(\alpha+\beta)\sin(\overline{\pi/3+\alpha+\beta})}$$

$$\times \frac{\sin 2\beta \cos(\alpha-\beta) + \cos 2\beta \sin(\alpha-\beta)}{\cos(\alpha-\beta)}$$

$$= \frac{u_1 2\sin\beta\cos\beta\sin(\overline{\pi/3+\beta})}{\sin(\overline{\pi/3-\alpha})\cos(\alpha-\beta)} - \frac{u_1 2\sin\beta\sin(\overline{\pi/3+\beta})\sin(\overline{\pi/3-\beta})\cos(\overline{\pi/3-\alpha-\beta})}{\sin(\overline{\pi/3-\alpha})\cos(\overline{\pi/3+\alpha+\beta})}$$

$$= \frac{u_1\sin\beta\sin(\overline{\pi/3+\beta})}{\sin(\overline{\pi/3+\alpha+\beta})\cos(\alpha-\beta)} \times \frac{2\sin(\overline{\pi/3+\alpha+\beta})\cos\beta - 2\sin(\overline{\pi/3-\beta})\cos(\overline{\pi/3-\alpha-\beta})}{\sin(\overline{\pi/3-\alpha})}$$

$$= d_{DE} \times \frac{\sin(\overline{\pi/3+\alpha+2\beta}) + \sin(\overline{\pi/3+\alpha}) - \sin(\overline{2\pi/3-\alpha-2\beta}) - \sin\alpha}{\sin(\overline{\pi/3-\alpha})}$$

$$= d_{DE}\frac{\sin(\overline{2\pi/3-\alpha}) - \sin\alpha}{\sin(\overline{\pi/3-\alpha})} = d_{DE}$$

D 确在 DE 上。

(41) D_{21} 在 DE 上

$$d = \frac{u_1\sin(\overline{2\pi/3+2\beta})}{\sin(\overline{\pi/3-\alpha})} \times \frac{\sin(\alpha-2\beta)\cos(\alpha-\beta) - \cos(\alpha-2\beta)\sin(\alpha-\beta)}{\cos(\alpha-\beta)}$$

$$+ \frac{u_1\sin3\beta\cos(\alpha+\beta)}{2\sin(\overline{\pi/3-\alpha})\sin(\overline{\pi/3+\alpha+\beta})\sin(\overline{\pi/3-\alpha-\beta})}$$

$$\times \frac{\sin(\overline{2\pi/3+2\beta})\cos(\alpha-\beta) + \cos(\overline{2\pi/3+2\beta})\sin(\alpha-\beta)}{\cos(\alpha-\beta)}$$

$$= \frac{-2u_1\sin(\overline{\pi/3+\beta})\cos(\overline{\pi/3+\beta})\sin\beta}{\sin(\overline{\pi/3-\alpha})\cos(\alpha-\beta)}$$

$$+ \frac{2u_1\sin\beta\sin(\overline{\pi/3+\beta})\sin(\overline{\pi/3-\beta})\cos(\alpha+\beta)}{\sin(\overline{\pi/3-\alpha})\sin(\overline{\pi/3+\alpha+\beta})\cos(\alpha-\beta)}$$

$$= \frac{u_1\sin\beta\sin(\overline{\pi/3+\beta})}{\sin(\overline{\pi/3+\alpha+\beta})\cos(\alpha-\beta)}$$

$$\times \frac{-2\sin(\overline{\pi/3+\alpha+\beta})\cos(\overline{\pi/3+\beta}) + 2\sin(\overline{\pi/3-\beta})\cos(\alpha+\beta)}{\sin(\overline{\pi/3-\alpha})}$$

$$= d_{DE} \times \frac{-\sin(\overline{2\pi/3+\alpha+2\beta}) - \sin\alpha + \sin(\overline{\pi/3+\alpha}) + \sin(\overline{\pi/3-\alpha-2\beta})}{\sin(\overline{\pi/3-\alpha})}$$

$$= d_{DE}\frac{\sin(\overline{2\pi/3-\alpha}) - \sin\alpha}{\sin(\overline{\pi/3-\alpha})} = d_{DE}$$

D_{21} 确在 DE 上。

(42) D_{02} 在 $D_{11}E_{11}$ 上

$$d = \frac{u_1\sin 2\beta}{\sin(\overline{\pi/3+\alpha})} \times \frac{\sin(\overline{\pi/3+\alpha-2\beta})\cos(\alpha-\beta)-\cos(\overline{\pi/3+\alpha-2\beta})\sin(\alpha-\beta)}{\cos(\alpha-\beta)}$$

$$-\frac{+u_1\sin 3\beta\cos(\overline{\pi/3+\alpha+\beta})}{2\sin(\overline{\pi/3+\alpha})\sin(\alpha+\beta)\sin(\overline{\pi/3-\alpha-\beta})} \times \frac{\sin 2\beta\cos(\alpha-\beta)+\cos 2\beta\sin(\alpha-\beta)}{\cos(\alpha-\beta)}$$

$$= \frac{2u_1\sin\beta\cos\beta\sin(\overline{\pi/3-\beta})}{\sin(\overline{\pi/3+\alpha})\cos(\alpha-\beta)} - \frac{2u_1\sin\beta\sin(\overline{\pi/3+\beta})\sin(\overline{\pi/3-\beta})\cos(\overline{\pi/3+\alpha+\beta})}{\sin(\overline{\pi/3+\alpha})\sin(\overline{\pi/3-\alpha-\beta})\cos(\alpha-\beta)}$$

$$= \frac{u_1\sin\beta\sin(\overline{\pi/3-\beta})}{\sin(\overline{\pi/3-\alpha-\beta})\cos(\alpha-\beta)}$$

$$\times \frac{2\cos\beta\sin(\overline{\pi/3-\alpha-\beta})-2\sin(\overline{\pi/3+\beta})\cos(\overline{\pi/3+\alpha+\beta})}{\sin(\overline{\pi/3+\alpha})}$$

$$= d_{D_{11}E_{11}} \times \frac{\sin(\overline{\pi/3-\alpha})+\sin(\overline{\pi/3-\alpha-2\beta})-\sin(\overline{2\pi/3+\alpha+2\beta})+\sin\alpha}{\sin(\overline{\pi/3+\alpha})}$$

$$= d_{D_{11}E_{11}} \frac{\sin(\overline{2\pi/3+\alpha})+\sin\alpha}{\sin(\overline{\pi/3+\alpha})} = d_{D_{11}E_{11}}$$

D_{02} 确在 $D_{11}E_{11}$ 上。

(43) D_{11} 在 $D_{11}E_{11}$ 上

$$d = \frac{u_1\sin(\overline{2\pi/3-2\beta})}{\sin(\overline{\pi/3+\alpha})} \times \frac{\sin(\alpha-2\beta)\cos(\alpha-\beta)-\cos(\alpha-2\beta)\sin(\alpha-\beta)}{\cos(\alpha-\beta)}$$

$$+\frac{u_1\sin 3\beta\cos(\alpha+\beta)}{2\sin(\overline{\pi/3+\alpha})\sin(\overline{\pi/3+\alpha+\beta})\sin(\overline{\pi/3-\alpha-\beta})}$$

$$\times \frac{\sin(\overline{\pi/3+2\beta})\cos(\alpha-\beta)+\cos(\overline{\pi/3+2\beta})\sin(\alpha-\beta)}{\cos(\alpha-\beta)}$$

$$= \frac{-u_1\times 2\sin(\overline{\pi/3+\beta})\cos(\overline{\pi/3-\beta})\sin\beta}{\sin(\overline{\pi/3+\alpha})\cos(\alpha-\beta)} + \frac{2u_1\sin\beta\sin(\overline{\pi/3+\beta})\sin(\overline{\pi/3-\beta})\cos(\alpha+\beta)}{\sin(\overline{\pi/3+\alpha})\sin(\overline{\pi/3-\alpha-\beta})\cos(\alpha-\beta)}$$

$$= \frac{+u_1\sin\beta\sin(\overline{\pi/3-\beta})}{\sin(\overline{\pi/3-\alpha-\beta})\cos(\alpha-\beta)} \times \frac{-2\sin(\overline{\pi/3-\alpha-\beta})\cos(\overline{\pi/3-\beta})+2\sin(\overline{\pi/3+\beta})\cos(\alpha+\beta)}{\sin(\overline{\pi/3+\alpha})}$$

$$= d_{D_{11}E_{11}} \times \frac{-\sin(\overline{2\pi/3-\alpha-2\beta})+\sin(\alpha)+\sin(\overline{\pi/3+\alpha+2\beta})+\sin(\overline{\pi/3-\alpha})}{\sin(\overline{\pi/3+\alpha})}$$

$$= d_{D_{11}E_{11}} \frac{\sin(\overline{2\pi/3+\alpha})+\sin\alpha}{\sin(\overline{\pi/3+\alpha})} = d_{D_{11}E_{11}}$$

D_{11}确在$D_{11}E_{11}$上。

(44) D_{10}在$D_{22}E_{22}$上

$$d = \frac{-u_1\sin(\overline{\pi/3}+2\beta)}{\sin\alpha} \times \frac{\sin(\overline{\pi/3}-\alpha+2\beta)\cos(\alpha-\beta)+\cos(\overline{\pi/3}-\alpha+2\beta)\sin(\alpha-\beta)}{\cos(\alpha-\beta)}$$

$$+\frac{u_1\sin3\beta\cos(\overline{\pi/3}-\alpha-\beta)}{2\sin\alpha\sin(\alpha+\beta)\sin(\overline{\pi/3}+\alpha+\beta)} \times \frac{\sin(\overline{\pi/3}+2\beta)\cos(\alpha-\beta)+\cos(\overline{\pi/3}+2\beta)\sin(\alpha-\beta)}{\cos(\alpha-\beta)}$$

$$=\frac{-2u_1\sin(\overline{\pi/3}-\beta)\cos(\overline{\pi/3}-\beta)\sin(\overline{\pi/3}+\beta)}{\sin\alpha\cos(\alpha-\beta)}$$

$$+\frac{2u_1\sin\beta\sin(\overline{\pi/3}+\beta)\sin(\overline{\pi/3}-\beta)\cos(\overline{\pi/3}-\alpha-\beta)}{\sin\alpha\cos(\alpha+\beta)}$$

$$=\frac{-u_1\sin(\overline{\pi/3}-\beta)\sin(\overline{\pi/3}+\beta)}{\sin(\alpha+\beta)\cos(\alpha-\beta)} \times \frac{2\cos(\overline{\pi/3}-\beta)\sin(\alpha+\beta)-2\sin\beta\cos(\overline{\pi/3}-\alpha+\beta)}{\sin\alpha}$$

$$=d_{D_{22}E_{22}}\frac{\sin(\overline{\pi/3}+\alpha)-\sin(\overline{\pi/3}-\alpha-2\beta)-\sin(\overline{\pi/3}-\alpha)+\sin(\overline{\pi/3}-\alpha-2\beta)}{\sin\alpha}$$

$$=d_{D_{22}E_{22}} \times \frac{\sin(\overline{\pi/3}+\alpha)-\sin(\overline{\pi/3}-\alpha)}{\sin\alpha} = d_{D_{22}E_{22}}$$

D_{10}确在$D_{22}E_{22}$上。

(45) D_{22}在$D_{22}E_{22}$上

$$d = \frac{-u_1\sin(\overline{\pi/3}-2\beta)}{\sin\alpha} \times \frac{\sin(\overline{\pi/3}+\alpha-2\beta)\cos(\alpha-\beta)-\cos(\overline{\pi/3}+\alpha-2\beta)\sin(\alpha-\beta)}{\cos(\alpha-\beta)}$$

$$+\frac{u_1\sin3\beta\cos(\overline{\pi/3}+\alpha+\beta)}{2\sin\alpha\sin(\alpha+\beta)\sin(\overline{\pi/3}-\alpha-\beta)}$$

$$\times \frac{\sin(\overline{\pi/3}-2\beta)\cos(\alpha-\beta)-\cos(\overline{\pi/3}-2\beta)\sin(\alpha-\beta)}{\cos(\alpha-\beta)}$$

$$=\frac{-2u_1\sin(\overline{\pi/3}+\beta)\cos(\overline{\pi/3}+\beta)\sin(\overline{\pi/3}-\beta)}{\sin\alpha\cos(\alpha-\beta)} + \frac{2u_1\sin\beta\sin(\overline{\pi/3}+\beta)\sin(\overline{\pi/3}-\beta)\cos(\overline{\pi/3}+\alpha+\beta)}{\sin\alpha\sin(\alpha+\beta)\cos(\alpha-\beta)}$$

$$=\frac{-u_1\sin(\overline{\pi/3}+\beta)\sin(\overline{\pi/3}-\beta)}{\sin(\alpha+\beta)\cos(\alpha-\beta)}$$

$$\times \frac{+2\sin(\alpha+\beta)\cos(\overline{\pi/3}+\beta)-2\sin\beta\cos(\overline{\pi/3}+\alpha+\beta)}{\sin\alpha}$$

$$=d_{D_{22}E_{22}}\frac{+\sin(\overline{\pi/3}+\alpha+2\beta)-\sin(\overline{\pi/3}-\alpha)-\sin(\overline{\pi/3}+\alpha+2\beta)+\sin(\overline{\pi/3}+\alpha)}{\sin\alpha}$$

$$=d_{D_{22}E_{22}}$$

D_{22} 确在 $D_{22}E_{22}$ 上。

至此，Morley 定理③证毕，同时已证明有 27 个正三角形，即④的 18 个正三角形加⑤的 9 个正三角形。

在得到内 Morley 正三角形与 2 个外 Morley 正三角形时伴随有前述 Morley 定理⑤所指出的 6 个非正三角形，可以看到还有前述 Morley 定理④的 9 个非正三角形。

判定三角形三线段是否在三组 9 条平行线之一上，见表 1-6（表中 $D=D_{00},E=E_{00},F=F_{00}$）。

表 1-6

	DE	EF	FD	是否正三角形
$\triangle D_{00}E_{00}F_{00}$	在 $D_{00}E_{00}$ 上	在 $E_{00}F_{00}$ 上	在 $F_{00}D_{00}$ 上	是正三角形
$\triangle D_{00}E_{01}F_{10}$	$E_{01}F_{10}$ 不在任何九条平行线之一上			不是正三角形
$\triangle D_{00}E_{02}F_{20}$	在 $D_{00}F_{00}$ 上	在 $E_{11}F_{11}$ 上	在 $D_{00}E_{00}$ 上	是正三角形
$\triangle D_{10}E_{00}F_{01}$	$D_{10}F_{01}$ 不在任何九条平行线之一上			不是正三角形
$\triangle D_{20}E_{00}F_{02}$	在 $E_{00}F_{00}$ 上	在 $E_{00}D_{00}$ 上	在 $D_{11}F_{11}$ 上	是正三角形
$\triangle D_{01}E_{10}F_{00}$	$D_{01}E_{10}$ 不在任何九条平行线之一上			不是正三角形
$\triangle D_{02}E_{20}F_{00}$	在 $D_{11}E_{11}$ 上	在 $D_{00}F_{00}$ 上	在 $E_{00}F_{00}$ 上	是正三角形
$\triangle D_{11}E_{11}F_{11}$	在 $D_{11}E_{11}$ 上	在 $E_{11}F_{11}$ 上	在 $F_{11}D_{11}$ 上	是正三角形
$\triangle D_{11}E_{12}F_{21}$	$E_{12}F_{21}$ 不在任何九条平行线之一上			不是正三角形
$\triangle D_{11}E_{10}F_{01}$	在 $D_{11}F_{11}$ 上	在 $E_{22}F_{22}$ 上	在 $D_{11}E_{11}$ 上	是正三角形
$\triangle D_{21}E_{11}F_{12}$	$D_{21}F_{12}$ 不在任何九条平行线之一上			不是正三角形
$\triangle D_{01}E_{11}F_{10}$	在 $E_{11}F_{11}$ 上	在 $D_{11}E_{11}$ 上	在 $D_{22}F_{22}$ 上	是正三角形
$\triangle D_{12}E_{21}F_{11}$	$D_{12}E_{21}$ 不在任何九条平行线之一上			不是正三角形
$\triangle D_{10}E_{01}F_{11}$	在 $D_{22}E_{22}$ 上	在 $D_{11}F_{11}$ 上	在 $E_{11}F_{11}$ 上	是正三角形
$\triangle D_{22}E_{22}F_{22}$	在 $D_{22}E_{22}$ 上	在 $E_{22}F_{22}$ 上	在 $D_{22}F_{22}$ 上	是正三角形
$\triangle D_{22}E_{20}F_{02}$	$E_{20}F_{02}$ 不在任何九条平行线之一上			不是正三角形
$\triangle D_{22}E_{21}F_{12}$	在 $D_{22}F_{22}$ 上	在 $E_{00}F_{00}$ 上	在 $D_{22}E_{22}$ 上	是正三角形
$\triangle D_{02}E_{22}F_{20}$	$D_{02}F_{20}$ 不在任何九条平行线之一上			不是正三角形
$\triangle D_{12}E_{22}F_{21}$	在 $E_{22}F_{22}$ 上	在 $D_{22}E_{22}$ 上	在 $D_{00}F_{00}$ 上	是正三角形
$\triangle D_{20}E_{02}F_{22}$	$D_{20}E_{02}$ 不在任何九条平行线之一上			不是正三角形
$\triangle D_{21}E_{12}F_{22}$	在 $D_{00}E_{00}$ 上	在 $F_{22}D_{22}$ 上	在 $E_{22}F_{22}$ 上	是正三角形
$\triangle D_{01}E_{12}F_{20}$	在 $D_{22}F_{22}$ 上	在 $D_{00}E_{00}$ 上	在 $E_{11}F_{11}$ 上	是正三角形
$\triangle D_{20}E_{01}F_{12}$	在 $D_{11}F_{11}$ 上	在 $D_{22}E_{22}$ 上	在 $E_{00}F_{00}$ 上	是正三角形
$\triangle D_{12}E_{20}F_{01}$	在 $D_{00}F_{00}$ 上	在 $D_{11}E_{11}$ 上	在 $E_{22}F_{22}$ 上	是正三角形
$\triangle D_{10}E_{02}F_{21}$	在 $E_{11}F_{11}$ 上	在 $D_{00}F_{00}$ 上	在 $D_{22}E_{22}$ 上	是正三角形
$\triangle D_{21}E_{10}F_{02}$	在 $E_{22}F_{22}$ 上	在 $D_{11}F_{11}$ 上	在 $E_{00}D_{00}$ 上	是正三角形
$\triangle D_{02}E_{21}F_{10}$	在 $E_{00}F_{00}$ 上	在 $D_{22}F_{22}$ 上	在 $D_{11}E_{11}$ 上	是正三角形

判定三角形三线段是否在三组 9 条平行线之一上，如下：

$\left.\begin{array}{l}\triangle D_{01}E_{01}F_{01}\\ \triangle D_{02}E_{02}F_{02}\\ \triangle D_{10}E_{10}F_{10}\\ \triangle D_{12}E_{12}F_{12}\\ \triangle D_{20}E_{20}F_{20}\\ \triangle D_{21}E_{21}F_{21}\end{array}\right\}$ 所有三条边都不在三组 9 条平行线的任何一条线上，不能判定。对图而言（一个具体实例）可用圆规量，得出不是正三角形，从而保证一般情况下不是正三角形。

第一章 Morley 定理与三角、解析几何证明   43

$\triangle D_{00}D_{21}D_{12}$ $D_{00}D_{21}$在$D_{00}E_{00}$上，$D_{00}D_{12}$在$D_{00}F_{00}$上，$D_{12}D_{21}$在$E_{22}F_{22}$上，是正三角形。
$\triangle E_{00}E_{21}E_{12}$ $E_{00}E_{21}$在$E_{00}F_{00}$上，$E_{00}E_{12}$在$D_{00}F_{00}$上，$E_{12}E_{21}$在$D_{22}F_{22}$上，是正三角形。
$\triangle F_{00}F_{21}F_{12}$ $F_{00}F_{21}$在$D_{00}F_{00}$上，$F_{00}F_{12}$在$E_{00}F_{00}$上，$F_{12}F_{21}$在$D_{22}E_{22}$上，是正三角形。
$\triangle D_{11}D_{02}D_{20}$ $D_{02}D_{11}$在$D_{11}E_{11}$上，$D_{11}D_{20}$在$D_{11}F_{11}$上，$D_{02}D_{20}$在$E_{00}F_{00}$上，是正三角形。
$\triangle E_{11}E_{02}E_{20}$ $E_{02}E_{11}$在$E_{11}F_{11}$上，$E_{11}E_{20}$在$D_{11}E_{11}$上，$E_{02}E_{20}$在$D_{00}F_{00}$上，是正三角形。
$\triangle F_{11}F_{02}F_{20}$ $F_{02}F_{11}$在$D_{11}F_{11}$上，$F_{11}F_{20}$在$E_{11}F_{11}$上，$F_{02}F_{20}$在$D_{00}E_{00}$上，是正三角形。
$\triangle D_{22}D_{01}D_{10}$ $D_{01}D_{10}$在$E_{11}F_{11}$上，$D_{01}D_{22}$在$D_{22}F_{22}$上，$D_{10}D_{22}$在$D_{22}E_{22}$上，是正三角形。
$\triangle E_{22}E_{01}E_{10}$ $E_{01}E_{10}$在$D_{11}E_{11}$上，$E_{01}E_{22}$在$D_{22}E_{22}$上，$E_{10}E_{22}$在$E_{22}F_{22}$上，是正三角形。
$\triangle F_{22}F_{01}F_{10}$ $F_{01}F_{10}$在$D_{11}F_{11}$上，$F_{01}F_{22}$在$E_{22}F_{22}$上，$F_{10}F_{22}$在$D_{22}F_{22}$上，是正三角形。

这个判断不是看图识字，它保证三角形的每个角是 60°，从而是正三角形，否则不是正三角形。

1.3 Morley 定理有多少三角形？

F. G. Taylor 和 W. L. Warr 在"The six trisectors of each of angles of a triangle and The Relation of Morley's Theorem to the Hessian Axis and circum centre"(Proceedings of Edinburgh Math. Society, (32):119-150)中提到的有：

1.3.1 形如$\triangle D_{q\gamma}E_{\gamma p}F_{pq}$(简化为$\triangle[p,q,\gamma]$)的三角形(见图 1-8)

$D_{q\gamma}$是指t_3(或t'_3或t''_3)与s_2(或s'_2或s''_2)的交点，$E_{\gamma p}$是指t_1(或t'_1或t''_1)与s_3(或s'_3或s''_3)的交点，F_{pq}是指t_2(或t'_2或t''_2)与s_1(或s'_1或s''_1)的交点。

这种形状的三角形规定：$D_{q\gamma}$用t_3或t'_3或t''_3的某个，那么$E_{\gamma p}$一定相应要用s_3或s'_3或s''_3的某个；$E_{\gamma p}$用t_1或t'_1或t''_1的某个，那么F_{pq}一定相应要用s_1或s'_1或s''_1的某个；F_{pq}用t_2或t'_2或t''_2的某个，那么$D_{q\gamma}$一定相应要用s_2或s'_2或s''_2的某个。

$\triangle D_{00}E_{00}F_{00}:t_3s_2,t_1s_3,t_2s_1$ $\triangle D_{10}E_{00}F_{01}:t_3s'_2,t_1s_3,t'_2s_1$ $\triangle D_{20}E_{00}F_{02}:t_3s''_2,t_1s_3,t''_2s_1$
$\triangle D_{00}E_{01}F_{10}:t_3s_2,t'_1s_3,t_2s'_1$ $\triangle D_{10}E_{01}F_{11}:t_3s'_2,t'_1s_3,t'_2s'_1$ $\triangle D_{20}E_{01}F_{12}:t_3s''_2,t'_1s_3,t''_2s'_1$
$\triangle D_{00}E_{02}F_{20}:t_3s_2,t''_1s_3,t_2s''_1$ $\triangle D_{10}E_{02}F_{21}:t_3s'_2,t''_1s_3,t'_2s''_1$ $\triangle D_{20}E_{02}F_{22}:t_3s''_2,t''_1s_3,t''_2s''_1$
$\triangle D_{01}E_{10}F_{00}:t'_3s_2,t_1s'_3,t_2s_1$ $\triangle D_{11}E_{10}F_{01}:t'_3s'_2,t_1s'_3,t'_2s_1$ $\triangle D_{21}E_{10}F_{02}:t'_3s''_2,t_1s'_3,t''_2s_1$
$\triangle D_{01}E_{11}F_{10}:t'_3s_2,t'_1s'_3,t_2s'_1$ $\triangle D_{11}E_{11}F_{11}:t'_3s'_2,t'_1s'_3,t'_2s'_1$ $\triangle D_{21}E_{11}F_{12}:t'_3s''_2,t'_1s'_3,t''_2s'_1$
$\triangle D_{01}E_{12}F_{20}:t'_3s_2,t''_1s'_3,t_2s''_1$ $\triangle D_{11}E_{12}F_{21}:t'_3s'_2,t''_1s'_3,t'_2s''_1$ $\triangle D_{21}E_{12}F_{22}:t'_3s''_2,t''_1s'_3,t''_2s''_1$
$\triangle D_{02}E_{20}F_{00}:t''_3s_2,t_1s''_3,t_2s_1$ $\triangle D_{12}E_{20}F_{01}:t''_3s'_2,t_1s''_3,t'_2s_1$ $\triangle D_{22}E_{20}F_{02}:t''_3s''_2,t_1s''_3,t''_2s_1$
$\triangle D_{02}E_{21}F_{10}:t''_3s_2,t'_1s''_3,t_2s'_1$ $\triangle D_{12}E_{21}F_{11}:t''_3s'_2,t'_1s''_3,t'_2s'_1$ $\triangle D_{22}E_{21}F_{12}:t''_3s''_2,t'_1s''_3,t''_2s'_1$
$\triangle D_{02}E_{22}F_{20}:t''_3s_2,t''_1s''_3,t_2s''_1$ $\triangle D_{12}E_{22}F_{21}:t''_3s'_2,t''_1s''_3,t'_2s''_1$ $\triangle D_{22}E_{22}F_{22}:t''_3s''_2,t''_1s''_3,t''_2s''_1$

1.3.2 形如$\triangle L_{q\gamma}M_{\gamma p}N_{pq}$(简化为$\triangle[\bar{p},\bar{q},\bar{\gamma}]$)的三角形

形如$\triangle L_{q\gamma}M_{\gamma p}N_{pq}$(简化为$\triangle[\bar{p},\bar{q},\bar{\gamma}]$)的三角形，称为$\triangle D_{q\gamma}E_{\gamma p}F_{pq}$的共轭三角形(见图 1-8)。上述三角形，每个$t$与$s$字母对换，还按先$t$后$s$，就得下面相应三角形。

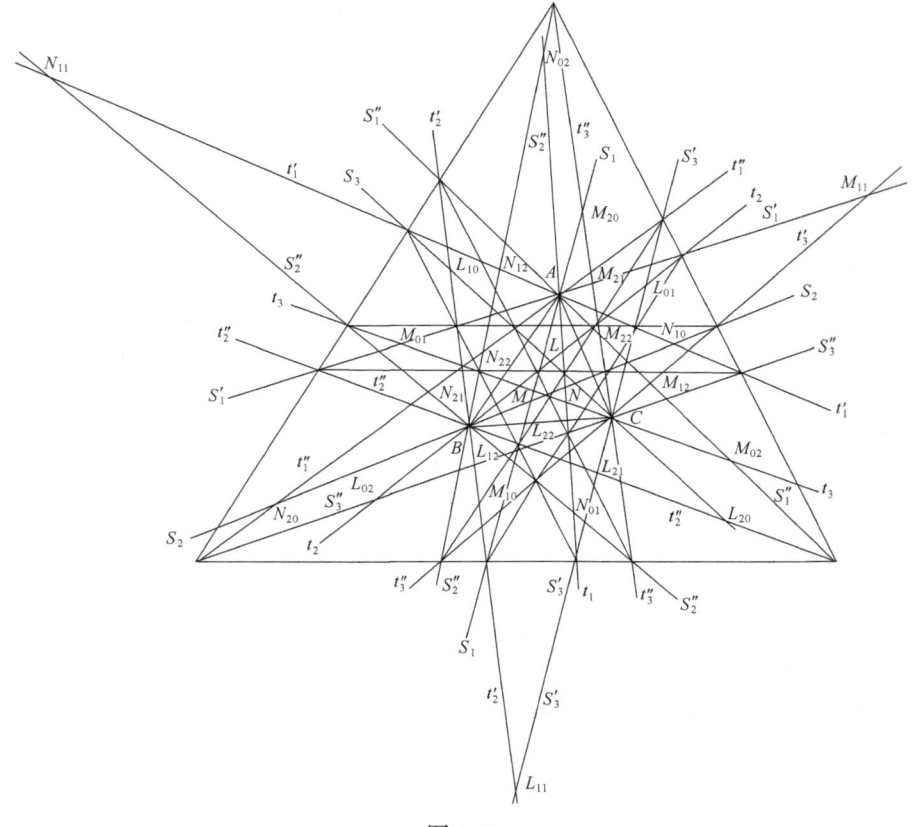

图 1-8

$\triangle L_{00}M_{00}N_{00}:t_2s_3,t_3s_1,t_1s_2$ $\triangle L_{10}M_{00}N_{01}:t'_2s_3,t_3s_1,t_1s'_2$ $\triangle L_{20}M_{00}N_{02}:t''_2s_3,t_3s_1,t_1s''_2$
$\triangle L_{00}M_{01}N_{10}:t_2s_3,t_3s'_1,t'_1s_2$ $\triangle L_{10}M_{01}N_{11}:t'_2s_3,t_3s'_1,t'_1s'_2$ $\triangle L_{20}M_{01}N_{12}:t''_2s_3,t_3s'_1,t'_1s''_2$
$\triangle L_{00}M_{02}N_{20}:t_2s_3,t_3s''_1,t''_1s_2$ $\triangle L_{10}M_{02}N_{21}:t'_2s_3,t_3s''_1,t''_1s'_2$ $\triangle L_{20}M_{02}N_{22}:t''_2s_3,t_3s''_1,t''_1s''_2$
$\triangle L_{01}M_{10}N_{00}:t_2s'_3,t'_3s_1,t_1s_2$ $\triangle L_{11}M_{10}N_{01}:t'_2s'_3,t'_3s_1,t_1s'_2$ $\triangle L_{21}M_{10}N_{02}:t''_2s'_3,t'_3s_1,t_1s''_2$
$\triangle L_{01}M_{11}N_{10}:t_2s'_3,t'_3s'_1,t'_1s_2$ $\triangle L_{11}M_{11}N_{11}:t'_2s'_3,t'_3s'_1,t'_1s'_2$ $\triangle L_{21}M_{11}N_{12}:t''_2s'_3,t'_3s'_1,t'_1s''_2$
$\triangle L_{01}M_{12}N_{20}:t_2s'_3,t'_3s''_1,t''_1s_2$ $\triangle L_{11}M_{12}N_{21}:t'_2s'_3,t'_3s''_1,t''_1s'_2$ $\triangle L_{21}M_{12}N_{22}:t''_2s'_3,t'_3s''_1,t''_1s''_2$
$\triangle L_{02}M_{20}N_{00}:t_2s''_3,t''_3s_1,t_1s_2$ $\triangle L_{12}M_{20}N_{01}:t'_2s''_3,t''_3s_1,t_1s'_2$ $\triangle L_{22}M_{20}N_{02}:t''_2s''_3,t''_3s_1,t_1s''_2$
$\triangle L_{02}M_{21}N_{10}:t_2s''_3,t''_3s'_1,t'_1s_2$ $\triangle L_{12}M_{21}N_{11}:t'_2s''_3,t''_3s'_1,t'_1s'_2$ $\triangle L_{22}M_{21}N_{12}:t''_2s''_3,t''_3s'_1,t'_1s''_2$
$\triangle L_{02}M_{22}N_{20}:t_2s''_3,t''_3s''_1,t''_1s_2$ $\triangle L_{12}M_{22}N_{21}:t'_2s''_3,t''_3s''_1,t''_1s'_2$ $\triangle L_{22}M_{22}N_{22}:t''_2s''_3,t''_3s''_1,t''_1s''_2$

1.3.3 另有 6 个非正三角形

另有 6 个非正三角形、9 个正三角形不能表示为 $\triangle D_{q\gamma}E_{\gamma p}F_{pq}$，不能归入以下三角形。

非正三角形   正三角形（其顶点都 在三组九条平行线上）

$\triangle D_{01}E_{01}F_{01}:t'_3s_2,t'_1s_3,t'_2s_1$ $\triangle D\,D_{21}D_{12}:t_3s_2,t'_3s''_2,t''_3s'_2$

$\triangle D_{02}E_{02}F_{02}:t''_3s_2,t''_1s_3,t''_2s_1$ $\triangle E\,E_{21}E_{12}:t_1s_3,t'_1s''_3,t''_1s'_3$

$\triangle D_{10}E_{10}F_{10}:t_3s'_2,t_1s'_3,t_2s'_1$ $\triangle F\,F_{21}F_{12}:t_2s_1,t'_2s''_1,t''_2s'_1$

$\triangle D_{12}E_{12}F_{12} : t''_3 s'_2 , t''_1 s'_3 , t'_2 s''_1$　　　　$\triangle D_{12}E_{02}D_{20} : t'_3 s'_2 , t''_3 s_2 , t_3 s''_2$

$\triangle D_{20}E_{20}F_{20} : t_3 s''_2 , t_1 s''_3 , t_2 s''_1$　　　　$\triangle E_{11}E_{02}E_{20} : t'_1 s'_3 , t''_1 s_3 , t_1 s''_3$

$\triangle D_{21}E_{21}F_{21} : t'_3 s''_2 , t'_1 s''_3 , t'_2 s''_1$　　　　$\triangle F_{11}F_{02}F_{20} : t'_2 s'_1 , t''_2 s_1 , t_2 s''_1$

　　　　　　　　　　　　　　　　　　　　$\triangle D_{22}D_{01}D_{10} : t''_3 s''_2 , t'_3 s_2 , t_3 s'_2$

　　　　　　　　　　　　　　　　　　　　$\triangle E_{22}E_{01}E_{10} : t''_1 s''_3 , t'_1 s_3 , t_1 s'_3$

　　　　　　　　　　　　　　　　　　　　$\triangle F_{22}F_{01}F_{10} : t''_2 s''_1 , t'_2 s_1 , t_2 s'_1$

1.3.4　相应对 1.3.3 的共轭三角形

$\triangle L_{01}M_{01}N_{01} : t_2 s'_3 , t_3 s'_1 , t_1 s'_2$　　　　$\triangle L_{21}L_{12} : t_2 s_3 , t''_2 s'_3 , t'_2 s''_3$

$\triangle L_{02}M_{02}N_{02} : t_2 s''_3 , t_3 s''_1 , t_1 s''_2$　　　　$\triangle M_{21}M_{12} : t_3 s_1 , t''_3 s'_1 , t'_3 s''_1$

$\triangle L_{10}M_{10}N_{10} : t'_2 s_3 , t'_3 s_1 , t'_1 s_2$　　　　$\triangle N_{21}N_{12} : t_1 s_2 , t''_1 s'_2 , t'_1 s''_2$

$\triangle L_{12}M_{12}N_{12} : t'_2 s''_3 , t'_3 s''_1 , t'_1 s''_2$　　　　$\triangle L_{11}L_{02}L_{20} : t'_2 s_3 , t_2 s''_3 , t''_2 s_3$

$\triangle L_{20}M_{20}N_{20} : t''_2 s_3 , t''_3 s_1 , t''_1 s_2$　　　　$\triangle M_{11}M_{02}M_{20} : t'_3 s_1 , t_3 s''_1 , t''_3 s_1$

$\triangle L_{21}M_{21}N_{21} : t''_2 s'_3 , t''_3 s'_1 , t''_1 s'_2$　　　　$\triangle N_{11}N_{02}N_{20} : t'_1 s_2 , t_1 s''_2 , t''_1 s_2$

　　　　　　　　　　　　　　　　　　　　$\triangle L_{22}L_{01}L_{10} : t''_2 s''_3 , t_2 s'_3 , t'_2 s_3$

　　　　　　　　　　　　　　　　　　　　$\triangle M_{22}M_{01}M_{10} : t''_3 s''_1 , t_3 s'_1 , t'_3 s_1$

　　　　　　　　　　　　　　　　　　　　$\triangle N_{22}N_{01}N_{10} : t''_1 s''_2 , t_1 s'_2 , t'_1 s_2$

1.3.5　另有 18 个有一个角为 60° 的非正三角形

$\angle D_{00} = 60° : \triangle D_{00}E_{12}F_{21} , \triangle D_{00}E_{20}F_{02}$; $\angle E_{00} = 60° : \triangle D_{21}E_{00}F_{12} , \triangle D_{02}E_{00}F_{20}$ 。

$\angle F_{00} = 60° : \triangle D_{12}E_{21}F_{00} , \triangle D_{20}E_{02}F_{22}$ 。

$\angle D_{11} = 60° : \triangle D_{11}E_{20}F_{02} , \triangle D_{11}E_{01}F_{10}$; $\angle E_{11} = 60° : \triangle D_{02}E_{11}F_{20} , \triangle D_{10}E_{11}F_{01}$ 。

$\angle F_{11} = 60° : \triangle D_{20}E_{02}F_{11} , \triangle D_{01}E_{10}F_{11}$ 。

$\angle D_{22} = 60° : \triangle D_{22}E_{12}F_{21} , \triangle D_{22}E_{01}F_{10}$; $\angle E_{22} = 60° : \triangle D_{21}E_{22}F_{12} , \triangle D_{10}E_{22}F_{01}$ 。

$\angle F_{22} = 60° : \triangle D_{12}E_{21}F_{22} , \triangle D_{01}E_{10}F_{22}$ 。

第二章 Morley 定理的 Gauss 消去法证明

初等几何基本上都是线性几何,或者可以转换成线性几何。初等几何是一门睿智的基础数学。它的一个个定理都有个性化的特点,很多初等几何定理的证明都有独到之处,令人感叹不已。

Gauss 消去法是解决初等几何问题的有效算法,差不多所有初等几何定理证明都可以用它得以解决。有时一时不好解决,多半是没有找对路子,误入了歧途。

从线性空间理论,它作为 n 维空间,有 n 根轴,它的基向量就可作为 n 维空间的轴,这样任一线性空间的向量可以表示为其基向量的线性组合,只要基向量都是零,自然线性空间的线性组合,即它的任一向量都是零。

对 Morley 定理的 27 个三角形,为每个三角形设计一个 F_i 公式,作为线性空间的基向量,对表示三角形两边边长相等的 $g_j=0$。用 Gauss 消去法,实际上去实现它是基向量的线性组合,从而证明了 $g_j=0$,亦即证明了它是等边三角形。

2.1 坐标的数字化

这里采用 $A(0,0)$、$B(u_1,0)$、$F(u_2,u_3)$、$C(x_2^0,x_1^0)$。t_i、s_i、t'_i、s'_i、t''_i、s''_i 的直线方程变成(以下把 x_1、x_2 改为 x_1^0、x_2^0):

(以下直线方程与本书 1.1.1 "$t_i,t'_i,t''_i,s_i,s'_i,s''_i$ 的直线方程"是一致的,形式稍有不同。)

$t_1 : y = x\tan 2\alpha$ $\qquad$ $t_2 : y = -(x-u_1)\tan\beta$

$t'_1 : y = x\tan\left(\dfrac{\pi}{3}+2\alpha\right)$ $\qquad$ $t'_2 : y = (x-u_1)\tan\left(\dfrac{\pi}{3}-\beta\right)$

$t''_1 : y = x\tan\left(2\alpha-\dfrac{\pi}{3}\right)$ $\qquad$ $t''_2 : y = -(x-u_1)\tan\left(\dfrac{\pi}{3}+\beta\right)$

$s_1 : y = x\tan\alpha$ $\qquad$ $s_2 : y = -(x-u_1)\tan 2\beta$

$s'_1 : y = x\tan\left(\alpha-\dfrac{\pi}{3}\right)$ $\qquad$ $s'_2 : y = -(x-u_1)\tan\left(\dfrac{\pi}{3}+2\beta\right)$

$s''_1 : y = x\tan\left(\alpha+\dfrac{\pi}{3}\right)$ $\qquad$ $s''_2 : y = -(x-u_1)\tan\left(-\dfrac{\pi}{3}+2\beta\right)$

$t_3 : y-x_1^0 = (x-x_2^0)\tan\left(\alpha-2\beta-\dfrac{\pi}{3}\right)$ $\qquad$ $s_3 : y-x_1^0 = (x-x_2^0)\tan\left(\dfrac{\pi}{3}+2\alpha-\beta\right)$

$t'_3 : y-x_1^0 = (x-x_2^0)\tan(\alpha-2\beta)$ $\qquad$ $s'_3 : y-x_1^0 = (x-x_2^0)\tan(2\alpha-\beta)$

$t''_3 : y-x_1^0 = (x-x_2^0)\tan\left(\alpha-2\beta+\dfrac{\pi}{3}\right)$ $\qquad$ $s''_3 : y-x_1^0 = (x-x_2^0)\tan\left(-\dfrac{\pi}{3}+2\alpha-\beta\right)$

可以得到：

$$\tan\alpha = \frac{u_3}{u_2}, \tan 2\alpha = \frac{2u_2 u_3}{u_2^2 - u_3^2}, \tan 3\alpha = \frac{x_1^0}{x_2^0};$$

$$\tan\beta = \frac{u_3}{u_1 - u_2}, \tan 2\beta = \frac{2(u_1 - u_2) u_3}{(u_1 - u_2)^2 - u_3^2}, \tan 3\beta = \frac{x_1^0}{u_1 - x_2^0}$$

$$\tan(\alpha - 2\beta) = \frac{(u_1 - u_2)(u_1 - 3u_2) u_3 - u_3^3}{u_2 (u_1 - u_2)^2 + (2u_1 - 3u_2) u_3^2};$$

$$\tan(2\alpha - \beta) = \frac{(2u_1 - 3u_2) u_2 u_3 + u_3^3}{(u_1 - u_2) u_2^2 - (u_1 - 3u_2) u_3^2}$$

$$\tan\left(\alpha + \frac{\pi}{3}\right) = \frac{\sqrt{3} u_2 - u_3}{u_2 - \sqrt{3} u_3}, \tan\left(\alpha - \frac{\pi}{3}\right) = \frac{-\sqrt{3} u_2 + u_3}{u_2 + \sqrt{3} u_3}$$

$$\tan\left(2\alpha + \frac{\pi}{3}\right) = \frac{\sqrt{3} u_2^2 + 2 u_2 u_3 - \sqrt{3} u_3^2}{u_2^2 - 2\sqrt{3} u_2 u_3 - u_3^2}, \tan\left(2\alpha - \frac{\pi}{3}\right) = \frac{-\sqrt{3} u_2^2 + 2 u_2 u_3 + \sqrt{3} u_3^2}{u_2^2 + 2\sqrt{3} u_2 u_3 - u_3^2}$$

$$\tan\left(\beta + \frac{\pi}{3}\right) = \frac{\sqrt{3} u_1 - \sqrt{3} u_2 + u_3}{u_1 - u_2 - \sqrt{3} u_3}, \tan\left(\beta - \frac{\pi}{3}\right) = \frac{-\sqrt{3} u_1 + \sqrt{3} u_2 + u_3}{u_1 - u_2 + \sqrt{3} u_3}$$

$$\tan\left(2\beta + \frac{\pi}{3}\right) = \frac{\sqrt{3} (u_1 - u_2)^2 + 2(u_1 - u_2) u_3 - \sqrt{3} u_3^2}{(u_1 - u_2)^2 - 2\sqrt{3} (u_1 - u_2) u_3 - u_3^2},$$

$$\tan\left(2\beta - \frac{\pi}{3}\right) = \frac{-\sqrt{3} (u_1 - u_2)^2 + 2(u_1 - u_2) u_3 + \sqrt{3} u_3^2}{(u_1 - u_2)^2 + 2\sqrt{3} (u_1 - u_2) u_3 - u_3^2}$$

$$\tan\left(\alpha - 2\beta + \frac{\pi}{3}\right) = \frac{\sqrt{3} u_2 (u_1 - u_2)^2 + (u_1 - u_2)(u_1 - 3u_2) u_3 + \sqrt{3} (2u_1 - 3u_2) u_3^2 - u_3^3}{u_2 (u_1 - u_2)^2 - \sqrt{3} (u_1 - u_2)(u_1 - 3u_2) u_3 + (2u_1 - 3u_2) u_3^2 + \sqrt{3} u_3^3}$$

$$\tan\left(\alpha - 2\beta - \frac{\pi}{3}\right) = \frac{-\sqrt{3} u_2 (u_1 - u_2)^2 + (u_1 - u_2)(u_1 - 3u_2) u_3 - \sqrt{3} (2u_1 - 3u_2) u_3^2 - u_3^3}{u_2 (u_1 - u_2)^2 + \sqrt{3} (u_1 - u_2)(u_1 - 3u_2) u_3 + (2u_1 - 3u_2) u_3^2 - \sqrt{3} u_3^3}$$

$$\tan\left(2\alpha - \beta + \frac{\pi}{3}\right) = \frac{\sqrt{3} (u_1 - u_2) u_2^2 + (2u_1 - 3u_2) u_2 u_3 - \sqrt{3} (u_1 - 3u_2) u_3^2 + u_3^3}{(u_1 - u_2) u_2^2 - \sqrt{3} (2u_1 - 3u_2) u_2 u_3 - (u_1 - 3u_2) u_3^2 - \sqrt{3} u_3^3}$$

$$\tan\left(2\alpha - \beta - \frac{\pi}{3}\right) = \frac{-\sqrt{3} (u_1 - u_2) u_2^2 + (2u_1 - 3u_2) u_2 u_3 - \sqrt{3} (u_1 - 3u_2) u_3^2 + u_3^3}{(u_1 - u_2) u_2^2 + \sqrt{3} (2u_1 - 3u_2) u_2 u_3 - (u_1 - 3u_2) u_3^2 + \sqrt{3} u_3^3}$$

则有：$t_1 = (u_2^2 - u_3^2) y - 2 u_2 u_3 x = 0$

$t'_1 = (u_2^2 - 2\sqrt{3} u_2 u_3 - u_3^2) y - (\sqrt{3} u_2^2 + 2 u_2 u_3 - \sqrt{3} u_3^2) x = 0$

$t''_1 = (u_2^2 + 2\sqrt{3} u_2 u_3 - u_3^2) y + (\sqrt{3} u_2^2 - 2 u_2 u_3 - \sqrt{3} u_3^2) x = 0$

$s_1 = u_2 y - u_3 x = 0$

$s'_1 = (u_2 + \sqrt{3} u_3) y + (\sqrt{3} u_2 - u_3) x = 0$

$s''_1 = (u_2 - \sqrt{3} u_3) y - (\sqrt{3} u_2 + u_3) x = 0$

$t_2 = (u_1 - u_2) y + (x - u_1) u_3 = 0$

$$t'_2 = (u_1-u_2+\sqrt{3}u_3)y-(x-u_1)(\sqrt{3}u_1-\sqrt{3}u_2-u_3)=0$$
$$t''_2 = (u_1-u_2-\sqrt{3}u_3)y+(x-u_1)(\sqrt{3}u_1-\sqrt{3}u_2+u_3)=0$$
$$s_2 = ((u_1-u_2)^2-u_3^2)y+2(u_1-u_2)u_3(x-u_1)=0$$
$$s'_2 = ((u_1-u_2)^2-2\sqrt{3}(u_1-u_2)u_3-u_3^2)y+(x-u_1)(\sqrt{3}(u_1-u_2)^2+2(u_1-u_2)u_3-\sqrt{3}u_3^2)=0$$
$$s''_2 = ((u_1-u_2)^2+2\sqrt{3}(u_1-u_2)u_3-u_3^2)y+(-\sqrt{3}(u_1-u_2)^2+2(u_1-u_2)u_3+\sqrt{3}u_3^2)(x-u_1)=0$$
$$t_3 = (y-x_1^0)(u_2(u_1-u_2)^2+\sqrt{3}(u_1-u_2)(u_1-3u_2)u_3+(2u_1-3u_2)u_3^2-\sqrt{3}u_3^3)$$
$$+(x-x_2^0)(\sqrt{3}u_2(u_1-u_2)^2-(u_1-u_2)(u_1-3u_2)u_3+\sqrt{3}(2u_1-3u_2)u_3^2+u_3^3)=0$$
$$t'_3 = (y-x_1^0)(u_2(u_1-u_2)^2+(2u_1-3u_2)u_3^2)-(x-x_2^0)((u_1-u_2)(u_1-3u_2)u_3-u_3^3)=0$$
$$t''_3 = (y-x_1^0)(u_2(u_1-u_2)^2-\sqrt{3}(u_1-u_2)(u_1-3u_2)u_3+(2u_1-3u_2)u_3^2+\sqrt{3}u_3^3)$$
$$-(x-x_2^0)(\sqrt{3}u_2(u_1-u_2)^2+(u_1-u_2)(u_1-3u_2)u_3+\sqrt{3}(2u_1-3u_2)u_3^2-u_3^3)=0$$
$$s_3 = (y-x_1^0)((u_1-u_2)u_2^2-\sqrt{3}(2u_1-3u_2)u_2u_3-(u_1-3u_2)u_3^2-\sqrt{3}u_3^3)$$
$$-(x-x_2^0)(\sqrt{3}(u_1-u_2)u_2^2+(2u_1-3u_2)u_2u_3-\sqrt{3}(u_1-3u_2)u_3^2+u_3^3)=0$$
$$s'_3 = (y-x_1^0)((u_1-u_2)u_2^2-(u_1-3u_2)u_3^2)-(x-x_2^0)((2u_1-3u_2)u_2u_3+u_3^3)=0$$
$$s''_3 = (y-x_1^0)((u_1-u_2)u_2^2+\sqrt{3}(2u_1-3u_2)u_2u_3-(u_1-3u_2)u_3^2+\sqrt{3}u_3^3)$$
$$+(x-x_2^0)(\sqrt{3}(u_1-u_2)u_2^2-(2u_1-3u_2)u_2u_3-\sqrt{3}(u_1-3u_2)u_3^2-u_3^3)=0$$

可以解出 x_1^0、x_2^0，并代入 t_3、s_3 各式中：

$$x_1^0 = \frac{(3(u_1-u_2)^2-u_3^2)(3u_2^2u_3-u_3^3)}{3(u_1-u_2)^2u_2^2-(u_1^2+6u_1u_2-6u_2^2)u_3^2+3u_3^4}$$

$$x_2^0 = \frac{(3(u_1-u_2)^2-u_3^2)(u_2^3-3u_2u_3^2)}{3(u_1-u_2)^2u_2^2-(u_1^2+6u_1u_2-6u_2^2)u_3^2+3u_3^4}$$

$$t_3 = (3(u_1-u_2)^2u_2^2-(u_1^2+6u_1u_2-6u_2^2)u_3^2+3u_3^4)$$
$$\times[(u_2(u_1-u_2)^2+\sqrt{3}(u_1-u_2)(u_1-3u_2)u_3+(2u_1-3u_2)u_3^2-\sqrt{3}u_3^3)y$$
$$+(\sqrt{3}u_2(u_1-u_2)^2-(u_1-u_2)(u_1-3u_2)u_3+\sqrt{3}(2u_1-3u_2)u_3^2+u_3^3)x]$$
$$-(3(u_1-u_2)^2-u_3^2)(u_2^2+u_3^2)\times(\sqrt{3}(u_1-u_2)^2u_2^2+2(u_1-u_2)u_1u_2u_3$$
$$-\sqrt{3}(u_1^2+2u_1u_2-2u_2^2)u_3^2-2u_1u_3^3+\sqrt{3}u_3^4)=0$$

$$t'_3 = (3(u_1-u_2)^2u_2^2-(u_1^2+6u_1u_2-6u_2^2)u_3^2+3u_3^4)\times[(u_2(u_1-u_2)^2+(2u_1-3u_2)u_3^2)y$$
$$-((u_1-u_2)(u_1-3u_2)u_3-u_3^3)x]-2(3(u_1-u_2)^2-u_3^2)((u_1-u_2)u_1u_2^3u_3$$
$$+(u_1-2u_2)u_1u_2u_3^3-u_1u_3^5)=0$$

$$t''_3 = [3(u_1-u_2)^2u_2^2-(u_1^2+6u_1u_2-6u_2^2)u_3^2+3u_3^4]$$
$$\times[(u_2(u_1-u_2)^2-\sqrt{3}(u_1-u_2)(u_1-3u_2)u_3+(2u_1-3u_2)u_3^2+\sqrt{3}u_3^3)y$$
$$-(\sqrt{3}u_2(u_1-u_2)^2+(u_1-u_2)(u_1-3u_2)u_3+\sqrt{3}(2u_1-3u_2)u_3^2-u_3^3)x]$$
$$+(3(u_1-u_2)^2-u_3^2)(u_2^2+u_3^2)[\sqrt{3}(u_1-u_2)^2u_2^2-2(u_1-u_2)u_1u_2u_3$$
$$-\sqrt{3}(u_1^2+2u_1u_2-2u_2^2)u_3^2+2u_1u_3^3+\sqrt{3}u_3^4]=0$$

$$s_3 = [3(u_1-u_2)^2u_2^2-(u_1^2+6u_1u_2-6u_2^2)u_3^2+3u_3^4]$$

第二章 Morley 定理的 Gauss 消去法证明

$\times [\,((u_1-u_2)u_2^2-\sqrt{3}(2u_1-3u_2)u_2u_3-(u_1-3u_2)u_3^2-\sqrt{2}u_3^3)y$
$-(\sqrt{3}(u_1-u_2)u_2^2+(2u_1-3u_2)u_2u_3-\sqrt{3}(u_1-3u_2)u_3^2+u_3^3)x\,]$
$+(3(u_1-u_2)^2-u_3^2)(u_2^2+u_3^2)^2(\sqrt{3}u_1u_2-\sqrt{3}u_2^2-u_1u_3-\sqrt{3}u_3^2)=0$

$s'_3 = [\,3(u_1-u_2)^2 u_2^2-(u_1^2+6u_1u_2-6u_2^2)u_3^2+3u_3^4\,]$
$\times [\,(u_2^2(u_1-u_2)-(u_1-3u_2)u_3^2)y-((2u_1-3u_2)u_2u_3+u_3^3)x\,]$
$-u_1 u_3(3(u_1-u_2)^2-u_3^2)(u_2^2+u_3^2)^2=0$

$s''_3 = [\,3(u_1-u_2)^2 u_2^2-(u_1^2+6u_1u_2-6u_2^2)u_3^2+3u_3^4\,]$
$\times [\,((u_1-u_2)u_2^2+\sqrt{3}(2u_1-3u_2)u_2u_3-(u_1-3u_2)u_3^2+\sqrt{3}u_3^3)y$
$+(\sqrt{3}(u_1-u_2)u_2^2-(2u_1-3u_2)u_2u_3-\sqrt{3}(u_1-3u_2)u_3^2-u_3^3)x\,]$
$-(3(u_1-u_2)^2-u_3^2)(\sqrt{3}u_1u_2-\sqrt{3}u_2^2+u_1u_3-\sqrt{3}u_3^2)(u_2^2+u_3^2)^2=0$

表 2-1

$E_{00}(t_1,s_3)$	$E_{10}(t_1,s'_3)$	$E_{20}(t_1,s''_3)$
$F_{00}(t_2,s_1)$	$F_{10}(t_2,s'_1)$	$F_{20}(t_2,s''_1)$
$D_{00}(t_3,s_2)$	$D_{10}(t_3,s'_2)$	$D_{20}(t_3,s''_2)$
$E_{01}(t'_1,s_3)$	$E_{11}(t'_1,s'_3)$	$E_{21}(t'_1,s''_3)$
$F_{01}(t'_2,s_1)$	$F_{11}(t'_2,s'_1)$	$F_{21}(t'_2,s''_1)$
$D_{01}(t'_3,s_2)$	$D_{11}(t'_3,s'_2)$	$D_{21}(t'_3,s''_2)$
$E_{02}(t''_1,s_3)$	$E_{12}(t''_1,s'_3)$	$E_{22}(t''_1,s''_3)$
$F_{02}(t''_2,s_1)$	$F_{12}(t''_2,s'_1)$	$F_{22}(t''_2,s''_1)$
$D_{02}(t''_3,s_2)$	$D_{12}(t''_3,s'_2)$	$D_{22}(t''_3,s''_2)$

表 2-1 为 D_{xx}、E_{xx}、F_{xx} 的标记, 是用 (t_x,s_x) 表示 t_x 与 s_x 的交点 D_{xx}、E_{xx}、F_{xx}。

这里可以直接从直线公式解出 27 个点用 u_1、u_2、u_3 表示的坐标表达式。不用统一处理, 给出了多项式之商(有理分式)表示的 x_i 坐标表达式, 克服了用统一处理时得不到 x_i 的线性表达式的困难。

$F_{00}(u_2,u_3)$

$F_{01}\left(\dfrac{(\sqrt{3}(u_1-u_2)-u_3)u_1u_2}{\sqrt{3}(u_1-u_2)u_2-u_1u_3-\sqrt{3}u_3^2},\dfrac{(\sqrt{3}(u_1-u_2)-u_3)u_1u_3}{\sqrt{3}(u_1-u_2)u_2-u_1u_3-\sqrt{3}u_3^2}\right)$

$F_{02}\left(\dfrac{(\sqrt{3}(u_1-u_2)+u_3)u_1u_2}{\sqrt{3}(u_1-u_2)u_2+u_1u_3-\sqrt{3}u_3^2},\dfrac{(\sqrt{3}(u_1-u_2)+u_3)u_1u_3}{\sqrt{3}(u_1-u_2)u_2+u_1u_3-\sqrt{3}u_3^2}\right)$

$F_{10}\left(\dfrac{-(u_2+\sqrt{3}u_3)u_1u_3}{\sqrt{3}(u_1-u_2)u_2-u_1u_3-\sqrt{3}u_3^2},\dfrac{(\sqrt{3}u_2-u_3)u_1u_3}{\sqrt{3}(u_1-u_2)u_2-u_1u_3-\sqrt{3}u_3^2}\right)$

$F_{11}\left(\dfrac{(u_2+\sqrt{3}u_3)(\sqrt{3}(u_1-u_2)-u_3)u_1}{2(\sqrt{3}(u_1-u_2)u_2+u_1u_3-\sqrt{3}u_3^2)},\dfrac{-(\sqrt{3}u_2-u_3)(\sqrt{3}(u_1-u_2)-u_3)u_1}{2(\sqrt{3}(u_1-u_2)u_2+u_1u_3-\sqrt{3}u_3^2)}\right)$

$F_{12}\left(\dfrac{(\sqrt{3}(u_1-u_2)+u_3)(u_2+\sqrt{3}u_3)}{4u_3},\dfrac{-(\sqrt{3}(u_1-u_2)+u_3)(\sqrt{3}u_2-u_3)}{4u_3}\right)$

$$F_{20}\left(\frac{(u_2-\sqrt{3}u_3)u_1u_3}{\sqrt{3}(u_1-u_2)u_2+u_1u_3-\sqrt{3}u_3^2}, \frac{(\sqrt{3}u_2+u_3)u_1u_3}{\sqrt{3}(u_1-u_2)u_2+u_1u_3-\sqrt{3}u_3^2}\right)$$

$$F_{21}\left(-\frac{(\sqrt{3}(u_1-u_2)-u_3)(u_2-\sqrt{3}u_3)}{4u_3}, -\frac{(\sqrt{3}(u_1-u_2)-u_3)(\sqrt{3}u_2+u_3)}{4u_3}\right)$$

$$F_{22}\left(\frac{(u_2-\sqrt{3}u_3)(\sqrt{3}(u_1-u_2)+u_3)u_1}{2(\sqrt{3}(u_1-u_2)u_2-u_1u_3-\sqrt{3}u_3^2)}, \frac{(\sqrt{3}u_2+u_3)(\sqrt{3}(u_1-u_2)+u_3)u_1}{2(\sqrt{3}(u_1-u_2)u_2-u_1u_3-\sqrt{3}u_3^2)}\right)$$

$$E_{00}\left(\frac{(u_2^2-u_3^2)(u_3+\sqrt{3}(u_1-u_2))(\sqrt{3}(u_1-u_2)u_2-u_1u_3-\sqrt{3}u_3^2)}{P(u_1,u_2,u_3)},\right.$$
$$\left.\frac{2u_2u_3(u_3+\sqrt{3}(u_1-u_2))(\sqrt{3}(u_1-u_2)u_2-u_1u_3-\sqrt{3}u_3^2)}{P(u_1,u_2,u_3)}\right)$$

$$E_{01}\left(-\frac{(u_2^2-2\sqrt{3}u_2u_3-u_3^2)(\sqrt{3}(u_1-u_2)u_2-u_1u_3-\sqrt{3}u_3^2)(3(u_1-u_2)^2-u_3^2)}{4u_3P(u_1,u_2,u_3)},\right.$$
$$\left.-\frac{(\sqrt{3}u_2^2+2u_2u_3-\sqrt{3}u_3^2)(\sqrt{3}(u_1-u_2)u_2-u_1u_3-\sqrt{3}u_3^2)(3(u_1-u_2)^2-u_3^2)}{4u_3P(u_1,u_2,u_3)}\right)$$

$$E_{02}\left(\frac{(u_2^2+2\sqrt{3}u_2u_3-u_3^2)(\sqrt{3}(u_1-u_2)-u_3)(\sqrt{3}(u_1-u_2)u_2-u_1u_3-\sqrt{3}u_3^2)}{2P(u_1,u_2,u_3)},\right.$$
$$\left.-\frac{(\sqrt{3}u_2^2-2u_2u_3-\sqrt{3}u_3^2)(\sqrt{3}(u_1-u_2)-u_3)(\sqrt{3}(u_1-u_2)u_2-u_1u_3-\sqrt{3}u_3^2)}{2P(u_1,u_2,u_3)}\right)$$

$$E_{10}\left(\frac{(u_2^2-u_3^2)u_1(3(u_1-u_2)^2-u_3^2)}{P(u_1,u_2,u_3)}, \frac{2u_1u_2u_3(3(u_1-u_2)^2-u_3^2)}{P(u_1,u_2,u_3)}\right)$$

$$E_{11}\left(\frac{(u_2^2-2\sqrt{3}u_2u_3-u_3^2)u_1u_3(\sqrt{3}(u_1-u_2)-u_3)}{P(u_1,u_2,u_3)}, \frac{(\sqrt{3}u_2^2+2u_2u_3-\sqrt{3}u_3^2)u_1u_3(\sqrt{3}(u_1-u_2)-u_3)}{P(u_1,u_2,u_3)}\right)$$

$$E_{12}\left(\frac{-(u_2^2+2\sqrt{3}u_2u_3-u_3^2)u_1u_3(\sqrt{3}(u_1-u_2)+u_3)}{P(u_1,u_2,u_3)}, \frac{(\sqrt{3}u_2^2-2u_2u_3-\sqrt{3}u_3^2)u_1u_3(\sqrt{3}(u_1-u_2)+u_3)}{P(u_1,u_2,u_3)}\right)$$

$$E_{20}\left(\frac{(u_2^2-u_3^2)(\sqrt{3}(u_1-u_2)-u_3)(\sqrt{3}(u_1-u_2)u_2+u_1u_3-\sqrt{3}u_3^2)}{P(u_1,u_2,u_3)},\right.$$
$$\left.\frac{2u_2u_3(\sqrt{3}(u_1-u_2)-u_3)(\sqrt{3}(u_1-u_2)u_2+u_1u_3-\sqrt{3}u_3^2)}{P(u_1,u_2,u_3)}\right)$$

$$E_{21}\left(\frac{(u_2^2-2\sqrt{3}u_2u_3-u_3^2)(\sqrt{3}(u_1-u_2)+u_3)(\sqrt{3}(u_1-u_2)u_2+u_1u_3-\sqrt{3}u_3^2)}{2P(u_1,u_2,u_3)},\right.$$
$$\left.\frac{(\sqrt{3}u_2^2+2u_2u_3-\sqrt{3}u_3^2)(\sqrt{3}(u_1-u_2)+u_3)(\sqrt{3}(u_1-u_2)u_2+u_1u_3-\sqrt{3}u_3^2)}{2P(u_1,u_2,u_3)}\right)$$

$$E_{22}\left(\frac{(u_2^2+2\sqrt{3}u_2u_3-u_3^2)(3(u_1-u_2)^2-u_3^2)(\sqrt{3}(u_1-u_2)u_2+u_1u_3-\sqrt{3}u_3^2)}{4u_3P(u_1,u_2,u_3)},\right.$$
$$\left.-\frac{(\sqrt{3}u_2^2-2u_2u_3-\sqrt{3}u_3^2)(3(u_1-u_2)^2-u_3^2)(\sqrt{3}(u_1-u_2)u_2+u_1u_3-\sqrt{3}u_3^2)}{4u_3P(u_1,u_2,u_3)}\right)$$

第二章 Morley 定理的 Gauss 消去法证明

$$D_{00}\left(\frac{M_0(u_1,u_2,u_3)}{(\sqrt{3}u_2-u_3)((u_1-u_2)^2+u_3^2)^2 P(u_1,u_2,u_3)}, \frac{N_0(u_1,u_2,u_3)}{(\sqrt{3}u_2-u_3)((u_1-u_2)^2+u_3^2)^2 P(u_1,u_2,u_3)}\right)$$

$$D_{01}\left(\frac{M_5(u_1,u_2,u_3)}{u_3((u_1-u_2)^2+u_3^2)^2 P(u_1,u_2,u_3)}, \frac{N_5(u_1,u_2,u_3)}{u_3((u_1-u_2)^2+u_3^2)^2 P(u_1,u_2,u_3)}\right)$$

$$D_{02}\left(\frac{M_4(u_1,u_2,u_3)}{(\sqrt{3}u_2+u_3)((u_1-u_2)^2+u_3^2)^2 P(u_1,u_2,u_3)}, \frac{N_4(u_1,u_2,u_3)}{(\sqrt{3}u_2+u_3)((u_1-u_2)^2+u_3^2)^2 P(u_1,u_2,u_3)}\right)$$

$$D_{10}\left(\frac{M_6(u_1,u_2,u_3)}{4u_3((u_1-u_2)^2+u_3^2)^2 P(u_1,u_2,u_3)}, \frac{-N_6(u_1,u_2,u_3)}{4u_3((u_1-u_2)^2+u_3^2)^2 P(u_1,u_2,u_3)}\right)$$

$$D_{11}\left(\frac{M_1(u_1,u_2,u_3)}{(\sqrt{3}u_2+u_3)((u_1-u_2)^2+u_3^2)^2 P(u_1,u_2,u_3)}, \frac{N_1(u_1,u_2,u_3)}{(\sqrt{3}u_2+u_3)((u_1-u_2)^2+u_3^2)^2 P(u_1,u_2,u_3)}\right)$$

$$D_{12}\left(\frac{M_7(u_1,u_2,u_3)}{2(\sqrt{3}u_2-u_3)((u_1-u_2)^2+u_3^2)^2 P(u_1,u_2,u_3)}, \frac{N_7(u_1,u_2,u_3)}{2(\sqrt{3}u_2-u_3)((u_1-u_2)^2+u_3^2)^2 P(u_1,u_2,u_3)}\right)$$

$$D_{20}\left(\frac{M_3(u_1,u_2,u_3)}{2(\sqrt{3}u_2+u_3)((u_1-u_2)^2+u_3^2)^2 P(u_1,u_2,u_3)}, \frac{-N_3(u_1,u_2,u_3)}{2(\sqrt{3}u_2+u_3)((u_1-u_2)^2+u_3^2)^2 P(u_1,u_2,u_3)}\right)$$

$$D_{21}\left(\frac{M_8(u_1,u_2,u_3)}{(\sqrt{3}u_2-u_3)((u_1-u_2)^2+u_3^2)^2 P(u_1,u_2,u_3)}, \frac{N_8(u_1,u_2,u_3)}{(\sqrt{3}u_2-u_3)((u_1-u_2)^2+u_3^2)^2 P(u_1,u_2,u_3)}\right)$$

$$D_{22}\left(\frac{M_2(u_1,u_2,u_3)}{4u_3((u_1-u_2)^2+u_3^2)^2 P(u_1,u_2,u_3)}, \frac{-N_2(u_1,u_2,u_3)}{4u_3((u_1-u_2)^2+u_3^2)^2 P(u_1,u_2,u_3)}\right)$$

以上记号：

$P(u_1,u_2,u_3) = 3(u_1-u_2)^2 u_2^2 - (u_1^2+6u_1u_2-6u_2^2)u_3^2 + 3u_3^4$

$M_0(u_1,u_2,u_3) = 3\sqrt{3}(u_1-u_2)^6 u_2^4 - \sqrt{3}(u_1-u_2)^4(6u_1^2-6u_1u_2-5u_2^2)u_2^2 u_3^2$
$+ 2(u_1-u_2)^4 \times (4u_1-5u_2)u_1u_2u_3^3 - \sqrt{3}(u_1-u_2)^2(u_1^4-6u_1^3u_2+24u_1^2u_2^2-22u_1u_2^3+2u_2^4)u_3^4$
$- 2(u_1-u_2)^2 \times (u_1^2-10u_1u_2+11u_2^2)u_1u_3^5 - \sqrt{3}(u_1^4-8u_1^3u_2+24u_1^2u_2^2-22u_1u_2^3+6u_2^4)u_3^6$
$- 2(2u_1^2-8u_1u_2+7u_2^2)u_1u_3^7 + \sqrt{3}(u_1-u_2)(u_1+u_2)u_3^8 - 2u_1u_3^9 + \sqrt{3}u_3^{10}$

$M_1(u_1,u_2,u_3) = 3\sqrt{3}(u_1-u_2)^6 u_1u_2^3 - \sqrt{3}(u_1-u_2)^4(u_1^2-6u_2^2)u_1u_2u_3^2$
$- 2(u_1-u_2)^4(4u_1-5u_2)u_1u_2u_3^3 - \sqrt{3}(u_1-u_2)^2(2u_1^3-7u_1^2u_2+12u_1u_2^2-8u_2^3)u_1u_3^4$
$- 2(u_1-u_2)^2 \times (u_1^2-10u_1u_2+11u_2^2)u_1u_3^5 - \sqrt{3}(4u_1^3-17u_1^2u_2+24u_1u_2^2-10u_2^3)u_1u_3^6$
$+ 2(2u_1^2-8u_1u_2+7u_2^2)u_1u_3^7 - \sqrt{3}(2u_1-5u_2)u_1u_3^8 + 2u_1u_3^9$

$M_2(u_1,u_2,u_3) = -3\sqrt{3}(u_1-u_2)^7 u_2^3 + 9(u_1-u_2)^6(u_1-2u_2)u_2^2 u_3$
$+ \sqrt{3}(u_1-u_2)^5(u_1^2-5u_1u_2-5u_2^2)u_2u_3^2 - (u_1-u_2)^4(3u_1^3+20u_1^2u_2-52u_1u_2^2+48u_2^3)u_3^3$
$+ \sqrt{3}(u_1-u_2)^3 \times (u_1^3-12u_1u_2^2+2u_2^3)u_3^4 - (u_1-u_2)^2(u_1^3+44u_1^2u_2-70u_1u_2^2+36u_2^3)u_3^5$
$+ 3\sqrt{3}(u_1-u_2) \times (u_1^3-2u_1^2u_2-2u_1u_2^2+2u_2^3)u_3^6 + (7u_1^2-28u_1u_2+20u_2^2)u_1u_3^7$
$- \sqrt{3}(3u_1^2-5u_1u_2-u_2^2)u_3^8 + (5u_1+6u_2)u_3^9 + \sqrt{3}u_3^{10}$

$M_3(u_1,u_2,u_3) = 3\sqrt{3}(u_1-u_2)^6(u_1+u_2)u_2^3 + 9(u_1-u_2)^6(u_1-2u_2)u_2^2 u_3$
$- \sqrt{3}(u_1-u_2)^4 \times (u_1^3+6u_1^2u_2-12u_1u_2^2-5u_2^3)u_2u_3^2 - (u_1-u_2)^4(3u_1^3+4u_1^2u_2-32u_1u_2^2+48u_2^3)u_3^3$

$$-\sqrt{3}\,(u_1-u_2)^2(3u_1^4-13u_1^3u_2+36u_1^2u_2^2-30u_1u_2^3+2u_2^4)u_3^4$$

$$-(u_1-u_2)^2(5u_1^3+4u_1^2u_2-26u_1u_2^2+36u_2^3)u_3^5-\sqrt{3}\,(5u_1^4-25u_1^3u_2+48u_1^2u_2^2-32u_1u_2^3+6u_2^4)u_3^6$$

$$-(u_1^2-4u_1u_2+8u_2^2)u_1u_3^7-\sqrt{3}\,(u_1^2-5u_1u_2+u_2^2)u_3^8+(u_1+6u_2)u_3^9+\sqrt{3}\,u_3^{10}$$

$$M_4(u_1,u_2,u_3)=3\sqrt{3}\,(u_1-u_2)^6u_2^4-\sqrt{3}\,(u_1-u_2)^4(6u_1^2-6u_1u_2-5u_2^2)u_2^2u_3^2$$

$$-2\,(u_1-u_2)^4(4u_1-5u_2)u_1u_2u_3^3-\sqrt{3}\,(u_1-u_2)^2(u_1^4-6u_1^3u_2+24u_1^2u_2^2-22u_1u_2^3+2u_2^4)u_3^4$$

$$+2\,(u_1-u_2)^2(u_1^2-10u_1u_2+11u_2^2)u_1u_3^5-\sqrt{3}\,(u_1^4-8u_1^3u_2+24u_1^2u_2^2-22u_1u_2^3+6u_2^4)u_3^6$$

$$+2(2u_1^2-8u_1u_2+7u_2^2)u_1u_3^7+\sqrt{3}\,(u_1-u_2)(u_1+u_2)u_3^8+2u_1u_3^9+\sqrt{3}\,u_3^{10}$$

$$M_5(u_1,u_2,u_3)=-2\,(u_1-u_2)^4(4u_1-5u_2)u_1u_2u_3^3+2\,(u_1-u_2)^2(u_1^2-10u_1u_2+11u_2^2)u_1u_3^5$$

$$+2(2u_1^2-8u_1u_2+7u_2^2)u_1u_3^7+2u_1u_3^9$$

$$M_6(u_1,u_2,u_3)=3\sqrt{3}\,(u_1-u_2)^7u_2^3+9\,(u_1-u_2)^6(u_1-2u_2)u_2^2u_3$$

$$-\sqrt{3}\,(u_1-u_2)^5\times(u_1^2-5u_1u_2-5u_2^2)u_2u_3^2-(u_1-u_2)^4(3u_1^3+20u_1^2u_2-52u_1u_2^2+48u_2^3)u_3^3$$

$$-\sqrt{3}\,(u_1-u_2)^3\times(u_1^3-12u_1u_2^2+2u_2^3)u_3^4-(u_1-u_2)^2(u_1^3+44u_1^2u_2-70u_1u_2^2+36u_2^3)u_3^5$$

$$-3\sqrt{3}\,(u_1-u_2)(u_1^3-2u_1^2u_2-2u_1u_2^2+2u_2^3)u_3^6+(7u_1^2-28u_1u_2+20u_2^2)u_1u_3^7$$

$$-\sqrt{3}\,(3u_1^2-5u_1u_2-u_2^2)u_3^8+(5u_1+6u_2)u_3^9-\sqrt{3}\,u_3^{10}$$

$$M_7(u_1,u_2,u_3)=3\sqrt{3}\,(u_1-u_2)^6(u_1+u_2)u_2^3-9\,(u_1-u_2)^6(u_1-2u_2)u_2^2u_3$$

$$-\sqrt{3}\,(u_1-u_2)^4(u_1^3+6u_1^2u_2-12u_1u_2^2-5u_2^3)u_2u_3^2+(u_1-u_2)^4(3u_1^3+4u_1^2u_2-32u_1u_2^2+48u_2^3)u_3^3$$

$$-\sqrt{3}\,(u_1-u_2)^2(3u_1^4-13u_1^3u_2+36u_1^2u_2^2-30u_1u_2^3+2u_2^4)u_3^4+(u_1-u_2)^2$$

$$\times(5u_1^3+4u_1^2u_2-26u_1u_2^2+36u_2^3)u_3^5-\sqrt{3}\,(5u_1^4-25u_1^3u_2+48u_1^2u_2^2-32u_1u_2^3+6u_2^4)u_3^6$$

$$+(u_1^2-4u_1u_2+8u_2^2)u_1u_3^7-\sqrt{3}\,(u_1^2-5u_1u_2+u_2^2)u_3^8-(u_1+6u_2)u_3^9+\sqrt{3}\,u_3^{10}$$

$$M_8(u_1,u_2,u_3)=+3\sqrt{3}\,(u_1-u_2)^6u_1u_2^3-\sqrt{3}\,(u_1-u_2)^4(u_1^2-6u_2^2)u_1u_2u_3^2$$

$$+2\,(u_1-u_2)^4(4u_1-5u_2)u_1u_2u_3^3-\sqrt{3}\,(u_1-u_2)^2(2u_1^3-7u_1^2u_2+12u_1u_2^2-8u_2^3)u_1u_3^4$$

$$-2\,(u_1-u_2)^2(u_1^2-10u_1u_2+11u_2^2)u_1u_3^5-\sqrt{3}\,(4u_1^3-17u_1^2u_2+24u_1u_2^2-10u_2^3)u_1u_3^6$$

$$-2(2u_1^2-8u_1u_2+7u_2^2)u_1u_3^7-\sqrt{3}\,(2u_1-5u_2)u_1u_3^8-2u_1u_3^9$$

$$N_0(u_1,u_2,u_3)=6\sqrt{3}\,(u_1-u_2)^6u_2^3u_3-6\,(u_1-u_2)^5u_1u_2^2u_3^2$$

$$-2\sqrt{3}\,(u_1-u_2)^4(u_1^2+u_1u_2-8u_2^2)u_2u_3^3+2\,(u_1-u_2)^3(u_1^2-2u_1u_2-5u_2^2)u_1u_3^4$$

$$+2\sqrt{3}\,(u_1-u_2)^2(u_1^3-5u_1^2u_2+u_1u_2^2+6u_2^3)u_3^5+2\,(u_1-u_2)(2u_1^2-4u_1u_2-u_2^2)u_1u_3^6$$

$$+2\sqrt{3}\,(u_1-u_2)(2u_1-5u_2)u_1u_3^7+2\,(u_1-u_2)u_1u_3^8+2\sqrt{3}\,(u_1-u_2)u_3^9$$

$$N_1(u_1,u_2,u_3)=3\sqrt{3}\,(u_1-u_2)^6u_1u_2^2u_3+6\,(u_1-u_2)^5u_1u_2^2u_3^2$$

$$-\sqrt{3}\,(u_1-u_2)^4(u_1^2-2u_1u_2-2u_2^2)u_1u_3^3-2\,(u_1-u_2)^3(u_1^2-2u_1u_2-5u_2^2)u_1u_3^4$$

$$-\sqrt{3}\,(u_1-u_2)^2(u_1^2-2u_1u_2+4u_2^2)u_1u_3^5-2\,(u_1-u_2)(2u_1^2-4u_1u_2-u_2^2)u_1u_3^6$$

$$+\sqrt{3}\,(u_1^2-2u_1u_2-2u_2^2)u_1u_3^7-2(u_1-u_2)u_1u_3^8+\sqrt{3}\,u_1u_3^9$$

$$N_2(u_1,u_2,u_3)=9\,(u_1-u_2)^7u_2^3+3\sqrt{3}\,(u_1-u_2)^6(u_1-2u_2)u_2^2u_3$$

$$-3\,(u_1-u_2)^5(u_1^2+3u_1u_2-5u_2^2)u_2u_3^2-\sqrt{3}\,(u_1-u_2)^4(u_1-2u_2)(u_1-4u_2)(u_1+2u_2)u_3^3$$

$+(u_1-u_2)^3(5u_1^3-16u_1^2u_2-4u_1u_2^2-6u_2^3)u_3^4-3\sqrt{3}(u_1-u_2)^2(u_1^3-4u_1^2u_2+2u_1u_2^2+4u_2^3)u_3^5$

$+(u_1-u_2)(7u_1^3-14u_1^2u_2+10u_1u_2^2-18u_2^3)u_3^6-3\sqrt{3}(u_1-2u_2)^2u_1u_3^7$

$-(u_1^2-7u_1u_2-3u_2^2)u_3^8-\sqrt{3}(u_1-2u_2)u_3^9-3u_3^{10}$

$N_3(u_1,u_2,u_3)=9(u_1-u_2)^7u_2^3-3\sqrt{3}(u_1-u_2)^6(u_1+2u_2)u_2^2u_3$

$-3(u_1-u_2)^5(u_1^2-u_1u_2-5u_2^2)\times u_2u_3^2+\sqrt{3}(u_1-u_2)^4(u_1^3-16u_2^3)u_3^3$

$+(u_1-u_2)^3(u_1^3-8u_1^2u_2+16u_1u_2^2-6u_2^3)u_3^4-\sqrt{3}(u_1-u_2)^2(u_1^3-8u_1^2u_2-2u_1u_2^2+12u_2^3)u_3^5$

$-(u_1-u_2)(u_1^3-2u_1^2u_2-14u_1u_2^2+18u_2^3)u_3^6-\sqrt{3}(5u_1^2-16u_1u_2+8u_2^2)u_1u_3^7$

$-(5u_1^2-11u_1u_2-3u_2^2)u_3^8-\sqrt{3}(3u_1-2u_2)u_3^9-3u_3^{10}$

$N_4(u_1,u_2,u_3)=6\sqrt{3}(u_1-u_2)^6u_2^3u_3+6(u_1-u_2)^5u_1u_2^2u_3^2$

$-2\sqrt{3}(u_1-u_2)^4(u_1^2+u_1u_2-8u_2^2)u_2u_3^3-2(u_1-u_2)^3(u_1^2-2u_1u_2-5u_2^2)u_1u_3^4$

$+2\sqrt{3}(u_1-u_2)^2(u_1^3-5u_1^2u_2+u_1u_2^2+6u_2^3)u_3^5-2(u_1-u_2)(2u_1^2-4u_1u_2-u_2^2)u_1u_3^6$

$+2\sqrt{3}(u_1-u_2)(2u_1-5u_2)u_1u_3^7-2(u_1-u_2)u_1u_3^8+2\sqrt{3}(u_1-u_2)u_3^9$

$N_5(u_1,u_2,u_3)=6(u_1-u_2)^5u_1u_2^2u_3^2-2(u_1-u_2)^3(u_1^2-2u_1u_2-5u_2^2)u_1u_3^4$

$-2(u_1-u_2)(2u_1^2-4u_1u_2-u_2^2)u_1u_3^6-2(u_1-u_2)u_1u_3^8$

$N_6(u_1,u_2,u_3)=9(u_1-u_2)^7u_2^3-3\sqrt{3}(u_1-u_2)^6(u_1-2u_2)u_2^2u_3$

$-3(u_1-u_2)^5(u_1^2+3u_1u_2-5u_2^2)\times u_2u_3^2+\sqrt{3}(u_1-u_2)^4(u_1-4u_2)(u_1^2-4u_2^2)u_3^3$

$+(u_1-u_2)^3(5u_1^3-16u_1^2u_2-4u_1u_2^2-6u_2^3)u_3^4+\sqrt{3}(u_1-u_2)^2(3u_1^3-12u_1^2u_2+6u_1u_2^2+12u_2^3)u_3^5$

$+(u_1-u_2)(7u_1^3-14u_1^2u_2+10u_1u_2^2-18u_2^3)u_3^6+3\sqrt{3}(u_1-2u_2)^2u_1u_3^7$

$-(u_1^2-7u_1u_2-3u_2^2)u_3^8+\sqrt{3}(u_1-2u_2)u_3^9-3u_3^{10}$

$N_7(u_1,u_2,u_3)=9(u_1-u_2)^7u_2^3+3\sqrt{3}(u_1-u_2)^6(u_1-2u_2)u_2^2u_3$

$-3(u_1^2-u_1u_2-5u_2^2)\times(u_1-u_2)^5u_2u_3^2-\sqrt{3}(u_1-u_2)^4(u_1^3-16u_2^3)u_3^3$

$+(u_1-u_2)^3(u_1^3-8u_1^2u_2+16u_1u_2^2-6u_2^3)u_3^4+\sqrt{3}(u_1-u_2)^2(u_1^3-8u_1^2u_2-2u_1u_2^2+12u_2^3)u_3^5$

$-(u_1-u_2)(u_1^3-2u_1^2u_2-14u_1u_2^2+18u_2^3)u_3^6+\sqrt{3}(5u_1^2-16u_1u_2+8u_2^2)u_1u_3^7$

$-(5u_1^2-11u_1u_2-3u_2^2)u_3^8+\sqrt{3}(3u_1-2u_2)u_3^9-3u_3^{10}$

$N_8(u_1,u_2,u_3)=3\sqrt{3}(u_1-u_2)^6u_1u_2^2u_3-6(u_1-u_2)^5u_1u_2^2u_3^2$

$-\sqrt{3}(u_1-u_2)^4(u_1^2-2u_1u_2-2u_2^2)u_1u_3^3+2(u_1-u_2)^3(u_1^2-2u_1u_2-5u_2^2)u_1u_3^4$

$-\sqrt{3}(u_1-u_2)^2(u_1^2-2u_1u_2+4u_2^2)u_1u_3^5+2(u_1-u_2)(2u_1^2-4u_1u_2-u_2^2)u_1u_3^6$

$+\sqrt{3}(u_1^2-2u_1u_2-2u_2^2)u_1u_3^7+2(u_1-u_2)u_1u_3^8+\sqrt{3}u_1u_3^9$

在证明下述 27 个三角形是正三角形时, 完全可以用 27 点之间的距离公式, 即三角形的边长相等, 来直接验证。也可以将上述 27 个点的坐标公式直接代入 g_j 公式组验证。在这样做时, 可以借助 Mathmatica 桌面系统帮助直接验证。这样做, 比对 F_i 公式组用线性消去法做要简便。

定解条件给出 $A(0,0)$、$B(u_1,0)$、$F(u_2,u_3)$ [以下 x_1^0、x_2^0 即给出 $A(0,0)$、$B(u_1,0)$、$C(u_2,u_3)$ 时, $u_2=x_2^0$, $u_3=x_1^0$] 有:

$$x_1^0 = \frac{(3(u_1-u_2)^2-u_3^2)u_3(3u_2^2-u_3^2)}{3(u_1-u_2)^2u_2^2-(u_1^2+6u_1u_2-6u_2^2)u_3^2+3u_3^4};$$

$$x_2^0 = \frac{(3(u_1-u_2)^2-u_3^2)u_2(u_2^2-3u_3^2)}{3(u_1-u_2)^2u_2^2-(u_1^2+6u_1u_2-6u_2^2)u_3^2+3u_3^4};$$

$$\tan 3\alpha = \frac{x_1^0}{x_2^0} = \frac{u_3(3u_2^2-u_3^2)}{u_2(u_2^2-3u_3^2)}, \text{已知} \tan\alpha = \frac{u_3}{u_2}, \tan\beta = \frac{u_3}{u_1-u_2},$$

$$\tan 3\alpha = \tan\alpha \frac{3-\tan^2\alpha}{1-3\tan^2\alpha} = \frac{u_3}{u_2} \times \frac{3-u_3^2/u_2^2}{1-3u_3^2/u_2^2} = \frac{u_3(3u_2^2-u_3^2)}{u_2(u_2^2-3u_3^2)}, \text{这是对的!}$$

$$\tan 3\beta = \tan\beta \frac{3-\tan^2\beta}{1-3\tan^2\beta} = \frac{u_3}{u_1-u_2} \times \frac{3-u_3^2/(u_1-u_2)^2}{1-3u_3^2/(u_1-u_2)^2} = \frac{u_3(3(u_1-u_2)^2-u_3^2)}{(u_1-u_2)((u_1-u_2)^2-3u_3^2)}$$

$$\tan 3\beta = \frac{x_1^0}{u_1-x_2^0} = \frac{u_3(3(u_1-u_2)^2-u_3^2)(3u_2^2-u_3^2)}{3(u_1-u_2)^2u_1u_2^2-(u_1^2+6u_1u_2-6u_2^2)u_1u_3^2+3u_1u_3^4-(3(u_1-u_2)^2-u_3^2)u_2(u_2^2-3u_3^2)}$$

$\tan 3\beta$ 的分母 $= 3(u_1-u_2)^2 u_1 u_2^2 + 3(u_1-u_2)u_3^4$

$-[(u_1^2+6u_1u_2-6u_2^2)u_1-u_2^3-9(u_1-u_2)^2 u_2]u_3^2$

$= 3(u_1-u_2)^3 u_2^2 - (u_1-u_2)((u_1-u_2)^2+9u_2^2)u_3^2 + 3(u_1-u_2)u_3^4$

$= (u_1-u_2)[3(u_1-u_2)^2 u_2^2 - ((u_1-u_2)^2+9u_2^2)u_3^2 + 3u_3^4]$

$= (u_1-u_2)(3u_2^2-u_3^2)((u_1-u_2)^2-3u_3^2)$

$$\tan 3\beta = \frac{u_3(3(u_1-u_2)^2-u_3^2)}{(u_1-u_2)((u_1-u_2)^2-3u_3^2)}, \text{这也是对的!}$$

这说明先设定 $C(x_2^0, x_1^0)$ 或先设定 $F(u_2, u_3)$ 结果是一致的。

2.2 27 个正三角形的证明

下面为了便于读者阅读,在证明内 Morley 三角形 $\triangle DEF$ 是正三角形时写出了消去的全过程,此后为避免烦琐,则不再一一详细给出消去全过程。特别强调指出:整个 27 个正三角形的每个证明都是为每个正三角形特别设计的 F_i 及 g_j 公式组,都可从本书 2.1 节的开始找到,且都是线性的,都可以用 Gauss 消去法去证明。

1. 证明内 Morley 三角形 $\triangle DEF$(即 $\triangle D_{00}E_{00}F_{00}$)是正三角形

记 $F_{00}(x_2, x_1)$、$E_{00}(x_4, x_3)$、$D_{00}(x_6, x_5)$,F_{00} 是 t_2 与 s_1 的交点,E_{00} 是 t_1 与 s_3 的交点,D_{00} 是 t_3 与 s_2 的交点。从 (t_2, s_1) 可直接解出:$x_1 = u_3, x_2 = u_2$。

$h_1 = [3(u_1-u_2)^2 u_2^2 - (u_1^2+6u_1u_2-6u_2^2)u_3^2 + 3u_3^4]$

$\times [((u_1-u_2)u_2^2-\sqrt{3}(2u_1-3u_2)u_2u_3-(u_1-3u_2)u_3^2-\sqrt{3}u_3^3)x_3$

$-(\sqrt{3}(u_1-u_2)u_2^2+(2u_1-3u_2)u_2u_3-\sqrt{3}(u_1-3u_2)u_3^2+u_3^3)x_4]$

$+(3(u_1-u_2)^2-u_3^2)(u_2^2+u_3^2)^2(\sqrt{3}(u_1-u_2)u_2-u_1u_3-\sqrt{3}u_3^2) = 0$

$h_2 = (u_2^2-u_3^2)x_3 - 2u_2u_3x_4 = 0$

$h_3 = [3(u_1-u_2)^2 u_2^2 - (u_1^2+6u_1u_2-6u_2^2)u_3^2 + 3u_3^4]$

$\times [(u_2(u_1-u_2)^2+\sqrt{3}(u_1-u_2)(u_1-3u_2)u_3+(2u_1-3u_2)u_3^2-\sqrt{3}u_3^3)x_5$

$$+(\sqrt{3}u_2(u_1-u_2)^2-(u_1-u_2)(u_1-3u_2)u_3+\sqrt{3}(2u_1-3u_2)u_3^2+u_3^3)x_6]$$
$$-(3(u_1-u_2)^2-u_3^2)(u_2^2+u_3^2)(\sqrt{3}(u_1-u_2)^2u_2^2+2(u_1-u_2)u_1u_2u_3$$
$$-\sqrt{3}(u_1^2+2u_1u_2-2u_2^2)u_3^2-2u_1u_3^3+\sqrt{3}u_3^4)=0$$
$$h_4=((u_1-u_2)^2-u_3^2)x_5+2(u_1-u_2)u_3x_6-2(u_1-u_2)u_1u_3=0$$

用 h_1、h_2 消去 x_4 作 F_1，h_2 作 F_2，用 h_3、h_4 消去 x_6 作 F_3，h_4 作 F_4：

$$F_1=[3(u_1-u_2)^2u_2^2-(u_1^2+6u_1u_2-6u_2^2)u_3^2+3u_3^4]x_3$$
$$-2u_2u_3(u_3+\sqrt{3}(u_1-u_2))(\sqrt{3}(u_1-u_2)u_2-u_1u_3-\sqrt{3}u_3^2)=0$$
$$F_2=(u_2^2-u_3^2)x_3-2u_2u_3x_4=0$$
$$F_3=(\sqrt{3}u_2-u_3)((u_1-u_2)^2+u_3^2)^2[3(u_1-u_2)^2u_2^2-(u_1^2+6u_1u_2-6u_2^2)u_3^2+3u_3^4]x_5$$
$$-2(u_1-u_2)u_3[3\sqrt{3}(u_1-u_2)^5u_2^3-3(u_1-u_2)^4u_1u_2^2u_3-\sqrt{3}(u_1-u_2)^3(u_1^2+u_1u_2-8u_2^2)u_2u_3^2$$
$$+(u_1-u_2)^2(u_1^2-2u_1u_2-5u_2^2)u_1u_3^3+\sqrt{3}(u_1-u_2)(u_1^3-5u_1^2u_2+u_1u_2^2+6u_2^3)u_3^4$$
$$+(2u_1^2-4u_1u_2-u_2^2)u_1u_3^5+\sqrt{3}(2u_1-5u_2)u_1u_3^6+u_1u_3^7+\sqrt{3}u_3^8]=0$$
$$F_4=2(u_1-u_2)u_3x_6+((u_1-u_2)^2-u_3^2)x_5-2(u_1-u_2)u_1u_3=0$$

解出 x_3、x_4、x_5、x_6：

$$x_3=\frac{2u_2u_3(u_3+\sqrt{3}(u_1-u_2))(\sqrt{3}(u_1-u_2)u_2-u_1u_3-\sqrt{3}u_3^2)}{[3(u_1-u_2)^2u_2^2-(u_1^2+6u_1u_2-6u_2^2)u_3^2+3u_3^4]},$$

$$x_4=\frac{(u_2^2-u_3^2)(u_3+\sqrt{3}(u_1-u_2))(\sqrt{3}(u_1-u_2)u_2-u_1u_3-\sqrt{3}u_3^2)}{[3(u_1-u_2)^2u_2^2-(u_1^2+6u_1u_2-6u_2^2)u_3^2+3u_3^4]}$$

$$x_5=\{2(u_1-u_2)u_3\times[3\sqrt{3}(u_1-u_2)^5u_2^3-3(u_1-u_2)^4u_1u_2^2u_3$$
$$-\sqrt{3}(u_1-u_2)^3(u_1^2+u_1u_2-8u_2^2)u_2u_3^2+(u_1-u_2)^2(u_1^2-2u_1u_2-5u_2^2)u_1u_3^3$$
$$+\sqrt{3}(u_1-u_2)(u_1^3-5u_1^2u_2-u_1u_2^2+6u_2^3)u_3^4+(2u_1^2-4u_1u_2-u_2^2)u_1u_3^5$$
$$+\sqrt{3}(2u_1-5u_2)u_1u_3^6+u_1u_3^7+\sqrt{3}u_3^8]\}$$
$$\div\{(\sqrt{3}u_2-u_3)((u_1-u_2)^2+u_3^2)^2[3(u_1-u_2)^2u_2^2-(u_1^2+6u_1u_2-6u_2^2)u_3^2+3u_3^4]\}$$

$$x_6=[3\sqrt{3}(u_1-u_2)^6u_2^4-\sqrt{3}(u_1-u_2)^4(6u_1^2-6u_1u_2-5u_2^2)u_2^2u_3^2$$
$$+2(u_1-u_2)^4(4u_1-5u_2)u_1u_2u_3^3-\sqrt{3}(u_1-u_2)^2(u_1^4-6u_1^3u_2+24u_1^2u_2^2-22u_1u_2^3-2u_2^4)u_3^4$$
$$-2(u_1-u_2)^2(u_1^2-10u_1u_2+11u_2^2)u_1u_3^5-\sqrt{3}(u_1^4-8u_1^3u_2+24u_1^2u_2^2-22u_1u_2^3+6u_2^4)u_3^6$$
$$-2(2u_1^2-8u_1u_2+7u_2^2)u_1u_3^7+\sqrt{3}(u_1^2-u_2^2)u_3^8-2u_1u_3^9+\sqrt{3}u_3^{10}]$$
$$\div[(\sqrt{3}u_2-u_3)((u_1-u_2)^2+u_3^2)^2(3(u_1-u_2)^2u_2^2-(u_1^2+6u_1u_2-6u_2^2)u_3^2+3u_3^4)]$$

相应有（以下 g_j 公式组仅对 $\triangle D_{00}E_{00}F_{00}$、$\triangle D_{02}E_{20}F_{00}$、$\triangle D_{01}E_{10}F_{00}$ 适用）：

$$g_1=2(x_4-u_2)x_6+2(x_3-u_3)x_5-(x_4^2+x_3^2)+(u_2^2+u_3^2)=0$$
$$g_2=x_6^2-2x_4x_6+x_5^2-2x_3x_5+2(u_2x_4+u_3x_3)-(u_2^2+u_3^2)=0$$
$$g_3=x_6^2-2u_2x_6+x_5^2-2u_3x_5-(x_4^2+x_3^2)+2(u_2x_4+u_3x_3)=0$$

① 用 F_4 消去 g_1 中的 x_6：

$$g_1=2(x_4-u_2)x_6+2(x_3-u_3)x_5-(x_4^2+x_3^2)+(u_2^2+u_3^2)$$
$$(u_1-u_2)u_3g_1=2(u_1-u_2)u_3(x_4-u_2)x_6+2(u_1-u_2)u_3(x_3-u_3)x_5$$

$$-(u_1-u_2)u_3[(x_4^2+x_3^2)-(u_2^2+u_3^2)]$$
$$g_1^{(1)}=(x_4-u_2)[-((u_1-u_2)^2-u_3^2)x_5+2(u_1-u_2)u_1u_3]$$
$$+2(u_1-u_2)u_3(x_3-u_3)x_5-(u_1-u_2)u_3[(x_4^2+x_3^2)-(u_2^2+u_3^2)]$$
$$=[-((u_1-u_2)^2-u_3^2)x_4+2(u_1-u_2)u_3x_3+u_2(u_1-u_2)^2-(2u_1-u_2)u_3^2]x_5$$
$$-(u_1-u_2)u_3[(x_4^2+x_3^2)-2u_1x_4+((2u_1-u_2)u_2-u_3^2)]$$

② 用 F_3 消去 $g_1^{(1)}$ 中的 x_5:

$$g_1^{(2)}=(\sqrt{3}u_2-u_3)((u_1-u_2)^2+u_3^2)^2[3(u_1-u_2)^2u_2^2-(u_1^2+6u_1u_2-6u_2^2)u_3^2+3u_3^4]g_1^{(1)}$$
$$=(\sqrt{3}u_2-u_3)((u_1-u_2)^2+u_3^2)^2[3(u_1-u_2)^2u_2^2-(u_1^2+6u_1u_2-6u_2^2)u_3^2+3u_3^4]x_5$$
$$\times[-((u_1-u_2)^2-u_3^2)x_4+2(u_1-u_2)u_3x_3+u_2(u_1-u_2)^2-(2u_1-u_2)u_3^2]$$
$$-(u_1-u_2)u_3(\sqrt{3}u_2-u_3)((u_1-u_2)^2+u_3^2)^2[3(u_1-u_2)^2u_2^2-(u_1^2+6u_1u_2-6u_2^2)u_3^2+3u_3^4]$$
$$\times[(x_4^2+x_3^2)-2u_1x_4+((2u_1-u_2)u_2-u_3^2)]$$
$$g_1^{(2)}=2(u_1-u_2)u_3\times[-((u_1-u_2)^2-u_3^2)x_4+2(u_1-u_2)u_3x_3+u_2(u_1-u_2)^2-(2u_1-u_2)u_3^2]$$
$$\times[3\sqrt{3}(u_1-u_2)^5u_2^3-3(u_1-u_2)^4u_1u_2^2u_3-\sqrt{3}(u_1-u_2)^3(u_1^2+u_1u_2-8u_2^2)u_2u_3^2$$
$$+(u_1-u_2)^2(u_1^2-2u_1u_2-5u_2^2)u_1u_3^3+\sqrt{3}(u_1-u_2)(u_1^3-5u_1^2u_2+u_1u_2^2+6u_2^3)u_3^4$$
$$+(2u_1^2-4u_1u_2-u_2^2)u_1u_3^5+\sqrt{3}(2u_1-5u_2)u_1u_3^6+u_1u_3^7+\sqrt{3}u_3^8]$$
$$-(u_1-u_2)u_3(\sqrt{3}u_2-u_3)((u_1-u_2)^2+u_3^2)^2[3(u_1-u_2)^2u_2^2$$
$$-(u_1^2+6u_1u_2-6u_2^2)u_3^2+3u_3^4]\times[(x_4^2+x_3^2)-2u_1x_4+((2u_1-u_2)u_2-u_3^2)]$$

提取公因子 $(u_1-u_2)u_3$:

$$g_1^{(2)\prime}=2[-((u_1-u_2)^2-u_3^2)x_4+2(u_1-u_2)u_3x_3+u_2(u_1-u_2)^2-(2u_1-u_2)u_3^2]$$
$$\times[3\sqrt{3}(u_1-u_2)^5u_2^3-3(u_1-u_2)^4u_1u_2^2u_3-\sqrt{3}(u_1-u_2)^3(u_1^2+u_1u_2-8u_2^2)u_2u_3^2$$
$$+(u_1-u_2)^2(u_1^2-2u_1u_2-5u_2^2)u_1u_3^3+\sqrt{3}(u_1-u_2)(u_1^3-5u_1^2u_2+u_1u_2^2+6u_2^3)u_3^4$$
$$+(2u_1^2-4u_1u_2-u_2^2)u_1u_3^5+\sqrt{3}(2u_1-5u_2)u_1u_3^6+u_1u_3^7+\sqrt{3}u_3^8]$$
$$-(\sqrt{3}u_2-u_3)((u_1-u_2)^2+u_3^2)^2[3(u_1-u_2)^2u_2^2-(u_1^2+6u_1u_2-6u_2^2)u_3^2+3u_3^4]$$
$$\times[(x_4^2+x_3^2)-2u_1x_4+((2u_1-u_2)u_2-u_3^2)]$$

③ 用 F_2 消去 $g_1^{(2)\prime}$ 中的 x_4:

$$g_1^{(3)}=4u_2^2u_3^2g_1^{(2)\prime}=4u_2u_3[-((u_1-u_2)^2-u_3^2)2u_2u_3x_4+4(u_1-u_2)u_2u_3^2x_3$$
$$+2(u_1-u_2)^2u_2^2u_3-2(2u_1-u_2)u_2u_3^3]\times[3\sqrt{3}(u_1-u_2)^5u_2^3-3(u_1-u_2)^4u_1u_2^2u_3$$
$$-\sqrt{3}(u_1-u_2)^3(u_1^2+u_1u_2-8u_2^2)u_2u_3^2+(u_1-u_2)^2(u_1^2-2u_1u_2-5u_2^2)u_1u_3^3$$
$$+\sqrt{3}(u_1-u_2)(u_1^3-5u_1^2u_2+u_1u_2^2+6u_2^3)u_3^4+(2u_1^2-4u_1u_2-u_2^2)u_1u_3^5$$
$$+\sqrt{3}(2u_1-5u_2)u_1u_3^6+u_1u_3^7+\sqrt{3}u_3^8]-(\sqrt{3}u_2-u_3)((u_1-u_2)^2+u_3^2)^2$$
$$\times[3(u_1-u_2)^2u_2^2-(u_1^2+6u_1u_2-6u_2^2)u_3^2+3u_3^4]$$
$$\times[((2u_2u_3x_4)^2+4u_2^2u_3^2x_3^2)-(2u_2u_3x_4)4u_1u_2u_3+4u_2^2u_3^2((2u_1-u_2)u_2-u_3^2)]$$
$$=4u_2u_3[-((u_1-u_2)^2-u_3^2)(u_2^2-u_3^2)x_3+4(u_1-u_2)u_2u_3^2x_3$$
$$+2u_2u_3((u_1-u_2)^2u_2-(2u_1-u_2)u_3^2)][3\sqrt{3}(u_1-u_2)^5u_2^3-3(u_1-u_2)^4u_1u_2^2u_3$$
$$-\sqrt{3}(u_1-u_2)^3(u_1^2+u_1u_2-8u_2^2)u_2u_3^2+(u_1-u_2)^2(u_1^2-2u_1u_2-5u_2^2)u_1u_3^3+\sqrt{3}(u_1-u_2)$$

$$\times(u_1^3-5u_1^2u_2+u_1u_2^2+6u_2^3)u_3^4+(2u_1^2-4u_1u_2-u_2^2)u_1u_3^5+\sqrt{3}(2u_1-5u_2)u_1u_3^6+u_1u_3^7+\sqrt{3}u_3^8]$$

$$-(\sqrt{3}u_2-u_3)((u_1-u_2)^2+u_3^2)^2[3(u_1-u_2)^2u_2^2-(u_1^2+6u_1u_2-6u_2^2)u_3^2+3u_3^4]$$

$$\times[((u_2^2-u_3^2)^2+4u_2^2u_3^2)x_3^2-4u_1u_2u_3(u_2^2-u_3^2)x_3+4u_2^2u_3^2((2u_1-u_2)u_2-u_3^2)]$$

$$=4u_2u_3[-((u_1-u_2)^2u_2^2-(u_1^2+2u_1u_2-2u_2^2)u_3^2+u_3^4)x_3+2u_2u_3((u_1-u_2)^2u_2-(2u_1-u_2)u_3^2)]$$

$$\times[3\sqrt{3}(u_1-u_2)^5u_2^3-3(u_1-u_2)^4u_1u_2^2u_3-\sqrt{3}(u_1-u_2)^3(u_1^2+u_1u_2-8u_2^2)u_2u_3^2$$

$$+(u_1-u_2)^2(u_1^2-2u_1u_2-5u_2^2)u_1u_3^3+\sqrt{3}(u_1-u_2)(u_1^3-5u_1^2u_2-u_1u_2^2+6u_2^3)u_3^4$$

$$+(2u_1^2-4u_1u_2-u_2^2)u_1u_3^5+\sqrt{3}(2u_1-5u_2)u_1u_3^6+u_1u_3^7+\sqrt{3}u_3^8]$$

$$-(\sqrt{3}u_2-u_3)((u_1-u_2)^2+u_3^2)^2[3(u_1-u_2)^2u_2^2-(u_1^2+6u_1u_2-6u_2^2)u_3^2+3u_3^4]$$

$$\times[(u_2^2+u_3^2)^2x_3^2-4u_1u_2u_3(u_2^2-u_3^2)x_3+4u_2^2u_3^2((2u_1-u_2)u_2-u_3^2)]$$

④ 用 F_1 消去 $g_1^{(3)}$ 中的 x_3：

$$g_1^{(4)}=[3(u_1-u_2)^2u_2^2-(u_1^2+6u_1u_2-6u_2^2)u_3^2+3u_3^4]g_1^{(3)}$$

$$=4u_2u_3[-((u_1-u_2)^2u_2^2-(u_1^2+2u_1u_2-2u_2^2)u_3^2+u_3^4)2u_2u_3(u_3+\sqrt{3}(u_1-u_2))$$

$$\times(\sqrt{3}(u_1-u_2)u_2-u_1u_3-\sqrt{3}u_3^2)+2u_2u_3((u_1-u_2)^2u_2-(2u_1-u_2)u_3^2)$$

$$\times(3(u_1-u_2)^2u_2^2-(u_1^2+6u_1u_2-6u_2^2)u_3^2+3u_3^4)]$$

$$\times[3\sqrt{3}(u_1-u_2)^5u_2^3-3(u_1-u_2)^4u_1u_2^2u_3-\sqrt{3}(u_1-u_2)^3(u_1^2+u_1u_2-8u_2^2)u_2u_3^2$$

$$+(u_1-u_2)^2(u_1^2-2u_1u_2-5u_2^2)u_1u_3^3+\sqrt{3}(u_1-u_2)(u_1^3-5u_1^2u_2+u_1u_2^2+6u_2^3)u_3^4$$

$$+(2u_1^2-4u_1u_2-u_2^2)u_1u_3^5+\sqrt{3}(2u_1-5u_2)u_1u_3^6+u_1u_3^7+\sqrt{3}u_3^8]$$

$$-(\sqrt{3}u_2-u_3)((u_1-u_2)^2+u_3^2)^2\times[(u_2^2+u_3^2)^2 4u_2^2u_3^2(u_3+\sqrt{3}(u_1-u_2))^2$$

$$\times(\sqrt{3}(u_1-u_2)u_2-u_1u_3-\sqrt{3}u_3^2)^2-4u_1u_2u_3(u_2^2-u_3^2)\times 2u_2u_3(u_3+\sqrt{3}(u_1-u_2))$$

$$\times(\sqrt{3}(u_1-u_2)u_2-u_1u_3-\sqrt{3}u_3^2)(3(u_1-u_2)^2u_2^2-(u_1^2+6u_1u_2-6u_2^2)u_3^2+3u_3^4)$$

$$+4u_2^2u_3^2((2u_1-u_2)u_2-u_3^2)(3(u_1-u_2)^2u_2^2-(u_1^2+6u_1u_2+6u_2^2)u_3^2+3u_3^4)^2]$$

提取公因子 $4u_2^2u_3^2$：

$$g_1^{(4)'}=2[-((u_1-u_2)^2u_2^2-(u_1^2+2u_1u_2-2u_2^2)u_3^2+u_3^4)\times(u_3+\sqrt{3}(u_1-u_2))$$

$$\times(\sqrt{3}(u_1-u_2)u_2-u_1u_3-\sqrt{3}u_3^2)+((u_1-u_2)^2u_2-(2u_1-u_2)u_3^2)$$

$$\times(3(u_1-u_2)^2u_2^2-(u_1^2+6u_1u_2-6u_2^2)u_3^2+3u_3^4)]$$

$$\times[3\sqrt{3}(u_1-u_2)^5u_2^3-3(u_1-u_2)^4u_1u_2^2u_3-\sqrt{3}(u_1-u_2)^3\times(u_1^2+u_1u_2-8u_2^2)u_2u_3^2$$

$$+(u_1-u_2)^2(u_1^2-2u_1u_2-5u_2^2)u_1u_3^3+\sqrt{3}(u_1-u_2)\times(u_1^3-5u_1^2u_2+u_1u_2^2+6u_2^3)u_3^4$$

$$+(2u_1^2-4u_1u_2-u_2^2)u_1u_3^5+\sqrt{3}(2u_1-5u_2)u_1u_3^6+u_1u_3^7+\sqrt{3}u_3^8]$$

$$+(\sqrt{3}u_2-u_3)((u_1-u_2)^2+u_3^2)^2\times[-((u_2^2+u_3^2)^2(u_3+\sqrt{3}(u_1-u_2))^2$$

$$\times(\sqrt{3}(u_1-u_2)u_2-u_1u_3-\sqrt{3}u_3^2)^2+2u_1(u_2^2-u_3^2)(u_3+\sqrt{3}(u_1-u_2))$$

$$\times(\sqrt{3}(u_1-u_2)u_2-u_1u_3-\sqrt{3}u_3^2)\times(3(u_1-u_2)^2u_2^2-(u_1^2+6u_1u_2-6u_2^2)u_3^2+3u_3^4)$$

$$-((2u_1-u_2)u_2-u_3^2)(3(u_1-u_2)^2u_2^2-(u_1^2+6u_1u_2-6u_2^2)u_3^2+3u_3^4)^2]$$

$$=2[\sqrt{3}(u_1-u_2)^4u_2^2u_3+2(u_1-u_2)^3u_1u_2u_3^2-\sqrt{3}(u_1-u_2)^3(u_1+3u_2)u_3^3$$

$$-2(u_1-u_2)(u_1-2u_2)u_1u_3^4-\sqrt{3}(4u_1-3u_2)u_2u_3^5-2u_1u_3^6+\sqrt{3}u_3^7]$$

$$\times [3\sqrt{3}(u_1-u_2)^5 u_2^3 - 3(u_1-u_2)^4 u_1 u_2^2 u_3 - \sqrt{3}(u_1-u_2)^3(u_1^2+u_1u_2-8u_2^2)u_2 u_3^2$$
$$+(u_1-u_2)^2 \times (u_1^2-2u_1u_2-5u_2^2)u_1 u_3^3 + \sqrt{3}(u_1-u_2)(u_1^3-5u_1^2 u_2+u_1 u_2^2+6u_2^3)u_3^4$$
$$+(2u_1^2-4u_1u_2-u_2^2)u_1 u_3^5 + \sqrt{3}(2u_1-5u_2)u_1 u_3^6 + u_1 u_3^7 + \sqrt{3}u_3^8]$$
$$-(\sqrt{3}u_2-u_3)((u_1-u_2)^2+u_3^2)^2 \times [6\sqrt{3}(u_1-u_2)^5 u_2^4 u_3$$
$$+6(u_1-u_2)^4(2u_1-u_2)u_2^3 u_3^2 - 4\sqrt{3}(u_1-u_2)^3(2u_1^2+5u_1u_2-6u_2^2)u_2^2 u_3^3$$
$$-4(u_1-u_2)^2(u_1^3+5u_1^2 u_2-15u_1 u_2^2+6u_2^3)u_2 u_3^4 + 2\sqrt{3}(u_1-u_2)$$
$$\times(u_1^4+2u_1^3 u_2+4u_1^2 u_2^2-30u_1 u_2^3+18u_2^4)u_3^5 + 2(5u_1^4-38u_1^2 u_2^2+54u_1 u_2^3-18u_2^4)u_3^6$$
$$+4\sqrt{3}(u_1^3-u_1^2 u_2+9u_1 u_2^2-6u_2^3)u_3^7 + 4(u_1^2+9u_1 u_2-6u_2^2)u_3^8 + 2\sqrt{3}(u_1-3u_2)u_3^9 - 6u_3^{10}]$$
$$=2[9(u_1-u_2)^9 u_2^5 u_3 + 3\sqrt{3}(u_1-u_2)^8 u_1 u_2^4 u_3^2 - 3(u_1-u_2)^7(6u_1^2+7u_1u_2-17u_2^2)u_2^3 u_3^3$$
$$+2\sqrt{3}(u_1-u_2)^6(u_1^2-2u_1u_2+7u_2^2)u_1 u_2^2 u_3^4 +(u_1-u_2)^5(5u_1^4+14u_1^3 u_2$$
$$-64u_1^2 u_2^2-90u_1 u_2^3+117u_2^4)u_2 u_3^5 - \sqrt{3}(u_1-u_2)^4(u_1^4-4u_1^3 u_2-2u_1^2 u_2^2+12u_1 u_2^3-25u_2^4)u_1 u_3^6$$
$$-(u_1-u_2)^3(5u_1^5-21u_1^4 u_2-54u_1^3 u_2^2+106u_1^2 u_2^3+135u_1 u_2^4-135u_2^5)u_3^7$$
$$-4\sqrt{3}(u_1-u_2)^2(u_1^4-4u_1^3 u_2+3u_1^2 u_2^2+2u_1 u_2^3-5u_2^4)u_1 u_3^8$$
$$-3(u_1-u_2)(4u_1^5-6u_1^4 u_2-36u_1^3 u_2^2+48u_1^2 u_2^3+20u_1 u_2^4-25u_2^5)u_3^9$$
$$-\sqrt{3}(6u_1^4-24u_1^3 u_2+28u_1^2 u_2^2-8u_1 u_2^3-5u_2^4)u_1 u_3^{10} -(6u_1^4+28u_1^3 u_2-112u_1^2 u_2^2+54u_1 u_2^3+9u_2^4)u_3^{11}$$
$$-2\sqrt{3}(2u_1^2-4u_1u_2+u_2^2)u_1 u_3^{12} +(4u_1^2-27u_1u_2+9u_2^2)u_3^{13} -\sqrt{3}u_1 u_3^{14}+3u_3^{15}]$$
$$-[18(u_1-u_2)^9 u_2^5 u_3 + 6\sqrt{3}(u_1-u_2)^8 u_1 u_2^4 u_3^2 - 6(u_1-u_2)^7(6u_1^2+7u_1u_2-17u_2^2)u_2^3 u_3^3$$
$$+4\sqrt{3}(u_1-u_2)^6(u_1^2-2u_1u_2+7u_2^2)u_1 u_2^2 u_3^4 + 2(u_1-u_2)^5(5u_1^4+14u_1^3 u_2-64u_1^2 u_2^2$$
$$-90u_1 u_2^3+117u_2^4)u_2 u_3^5 -2\sqrt{3}(u_1-u_2)^4(u_1^4-4u_1^3 u_2-2u_1^2 u_2^2+12u_1 u_2^3-25u_2^4)u_1 u_3^6$$
$$-2(u_1-u_2)^3(5u_1^5-21u_1^4 u_2-54u_1^3 u_2^2+106u_1^2 u_2^3+135u_1 u_2^4-135u_2^5)u_3^7$$
$$-8\sqrt{3}(u_1-u_2)^2(u_1^4-4u_1^3 u_2+3u_1^2 u_2^2+2u_1 u_2^3-5u_2^4)u_1 u_3^8$$
$$-6(u_1-u_2)(4u_1^5-6u_1^4 u_2-36u_1^3 u_2^2+48u_1^2 u_2^3+20u_1 u_2^4-25u_2^5)u_3^9$$
$$-2\sqrt{3}(6u_1^4-24u_1^3 u_2+28u_1^2 u_2^2-8u_1 u_2^3-5u_2^4)u_1 u_3^{10} -2(6u_1^4+28u_1^3 u_2-112u_1^2 u_2^2+54u_1 u_2^3+9u_2^4)u_3^{11}$$
$$-4\sqrt{3}(u_1^2-4u_1u_2+u_2^2)u_1 u_3^{12} +2(4u_1^2-27u_1u_2+9u_2^2)u_3^{13} -2\sqrt{3}u_1 u_3^{14}+6u_3^{15}]=0$$

⑤ 用消去法先消去哪个参数(x_3, x_4, x_5, x_6)与消去的次序无关。如消去 g_1 的次序是 $x_6、x_5、x_4、x_3$，消去 g_2 的次序可以改为 $x_4、x_3、x_6、x_5$，也可以直接把 $x_3、x_4、x_5、x_6$ 表达式代入 $g_j(j=1,2,3)$ 验证。

先用 F_2 消去 g_2 中的 x_4：
$$g_2 = 2(u_2-x_6)x_4 + 2(u_3-x_5)x_3 + (x_6^2+x_5^2) - (u_2^2+u_3^2)$$
$$g_2^{(1)} = u_2 u_3 g_2 = 2u_2 u_3 x_4(u_2-x_6) + 2u_2 u_3 x_3(u_3-x_5) + u_2 u_3((x_6^2+x_5^2)-(u_2^2+u_3^2))$$
$$= (u_2^2-u_3^2)x_3(u_2-x_6) + 2u_2 u_3 x_3(u_3-x_5) + u_2 u_3((x_6^2+x_5^2)-(u_2^2+u_3^2))$$
$$= [(u_2^2-u_3^2)(u_2-x_6)+2u_2 u_3(u_3-x_5)]x_3 + u_2 u_3((x_6^2+x_5^2)-(u_2^2+u_3^2))$$
$$= [-(u_2^2-u_3^2)x_6 - 2u_2 u_3 x_5 + u_2(u_2^2+u_3^2)]x_3 + u_2 u_3((x_6^2+x_5^2) - u_2 u_3(u_2^2+u_3^2))$$

⑥ 用 F_1 消去 $g_2^{(1)}$ 中的 x_3：
$$g_2^{(2)} = [3(u_1-u_2)^2 u_2^2 - (u_1^2+6u_1u_2-6u_2^2)u_3^2 + 3u_2^4]g_2^{(1)}$$

$$= [-(u_2^2-u_3^2)x_6 - 2u_2u_3x_5 + u_2(u_2^2+u_3^2)]2u_2u_3(\sqrt{3}(u_1-u_2)-u_3)$$
$$\times(\sqrt{3}(u_1-u_2)u_2 - u_1u_3 - \sqrt{3}u_3^2) + [u_2u_3(x_6^2+x_5^2) - u_2u_3(u_2^2+u_3^2)]$$
$$\times [3(u_1-u_2)^2u_2^2 - (u_1^2+6u_1u_2-6u_2^2)u_3^2 + 3u_3^4] \quad (\text{提取公因子 } u_2u_3)$$

$$g_2^{(2)'} = 2[-(u_2^2-u_3^2)x_6 - 2u_2u_3x_5 + u_2(u_2^2+u_3^2)]$$
$$\times [3(u_1-u_2)^2u_2^2 - \sqrt{3}(u_1-u_2)^2u_3 - (4u_1-3u_2)u_3^2 - \sqrt{3}u_3^3]$$
$$+ [(x_6^2+x_5^2) - (u_2^2+u_3^2)] \times [3(u_1-u_2)^2u_2^2 - (u_1^2+6u_1u_2-6u_2^2)u_3^2 + 3u_3^4]$$

⑦ 用 F_4 消去 $g_2^{(2)'}$ 中的 x_6：

$$g_2^{(3)} = 4(u_1-u_2)^2u_3^2 g_2^{(2)'}$$
$$= 4(u_1-u_2)u_3[+(u_2^2-u_3^2)(-2(u_1-u_2)u_3x_6) - 4(u_1-u_2)u_2u_3^2x_5$$
$$+ 2(u_1-u_2)u_2u_3(u_2^2+u_3^2)] \times [3(u_1-u_2)^2u_2^2 - \sqrt{3}(u_1-u_2)^2u_3 - (4u_1-3u_2)u_3^2 - \sqrt{3}u_3^3]$$
$$+ [4(u_1-u_2)^2u_3^2x_6^2 + 4(u_1-u_2)^2u_3^2x_5^2 - 4(u_1-u_2)^2u_3^2(u_2^2+u_3^2)]$$
$$\times [3(u_1-u_2)^2u_2^2 - (u_1^2+6u_1u_2-6u_2^2)u_3^2 + 3u_3^4]$$
$$= 4(u_1-u_2)u_3[+(u_2^2-u_3^2)(((u_1-u_2)^2-u_3^2)x_5 - 2(u_1-u_2)u_1u_3)$$
$$-4(u_1-u_2)u_2u_3^2x_5 + 2(u_1-u_2)u_2u_3(u_2^2+u_3^2)]$$
$$\times [3(u_1-u_2)^2u_2^2 - \sqrt{3}(u_1-u_2)^2u_3 - (4u_1-3u_2)u_3^2 - \sqrt{3}u_3^3]$$
$$+ [(((u_1-u_2)^2-u_3^2)x_5 - 2(u_1-u_2)u_1u_3)^2 + 4(u_1-u_2)^2u_3^2x_5^2 - 4(u_1-u_2)^2u_3^2(u_2^2+u_3^2)]$$
$$\times [3(u_1-u_2)^2u_2^2 - (u_1^2+6u_1u_2-6u_2^2)u_3^2 + 3u_3^4]$$
$$= 4(u_1-u_2)u_3[((u_1-u_2)^2u_2^2 - (u_1^2+2u_1u_2-2u_2^2)u_3^2 + u_3^4)x_5 - 2(u_1-u_2)^2u_2^2u_3 + 2(u_1^2-u_2^2)u_3^3]$$
$$\times [3(u_1-u_2)^2u_2^2 - \sqrt{3}(u_1-u_2)^2u_3 - (4u_1-3u_2)u_3^2 - \sqrt{3}u_3^3]$$
$$+ [((u_1-u_2)^2+u_3^2)^2x_5^2 - 4(u_1-u_2)u_1u_3((u_1-u_2)^2-u_3^2)x_5 + 4(u_1-u_2)^2\times(u_1^2-u_2^2-u_3^2)u_3^2]$$
$$\times [3(u_1-u_2)^2u_2^2 - (u_1^2+6u_1u_2-6u_2^2)u_3^2 + 3u_3^4]$$

⑧ 用 F_3 消去 $g_2^{(3)}$ 中的 x_5：

$$g_2^{(4)} = (\sqrt{3}u_2-u_3)^2((u_1-u_2)^2+u_3^2)^2[3(u_1-u_2)^2u_2^2 - (u_1^2+6u_1u_2-6u_2^2)u_3^2 + 3u_3^4]g_2^{(3)}$$

为简化推导，记：

$$M(u_1,u_2,u_3) = [3\sqrt{3}(u_1-u_2)^5u_2^3 - 3(u_1-u_2)^4u_1u_2^2u_3$$
$$-\sqrt{3}(u_1-u_2)^3(u_1^2+u_1u_2-8u_2^2)u_2u_3^2 + (u_1-u_2)^2(u_1^2-2u_1u_2-5u_2^2)u_1u_3^3$$
$$+\sqrt{3}(u_1-u_2)(u_1^3-5u_1^2u_2+u_1u_2^2+6u_2^3)u_3^4 + (2u_1^2-4u_1u_2-u_2^2)u_1u_3^5$$
$$+\sqrt{3}(2u_1-5u_2)u_1u_3^6 + u_1u_3^7 + \sqrt{3}u_3^8] \quad (\text{注意}: N_0(u_1,u_2,u_3) = 2(u_1-u_2)u_3M(u_1,u_2,u_3))$$

$$g_2^{(4)} = 4(u_1-u_2)u_3(\sqrt{3}u_2-u_3)[((u_1-u_2)^2u_2^2 - (u_1^2+2u_1u_2-2u_2^2)u_3^2 + u_3^4)$$
$$\times 2(u_1-u_2)u_3M(u_1,u_2,u_3) + (-2(u_1-u_2)^2u_2^2u_3 + 2(u_1^2-u_2^2)u_3^3)(\sqrt{3}u_2-u_3)$$
$$\times ((u_1-u_2)^2+u_3^2)^2(3(u_1-u_2)^2u_2^2 - (u_1^2+6u_1u_2-6u_2^2)u_3^2 - 3u_3^4)]$$
$$\times [3(u_1-u_2)^2u_2^2 - \sqrt{3}(u_1-u_2)^2u_3 - (4u_1-3u_2)u_3^2 - \sqrt{3}u_3^3]$$
$$+ [4(u_1-u_2)^2u_3^2M^2(u_1,u_2,u_3) - 4(u_1-u_2)u_1u_3((u_1-u_2)^2-u_3^2)$$
$$\times (\sqrt{3}u_2-u_3)(3(u_1-u_2)^2u_2^2 - (u_1^2+6u_1u_2-6u_2^2)u_3^2 + 3u_3^4)$$
$$\times 2(u_1-u_2)u_3M(u_1,u_2,u_3) + 4(u_1-u_2)^2(u_1^2-u_2^2-u_3^2)u_3^2$$

$$\times(\sqrt{3}u_2-u_3)^2((u_1-u_2)^2+u_3^2)^2\times(3(u_1-u_2)^2u_2^2-(u_1^2+6u_1u_2-6u_2^2)u_3^2+3u_3^4)^2]$$

对 $g_2^{(4)}$ 提取公因子 $4(u_1-u_2)^2u_3^2$ 可成为:

$$g_2^{(4)\prime}=M^2(u_1,u_2,u_3)+2(\sqrt{3}u_2-u_3)M(u_1,u_2,u_3)$$
$$\times[((u_1-u_2)^2u_2^2-(u_1^2+2u_1u_2-2u_2^2)u_3^2+u_3^4)\times(3(u_1-u_2)^2u_2^2-\sqrt{3}(u_1-u_2)^2u_3$$
$$-(4u_1-3u_2)u_3^2-\sqrt{3}u_3^3)-u_1((u_1-u_2)^2-u_3^2)(3(u_1-u_2)^2u_2^2-(u_1^2+6u_1u_2-6u_2^2)u_3^2+3u_3^4)]$$
$$+(\sqrt{3}u_2-u_3)^2((u_1-u_2)^2+u_3^2)^2(3(u_1-u_2)^2u_2^2-(u_1^2+6u_1u_2-6u_2^2)u_3^2+3u_3^4)$$
$$\times[(u_1^2-u_2^2-u_3^2)(3(u_1-u_2)^2u_2^2-(u_1^2+6u_1u_2-6u_2^2)u_3^2+3u_3^4)$$
$$+2(-(u_1-u_2)u_2^2+(u_1+u_2)u_3^2)(+3(u_1-u_2)^2u_2-\sqrt{3}(u_1-u_2)^2u_3-(4u_1-3u_2)u_3^2-\sqrt{3}u_3^3)]$$
$$=[-3\sqrt{3}(u_1-u_2)^5u_2^3+3(u_1-u_2)^4(u_1-4u_2)u_2^2u_3+\sqrt{3}(u_1-u_2)^3(u_1^2+9u_1u_2-12u_2^2)u_2u_3^2$$
$$-(u_1-u_2)^2(u_1^3+2u_1^2u_2-33u_1u_2^2+36u_2^3)u_3^3-\sqrt{3}(u_1-u_2)(u_1^3+7u_1^2u_2-27u_1u_2^2+18u_2^3)u_3^4$$
$$+(2u_1^3-20u_1^2u_2+57u_1u_2^2-36u_2^3)u_3^5+\sqrt{3}(2u_1^2-15u_1u_2+12u_2^2)u_3^6+3(u_1-4u_2)u_3^7+3\sqrt{3}u_3^8]$$
$$\times[3\sqrt{3}(u_1-u_2)^5u_2^3-3(u_1-u_2)^4u_1u_2^2u_3-\sqrt{3}(u_1-u_2)^3(u_1^2+u_1u_2-8u_2^2)u_2u_3^2+(u_1-u_2)^2$$
$$\times(u_1^2-2u_1u_2-5u_2^2)u_1u_3^3+\sqrt{3}(u_1-u_2)(u_1^3-5u_1^2u_2+u_1u_2^2+6u_2^3)u_3^4$$
$$+(2u_1^2-4u_1u_2-u_2^2)u_1u_3^5+\sqrt{3}(2u_1-5u_2)u_1u_3^6+u_1u_3^7+\sqrt{3}u_3^8]$$
$$+[9(u_1-u_2)^6u_2^4+6\sqrt{3}(u_1-u_2)^5u_2^3u_3-3(u_1-u_2)^4\times(2u_1^2+8u_1u_2-9u_2^2)u_2^2u_3^2$$
$$-4\sqrt{3}(u_1-u_2)^3(2u_1^2+3u_1u_2-6u_2^2)u_2^2u_3^3+(u_1-u_2)^2(u_1^4+8u_1^3u_2-36u_1u_2^3+18u_2^4)u_3^4$$
$$+2\sqrt{3}(u_1-u_2)(u_1^4+6u_1^3u_2-8u_1^2u_2^2-18u_1u_2^3+18u_2^4)u_3^5+(u_1^4+20u_1^3u_2-36u_1^2u_2^2$$
$$+36u_1u_2^3-18u_2^4)u_3^6-4\sqrt{3}(u_1^3-5u_1^2u_2-3u_1u_2^2+6u_2^3)u_3^7-3(3u_1^2-10u_1u_2+9u_2^2)u_3^8$$
$$-6\sqrt{3}(u_1+u_2)u_3^9-9u_3^{10}]\times[3(u_1-u_2)^4u_2^2-2\sqrt{3}(u_1-u_2)^4u_2u_3$$
$$+(u_1-u_2)^2(u_1^2-2u_1u_2+7u_2^2)u_3^2-4\sqrt{3}(u_1-u_2)^2u_2u_3^3+(2u_1^2-4u_1u_2+5u_2^2)u_3^4-2\sqrt{3}u_2u_3^5+u_3^6]$$
$$=[-27(u_1-u_2)^{10}u_2^6+18\sqrt{3}(u_1-u_2)^9(u_1-2u_2)u_2^5u_3$$
$$+9(u_1-u_2)^8(u_1^2+14u_1u_2-20u_2^2)u_2^4u_3^2-6\sqrt{3}(u_1-u_2)^7(2u_1^3+3u_1^2u_2-31u_1u_2^2+34u_2^3)u_2^3u_3^3$$
$$+3(u_1-u_2)^6(u_1^4-20u_1^3u_2-25u_1^2u_2^2+218u_1u_2^3-168u_2^4)u_2^2u_3^4$$
$$+2\sqrt{3}(u_1-u_2)^5(u_1^5+8u_1^4u_2-40u_1^3u_2^2-50u_1^2u_2^3+297u_1u_2^4-234u_2^5)u_2u_3^5$$
$$-(u_1^6-6u_1^5u_2-78u_1^4u_2^2+320u_1^3u_2^3+279u_1^2u_2^4-1326u_1u_2^5+756u_2^6)(u_1-u_2)^4u_3^6$$
$$-2\sqrt{3}(u_1-u_2)^3\times(u_1^6+u_1^5u_2-60u_1^4u_2^2+158u_1^3u_2^3+35u_1^2u_2^4-405u_1u_2^5+270u_2^6)u_3^7$$
$$-(u_1-u_2)^2(3u_1^6+30u_1^5u_2-417u_1^4u_2^2+924u_1^3u_2^3+51u_1^2u_2^4-1230u_1u_2^5+630u_2^6)u_3^8$$
$$-2\sqrt{3}(u_1-u_2)(30u_1^5-192u_1^4u_2+384u_1^3u_2^2-180u_1^2u_2^3-195u_1u_2^4+150u_2^5)u_2u_3^9$$
$$+3(2u_1^6-60u_1^5u_2+316u_1^4u_2^2-544u_1^3u_2^3+257u_1^2u_2^4+110u_1u_2^5-84u_2^6)u_3^{10}$$
$$+2\sqrt{3}(6u_1^5-68u_1^4u_2+228u_1^3u_2^2-286u_1^2u_2^3+99u_1u_2^4+18u_2^5)u_3^{11}$$
$$+(26u_1^3-248u_1^2u_2+555u_1u_2^2-294u_2^3)u_1u_3^{12}+2\sqrt{3}(8u_1^3-43u_1^2u_2+63u_1u_2^2-18u_2^3)u_3^{13}$$
$$+3(9u_1^2-34u_1u_2+12u_2^2)u_3^{14}+6\sqrt{3}(u_1-2u_2)u_3^{15}+9u_3^{16}]$$
$$+[27(u_1-u_2)^{10}u_2^6-18\sqrt{3}(u_1-u_2)^9(u_1-2u_2)u_2^5u_3$$
$$-9(u_1-u_2)^8(u_1^2+14u_1u_2-20u_2^2)u_2^4u_3^2+6\sqrt{3}(u_1-u_2)^7(2u_1^3+3u_1^2u_2-31u_1u_2^2+34u_2^3)u_2^3u_3^3$$

$-3(u_1-u_2)^6(u_1^4-20u_1^3u_2-25u_1^2u_2^2+218u_1u_2^3-168u_2^4)u_2^2u_3^4$

$-2\sqrt{3}(u_1-u_2)^5(u_1^5+8u_1^4u_2-40u_1^3u_2^2-50u_1^2u_2^3+297u_1u_2^4-234u_2^5)u_2u_3^5$

$+(u_1^6-6u_1^5u_2-78u_1^4u_2^2+320u_1^3u_2^3+279u_1^2u_2^4-1326u_1u_2^5+756u_2^6)(u_1-u_2)^4u_3^6$

$+2\sqrt{3}(u_1-u_2)^3(u_1^6+u_1^5u_2-60u_1^4u_2^2+158u_1^3u_2^3+35u_1^2u_2^4-405u_1u_2^5+270u_2^6)u_3^7$

$+(u_1-u_2)^2(3u_1^6+30u_1^5u_2-417u_1^4u_2^2+924u_1^3u_2^3+51u_1^2u_2^4-1230u_1u_2^5+630u_2^6)u_3^8$

$+2\sqrt{3}(u_1-u_2)(30u_1^5-192u_1^4u_2+384u_1^3u_2^2-180u_1^2u_2^3-195u_1u_2^4+150u_2^5)u_2u_3^9$

$-3(2u_1^6-60u_1^5u_2+316u_1^4u_2^2-544u_1^3u_2^3+257u_1^2u_2^4+110u_1u_2^5-84u_2^6)u_3^{10}$

$-2\sqrt{3}(6u_1^5-68u_1^4u_2+228u_1^3u_2^2-286u_1^2u_2^3+99u_1u_2^4+18u_2^5)u_3^{11}$

$-(26u_1^3-248u_1^2u_2+555u_1u_2^2-294u_2^3)u_1u_3^{12}-2\sqrt{3}(8u_1^3-43u_1^2u_2+63u_1u_2^2-18u_2^3)u_3^{13}$

$-3(9u_1^2-34u_1u_2+12u_2^2)u_3^{14}-6\sqrt{3}(u_1-2u_2)u_3^{15}-9u_3^{16}]=0$

由此可见 $\triangle DEF$ 为正三角形。

($g_3=0$ 不必再证明,但 $g_3=g_1+g_2$,同样可以用线性的 Gauss 消去法证明 $g_3=0$。)

对线性的 F_i 公式,肯定可以解出有理分式的 x 表达式,直接代入 g_j 公式,而后去分母,可以有更为简短、直接的结果。

为推导方便记 $M(u_1,u_2,u_3)$(式子见前):

$P(u_1,u_2,u_3)=3(u_1-u_2)^2u_2^2-(u_1^2+6u_1u_2-6u_2^2)u_3^2+3u_3^4$

$S(u_1,u_2,u_3)=3(u_1-u_2)^2u_2-\sqrt{3}(u_1-u_2)^2u_3-(4u_1-3u_2)u_3^2-\sqrt{3}u_3^3$

就有:

$$x_3=\frac{2u_2u_3S(u_1,u_2,u_3)}{P(u_1,u_2,u_3)}, \quad x_4=\frac{(u_2^2-u_3^2)S(u_1,u_2,u_3)}{P(u_1,u_2,u_3)},$$

$$x_5=\frac{2(u_1-u_2)u_3M(u_1,u_2,u_3)}{(\sqrt{3}u_2-u_3)((u_1-u_2)^2+u_3^2)^2P(u_1,u_2,u_3)},$$

$$x_6=u_1-\frac{((u_1-u_2)^2-u_3^2)M(u_1,u_2,u_3)}{(\sqrt{3}u_2-u_3)((u_1-u_2)^2+u_3^2)^2P(u_1,u_2,u_3)},$$

$$g_1=2\left(\frac{(u_2^2-u_3^2)S(u_1,u_2,u_3)}{P(u_1,u_2,u_3)}-u_2\right)\left(u_1-\frac{((u_1-u_2)^2-u_3^2)M(u_1,u_2,u_3)}{(\sqrt{3}u_2-u_3)((u_1-u_2)^2+u_3^2)^2P(u_1,u_2,u_3)}\right)$$

$$+2\left(\frac{2u_2u_3S(u_1,u_2,u_3)}{P(u_1,u_2,u_3)}-u_3\right)\times\frac{2(u_1-u_2)u_3M(u_1,u_2,u_3)}{(\sqrt{3}u_2-u_3)((u_1-u_2)^2+u_3^2)^2P(u_1,u_2,u_3)}$$

$$-\left(\frac{(u_2^2-u_3^2)^2S^2(u_1,u_2,u_3)}{P^2(u_1,u_2,u_3)}+\frac{4u_2^2u_3^2S^2(u_1,u_2,u_3)}{P^2(u_1,u_2,u_3)}\right)+(u_2^2+u_3^2)$$

$$=2\frac{(u_2^2-u_3^2)u_1S(u_1,u_2,u_3)}{P(u_1,u_2,u_3)}-2u_1u_2-2\frac{(u_2^2-u_3^2)((u_1-u_2)^2-u_3^2)S(u_1,u_2,u_3)\times M(u_1,u_2,u_3)}{(\sqrt{3}u_2-u_3)((u_1-u_2)^2+u_3^2)^2P^2(u_1,u_2,u_3)}$$

$$+2\frac{((u_1-u_2)^2-u_3^2)u_2M(u_1,u_2,u_3)}{(\sqrt{3}u_2-u_3)((u_1-u_2)^2+u_3^2)^2P(u_1,u_2,u_3)}-\frac{4(u_1-u_2)u_3^2M(u_1,u_2,u_3)}{(\sqrt{3}u_2-u_3)((u_1-u_2)^2+u_3^2)^2P(u_1,u_2,u_3)}$$

$$+\frac{8(u_1-u_2)u_2u_3^2S(u_1,u_2,u_3)M(u_1,u_2,u_3)}{(\sqrt{3}u_2-u_3)((u_1-u_2)^2+u_3^2)^2P^2(u_1,u_2,u_3)}-\frac{(u_2^2-u_3^2)^2S^2(u_1,u_2,u_3)}{P^2(u_1,u_2,u_3)}+(u_2^2+u_3^2)$$

$$= -2\frac{((u_1-u_2)^2 u_2^2-(u_1^2+2u_1u_2-2u_2^2)u_3^2+u_3^4)M(u_1,u_2,u_3)S(u_1,u_2,u_3)}{(\sqrt{3}u_2-u_3)((u_1-u_2)^2+u_3^2)^2 P^2(u_1,u_2,u_3)}$$

$$+2\frac{((u_1-u_2)^2 u_2-(2u_1-u_2)u_3^2)M(u_1,u_2,u_3)}{(\sqrt{3}u_2-u_3)((u_1-u_2)^2+u_3^2)^2 P(u_1,u_2,u_3)}$$

$$+\frac{2(u_2^2-u_3^2)u_1 P(u_1,u_2,u_3)S(u_1,u_2,u_3)-(u_2^2+u_3^2)^2 S^2(u_1,u_2,u_3)}{P^2(u_1,u_2,u_3)}+(-(2u_1-u_2)u_2+u_3^2)$$

去分母，即：

$$g_1^{(1)} = (\sqrt{3}u_2-u_3)((u_1-u_2)^2+u_3^2)^2 P^2(u_1,u_2,u_3) \times g_1$$
$$= -2((u_1-u_2)^2 u_2^2-(u_1^2+2u_1u_2-2u_2^2)u_3^2+u_3^4)M(u_1,u_2,u_3)S(u_1,u_2,u_3)$$
$$+2((u_1-u_2)^2 u_2-(2u_1-u_2)u_3^2)M(u_1,u_2,u_3)P(u_1,u_2,u_3)$$
$$+(\sqrt{3}u_2-u_3)((u_1-u_2)^2+u_3^2)^2 \times [2(u_2^2-u_3^2)u_1 P(u_1,u_2,u_3)S(u_1,u_2,u_3)$$
$$-(u_2^2+u_3^2)^2 S^2(u_1,u_2,u_3)]+(-(2u_1-u_2)u_2+u_3^2)(\sqrt{3}u_2-u_3)((u_1-u_2)^2+u_3^2)^2 P^2(u_1,u_2,u_3)$$

这与 $g_1^{(4)\prime}$ 未展开前的式子一致，就不必推下去给出 $g_1 = 0$ 了。

$$g_2 = x_6^2 - 2x_4 x_6 + x_5^2 - 2x_3 x_5 + 2(u_2 x_4 + u_3 x_3) - (u_2^2 + u_3^2)$$

$$= \left(u_1 - \frac{((u_1-u_2)^2-u_3^2)M(u_1,u_2,u_3)}{(\sqrt{3}u_2-u_3)((u_1-u_2)^2+u_3^2)^2 P^2(u_1,u_2,u_3)}\right)^2 - 2\frac{(u_2^2-u_3^2)S(u_1,u_2,u_3)}{P(u_1,u_2,u_3)}$$

$$\times \left(u_1 - \frac{((u_1-u_2)^2-u_3^2)M(u_1,u_2,u_3)}{(\sqrt{3}u_2-u_3)((u_1-u_2)^2+u_3^2)^2 P(u_1,u_2,u_3)}\right) + \left(\frac{2(u_1-u_2)u_3 M(u_1,u_2,u_3)}{(\sqrt{3}u_2-u_3)((u_1-u_2)^2+u_3^2)^2 P(u_1,u_2,u_3)}\right)^2$$

$$-2\frac{2u_2 u_3 S(u_1,u_2,u_3)}{P(u_1,u_2,u_3)}\left(\frac{2(u_1-u_2)u_3 M(u_1,u_2,u_3)}{(\sqrt{3}u_2-u_3)((u_1-u_2)^2+u_3^2)^2 P(u_1,u_2,u_3)}\right)$$

$$+2\left(u_2 \times \frac{(u_2^2-u_3^2)S(u_1,u_2,u_3)}{P(u_1,u_2,u_3)}+u_3 \frac{2u_2 u_3 S(u_1,u_2,u_3)}{P(u_1,u_2,u_3)}\right)-(u_2^2+u_3^2)$$

$$= \frac{((u_1-u_2)^2-u_3^2)^2+4(u_1-u_2)^2 u_3^2)M^2(u_1,u_2,u_3)}{(\sqrt{3}u_2-u_3)^2((u_1-u_2)^2+u_3^2)^4 P^2(u_1,u_2,u_3)}$$

$$-\frac{2u_1((u_1-u_2)^2-u_3^2)M(u_1,u_2,u_3)}{(\sqrt{3}u_2-u_3)((u_1-u_2)^2+u_3^2)^2 P(u_1,u_2,u_3)}$$

$$+\frac{[2(u_2^2-u_3^2)((u_1-u_2)^2-u_3^2)-8(u_1-u_2)u_2 u_3^2]M(u_1,u_2,u_3)S(u_1,u_2,u_3)}{(\sqrt{3}u_2-u_3)((u_1-u_2)^2+u_3^2)^2 P(u_1,u_2,u_3)}$$

$$+\frac{(2u_2(u_2^2+u_3^2)-2u_1(u_2^2-u_3^2))S(u_1,u_2,u_3)}{P(u_1,u_2,u_3)}+(u_1^2-u_2^2-u_3^2)$$

去分母，即 g_2 乘以 $(\sqrt{3}u_2-u_3)^2((u_1-u_2)^2+u_3^2)^2 P^2(u_1,u_2,u_3)$，得：

$$g_2^{(1)} = M^2(u_1,u_2,u_3)+2(\sqrt{3}u_2-u_3)[((u_1-u_2)^2 u_2^2-(u_1^2+2u_1u_2-2u_2^2)u_3^2+u_3^4)S(u_1,u_2,u_3)$$
$$-u_1((u_1-u_2)^2-u_3^2)P(u_1,u_2,u_3)]M(u_1,u_2,u_3)+(\sqrt{3}u_2-u_3)^2((u_1-u_2)^2+u_3^2)^2 P(u_1,u_2,u_3)$$
$$\times[(u_1^2-u_2^2-u_3^2)P(u_1,u_2,u_3)+2(-(u_1-u_2)u_2^2+(u_1-u_2)u_3^2)S(u_1,u_2,u_3)]$$

这与前面用高斯消去法的 $g_2^{(4)\prime}$ 一致，也就不必推下去给出 $g_2 = 0$ 了。读者可以自己试一下,对线性的 F_i 公式组,用经典的高斯消去法可以解出 x_i 的有理分式形式表达式,直接代入 g_j 公式组即可。以下为避免过于烦琐,线性消去法完全可模仿此处证明完成,不再重复。解出 x_i 后代入 g_j 公式组,得结果。现在,已经可以交给 Mathmatica 数学软件的桌面系统,判定是否为 0,十分方便。当然用相关消去法软件,也很方便,麻烦交给计算机而已。

2. 证明外 Morley 三角形 $\triangle D_{11}E_{11}F_{11}$ 是正三角形

F_{11} 是 t'_2 与 s'_1 的交点,记 $F_{11}(x_2,x_1)$;D_{11} 是 t'_3 与 s'_2 的交点,记 $D_{11}(x_6,x_5)$;E_{11} 是 t'_1 与 s'_3 的交点,记 $E_{11}(x_4,x_3)$。

由上述坐标化公式直接可得:

$$\begin{cases} ((u_1-u_2)+\sqrt{3}u_3)x_1-(x_2-u_1)(\sqrt{3}(u_1-u_2)-u_3)=0 \\ (u_2+\sqrt{3}u_3)x_1+(\sqrt{3}u_2-u_3)x_2=0 \end{cases}$$

$$\begin{cases} (u_2^2-2\sqrt{3}u_2u_3-u_3^2)x_3-(\sqrt{3}u_2^2+2u_2u_3-\sqrt{3}u_3^2)x_4=0 \\ P(u_1,u_2,u_3)[((u_1-u_2)u_2^2-(u_1-3u_2)u_3^2)x_3-((2u_1-3u_2)u_2u_3+u_3^3)x_4] \\ \quad -u_1u_3(3(u_1-u_2)^2-u_3^2)(u_2^2+u_3^2)^2=0 \end{cases}$$

$$\begin{cases} ((u_1-u_2)^2-2\sqrt{3}(u_1-u_2)u_3-u_3^2)x_5+(\sqrt{3}(u_1-u_2)^2+2(u_1-u_2)u_3-\sqrt{3}u_3^2)(x_6-u_1)=0 \\ P(u_1,u_2,u_3)[(u_2(u_1-u_2)^2+(2u_1-3u_2)u_3^2)x_5-((u_1-u_2)(u_1-3u_2)u_3-u_3^3)x_6] \\ \quad -2(3(u_1-u_2)^2-u_3^2)((u_1-u_2)u_1u_2^3u_3+(u_1-2u_2)u_1u_2u_3^3-u_1u_3^5)=0 \end{cases}$$

可以推出:

$$\begin{cases} F_1=(u_2+\sqrt{3}u_3)x_1+(\sqrt{3}u_2-u_3)x_2=0 \\ F_2=2(\sqrt{3}(u_1-u_2)u_2+u_1u_3-\sqrt{3}u_3^2)x_2-u_1(\sqrt{3}(u_1-u_2)-u_3)(u_2+\sqrt{3}u_3)=0 \\ F_3=(u_2^2-2\sqrt{3}u_2u_3-u_3^2)x_3-(\sqrt{3}u_2^2+2u_2u_3-\sqrt{3}u_3^2)x_4=0 \\ F_4=P(u_1,u_2,u_3)x_4-u_1u_3(\sqrt{3}(u_1-u_2)-u_3)(u_2^2-2\sqrt{3}u_2u_3-u_3^2)=0 \\ F_5=((u_1-u_2)^2-2\sqrt{3}(u_1-u_2)u_3-u_3^2)x_5+(\sqrt{3}(u_1-u_2)^2+2(u_1-u_2)u_3-\sqrt{3}u_3^2) \\ \qquad \times(x_6-u_1)=0 \\ F_6=(\sqrt{3}u_2+u_3)((u_1-u_2)^2+u_3^2)^2P(u_1,u_2,u_3)x_6-M_1(u_1,u_2,u_3)=0 \end{cases}$$

这里有记号:

$P(u_1,u_2,u_3)=3(u_1-u_2)^2u_2^2-(u_1^2+6u_1u_2-6u_2^2)u_3^2+3u_3^4$

$M_1(u_1,u_2,u_3)=3\sqrt{3}(u_1-u_2)^6u_1u_2^3-\sqrt{3}(u_1-u_2)^4(u_1^2-6u_2^2)u_1u_2u_3^2$

$-2(u_1-u_2)^4\times(4u_1-5u_2)u_1u_2u_3^3-\sqrt{3}(u_1-u_2)^2(2u_1^3-7u_1^2u_2+12u_1u_2^2-8u_2^3)u_1u_3^4$

$+2(u_1-u_2)^2(u_1^2-10u_1u_2+11u_2^2)u_1u_3^5-\sqrt{3}(4u_1^3-17u_1^2u_2+24u_1u_2^2-10u_2^3)u_1u_3^6$

$-2(2u_1^2-8u_1u_2+7u_2^2)u_1u_3^7-\sqrt{3}(2u_1-5u_2)u_1u_3^8+2u_1u_3^9$

现在的 g_j 公式组已不是 $\triangle D_{00}E_{00}F_{00}$ 用的那样了,那里的公式只限于 $\triangle D_{00}E_{00}F_{00}$,对其他的三角形证明是无效的。除 $\triangle D_{00}E_{00}F_{00}$ 外,其他都用:

$$\begin{cases} g_1 = 2(x_4-x_2)x_6+2(x_3-x_1)x_5-(x_4^2+x_3^2)+(x_1^2+x_2^2)=0 \\ g_2 = (x_6^2+x_5^2)-2(x_6-x_2)x_4-2(x_5-x_1)x_3-(x_1^2+x_2^2)=0 \\ g_3 = (x_6^2+x_5^2)-(x_4^2+x_3^2)-2(x_6-x_4)x_2-2(x_5-x_3)x_1=0 \end{cases}$$

我们可以把 x_i 直接代入 g_j 公式,交 Mathematica 桌面系统判定是否 $g_i=0$。这里要强调一下:定解条件是 $A(0,0)$、$B(u_1,0)$、$F(u_2,u_3)$。当然,本书第二章中所有证明,用线性消去法是可以的,如同"1. 证明内 Morley 三角形 $\triangle DEF$(即 $\triangle D_{00}E_{00}F_{00}$)是正三角形"一样,不再重复讲述。

3. 证明外 Morley 三角形 $\triangle D_{22}E_{22}F_{22}$ 是正三角形

F_{22} 是 t''_2 与 s''_1 的交点,记 $F_{22}(x_2,x_1)$;D_{22} 是 t''_3 与 s''_2 的交点,记 $D_{22}(x_6,x_5)$;E_{22} 是 t''_1 与 s''_3 的交点,记 $E_{22}(x_4,x_3)$。

由上述坐标化公式直接可得:

$$\begin{cases} ((u_1-u_2)-\sqrt{3}u_3)x_1+(x_2-u_1)(\sqrt{3}(u_1-u_2)+u_3)=0 \\ (u_2-\sqrt{3}u_3)x_1-(\sqrt{3}u_2+u_3)x_2=0 \end{cases}$$

$$\begin{cases} (u_2^2+2\sqrt{3}u_2u_3-u_3^2)x_3+(\sqrt{3}u_2^2-2u_2u_3-\sqrt{3}u_3^2)x_4=0 \\ P(u_1,u_2,u_3)\times[((u_1-u_2)u_2^2+\sqrt{3}(2u_1-3u_2)u_2u_3-(u_1-3u_2)u_3^2+\sqrt{3}u_3^3)x_3 \\ \quad +(\sqrt{3}(u_1-u_2)u_2^2-(2u_1-3u_2)u_2u_3-\sqrt{3}(u_1-3u_2)u_3^2-u_3^3)x_4] \\ \quad -(3(u_1-u_2)^2-u_3^2)(\sqrt{3}u_1u_2-\sqrt{3}u_2^2+u_1u_3-\sqrt{3}u_3^2)(u_2^2+u_3^2)^2=0 \end{cases}$$

$$\begin{cases} ((u_1-u_2)^2+2\sqrt{3}(u_1-u_2)u_3-u_3^2)x_5+(-\sqrt{3}(u_1-u_2)^2+2(u_1-u_2)u_3+\sqrt{3}u_3^2)(x_6-u_1)=0 \\ P(u_1,u_2,u_3)\times[(u_2(u_1-u_2)^2-\sqrt{3}(u_1-u_2)(u_1-3u_2)u_3+(2u_1-3u_2)u_3^2+\sqrt{3}u_3^3)x_5 \\ \quad -(\sqrt{3}u_2(u_1-u_2)^2+(u_1-u_2)(u_1-3u_2)u_3+\sqrt{3}(2u_1-3u_2)u_3^2-u_3^3)x_6] \\ \quad +(3(u_1-u_2)^2-u_3^2)(u_2^2+u_3^2)[\sqrt{3}(u_1-u_2)^2u_2^2-2(u_1-u_2)u_1u_2u_3 \\ \quad -\sqrt{3}(u_1^2+2u_1u_2-2u_2^2)u_3^2+2u_1u_3^3+\sqrt{3}u_3^4]=0 \end{cases}$$

可以推出:

$$\begin{cases} F_1 = (u_2-\sqrt{3}u_3)x_1-(\sqrt{3}u_2+u_3)x_2=0 \\ F_2 = 2(\sqrt{3}(u_1-u_2)u_2-u_1u_3-\sqrt{3}u_3^2)x_2-u_1(u_2-\sqrt{3}u_3)(\sqrt{3}(u_1-u_2)+u_3)=0 \\ F_3 = (u_2^2+2\sqrt{3}u_2u_3-u_3^2)x_3+(\sqrt{3}u_2^2-2u_2u_3-\sqrt{3}u_3^2)x_4=0 \\ F_4 = 4u_3P(u_1,u_2,u_3)x_4-(3(u_1-u_2)^2-u_3^2)(\sqrt{3}u_1u_2-\sqrt{3}u_2^2+u_1u_3-\sqrt{3}u_3^2) \\ \qquad \times(u_2^2+2\sqrt{3}u_2u_3-u_3^2)=0 \\ F_5 = ((u_1-u_2)^2+2\sqrt{3}(u_1-u_2)u_3-u_3^2)x_5+(-\sqrt{3}(u_1-u_2)^2+2(u_1-u_2)u_3+\sqrt{3}u_3^2) \\ \qquad \times(x_6-u_1)=0 \\ F_6 = 4u_3((u_1-u_2)^2+u_3^2)^2P(u_1,u_2,u_3)x_6-M_2(u_1,u_2,u_3)=0 \end{cases}$$

这里:$M_2(u_1,u_2,u_3)=-3\sqrt{3}(u_1-u_2)^7u_3^3+9(u_1-u_2)^6(u_1-2u_2)u_2^2u_3$
$+\sqrt{3}(u_1-u_2)^5(u_1^2-5u_1u_2-5u_2^2)u_2u_3^2-(u_1-u_2)^4(3u_1^3+20u_1^2u_2-52u_1u_2^2+48u_2^3)u_3^3$
$+\sqrt{3}(u_1-u_2)^3(u_1^3-12u_1u_2^2+2u_2^3)u_3^4-(u_1-u_2)(u_1^4+43u_1^3u_2-114u_1^2u_2^2+106u_1u_2^3-36u_2^4)u_3^5$

$+3\sqrt{3}(u_1-u_2)(u_1^3-2u_1^2u_2-2u_1u_2^2+2u_2^3)u_3^6+(7u_1^2-28u_1u_2+20u_2^2)u_1u_3^7$

$+\sqrt{3}(3u_1^2-5u_1u_2-u_2^2)u_3^8+(5u_1+6u_2)u_3^9+\sqrt{3}u_3^{10}$

也可以将相应点坐标直接代入 g 公式组验证是否为正三角形。

4. 证明 $\triangle DE_{02}F_{20}$ 是正三角形

F_{20} 是 t_2 与 s''_1 的交点,记 (x_2,x_1);E_{02} 是 t''_1 与 s_3 的交点,记 (x_4,x_3);D_{00} 是 t_3 与 s_2 的交点,记 (x_6,x_5)。

$$\begin{cases}(u_1-u_2)x_1+(x_2-u_1)u_3=0\\(u_2-\sqrt{3}u_3)x_1-(\sqrt{3}u_2+u_3)x_2=0\end{cases}$$

$$\begin{cases}(u_2^2+2\sqrt{3}u_2u_3-u_3^2)x_3+(\sqrt{3}u_2^2-2u_2u_3-\sqrt{3}u_3^2)x_4=0\\P(u_1,u_2,u_3)\times[((u_1-u_2)u_2^2-\sqrt{3}(2u_1-3u_2)u_2u_3-(u_1-3u_2)u_3^2-\sqrt{3}u_3^3)x_3\\\quad-(\sqrt{3}(u_1-u_2)u_2^2+(2u_1-3u_2)u_2u_3-\sqrt{3}(u_1-3u_2)u_3^2+u_3^3)x_4]\\\quad+(3(u_1-u_2)^2-u_3^2)(u_2^2+u_3^2)^2(\sqrt{3}(u_1-u_2)u_2-u_1u_3-\sqrt{3}u_3^2)=0\end{cases}$$

$$\begin{cases}((u_1-u_2)^2-u_3^2)x_5+2(u_1-u_2)u_3x_6-2(u_1-u_2)u_1u_3=0\\P(u_1,u_2,u_3)\times[(u_2(u_1-u_2)^2+\sqrt{3}(u_1-u_2)(u_1-3u_2)u_3+(2u_1-3u_2)u_3^2-\sqrt{3}u_3^3)x_5\\\quad+(\sqrt{3}u_2(u_1-u_2)^2-(u_1-u_2)(u_1-3u_2)u_3+\sqrt{3}(2u_1-3u_2)u_3^2+u_3^3)x_6]\\\quad-(3(u_1-u_2)^2-u_3^2)(u_2^2+u_3^2)[\sqrt{3}(u_1-u_2)^2u_2^2+2(u_1-u_2)u_1u_2u_3\\\quad-\sqrt{3}(u_1^2+2u_1u_2-2u_2^2)u_3^2+2u_1u_3^3+\sqrt{3}u_3^4]=0\end{cases}$$

可以推出:

$$\begin{cases}F_1=(u_2-\sqrt{3}u_3)x_1-(\sqrt{3}u_2+u_3)x_2=0\\F_2=(\sqrt{3}(u_1-u_2)u_2+u_1u_3-\sqrt{3}u_3^2)x_2-(u_2-\sqrt{3}u_3)u_1u_3=0\\F_3=(u_2^2+2\sqrt{3}u_2u_3-u_3^2)x_3+(\sqrt{3}u_2^2-2u_2u_3-\sqrt{3}u_3^2)x_4=0\\F_4=2P(u_1,u_2,u_3)x_4-(\sqrt{3}(u_1-u_2)-u_3)(\sqrt{3}(u_1-u_2)u_2-u_1u_3-\sqrt{3}u_3^2)\\\quad\times(u_2^2+2\sqrt{3}u_2u_3-u_3^2)=0\\F_5=2(u_1-u_2)u_3x_6+((u_1-u_2)^2-u_3^2)x_5-2(u_1-u_2)u_1u_3=0\\F_6=(\sqrt{3}u_2-u_3)((u_1-u_2)^2+u_3^2)^2P(u_1,u_2,u_3)x_5-2(u_1-u_2)u_3M(u_1,u_2,u_3)=0\end{cases}$$

这里:$M(u_1,u_2,u_3)=3\sqrt{3}(u_1-u_2)^5u_2^3-3(u_1-u_2)^4u_1u_2^2u_3$

$-\sqrt{3}(u_1-u_2)^3(u_1^2+u_1u_2-8u_2^2)u_2u_3^2+(u_1-u_2)^2(u_1^2-2u_1u_2-5u_2^2)u_1u_3^3$

$+\sqrt{3}(u_1-u_2)(u_1^3-5u_1^2u_2+u_1u_2^2+6u_2^3)u_3^4+(2u_1^2-4u_1u_2-u_2^2)u_1u_3^5$

$+\sqrt{3}(2u_1-5u_2)u_1u_3^6+u_1u_3^7+\sqrt{3}u_3^8$

这里有 $N_0(u_1,u_2,u_3)=2(u_1-u_2)u_3M(u_1,u_2,u_3)$,也可以直接将相应点坐标表达式代入 g 公式组验证是否是正三角形。

5. 证明 $\triangle D_{11}E_{10}F_{01}$ 是正三角形

F_{01} 是 t'_2 与 s_1 的交点,记 (x_2,x_1);E_{10} 是 t_1 与 s'_3 的交点,记 (x_4,x_3);D_{11} 是 t'_3 与 s'_2 的交点,记 (x_6,x_5)。

$$\begin{cases} u_2 x_1 - u_3 x_2 = 0 \\ ((u_1-u_2)+\sqrt{3}u_3)x_1 - (\sqrt{3}(u_1-u_2)-u_3)x_2 + (\sqrt{3}(u_1-u_2)-u_3)u_1 = 0 \end{cases}$$

$$\begin{cases} (u_2^2-u_3^2)x_3 - 2u_2 u_3 x_4 = 0 \\ P(u_1,u_2,u_3) \times [((u_1-u_2)u_2^2 - (u_1-3u_2)u_3^2)x_3 - ((2u_1-3u_2)u_2 u_3 + u_3^3)x_4] \\ \quad - (3(u_1-u_2)^2 - u_3^2) u_1 u_3 (u_2^2+u_3^2)^2 = 0 \end{cases}$$

$$\begin{cases} ((u_1-u_2)^2 - 2\sqrt{3}(u_1-u_2)u_3 - u_3^2)x_5 + (\sqrt{3}(u_1-u_2)^2 + 2(u_1-u_2)u_3 - \sqrt{3}u_3^2) \times (x_6 - u_1) = 0 \\ P(u_1,u_2,u_3) \times [((u_1-u_2)^2 u_2 + (2u_1-3u_2)u_3^2)x_5 - ((u_1-u_2)(u_1-3u_2)u_3 - u_3^3)x_6] \\ \quad - 2(3(u_1-u_2)^2 - u_3^2)((u_1-u_2)u_1 u_2^3 u_3 + (u_1-2u_2)u_1 u_2 u_3^3 - u_1 u_3^5) = 0 \end{cases}$$

可以推出:

$$\begin{cases} F_1 = u_2 x_1 - u_3 x_2 = 0 \\ F_2 = (\sqrt{3}(u_1-u_2)u_2 - u_1 u_3 - \sqrt{3}u_3^2)x_2 - (\sqrt{3}(u_1-u_2)-u_3)u_1 u_2 = 0 \\ F_3 = (u_2^2 - u_3^2)x_3 - 2u_2 u_3 x_4 = 0 \\ F_4 = P(u_1,u_2,u_3)x_4 - (u_2^2 - u_3^2)(3(u_1-u_2)^2 - u_3^2)u_1 = 0 \\ F_5 = ((u_1-u_2)^2 - 2\sqrt{3}(u_1-u_2)u_3 - u_3^2)x_5 + (\sqrt{3}(u_1-u_2)^2 + 2(u_1-u_2)u_3 - \sqrt{3}u_3^2) \\ \quad \times (x_6 - u_1) = 0 \\ F_6 = (\sqrt{3}u_2 + u_3)((u_1-u_2)^2 + u_3^2)^2 P(u_1,u_2,u_3) x_6 - M_1(u_1,u_2,u_3) = 0 \end{cases}$$

这里:$M_1(u_1,u_2,u_3) = 3\sqrt{3}(u_1-u_2)^6 u_1 u_3^2 - \sqrt{3}(u_1-u_2)^4(u_1^2 - 6u_2^2)u_1 u_2 u_3^2$
$-2(u_1-u_2)^4(4u_1-5u_2)u_1 u_3^3 - \sqrt{3}(u_1-u_2)^2(2u_1^3 - 7u_1^2 u_2 + 12u_1 u_2^2 - 8u_2^3)u_1 u_3^4$
$+2(u_1-u_2)^2(u_1^2 - 10u_1 u_2 + 11u_2^2)u_1 u_3^5 - \sqrt{3}(4u_1^3 - 17u_1^2 u_2 + 24u_1 u_2^2 - 10u_2^3)u_1 u_3^6$
$+2(2u_1^2 - 8u_1 u_2 + 7u_2^2)u_1 u_3^7 - \sqrt{3}(2u_1 - 5u_2)u_1 u_3^8 + 2u_1 u_3^9$

注意这里的 g 公式组是:

$$\begin{cases} g_1 = 2(x_4-x_2)x_6 + 2(x_3-x_1)x_5 - (x_4^2+x_3^2) + (x_1^2+x_2^2) = 0 \\ g_2 = (x_6^2+x_5^2) - 2(x_6-x_2)x_4 - 2(x_5-x_1)x_3 - (x_1^2+x_2^2) = 0 \\ g_3 = (x_6^2+x_5^2) - (x_4^2+x_3^2) - 2(x_6-x_4)x_2 - 2(x_5-x_3)x_1 = 0 \end{cases}$$

6. 证明 $\triangle D_{22} E_{21} F_{12}$ 是正三角形

F_{12} 是 t''_2 与 s'_1 交点,记 (x_2,x_1);E_{21} 是 t'_1 与 s''_3 的交点,记 (x_4,x_3);D_{22} 是 t''_3 与 s''_2 的交点,记 (x_6,x_5)。

$$\begin{cases} (u_2+\sqrt{3}u_3)x_1 + (\sqrt{3}u_2 - u_3)x_2 = 0 \\ ((u_1-u_2)-\sqrt{3}u_3)x_1 + (\sqrt{3}(u_1-u_2)+u_3)x_2 - (\sqrt{3}(u_1-u_2)+u_3)u_1 = 0 \end{cases}$$

$$\begin{cases} (u_2^2 - 2\sqrt{3}u_2 u_3 - u_3^2)x_3 - (\sqrt{3}u_2^2 + 2u_2 u_3 - \sqrt{3}u_3^2)x_4 = 0 \\ P(u_1,u_2,u_3)[((u_1-u_2)u_2^2 + \sqrt{3}(2u_1-3u_2)u_2 u_3 - (u_1-3u_2)u_3^2 + \sqrt{3}u_3^3)x_3 \\ \quad + (\sqrt{3}(u_1-u_2)u_2^2 - (2u_1-3u_2)u_2 u_3 - \sqrt{3}(u_1-3u_2)u_3^2 - u_3^3)x_4] \\ \quad - (3(u_1-u_2)^2 - u_3^2)(\sqrt{3}(u_1-u_2)u_2 + u_1 u_3 - \sqrt{3}u_3^2)(u_2^2+u_3^2)^2 = 0 \end{cases}$$

$$\begin{cases} ((u_1-u_2)^2+2\sqrt{3}(u_1-u_2)u_3-u_3^2)x_5+(-\sqrt{3}(u_1-u_2)^2+2(u_1-u_2)u_3+\sqrt{3}u_3^2)(x_6-u_1)=0 \\ P(u_1,u_2,u_3)[(u_2(u_1-u_2)^2-\sqrt{3}(u_1-u_2)(u_1-3u_2)u_3+(2u_1-3u_2)u_3^2+\sqrt{3}u_3^3)x_5 \\ \quad -(\sqrt{3}u_2(u_1-u_2)^2+(u_1-u_2)(u_1-3u_2)u_3+\sqrt{3}(2u_1-3u_2)u_3^2-u_3^3)x_6] \\ \quad +(3(u_1-u_2)^2-u_3^2)(u_2^2+u_3^2)[\sqrt{3}(u_1-u_2)^2u_2^2-2(u_1-u_2)u_1u_2u_3 \\ \quad -\sqrt{3}(u_1^2+2u_1u_2-2u_2^2)u_3^2+2u_1u_3^3+\sqrt{3}u_3^4]=0 \end{cases}$$

可以推出：

$$\begin{cases} F_1=(u_2+\sqrt{3}u_3)x_1+(\sqrt{3}u_2-u_3)x_2=0 \\ F_2=4u_3x_2-(\sqrt{3}(u_1-u_2)+u_3)(u_2+\sqrt{3}u_3)=0 \\ F_3=(u_2^2-2\sqrt{3}u_2u_3-u_3^2)x_3-(\sqrt{3}u_2^2+2u_2u_3-\sqrt{3}u_3^2)x_4=0 \\ F_4=2P(u_1,u_2,u_3)x_4-(\sqrt{3}(u_1-u_2)+u_3)(\sqrt{3}(u_1-u_2)u_2+u_1u_3-\sqrt{3}u_3^2) \\ \qquad \times(u_2^2-2\sqrt{3}u_1u_3-u_3^2)=0 \\ F_5=((u_1-u_2)^2+2\sqrt{3}(u_1-u_2)u_3-u_3^2)x_5+(-\sqrt{3}(u_1-u_2)^2+2(u_1-u_2)u_3 \\ \qquad +\sqrt{3}u_3^2)(x_6-u_1)=0 \\ F_6=4u_3((u_1-u_2)^2+u_3^2)^2P(u_1,u_2,u_3)x_6-M_2(u_1,u_2,u_3)=0 \end{cases}$$

这里：$M_2(u_1,u_2,u_3)=-3\sqrt{3}(u_1-u_2)^7u_2^3+9(u_1-u_2)^6(u_1-2u_2)u_2^2u_3$
$+\sqrt{3}(u_1-u_2)^5(u_1^2-5u_1u_2-5u_2^2)u_2u_3^2-(u_1-u_2)^4(3u_1^3+20u_1^2u_2-52u_1u_2^2+48u_2^3)u_3^3$
$+\sqrt{3}(u_1-u_2)^3(u_1^3-12u_1u_2^2+2u_2^3)u_3^4-(u_1-u_2)(u_1^4+43u_1^3u_2-114u_1^2u_2^2+106u_1u_2^3-36u_2^4)u_3^5$
$+3\sqrt{3}(u_1-u_2)(u_1^3-2u_1^2u_2-2u_1u_2^2+2u_2^3)u_3^6+(7u_1^2-28u_1u_2+20u_2^2)\times u_1u_3^7$
$+\sqrt{3}(3u_1^2-5u_1u_2-u_2^2)u_3^8+(5u_1+6u_2)u_3^9+\sqrt{3}u_3^{10}$

也可以用坐标表达式代入 g_j 公式组验证是否为正三角形。对上述用 F_i 公式组消去 g_j 公式组用 Gauss 消去法消去也可以。

7. 证明 $\triangle D_{20}E_{00}F_{02}$ 是正三角形

F_{02} 是 t''_2 与 s_1 的交点，记 (x_2,x_1)；E_{00} 是 t_1 与 s_3 的交点，记 (x_4,x_3)；D_{20} 是 t_3 与 s''_2 的交点，记 (x_6,x_5)。

$$\begin{cases} u_2x_1-u_3x_2=0 \\ ((u_1-u_2)-\sqrt{3}u_3)x_1+(\sqrt{3}(u_1-u_2)+u_3)x_2-(\sqrt{3}(u_1-u_2)+u_3)u_1=0 \end{cases}$$

$$\begin{cases} (u_2^2-u_3^2)x_3-2u_2u_3x_4=0 \\ P(u_1,u_2,u_3)[((u_1-u_2)u_2^2-\sqrt{3}(2u_1-3u_2)u_2u_3-(u_1-3u_2)u_3^2-\sqrt{3}u_3^3)x_3 \\ \quad -(\sqrt{3}(u_1-u_2)u_2^2+(2u_1-3u_2)u_2u_3-\sqrt{3}(u_1-3u_2)u_3^2+u_3^3)x_4] \\ \quad +(3(u_1-u_2)^2-u_3^2)(u_2^2+u_3^2)^2(\sqrt{3}(u_1-u_2)u_2-u_1u_3-\sqrt{3}u_3^2)=0 \end{cases}$$

$$\begin{cases}
((u_1-u_2)^2+2\sqrt{3}(u_1-u_2)u_3-u_3^2)x_5+(-\sqrt{3}(u_1-u_2)^2+2(u_1-u_2)u_3+\sqrt{3}u_3^2)(x_6-u_1)=0 \\
P(u_1,u_2,u_3)[((u_1-u_2)^2u_2+\sqrt{3}(u_1-u_2)(u_1-3u_2)u_3+(2u_1-3u_2)u_3^2-\sqrt{3}u_3^3)x_5 \\
\quad +(\sqrt{3}(u_1-u_2)^2u_2-(u_1-u_2)(u_1-3u_2)u_3+\sqrt{3}(2u_1-3u_2)u_3^2+u_3^3)x_6] \\
\quad -(3(u_1-u_2)^2-u_3^2)(u_2^2+u_3^2)[\sqrt{3}(u_1-u_2)^2u_2+2(u_1-u_2)u_1u_2u_3 \\
\quad -\sqrt{3}(u_1^2+2u_1u_2-2u_2^2)u_3^2-2u_1u_3^3+\sqrt{3}u_3^4]=0
\end{cases}$$

可以推出：

$$\begin{cases}
F_1 = u_2x_1 - u_3x_2 = 0 \\
F_2 = (\sqrt{3}(u_1-u_2)u_2+u_1u_3-\sqrt{3}u_3^2)x_2-(\sqrt{3}(u_1-u_2)+u_3)u_1u_2=0 \\
F_3 = (u_2^2-u_3^2)x_3-2u_2u_3x_4=0 \\
F_4 = P(u_1,u_2,u_3)x_4-(u_2^2-u_3^2)(u_3+\sqrt{3}(u_1-u_2))(\sqrt{3}(u_1-u_2)u_2-u_1u_3-\sqrt{3}u_3^2)=0 \\
F_5 = ((u_1-u_2)^2+2\sqrt{3}(u_1-u_2)u_3-u_3^2)x_5+(-\sqrt{3}(u_1-u_2)^2+2(u_1-u_2)u_3+\sqrt{3}u_3^2)(x_6-u_1)=0 \\
F_6 = 2P(u_1,u_2,u_3)(\sqrt{3}u_2+u_3)((u_1-u_2)^2+u_3^2)^2x_6-M_3(u_1,u_2,u_3)=0
\end{cases}$$

这里：$M_3(u_1,u_2,u_3) = 3\sqrt{3}(u_1-u_2)^6(u_1+u_2)u_2^3+9(u_1-u_2)^6(u_1-2u_2)u_2^2u_3$
$-\sqrt{3}(u_1-u_2)^4(u_1^3+6u_1^2u_2-12u_1u_2^2-5u_2^3)u_2u_3^2-(u_1-u_2)^3(3u_1^4+u_1^3u_2-36u_1^2u_2^2$
$+80u_1u_2^3-48u_2^4)u_3^3-\sqrt{3}(u_1-u_2)^2(3u_1^4-13u_1^3u_2+36u_1^2u_2^2-30u_1u_2^3+2u_2^4)u_3^4$
$-(u_1-u_2)(5u_1^4-u_1^3u_2-30u_1^2u_2^2+62u_1u_2^3-36u_2^4)u_3^5$
$-\sqrt{3}(5u_1^4-25u_1^3u_2+48u_1^2u_2^2-32u_1u_2^3+6u_2^4)u_3^6-(u_1^3-4u_1u_2+8u_2^2)u_1u_3^7$
$-\sqrt{3}(u_1^2-5u_1u_2+u_2^2)u_3^8+(u_1+6u_2)u_3^9+\sqrt{3}u_3^{10}$

以下用 F_i 公式组对 g_j 公式组用 Gauss 消去法，或将相应点坐标表达式直接代入 g_j 公式组验证，都可以。

8. 证明 $\triangle D_{02}E_{20}F_{00}$ 是正三角形

F_{00} 是 t_2 与 s_1 的交点，记 (x_2,x_1)；E_{20} 是 t_1 与 s''_3 的交点，记 (x_4,x_3)；D_{02} 是 t''_3 与 s_2 的交点，记 (x_6,x_5)。

$$\begin{cases}
u_2x_1 - u_3x_2 = 0 \\
(u_1-u_2)x_1+u_3x_2-u_1u_3=0
\end{cases}$$

$$\begin{cases}
(u_2^2-u_3^2)x_3-2u_2u_3x_4=0 \\
P(u_1,u_2,u_3)[((u_1-u_2)u_2^2+\sqrt{3}(2u_1-3u_2)u_2u_3-(u_1-3u_2)u_3^2+\sqrt{3}u_3^3)x_3 \\
\quad +(\sqrt{3}(u_1-u_2)u_2^2-(2u_1-3u_2)u_2u_3-\sqrt{3}(u_1-3u_2)u_3^2-u_3^3)x_4] \\
\quad -(3(u_1-u_2)^2-u_3^2)(\sqrt{3}u_1u_2-\sqrt{3}u_2^2+u_1u_3-\sqrt{3}u_3^2)(u_2^2+u_3^2)^2=0
\end{cases}$$

$$\begin{cases}
((u_1-u_2)^2-u_3^2)x_5+2(u_1-u_2)u_3(x_6-u_1)=0 \\
P(u_1,u_2,u_3)[((u_1-u_2)^2u_2-\sqrt{3}(u_1-u_2)(u_1-3u_2)u_3+(2u_1-3u_2)u_3^2+\sqrt{3}u_3^3)x_5 \\
\quad -(\sqrt{3}(u_1-u_2)^2u_2+(u_1-u_2)(u_1-3u_2)u_3+\sqrt{3}(2u_1-3u_2)u_3^2-u_3^3)x_6] \\
\quad +(3(u_1-u_2)^2-u_3^2)(u_2^2+u_3^2)[\sqrt{3}(u_1-u_2)^2u_2-2(u_1-u_2)u_1u_2u_3 \\
\quad -\sqrt{3}(u_1^2+2u_1u_2-2u_2^2)u_3^2+2u_1u_3^3+\sqrt{3}u_3^4]=0
\end{cases}$$

可以推出：
$$\begin{cases} F_1 = u_2 x_1 - u_3 x_2 = 0 \\ F_2 = x_2 - u_2 = 0 \\ F_3 = (u_2^2 - u_3^2) x_3 - 2 u_2 u_3 x_4 = 0 \\ F_4 = P(u_1, u_2, u_3) x_4 - (\sqrt{3}(u_1 - u_2) - u_3)(\sqrt{3}(u_1 - u_2) u_2 + u_1 u_3 - \sqrt{3} u_3^2)(u_2^2 - u_3^2) = 0 \\ F_5 = ((u_1 - u_2)^2 - u_3^2) x_5 + 2(u_1 - u_2) u_3 (x_6 - u_1) = 0 \\ F_6 = P(u_1, u_2, u_3)(\sqrt{3} u_2 + u_3)((u_1 - u_2)^2 - u_3^2)^2 x_6 - M_4(u_1, u_2, u_3) = 0 \end{cases}$$

这里：$M_4(u_1, u_2, u_3) = 3\sqrt{3}(u_1 - u_2)^6 u_2^4 - \sqrt{3}(u_1 - u_2)^4 (6u_1^2 - 6u_1 u_2 - 5u_2^2) u_2^2 u_3^2$
$- 2(u_1 - u_2)^4 (4u_1 - 5u_2) u_1 u_2 u_3^3 - \sqrt{3}(u_1 - u_2)^2 (u_1^4 - 6u_1^3 u_2 + 24u_1^2 u_2^2 - 22u_1 u_2^3 + 2u_2^4) u_3^4$
$+ 2(u_1 - u_2)^2 (u_1^2 - 10 u_1 u_2 + 11 u_2^2) u_1 u_3^5 - \sqrt{3}(u_1^4 - 8 u_1^3 u_2 + 24 u_1^2 u_2^2 - 22 u_1 u_2^3 + 6 u_2^4) u_3^6$
$+ 2(2u_1^2 - 8 u_1 u_2 + 7 u_2^2) u_1 u_3^7 + \sqrt{3}(u_1 - u_2)(u_1 + u_2) u_3^8 + 2 u_1 u_3^9 + \sqrt{3} u_3^{10}$

以下步骤，照此处理。

9. 证明 $\triangle D_{01} E_{11} F_{10}$ 是正三角形

F_{10} 是 t_2 与 s'_1 的交点，记 (x_2, x_1)；E_{11} 是 t'_1 与 s'_3 的交点，记 (x_4, x_3)；D_{01} 是 t'_3 与 s_2 的交点，记 (x_6, x_5)。

$$\begin{cases} (u_1 - u_2) x_1 + u_3 x_2 - u_1 u_3 = 0 \\ (u_2 + \sqrt{3} u_3) x_1 + (\sqrt{3} u_2 - u_3) x_2 = 0 \end{cases}$$

$$\begin{cases} (u_2^2 - 2\sqrt{3} u_2 u_3 - u_3^2) x_3 - (\sqrt{3} u_2^2 + 2 u_2 u_3 - \sqrt{3} u_3^2) x_4 = 0 \\ P(u_1, u_2, u_3) \times [((u_1 - u_2) u_2^2 - (u_1 - 3 u_2) u_3^2) x_3 - ((2 u_1 - 3 u_2) u_2 u_3 + u_3^3) x_4] \\ \quad - u_1 u_3 (3(u_1 - u_2)^2 - u_3^2)(u_2^2 + u_3^2)^2 = 0 \end{cases}$$

$$\begin{cases} ((u_1 - u_2)^2 - u_3^2) x_5 - 2(u_1 - u_2) u_3 (x_6 - u_1) = 0 \\ P(u_1, u_2, u_3)[((u_1 - u_2)^2 u_2 + (2 u_1 - 3 u_2) u_3^2) x_5 - ((u_1 - u_2)(u_1 - 3 u_2) u_3 - u_3^3) x_6] \\ \quad - 2(3(u_1 - u_2)^2 - u_3^2)((u_1 - u_2) u_1 u_2^2 u_3 + (u_1 - 2 u_2) u_1 u_2 u_3^3 - u_1 u_3^5) = 0 \end{cases}$$

可以推出：
$$\begin{cases} F_1 = (u_2 + \sqrt{3} u_3) x_1 + (\sqrt{3} u_2 - u_3) x_2 = 0 \\ F_2 = (-\sqrt{3}(u_1 - u_2) u_2 + u_1 u_3 + \sqrt{3} u_3^2) x_2 - (u_2 + \sqrt{3} u_3) u_1 u_3 = 0 \\ F_3 = (u_2^2 - 2\sqrt{3} u_2 u_3 - u_3^2) x_3 - (\sqrt{3} u_2^2 + 2 u_2 u_3 - \sqrt{3} u_3^2) x_4 = 0 \\ F_4 = P(u_1, u_2, u_3) x_4 - u_1 u_3 (u_2^2 - 2\sqrt{3} u_2 u_3 - u_3^2)(\sqrt{3}(u_1 - u_2) - u_3) = 0 \\ F_5 = ((u_1 - u_2)^2 - u_3^2) x_5 + 2(u_1 - u_2) u_3 (x_6 - u_1) = 0 \\ F_6 = P(u_1, u_2, u_3) u_3 ((u_1 - u_2)^2 + u_3^2)^2 x_6 - M_5(u_1, u_2, u_3) = 0 \end{cases}$$

这里：$M_5(u_1, u_2, u_3) = 2 u_1 u_3 [-(u_1 - u_2)^4 (4 u_1 - 5 u_2) u_2 u_3^2$
$-(u_1 - u_2)^2 (u_1^2 - 10 u_1 u_2 + 11 u_2^2) u_3^4 + (2 u_1^2 - 8 u_1 u_2 + 7 u_2^2) u_3^6 + u_3^8]$

以下步骤，照此处理。

10. 证明 $\triangle D_{10}E_{01}F_{11}$ 是正三角形

F_{11} 是 t'_2 与 s'_1 的交点,记 (x_2,x_1);E_{01} 是 t'_1 与 s_3 的交点,记 (x_4,x_3);D_{10} 是 t_3 与 s'_2 的交点,记 (x_6,x_5)。

$$\begin{cases} ((u_1-u_2)+\sqrt{3}u_3)x_1-(\sqrt{3}(u_1-u_2)-u_3)(x_2-u_1)=0 \\ (u_2+\sqrt{3}u_3)x_1+(\sqrt{3}u_2-u_3)x_2=0 \end{cases}$$

$$\begin{cases} (u_2^2-2\sqrt{3}u_2u_3-u_3^2)x_3-(\sqrt{3}u_2^2+2u_2u_3-\sqrt{3}u_3^2)x_4=0 \\ P(u_1,u_2,u_3)[((u_1-u_2)u_2^2-\sqrt{3}(2u_1-3u_2)u_2u_3-(u_1-3u_2)u_3^2-\sqrt{3}u_3^3)x_3 \\ \quad -(\sqrt{3}(u_1-u_2)u_2^2+(2u_1-3u_2)u_2u_3-\sqrt{3}(u_1-3u_2)u_3^2+u_3^3)x_4] \\ \quad +(3(u_1-u_2)^2-u_3^2)(u_2^2+u_3^2)^2(\sqrt{3}(u_1-u_2)u_2-u_1u_3-\sqrt{3}u_3^2)=0 \end{cases}$$

$$\begin{cases} ((u_1-u_2)^2-2\sqrt{3}(u_1-u_2)u_3-u_3^2)x_5+(\sqrt{3}(u_1-u_2)^2+2(u_1-u_2)u_3-\sqrt{3}u_3^2)(x_6-u_1)=0 \\ P(u_1,u_2,u_3)[((u_1-u_2)^2u_2+\sqrt{3}(u_1-u_2)(u_1-3u_2)u_3+(2u_1-3u_2)u_3^2-\sqrt{3}u_3^3)x_5 \\ \quad +(\sqrt{3}(u_1-u_2)^2u_2-(u_1-u_2)(u_1-3u_2)u_3+\sqrt{3}(2u_1-3u_2)u_3^2+u_3^3)x_6] \\ \quad -(3(u_1-u_2)^2-u_3^2)(u_2^2+u_3^2)\times(\sqrt{3}(u_1-u_2)u_2^2+2(u_1-u_2)u_1u_2u_3 \\ \quad -\sqrt{3}(u_1^2+2u_1u_2-2u_2^2)u_3^2-2u_1u_3^3+\sqrt{3}u_3^4)=0 \end{cases}$$

可以推出:

$$\begin{cases} F_1=(u_2+\sqrt{3}u_3)x_1+(\sqrt{3}u_2-u_3)x_2=0 \\ F_2=(2\sqrt{3}(u_1-u_2)u_2+2u_1u_3-2\sqrt{3}u_3^2)x_2-(u_2+\sqrt{3}u_3)(\sqrt{3}(u_1-u_2)-u_3)u_1=0 \\ F_3=(u_2^2-2\sqrt{3}u_2u_3-u_3^2)x_3-(\sqrt{3}u_2^2+2u_2u_3-\sqrt{3}u_3^2)x_4=0 \\ F_4=4u_3P(u_1,u_2,u_3)x_4+(3(u_1-u_2)^2-u_3^2)(u_2^2-2\sqrt{3}u_2u_3-u_3^2) \\ \quad \times(\sqrt{3}(u_1-u_2)u_2-u_1u_3-\sqrt{3}u_3^2)=0 \\ F_5=((u_1-u_2)^2-2\sqrt{3}(u_1-u_2)u_3-u_3^2)x_5 \\ \quad +(\sqrt{3}(u_1-u_2)^2+2(u_1-u_2)u_3-\sqrt{3}u_3^2)(x_6-u_1)=0 \\ F_6=4u_3((u_1-u_2)^2+u_3^2)^2P(u_1,u_2,u_3)x_6-M_6(u_1,u_2,u_3)=0 \end{cases}$$

这里:$M_6(u_1,u_2,u_3)=3\sqrt{3}(u_1-u_2)^7u_2^3+9(u_1-u_2)^6(u_1-2u_2)u_2^2u_3$
$-\sqrt{3}(u_1-u_2)^5(u_1^2-5u_1u_2-5u_2^2)u_2u_3^2-(u_1-u_2)^4(3u_1^3+20u_1^2u_2-52u_1u_2^2+48u_2^3)u_3^3$
$-\sqrt{3}(u_1-u_2)^3(u_1^3-12u_1u_2^2+2u_2^3)u_3^4-(u_1-u_2)^2(u_1^3+44u_1^2u_2-70u_1u_2^2+36u_2^3)u_3^5$
$-3\sqrt{3}(u_1-u_2)(u_1^3-2u_1^2u_2-2u_1u_2^2+2u_2^3)u_3^6+(7u_1^2-28u_1u_2+20u_2^2)u_1u_3^7$
$-\sqrt{3}(3u_1^2-5u_1u_2-u_2^2)u_3^8+(5u_1+6u_2)u_3^9-\sqrt{3}u_3^{10}$

以下步骤,照此处理。

11. 证明 $\triangle D_{12}E_{22}F_{21}$ 是正三角形

F_{21} 是 t'_2 与 s''_1 的交点,记 (x_2,x_1);E_{22} 是 t''_1 与 s''_3 的交点,记 (x_4,x_3);D_{12} 是 t''_3 与 s'_2 的交点,记 (x_6,x_5)。

第二章　Morley 定理的 Gauss 消去法证明　　71

$$\begin{cases} ((u_1-u_2)+\sqrt{3}\,u_3)x_1-(\sqrt{3}\,(u_1-u_2)-u_3)(x_2-u_1)=0 \\ (u_2-\sqrt{3}\,u_3)x_1-(\sqrt{3}\,u_2+u_3)x_2=0 \end{cases}$$

$$\begin{cases} (u_2^2+2\sqrt{3}\,u_2u_3-u_3^2)x_3+(\sqrt{3}\,u_2^2-2u_2u_3-\sqrt{3}\,u_3^2)x_4=0 \\ P(u_1,u_2,u_3)[((u_1-u_2)u_2^2+\sqrt{3}\,(2u_1-3u_2)u_2u_3-(u_1-3u_2)u_3^2+\sqrt{3}\,u_3^3)x_3 \\ \quad+(\sqrt{3}\,(u_1-u_2)u_2^2-(2u_1-3u_2)u_2u_3-\sqrt{3}\,(u_1-3u_2)u_3^2-u_3^3)x_4] \\ \quad-(3(u_1-u_2)^2-u_3^2)(u_2^2+u_3^2)^2(\sqrt{3}\,(u_1-u_2)u_2+u_1u_3-\sqrt{3}\,u_3^2)=0 \end{cases}$$

$$\begin{cases} ((u_1-u_2)^2-2\sqrt{3}\,(u_1-u_2)u_3-u_3^2)x_5+(\sqrt{3}\,(u_1-u_2)^2+2(u_1-u_2)u_3-\sqrt{3}\,u_3^2)(x_6-u_1)=0 \\ P(u_1,u_2,u_3)[((u_1-u_2)^2u_2-\sqrt{3}\,(u_1-u_2)(u_1-3u_2)u_3+(2u_1-3u_2)u_3^2+\sqrt{3}\,u_3^3)x_5 \\ \quad-(\sqrt{3}\,(u_1-u_2)^2u_2+(u_1-u_2)(u_1-3u_2)u_3+\sqrt{3}\,(2u_1-3u_2)u_3^2-u_3^3)x_6] \\ \quad+(3(u_1-u_2)^2-u_3^2)(u_2^2+u_3^2)[(\sqrt{3}\,(u_1-u_2)^2u_2^2-2(u_1-u_2)u_1u_2u_3 \\ \quad-\sqrt{3}\,(u_1^2+2u_1u_2-2u_2^2)u_3^2+2u_1u_3^3+\sqrt{3}\,u_3^4)]=0 \end{cases}$$

可以推出:

$$\begin{cases} F_1=(u_2-\sqrt{3}\,u_3)x_1-(\sqrt{3}\,u_2+u_3)x_2=0 \\ F_2=4u_3x_2+(u_2-\sqrt{3}\,u_3)(\sqrt{3}\,(u_1-u_2)-u_3)=0 \\ F_3=(u_2^2+2\sqrt{3}\,u_2u_3-u_3^2)x_3+(\sqrt{3}\,u_2^2-2u_2u_3-\sqrt{3}\,u_3^2)x_4=0 \\ F_4=4u_3P(u_1,u_2,u_3)x_4-(3(u_1-u_2)^2-u_3^2)(\sqrt{3}\,(u_1-u_2)u_2+u_1u_3-\sqrt{3}\,u_3^2) \\ \quad\times(u_2^2+2\sqrt{3}\,u_2u_3-u_3^2)=0 \\ F_5=((u_1-u_2)^2-2\sqrt{3}\,(u_1-u_2)u_3-u_3^2)x_5+(\sqrt{3}\,(u_1-u_2)^2+2(u_1-u_2)u_3-\sqrt{3}\,u_3^2)(x_6-u_1)=0 \\ F_6=2(\sqrt{3}\,u_2-u_3)((u_1-u_2)^2+u_3^2)^2P(u_1,u_2,u_3)x_6-M_7(u_1,u_2,u_3)=0 \end{cases}$$

这里:$M_7(u_1,u_2,u_3)=3\sqrt{3}\,(u_1-u_2)^6(u_1+u_2)u_2^3-9(u_1-u_2)^6(u_1-2u_2)u_2^2u_3$
$-\sqrt{3}\,(u_1-u_2)^4(u_1^3+6u_1u_2-12u_1u_2^2-5u_2^3)u_2u_3^2+(u_1-u_2)^4(3u_1^3+4u_1^2u_2-32u_1u_2^2+48u_2^3)u_3^3$
$-\sqrt{3}\,(u_1-u_2)^3(3u_1^4-13u_1^3u_2+36u_1u_2^2-30u_1u_2^3+2u_2^4)u_3^4$
$+(u_1-u_2)^2(5u_1^3+4u_1^2u_2-26u_1u_2^2+36u_2^3)u_3^5-\sqrt{3}\,(5u_1^4-25u_1^3u_2+48u_1^2u_2^2-32u_1u_2^3+6u_2^4)u_3^6$
$+(u_1^2-4u_1u_2+8u_2^2)u_1u_3^7-\sqrt{3}\,(u_1^2-5u_1u_2+u_2^2)u_3^8-(u_1+6u_2)u_3^9-\sqrt{3}\,u_3^{10}$

以下步骤,照此处理。

12. 证明 $\triangle D_{21}E_{12}F_{22}$ 是正三角形

F_{22} 是 t''_2 与 s'_1 的交点,记 (x_2,x_1);E_{12} 是 t''_1 与 s'_3 的交点,记 (x_4,x_3);D_{21} 是 t'_3 与 s''_2 的交点,记 (x_6,x_5)。

$$\begin{cases} ((u_1-u_2)-\sqrt{3}\,u_3)x_1+(\sqrt{3}\,(u_1-u_2)+u_3)(x_2-u_1)=0 \\ (u_2-\sqrt{3}\,u_3)x_1-(\sqrt{3}\,u_2+u_3)x_2=0 \end{cases}$$

$$\begin{cases} (u_2^2+2\sqrt{3}\,u_2u_3-u_3^2)x_3+(\sqrt{3}\,u_2^2-2u_2u_3-\sqrt{3}\,u_3^2)x_4=0 \\ P(u_1,u_2,u_3)[((u_1-u_2)u_2^2-(u_1-3u_2)u_3^2)x_3-((2u_1-3u_2)u_2u_3+u_3^3)x_4] \\ \quad-u_1u_3(3(u_1-u_2)^2-u_3^2)(u_2^2+u_3^2)^2=0 \end{cases}$$

$$\begin{cases} ((u_1-u_2)^2+2\sqrt{3}(u_1-u_2)u_3-u_3^2)x_5+(-\sqrt{3}(u_1-u_2)^2+2(u_1-u_2)u_3+\sqrt{3}u_3^2)(x_6-u_1)=0 \\ P(u_1,u_2,u_3)[((u_1-u_2)^2u_2+(2u_1-3u_2)u_3^2)x_5-((u_1-u_2)(u_1-3u_2)u_3-u_3^3)x_6] \\ \quad -2(3(u_1-u_2)^2-u_3^2)((u_1-u_2)u_1u_2^3u_3+(u_1-2u_2)u_1u_2u_3^3-u_1u_3^5)=0 \end{cases}$$

可以推出:

$$\begin{cases} F_1=(u_2-\sqrt{3}u_3)x_1-(\sqrt{3}u_2+u_3)x_2=0 \\ F_2=2(\sqrt{3}(u_1-u_2)u_2-u_1u_3-\sqrt{3}u_3^2)x_2-(u_2-\sqrt{3}u_3)(\sqrt{3}(u_1-u_2)+u_3)u_1=0 \\ F_3=(u_2^2+2\sqrt{3}u_2u_3-u_3^2)x_3+(\sqrt{3}u_2^2-2u_2u_3-\sqrt{3}u_3^2)x_4=0 \\ F_4=P(u_1,u_2,u_3)x_4+u_1u_3(\sqrt{3}(u_1-u_2)+u_3)(u_2^2+2\sqrt{3}u_2u_3-u_3^2)=0 \\ F_5=((u_1-u_2)^2+2\sqrt{3}(u_1-u_2)u_3-u_3^2)x_5+(-\sqrt{3}(u_1-u_2)^2+2(u_1-u_2)u_3+\sqrt{3}u_3^2)(x_6-u_1)=0 \\ F_6=(-\sqrt{3}u_2+u_3)((u_1-u_2)^2+u_3^2)^2P(u_1,u_2,u_3)x_6-M_8(u_1,u_2,u_3)=0 \end{cases}$$

这里: $M_8(u_1,u_2,u_3)=+3\sqrt{3}(u_1-u_2)^6u_1u_2^3-\sqrt{3}(u_1-u_2)^4(u_1^2-6u_2^2)u_1u_2u_3^2$
$+2(u_1-u_2)^4(4u_1-5u_2)u_1u_2u_3^3-\sqrt{3}(u_1-u_2)^2(2u_1^3-7u_1^2u_2+12u_1u_2^2-8u_2^3)u_1u_3^4$
$-2(u_1-u_2)^2(u_1^2-10u_1u_2+11u_2^2)u_1u_3^5-\sqrt{3}(4u_1^3-17u_1^2u_2+24u_1u_2^2-10u_2^3)u_1u_3^6$
$-2(2u_1^2-8u_1u_2+7u_2^2)u_1u_3^7-\sqrt{3}(2u_1-5u_2)u_1u_3^8-2u_1u_3^9$

以下步骤,照此处理。

13. 证明 $\triangle D_{01}E_{12}F_{20}$ 是正三角形

F_{20} 是 t_2 与 s''_1 的交点,记 (x_2,x_1); E_{12} 是 t''_1 与 s'_3 的交点,记 (x_4,x_3); D_{01} 是 t'_3 与 s_2 的交点,记 (x_6,x_5)。

$$\begin{cases} (u_2-\sqrt{3}u_3)x_1-(\sqrt{3}(u_1+u_2))x_2=0 \\ (u_1-u_2)x_1+u_3x_2-u_1u_3=0 \end{cases}$$

$$\begin{cases} (u_2^2+2\sqrt{3}u_2u_3-u_3^2)x_3+(\sqrt{3}u_2^2-2u_2u_3-\sqrt{3}u_3^2)x_4=0 \\ P(u_1,u_2,u_3)[((u_1-u_2)u_2^2-(u_1-3u_2)u_3^2)x_3-((2u_1-3u_2)u_2u_3+u_3^3)x_4] \\ \quad -u_1u_3(3(u_1-u_2)^2-u_3^2)(u_2^2+u_3^2)^2=0 \end{cases}$$

$$\begin{cases} ((u_1-u_2)^2-u_3^2)x_5+2(u_1-u_2)u_3(x_6-u_1)=0 \\ P(u_1,u_2,u_3)[((u_1-u_2)^2u_2+(2u_1-3u_2)u_3^2)x_5-((u_1-u_2)(u_1-3u_2)u_3-u_3^3)x_6] \\ \quad -2(3(u_1-u_2)^2-u_3^2)((u_1-u_2)u_1u_2^3u_3+(u_1-2u_2)u_1u_2u_3^3-u_1u_3^5)=0 \end{cases}$$

可以推出:

$$\begin{cases} F_1=(u_2-\sqrt{3}u_3)x_1-(\sqrt{3}u_2+u_3)x_2=0 \\ F_2=(\sqrt{3}(u_1-u_2)u_2+u_1u_3-\sqrt{3}u_3^2)x_2-(u_2-\sqrt{3}u_3)u_1u_3=0 \\ F_3=(u_2^2+2\sqrt{3}u_2u_3-u_3^2)x_3+(\sqrt{3}u_2^2-2u_2u_3-\sqrt{3}u_3^2)x_4=0 \\ F_4=P(u_1,u_2,u_3)x_4+u_1u_3(\sqrt{3}(u_1-u_2)+u_3)(u_2^2+2\sqrt{3}u_2u_3-u_3^2)=0 \\ F_5=((u_1-u_2)^2-u_3^2)x_5+2(u_1-u_2)u_3(x_6-u_1)=0 \\ F_6=u_3((u_1-u_2)^2+u_3^2)^2P(u_1,u_2,u_3)x_6-M_5(u_1,u_2,u_3)=0 \end{cases}$$

以下可用线性 Gauss 消去法对 g_j 公式组进行处理,也可直接用 F_{20},E_{12},D_{01} 坐标公式

直接代入 g_j 公式组,匪去分母,交 Matimcthica 桌面系统验证。$M_5(u_1,u_2,u_3)$ 见前"9. 证明 $\triangle D_{01}E_{11}F_{10}$ 是正三角形"。

14. 证明 $\triangle D_{02}E_{21}F_{10}$ 是正三角形

F_{10} 是 t_2 与 s'_1 的交点,记 (x_2,x_1);E_{21} 是 t'_1 与 s''_3 的交点,记 (x_4,x_3);D_{02} 是 t''_3 与 s_2 的交点,记 (x_6,x_5)。

$$\begin{cases} (u_2+\sqrt{3}u_3)x_1+(\sqrt{3}u_2-u_3)x_2=0 \\ (u_1-u_2)x_1+(x_2-u_1)u_3=0 \end{cases}$$

$$\begin{cases} (u_2^2-2\sqrt{3}u_2u_3-u_3^2)x_3-(\sqrt{3}u_2^2+2u_2u_3-\sqrt{3}u_3^2)x_4=0 \\ P(u_1,u_2,u_3)[((u_1-u_2)u_2^2+\sqrt{3}(2u_1-3u_2)u_2u_3-(u_1-3u_2)u_3^2+\sqrt{3}u_3^3)x_3 \\ \quad +(\sqrt{3}(u_1-u_2)u_2^2-(2u_1-3u_2)u_2u_3-\sqrt{3}(u_1-3u_2)u_3^2-u_3^3)x_4] \\ \quad -(3(u_1-u_2)^2-u_3^2)(\sqrt{3}u_1u_2-\sqrt{3}u_2^2+u_1u_3-\sqrt{3}u_3^2)(u_2^2+u_3^2)^2=0 \end{cases}$$

$$\begin{cases} ((u_1-u_2)^2-u_3^2)x_5+2(u_1-u_2)u_3(x_6-u_1)=0 \\ P(u_1,u_2,u_3)[((u_1-u_2)^2u_2-\sqrt{3}(u_1-u_2)(u_1-3u_2)u_3+(2u_1-3u_2)u_3^2+\sqrt{3}u_3^3)x_5 \\ \quad -(\sqrt{3}(u_1-u_2)^2u_2+(u_1-u_2)(u_1-3u_2)u_3+\sqrt{3}(2u_1-3u_2)u_3^2-u_3^3)x_6] \\ \quad +(3(u_1-u_2)^2-u_3^2)(u_2^2+u_3^2)\times[(\sqrt{3}(u_1-u_2)^2u_2^2-2(u_1-u_2)u_1u_2u_3 \\ \quad -\sqrt{3}(u_1^2+2u_1u_2-2u_2^2)u_3^2+2u_1u_3^3+\sqrt{3}u_3^4)]=0 \end{cases}$$

可以推出:

$$\begin{cases} F_1=(u_2+\sqrt{3}u_3)x_1+(\sqrt{3}u_2-u_3)x_2=0 \\ F_2=(-\sqrt{3}(u_1-u_2)u_2+u_1u_3+\sqrt{3}u_3^2)x_2-(u_2+\sqrt{3}u_3)u_1u_3=0 \\ F_3=(u_2^2-2\sqrt{3}u_2u_3-u_3^2)x_3-(\sqrt{3}u_2^2+2u_2u_3-\sqrt{3}u_3^2)x_4=0 \\ F_4=2P(u_1,u_2,u_3)x_4-(\sqrt{3}(u_1-u_2)+u_3)(\sqrt{3}(u_1-u_2)u_2+u_1u_3-\sqrt{3}u_3^2) \\ \qquad \times(u_2^2-2\sqrt{3}u_2u_3-u_3^2)=0 \\ F_5=((u_1-u_2)^2-u_3^2)x_5+2(u_1-u_2)u_3(x_6-u_1)=0 \\ F_6=(\sqrt{3}u_2+u_3)((u_1-u_2)^2+u_3^2)^2P(u_1,u_2,u_3)x_6-M_4(u_1,u_2,u_3)=0 \end{cases}$$

以下步骤,照此处理。$M_4(u_1,u_2,u_3)$ 见前"8. 证明 $\triangle D_{02}E_{20}F_{00}$ 是正三角形"。

15. 证明 $\triangle D_{10}E_{02}F_{21}$ 是正三角形

F_{21} 是 t'_2 与 s''_1 的交点,记 (x_2,x_1);E_{02} 是 t''_1 与 s_3 的交点,记 (x_4,x_3);D_{10} 是 t_3 与 s'_2 的交点,记 (x_6,x_5)。

$$\begin{cases} (u_2-\sqrt{3}u_3)x_1-(\sqrt{3}u_2+u_3)x_2=0 \\ ((u_1-u_2)+\sqrt{3}u_3)x_1-(\sqrt{3}(u_1-u_2)-u_3)(x_2-u_1)=0 \end{cases}$$

$$\begin{cases} (u_2^2+2\sqrt{3}u_2u_3-u_3^2)x_3+(\sqrt{3}u_2^2-2u_2u_3-\sqrt{3}u_3^2)x_4=0 \\ P(u_1,u_2,u_3)[((u_1-u_2)u_2^2-\sqrt{3}(2u_1-3u_2)u_2u_3-(u_1-3u_2)u_3^2-\sqrt{3}u_3^3)x_3 \\ \quad -(\sqrt{3}(u_1-u_2)u_2^2-(2u_1-3u_2)u_2u_3-\sqrt{3}(u_1-3u_2)u_3^2+u_3^3)x_4] \\ \quad +(3(u_1-u_2)^2-u_3^2)(u_2^2+u_3^2)^2(\sqrt{3}(u_1-u_2)u_2-u_1u_3-\sqrt{3}u_3^2)=0 \end{cases}$$

$$\begin{cases}((u_1-u_2)^2-2\sqrt{3}(u_1-u_2)u_3-u_3^2)x_5+(\sqrt{3}(u_1-u_2)^2+2(u_1-u_2)u_3-\sqrt{3}u_3^2)(x_6-u_1)=0\\ P(u_1,u_2,u_3)[((u_1-u_2)^2u_2+\sqrt{3}(u_1-u_2)(u_1-3u_2)u_3+(2u_1-3u_2)u_3^2-\sqrt{3}u_3^3)x_5\\ \quad+(\sqrt{3}(u_1-u_2)^2u_2-(u_1-u_2)(u_1-3u_2)u_3+\sqrt{3}(2u_1-3u_2)u_3^2+u_3^3)x_6]\\ \quad-(3(u_1-u_2)^2-u_3^2)(u_2^2+u_3^2)(\sqrt{3}(u_1-u_2)^2u_2^2+2(u_1-u_2)u_1u_2u_3\\ \quad-\sqrt{3}(u_1^2+2u_1u_2-2u_2^2)u_3^2-2u_1u_3^3+\sqrt{3}u_3^4)=0\end{cases}$$

可以推出：

$$\begin{cases}F_1=(u_2-\sqrt{3}u_3)x_1-(\sqrt{3}u_2+u_3)x_2=0\\ F_2=4u_3x_2+(\sqrt{3}(u_1-u_2)-u_3)(u_2-\sqrt{3}u_3)=0\\ F_3=(u_2^2+2\sqrt{3}u_2u_3-u_3^2)x_3+(\sqrt{3}u_2^2-2u_2u_3-\sqrt{3}u_3^2)x_4=0\\ F_4=2P(u_1,u_2,u_3)x_4-(u_2^2+2\sqrt{3}u_2u_3-u_3^2)(\sqrt{3}(u_1-u_2)-u_3)\\ \qquad\times(\sqrt{3}(u_1-u_2)u_2-u_1u_3-\sqrt{3}u_3^2)=0\\ F_5=((u_1-u_2)^2-2\sqrt{3}(u_1-u_2)u_3-u_3^2)x_5+(\sqrt{3}(u_1-u_2)^2+2(u_1-u_2)u_3-\sqrt{3}u_3^2)(x_6-u_1)=0\\ F_6=4u_3((u_1-u_2)^2+u_3^2)^2P(u_1,u_2,u_3)x_6-M_6(u_1,u_2,u_3)=0\end{cases}$$

以下步骤，照此处理。$M_6(u_1,u_2,u_3)$ 见前 "10. 证明 $\triangle D_{10}E_{01}F_{11}$ 是正三角形"。

16. 证明 $\triangle D_{12}E_{20}F_{01}$

F_{01} 是 t'_2 与 s_1 的交点，记 (x_2,x_1)；E_{20} 是 t_1 与 s''_3 的交点，记 (x_4,x_3)；D_{12} 是 t''_3 与 s'_2 的交点，记 (x_6,x_5)。

$$\begin{cases}u_2x_1-u_3x_2=0\\ ((u_1-u_2)+\sqrt{3}u_3)x_1-(\sqrt{3}(u_1-u_2)-u_3)(x_2-u_1)=0\end{cases}$$

$$\begin{cases}(u_2^2-u_3^2)x_3-2u_2u_3x_4=0\\ P(u_1,u_2,u_3)[((u_1-u_2)u_2^2+\sqrt{3}(2u_1-3u_2)u_2u_3-(u_1-3u_2)u_3^2+\sqrt{3}u_3^3)x_3\\ \quad+(\sqrt{3}(u_1-u_2)u_2^2-(2u_1-3u_2)u_2u_3-\sqrt{3}(u_1-3u_2)u_3^2-u_3^3)x_4]\\ \quad-(3(u_1-u_2)^2-u_3^2)(\sqrt{3}(u_1-u_2)u_2+u_1u_3-\sqrt{3}u_3^2)(u_2^2+u_3^2)^2=0\end{cases}$$

$$\begin{cases}((u_1-u_2)^2-2\sqrt{3}(u_1-u_2)u_3-u_3^2)x_5+(\sqrt{3}(u_1-u_2)^2+2(u_1-u_2)u_3-\sqrt{3}u_3^2)(x_6-u_1)=0\\ P(u_1,u_2,u_3)[((u_1-u_2)^2u_2-\sqrt{3}(u_1-u_2)(u_1-3u_2)u_3+(2u_1-3u_2)u_3^2-\sqrt{3}u_3^3)x_5\\ \quad-(\sqrt{3}(u_1-u_2)^2u_2+(u_1-u_2)(u_1-3u_2)u_3+\sqrt{3}(2u_1-3u_2)u_3^2-u_3^3)x_6]\\ \quad+(3(u_1-u_2)^2-u_3^2)(u_2^2+u_3^2)[\sqrt{3}(u_1-u_2)^2u_2^2-2(u_1-u_2)u_1u_2u_3\\ \quad-\sqrt{3}(u_1^2+2u_1u_2-2u_2^2)u_3^2+2u_1u_3^3+\sqrt{3}u_3^4]=0\end{cases}$$

可以推出：

$$\begin{cases} F_1 = u_2 x_1 - u_3 x_2 = 0 \\ F_2 = (\sqrt{3}(u_1-u_2)u_2 - u_1 u_3 - \sqrt{3} u_3^2) x_2 - (\sqrt{3}(u_1-u_2)-u_3) u_1 u_2 = 0 \\ F_3 = (u_2^2 - u_3^2) x_3 - 2u_2 u_3 x_4 = 0 \\ F_4 = P(u_1,u_2,u_3) x_4 - (u_2^2 - u_3^2)(\sqrt{3}(u_1-u_2)-u_3)(\sqrt{3}(u_1-u_2)u_2 + u_1 u_3 - \sqrt{3} u_3^2) = 0 \\ F_5 = ((u_1-u_2)^2 - 2\sqrt{3}(u_1-u_2)u_3 - u_3^2) x_5 + (\sqrt{3}(u_1-u_2)^2 + 2(u_1-u_2)u_3 - \sqrt{3} u_3^2)(x_6 - u_1) = 0 \\ F_6 = 2(\sqrt{3} u_2 - u_3)((u_1-u_2)^2 + u_3^2)^2 P(u_1,u_2,u_3) x_6 - M_7(u_1,u_2,u_3) = 0 \end{cases}$$

以下步骤,照此处理。$M_7(u_1,u_2,u_3)$ 见前"11. 证明 $\triangle D_{12} E_{22} F_{21}$ 是正三角形"。

17. 证明 $\triangle D_{20} E_{01} F_{12}$ 是正三角形

F_{12} 是 t''_2 与 s'_1 的交点,记 (x_2, x_1);E_{01} 是 t' 与 s_3 的交点,记 (x_4, x_3);D_{20} 是 t_3 与 s''_2 的交点,记 (x_6, x_5)。

$$\begin{cases} (u_2 + \sqrt{3} u_3) x_1 + (\sqrt{3} u_2 - u_3) x_2 = 0 \\ ((u_1-u_2) - \sqrt{3} u_3) x_1 + (\sqrt{3}(u_1-u_2) + u_3)(x_2 - u_1) = 0 \end{cases}$$

$$\begin{cases} (u_2^2 - 2\sqrt{3} u_2 u_3 - u_3^2) x_3 - (\sqrt{3} u_2^2 + 2 u_2 u_3 - \sqrt{3} u_3^2) x_4 = 0 \\ P(u_1,u_2,u_3) [((u_1-u_2)u_2^2 - \sqrt{3}(2u_1-3u_2)u_2 u_3 - (u_1-3u_2)u_3^2 - \sqrt{3} u_3^3) x_3 \\ \quad - (\sqrt{3}(u_1-u_2)u_2^2 + (2u_1-3u_2)u_2 u_3 - \sqrt{3}(u_1-3u_2)u_3^2 + u_3^3) x_4] \\ \quad + (3(u_1-u_2)^2 - u_3^2)(u_2^2 + u_3^2)^2 (\sqrt{3}(u_1-u_2)u_2 - u_1 u_3 - \sqrt{3} u_3^2) = 0 \end{cases}$$

$$\begin{cases} ((u_1-u_2)^2 + 2\sqrt{3}(u_1-u_2)u_3 - u_3^2) x_5 + (-\sqrt{3}(u_1-u_2)^2 + 2(u_1-u_2)u_3 + \sqrt{3} u_3^2)(x_6 - u_1) = 0 \\ P(u_1,u_2,u_3) [((u_1-u_2)^2 u_2 + \sqrt{3}(u_1-u_2)(u_1-3u_2)u_3 + (2u_1-3u_2)u_3^2 - \sqrt{3} u_3^3) x_5 \\ \quad + (\sqrt{3}(u_1-u_2)^2 u_2 - (u_1-u_2)(u_1-3u_2)u_3 + \sqrt{3}(2u_1-3u_2)u_3^2 + u_3^3) x_6] \\ \quad - (3(u_1-u_2)^2 - u_3^2)(u_2^2 + u_3^2)(\sqrt{3}(u_1-u_2)^2 u_2 + 2(u_1-u_2) u_1 u_2 u_3 \\ \quad - \sqrt{3}(u_1^2 + 2 u_1 u_2 - 2 u_2^2) u_3^2 - 2 u_1 u_3^3 + \sqrt{3} u_3^4) = 0 \end{cases}$$

可以推出:

$$\begin{cases} F_1 = (u_2 + \sqrt{3} u_3) x_1 - (\sqrt{3} u_2 - u_3) x_2 = 0 \\ F_2 = 4 u_3 x_2 - (\sqrt{3}(u_1-u_2) + u_3)(u_2 + \sqrt{3} u_3) = 0 \\ F_3 = (u_2^2 - 2\sqrt{3} u_2 u_3 - u_3^2) x_3 - (\sqrt{3} u_2^2 + 2 u_2 u_3 - \sqrt{3} u_3^2) x_4 = 0 \\ F_4 = 4 u_3 P(u_1,u_2,u_3) x_4 + (3(u_1-u_2)^2 - u_3^2)(u_2^2 - 2\sqrt{3} u_2 u_3 - u_3^2) \\ \quad \times (\sqrt{3}(u_1-u_2) u_2 - u_1 u_3 - \sqrt{3} u_3^2) = 0 \\ F_5 = ((u_1-u_2)^2 + 2\sqrt{3}(u_1-u_2)u_3 - u_3^2) x_5 \\ \quad + (-\sqrt{3}(u_1-u_2)^2 + 2(u_1-u_2)u_3 + \sqrt{3} u_3^2)(x_6 - u_1) = 0 \\ F_6 = 2(\sqrt{3} u_2 + u_3)((u_1-u_2)^2 + u_3^2)^2 P(u_1,u_2,u_3) x_6 - M_3(u_1,u_2,u_3) = 0 \end{cases}$$

以下步骤,照此处理。$M_3(u_1,u_2,u_3)$ 见前"7. 证明 $\triangle D_{20} E_{00} F_{02}$ 是正三角形"。

18. 证明 $\triangle D_{21} E_{10} F_{02}$ 是正三角形

F_{02} 是 t''_2 与 s_1 的交点,记 (x_2, x_1);E_{10} 是 t_1 与 s'_3 的交点,记 (x_4, x_3);D_{21} 是 t'_3 与 s''_2 的交点,记 (x_6, x_5)。

$$\begin{cases} u_2 x_1 - u_3 x_2 = 0 \\ (((u_1-u_2)-\sqrt{3}u_3)x_1 + (\sqrt{3}(u_1-u_2)+u_3)(x_2-u_1) = 0 \end{cases}$$

$$\begin{cases} (u_2^2 - u_3^2) x_3 - 2u_2 u_3 x_4 = 0 \\ P(u_1, u_2, u_3)[((u_1-u_2)u_2^2-(u_1-3u_2)u_3^2)x_3 - ((2u_1-3u_2)u_2 u_3+u_3^3)x_4] \\ \quad -u_1 u_3 (3(u_1-u_2)^2-u_3^2)(u_2^2+u_3^2)^2 = 0 \end{cases}$$

$$\begin{cases} ((u_1-u_2)^2+2\sqrt{3}(u_1-u_2)u_3-u_3^2)x_5+(-\sqrt{3}(u_1-u_2)^2+2(u_1-u_2)u_3+\sqrt{3}u_3^2)(x_6-u_1)=0 \\ P(u_1,u_2,u_3)[((u_1-u_2)^2 u_2+(2u_1-3u_2)u_3^2)x_5-((u_1-u_2)(u_1-3u_2)u_3-u_3^3)x_6] \\ \quad -2(3(u_1-u_2)^2-u_3^2)((u_1-u_2)u_1 u_2^2 u_3+(u_1-2u_2)u_1 u_2 u_3^3-u_1 u_3^5)=0 \end{cases}$$

可以推出:

$$\begin{cases} F_1 = u_2 x_1 - u_3 x_2 = 0 \\ F_2 = (\sqrt{3}(u_1-u_2)u_2+u_1 u_3 - \sqrt{3}u_3^2)x_2 - (\sqrt{3}(u_1-u_2)+u_3)u_1 u_2 = 0 \\ F_3 = (u_2^2 - u_3^2)x_3 - 2u_2 u_3 x_4 = 0 \\ F_4 = P(u_1, u_2, u_3) x_4 - (3(u_1-u_2)^2 - u_3^2)(u_2^2-u_3^2)u_1 = 0 \\ F_5 = ((u_1-u_2)^2+2\sqrt{3}(u_1-u_2)u_3-u_3^2)x_5 \\ \quad + (-\sqrt{3}(u_1-u_2)^2+2(u_1-u_2)u_3+\sqrt{3}u_3^2)(x_6-u_1)=0 \\ F_6 = (-\sqrt{3}u_2+u_3)((u_1-u_2)^2+u_3^2)^2 P(u_1,u_2,u_3) x_6 - M_8(u_1,u_2,u_3) = 0 \end{cases}$$

以下步骤,照此处理。$M_8(u_1, u_2, u_3)$ 见前 "12. 证明 $\triangle D_{21} E_{12} F_{22}$ 是正三角形"。

下面的 9 个正三角形是不能表示成 $\triangle D_{qr} E_{rp} F_{pq}$ 的,但 27 个点都用上了,在上述确保 D、E、F 坐标表达式准确的前提下,将它们直接代入 g_j 公式组检验是非常有趣的。反过来讲,证明这 9 个三角形是正三角形,也说明 27 个点的坐标表达式都准确。

19. 证明 $\triangle F_{00} F_{21} F_{12}$ 是正三角形

选 $F_{00}(x_2, x_1)$、$F_{21}(x_4, x_3)$、$F_{12}(x_6, x_5)$:

$$x_2 = u_2, \quad x_1 = u_3, \quad x_4 = -\frac{(\sqrt{3}(u_1-u_2)-u_3)(u_2-\sqrt{3}u_3)}{4u_3},$$

$$x_3 = -\frac{(\sqrt{3}(u_1-u_2)-u_3)(\sqrt{3}u_2+u_3)}{4u_3},$$

$$x_6 = \frac{(\sqrt{3}(u_1-u_2)+u_3)(u_2+\sqrt{3}u_3)}{4u_3}, \quad x_5 = -\frac{(\sqrt{3}(u_1-u_2)+u_3)(\sqrt{3}u_2-u_3)}{4u_3}$$

$$g_1 = -2\left(\frac{(\sqrt{3}(u_1-u_2)-u_3)(u_2-\sqrt{3}u_3)}{4u_3}+u_2\right)\frac{(\sqrt{3}(u_1-u_2)+u_3)(u_2+\sqrt{3}u_3)}{4u_3}$$

$$+2\left(\frac{(\sqrt{3}(u_1-u_2)-u_3)(\sqrt{3}u_2+u_3)}{4u_3}+u_3\right)\times\frac{(\sqrt{3}(u_1-u_2)+u_3)(\sqrt{3}u_2-u_3)}{4u_3}$$

$$-\frac{(\sqrt{3}(u_1-u_2)-u_3)^2}{16u_3^2}((u_2-\sqrt{3}u_3)^2+(\sqrt{3}u_2+u_3)^2)+(u_2^2+u_3^2)$$

$8u_3^2 g_1 = -(\sqrt{3}(u_1-u_2)-3(u_1-2u_2)u_3+\sqrt{3}u_3^2)(\sqrt{3}(u_1-u_2)u_2+(3u_1-2u_2)u_3$
$+\sqrt{3}u_3^2)+(3(u_1-u_2)u_2+\sqrt{3}(u_1-2u_2)u_3+3u_3^2)(3(u_1-u_2)u_2-\sqrt{3}(u_1-2u_2)u_3-u_3^2)$
$+2(-3(u_1-u_2)^2+2\sqrt{3}(u_1-u_2)u_3+3u_3^2)(u_2^2+u_3^2)$
$= 6(u_1-u_2)^2 u_2^2 - 4\sqrt{3}(u_1-u_2)u_2^2 u_3 + 6(u_1-2u_2)u_1 u_3^2 - 4\sqrt{3}(u_1-u_2)u_3^3$
$-6u_3^4 - 6(u_1-u_2)^2 u_2^2 + 4\sqrt{3}(u_1-u_2)u_2^2 u_3 - 6(u_1-2u_2)u_1 u_3^2 + 4\sqrt{3}(u_1-u_2)u_3^3 + 6u_3^4 = 0$

$$g_2 = \frac{(\sqrt{3}(u_1-u_2)+u_3)^2}{16u_3^2}((u_2+\sqrt{3}u_3)^2+(\sqrt{3}u_2-u_3)^2)-(u_2^2+u_3^2)$$

$$+2\left(\frac{(\sqrt{3}(u_1-u_2)+u_3)(u_2+\sqrt{3}u_3)}{4u_3}-u_2\right)\times\frac{(\sqrt{3}(u_1-u_2)-u_3)(u_2-\sqrt{3}u_3)}{4u_3}$$

$$-2\left(\frac{(\sqrt{3}(u_1-u_2)+u_3)(\sqrt{3}u_2-u_3)}{4u_3}+u_3\right)\frac{(\sqrt{3}(u_1-u_2)-u_3)(\sqrt{3}u_2+u_3)}{4u_3}$$

$$=\frac{3(u_1-u_2)^2+2\sqrt{3}(u_1-u_2)u_3+u_3^2}{4u_3^2}(u_2^2+u_3^2)-(u_2^2+u_3^2)$$

$$+\frac{1}{8u_3^2}(\sqrt{3}(u_1-u_2)u_2+u_2 u_3+3(u_1-u_2)u_3+\sqrt{3}u_3^2-4u_2 u_3)$$

$\times(\sqrt{3}(u_1-u_2)u_2-u_2 u_3-3(u_1-u_2)u_3+\sqrt{3}u_3^2)$

$$-\frac{1}{8u_3^2}(3(u_1-u_2)u_2+\sqrt{3}u_2 u_3-\sqrt{3}(u_1-u_2)u_3-u_3^2+4u_3^2)$$

$\times(\sqrt{3}(u_1-u_2)u_2-\sqrt{3}u_2 u_3+\sqrt{3}(u_1-u_2)u_3-u_3^2)$

$8u_3^2 g_2 = (u_2^2+u_3^2)(6(u_1-u_2)^2+4\sqrt{3}(u_1-u_2)u_3-6u_3^2)$
$+[(\sqrt{3}(u_1-u_2)u_2+3(u_1-u_2)u_3+\sqrt{3}u_3^2)\times(\sqrt{3}(u_1-u_2)u_2-(3u_1-2u_2)u_3+\sqrt{3}u_3^2)$
$-(3(u_1-u_2)u_2-\sqrt{3}(u_1-2u_2)u_3+3u_3^2)\times(3(u_1-u_2)u_2+\sqrt{3}(u_1-2u_2)u_3-u_3^2)]$
$= 6(u_1-u_2)^2 u_2^2 + 4\sqrt{3}(u_1-u_2)u_2^2 u_3 + 6(u_1-2u_2)u_1 u_3^2 + 4\sqrt{3}(u_1-u_2)u_3^3$
$-6u_3^4 - 6(u_1-u_2)^2 u_2^2 - 4\sqrt{3}(u_1-u_2)u_2^2 u_3 - 6(u_1-2u_2)u_1 u_3^2 - 4\sqrt{3}(u_1-u_2)u_3^3 + 6u_3^4 = 0$

可见 $\triangle F_{00} F_{21} F_{12}$ 是正三角形。

20. 证明 $\triangle F_{11} F_{02} F_{20}$ 是正三角形

换一种方法,也可以直接用点坐标,和边长平方是否相等来检验。

对三个点 F_{11}、F_{02}、F_{20} 提取公因子 $\dfrac{u_1}{2(\sqrt{3}(u_1-u_2)u_2+u_1 u_3-\sqrt{3}u_3^2)}$,用 F'_{11}、F'_{02}、F'_{20} 表示:

$F'_{11}((u_2+\sqrt{3}u_3)(\sqrt{3}(u_1-u_2)-u_3), -(\sqrt{3}u_2-u_3)(\sqrt{3}(u_1-u_2)-u_3))$

$F'_{02}(2u_2(\sqrt{3}(u_1-u_2)+u_3), 2u_3(\sqrt{3}(u_1-u_2)+u_3))$

$F'_{20}(2u_3(u_2-\sqrt{3}u_3), 2u_3(\sqrt{3}u_2+u_3))$

$\overline{F'_{02} F'_{20}}^2 = 4(\sqrt{3}(u_1-u_2)u_2+u_2 u_3-u_2 u_3+\sqrt{3}u_3^2)^2+4u_3^2(\sqrt{3}(u_1-2u_2))^2$

$$= 12((u_1-u_2)u_2+u_3^2)^2+12(u_1-2u_2)^2u_3^2$$
$$= 12(u_1-u_2)^2u_2^2+24(u_1-u_2)u_2u_3^2+12(u_1-2u_2)^2u_3^2+12u_3^4$$
$$= 12(u_1-u_2)^2u_2^2+12(u_1^2-2u_1u_2+2u_2^2)u_3^2+12u_3^4$$

$$\overline{F'_{11}F'_{02}}^2 = (\sqrt{3}u_2(u_1-u_2)+3(u_1-u_2)u_3-u_2u_3-\sqrt{3}u_3^2-2\sqrt{3}(u_1-u_2)u_2-2u_2u_3)^2$$
$$+(2\sqrt{3}(u_1-u_2)u_3+2u_3^2+3(u_1-u_2)u_2-\sqrt{3}(u_1-u_2)u_3-\sqrt{3}u_2u_3+u_3^2)^2$$
$$= (-\sqrt{3}(u_1-u_2)u_2+3(u_1-2u_2)u_3-\sqrt{3}u_3^2)^2+(3(u_1-u_2)u_2+\sqrt{3}(u_1-2u_2)u_3+3u_3^2)^2$$
$$= 12(u_1-u_2)^2u_2^2+12(u_1-2u_2)^2u_3^2+24(u_1-u_2)u_2u_3^2+12u_3^4$$
$$= 12(u_1-u_2)^2u_2^2+12(u_1^2+2u_1u_2+2u_2^2)u_3^2+12u_3^4$$

$$\overline{F'_{11}F'_{20}}^2 = (\sqrt{3}(u_1-u_2)u_2+3(u_1-u_2)u_3-u_2u_3-\sqrt{3}u_3^2-2u_2u_3+2\sqrt{3}u_3^2)^2$$
$$+(3(u_1-u_2)u_2-\sqrt{3}(u_1-u_2)u_3-\sqrt{3}u_2u_3+u_3^2+2\sqrt{3}u_2u_3+2u_3^2)^2$$
$$= (\sqrt{3}(u_1-u_2)u_2+3(u_1-2u_2)u_3+\sqrt{3}u_3^2)^2+(3(u_1-u_2)u_2-\sqrt{3}(u_1-2u_2)u_3+3u_3^2)^2$$
$$= 12(u_1-u_2)^2u_2^2+12(u_1-2u_2)^2u_3^2+24(u_1-u_2)u_2u_3^2+12u_3^4$$
$$= 12(u_1-u_2)^2u_2^2+12(u_1^2-2u_1u_2+2u_2^2)u_3^2+12u_3^4$$

可见 $\triangle F_{11}F_{02}F_{20}$ 是正三角形。

21. 证明 $\triangle F_{22}F_{01}F_{10}$ 是正三角形

对三个点 F_{22}、F_{01}、F_{10} 提取公因子 $\dfrac{u_1}{2(\sqrt{3}(u_1-u_2)u_2-u_1u_3-\sqrt{3}u_3^2)}$,用 F'_{22}、F'_{01}、F'_{10} 表示:

$$F'_{22}((u_2-\sqrt{3}u_3)(\sqrt{3}(u_1-u_2)+u_3),(\sqrt{3}u_2+u_3)(\sqrt{3}(u_1-u_2)+u_3))$$
$$F'_{01}(2u_2(\sqrt{3}(u_1-u_2)-u_3),2u_3(\sqrt{3}(u_1-u_2)-u_3))$$
$$F'_{10}(-2u_3(u_2+\sqrt{3}u_3),2u_3(\sqrt{3}u_2-u_3))$$

$$\overline{F'_{01}F'_{10}}^2 = (2\sqrt{3}(u_1-u_2)u_2-2u_2u_3+2u_2u_3+2\sqrt{3}u_3^2)^2$$
$$+(2\sqrt{3}(u_1-u_2)u_3-2u_3^2-2\sqrt{3}u_2u_3+2u_3^2)^2$$
$$= 12((u_1-u_2)u_2+u_3^2)^2+12(u_1-2u_2)^2u_3^2$$
$$= 12(u_1-u_2)^2u_2^2+12(u_1^2-2u_1u_2+2u_2^2)u_3^2+12u_3^4$$

$$\overline{F'_{22}F'_{01}}^2 = (\sqrt{3}(u_1-u_2)u_2-3(u_1-u_2)u_3+u_2u_3-\sqrt{3}u_3^2-2\sqrt{3}(u_1-u_2)u_2+2u_2u_3)^2$$
$$+(3(u_1-u_2)u_2+\sqrt{3}(u_1-u_2)u_3+\sqrt{3}u_2u_3+u_3^2-2\sqrt{3}(u_1-u_2)u_3+2u_3^2)^2$$
$$= (-\sqrt{3}(u_1-u_2)u_2-3(u_1-2u_2)u_3-\sqrt{3}u_3^2)^2+(3(u_1-u_2)u_2-\sqrt{3}(u_1-2u_2)u_3+3u_3^2)^2$$
$$= 12(u_1-u_2)^2u_2^2+12(u_1-2u_2)^2u_3^2+24(u_1-u_2)u_2u_3^2+12u_3^4$$
$$= 12(u_1-u_2)^2u_2^2+12(u_1^2-2u_1u_2+2u_2^2)u_3^2+12u_3^4$$

$$\overline{F'_{22}F'_{10}}^2 = (\sqrt{3}(u_1-u_2)u_2-3(u_1-u_2)u_3+u_2u_3-\sqrt{3}u_3^2+2u_2u_3+2\sqrt{3}u_3^2)^2$$
$$+(3(u_1-u_2)u_2+\sqrt{3}(u_1-u_2)u_3+\sqrt{3}u_2u_3+u_3^2-2\sqrt{3}u_2u_3+2u_3^2)^2$$
$$= (\sqrt{3}(u_1-u_2)u_2-3(u_1-2u_2)u_3+\sqrt{3}u_3^2)^2+(3(u_1-u_2)u_2+\sqrt{3}(u_1-2u_2)u_3+3u_3^2)^2$$
$$= 12(u_1-u_2)^2u_2^2+12(u_1-2u_2)^2u_3^2+24(u_1-u_2)u_2u_3^2+12u_3^4$$
$$= 12(u_1-u_2)^2u_2^2+12(u_1^2-2u_1u_2+2u_2^2)u_3^2+12u_3^4$$

第二章 Morley 定理的 Gauss 消去法证明   79

可见 $\triangle F_{22}F_{01}F_{10}$ 是正三角形。

由此可见，其实从 F 公式或主、副角三等分线的直线方程解出 27 个点坐标，直接代入 g 公式或直接检验三角形的三边长是否相等，都是可以的。

22. 证明 $\triangle E_{00}E_{12}E_{21}$ 是正三角形

对三个点 E_{00}、E_{12}、E_{21} 提取公因子 $\dfrac{\sqrt{3}(u_1-u_2)+u_3}{2P(u_1,u_2,u_3)}$，用 E'_{00}、E'_{12}、E'_{21} 表示：

$E'_{00}(2(u_2^2-u_3^2)(\sqrt{3}(u_1-u_2)u_2-u_1u_3-\sqrt{3}u_3^2),4u_2u_3(\sqrt{3}(u_1-u_2)u_2-u_1u_3-\sqrt{3}u_3^2))$

$E'_{12}(-2u_1u_3(u_2^2+2\sqrt{3}u_2u_3-u_3^2),2u_1u_3(\sqrt{3}u_2^2-2u_2u_3-\sqrt{3}u_3^2))$

$E'_{21}((\sqrt{3}(u_1-u_2)u_2+u_1u_3-\sqrt{3}u_3^2)(u_2^2-2\sqrt{3}u_2u_3-u_3^2),$
$(\sqrt{3}(u_1-u_2)u_2+u_1u_3-\sqrt{3}u_3^2)(\sqrt{3}u_2^2+2u_2u_3-\sqrt{3}u_3^2))$

$\overline{E'_{00}E'_{12}}^2 = [2(u_2^2-u_3^2)(\sqrt{3}(u_1-u_2)u_2-u_1u_3-\sqrt{3}u_3^2)+2u_1u_3(u_2^2+2\sqrt{3}u_2u_3-u_3^2)]^2$
$+4(2u_2u_3(\sqrt{3}(u_1-u_2)u_2-u_1u_3-\sqrt{3}u_3^2)-u_1u_3(\sqrt{3}u_2^2-2u_2u_3-\sqrt{3}u_3^2))^2$
$= 4(\sqrt{3}(u_1-u_2)u_2^3+\sqrt{3}u_1u_2u_3^2+\sqrt{3}u_3^4)^2+4(\sqrt{3}(u_1-2u_2)u_2^2u_3+\sqrt{3}(u_1-2u_2)u_3^3)^2$
$= 12((u_1u_2(u_2^2+u_3^2)-(u_2^2-u_3^2)(u_2^2+u_3^2))^2+12(u_1-2u_2)^2u_3^2(u_2^2+u_3^2)^2$
$= 12((u_1-u_2)u_2+u_3^2)^2(u_2^2+u_3^2)^2+12(u_1-2u_2)^2u_3^2(u_2^2+u_3^2)^2$
$= 12((u_1-u_2)^2u_2^2+(u_1^2-2u_1u_2+2u_2^2)u_3^2+u_3^4)(u_2^2+u_3^2)^2$

$\overline{E'_{00}E'_{21}}^2 = (2(u_2^2-u_3^2)(\sqrt{3}(u_1-u_2)u_2-u_1u_3-\sqrt{3}u_3^2)$
$-(\sqrt{3}(u_1-u_2)u_2+u_1u_3-\sqrt{3}u_3^2)\times(u_2^2-2\sqrt{3}u_2u_3-u_3^2))^2+(4u_2u_3(\sqrt{3}(u_1-u_2)u_2-u_1u_3-\sqrt{3}u_3^2)$
$-(\sqrt{3}(u_1-u_2)u_2+u_1u_3-\sqrt{3}u_3^2)\times(\sqrt{3}u_2^2+2u_2u_3-\sqrt{3}u_3^2))^2$
$= (\sqrt{3}(u_1-u_2)u_2^3+3(u_1-2u_2)u_2^2u_3+\sqrt{3}u_1u_2u_3^2+3(u_1-2u_2)u_3^3+\sqrt{3}u_3^4)^2$
$+(-3(u_1-u_2)u_2^3+\sqrt{3}(u_1-2u_2)u_2^2u_3-3u_1u_2u_3^2+\sqrt{3}(u_1-2u_2)u_3^3-3u_3^4)^2$
$= (u_2^2+u_3^2)^2(\sqrt{3}u_1u_2-\sqrt{3}u_2^2+3(u_1-2u_2)u_3+\sqrt{3}u_3^2)^2$
$+(u_2^2+u_3^2)^2((-3u_1u_2+3u_2^2)+\sqrt{3}(u_1-2u_2)u_3-3u_3^2)^2$
$= (12(u_1-u_2)^2u_2^2+12(u_1-2u_2)^2u_3^2+24(u_1-u_2)u_2u_3^2+12u_3^4)(u_2^2+u_3^2)^2$
$= 12((u_1-u_2)^2u_2^2+(u_1^2-2u_1u_2+2u_2^2)u_3^2+u_3^4)(u_2^2+u_3^2)^2$

$\overline{E'_{12}E'_{21}}^2 = (2u_1u_3(u_2^2+2\sqrt{3}u_2u_3-u_3^2)+(\sqrt{3}(u_1-u_2)u_2+u_1u_3-\sqrt{3}u_3^2)(u_2^2-2\sqrt{3}u_2u_3-u_3^2))^2$
$+(2u_1u_3(\sqrt{3}u_2^2-2u_2u_3-\sqrt{3}u_3^2)-(\sqrt{3}(u_1-u_2)u_2+u_1u_3-\sqrt{3}u_3^2)(\sqrt{3}u_2^2+2u_2u_3-\sqrt{3}u_3^2))^2$
$= (\sqrt{3}(u_1-u_2)u_2^3-3(u_1-2u_2)u_2^2u_3+\sqrt{3}u_1u_2u_3^2-3(u_1-2u_2)u_3^3+\sqrt{3}u_3^4)^2$
$+(-3(u_1-u_2)u_2^3-\sqrt{3}(u_1-2u_2)u_2^2u_3-3u_1u_2u_3^2-\sqrt{3}(u_1-2u_2)u_3^3-3u_3^4)^2$
$= (u_2^2+u_3^2)^2(\sqrt{3}(u_1-u_2)u_2-3(u_1-2u_2)u_3+\sqrt{3}u_3^2)^2+(u_2^2+u_3^2)^2\times(3(u_1-u_2)u_2$
$-\sqrt{3}(u_1-2u_2)u_3+3u_3^2)^2 = 12((u_1-u_2)^2u_2^2+(u_1^2-2u_1u_2+2u_2^2)u_3^2+u_3^4)(u_2^2+u_3^2)^2$

可见 $\triangle E_{00}E_{12}E_{21}$ 是正三角形。

23. 证明 $\triangle E_{11}E_{02}E_{20}$ 是正三角形

对三个点 E_{11}、E_{02}、E_{20} 提取公因子 $\dfrac{\sqrt{3}(u_1-u_2)-u_3}{2P(u_1,u_2,u_3)}$，用 E'_{11}、E'_{02}、E'_{20} 表示：

$E'_{11}(2u_1u_3(u_2^2-2\sqrt{3}u_2u_3-u_3^2), 2u_1u_3(\sqrt{3}u_2^2+2u_2u_3-\sqrt{3}u_3^2))$

$E'_{02}((u_2^2+2\sqrt{3}u_2u_3-u_3^2)(\sqrt{3}(u_1-u_2)u_2-u_1u_3-\sqrt{3}u_3^2),$
$\quad -(\sqrt{3}u_2^2-2u_2u_3-\sqrt{3}u_3^2)(\sqrt{3}(u_1-u_2)u_2-u_1u_3-\sqrt{3}u_3^2))$

$E'_{20}(2(u_2^2-u_3^2)(\sqrt{3}(u_1-u_2)u_2+u_1u_3-\sqrt{3}u_3^2), 4u_2u_3(\sqrt{3}(u_1-u_2)u_2+u_1u_3-\sqrt{3}u_3^2))$

$\overline{E'_{11}E'_{02}}^2 = (2u_1u_3(u_2^2-\sqrt{2}u_2u_3-u_3^2)-(u_2^2+2\sqrt{3}u_2u_3-u_3^2)(\sqrt{3}(u_1-u_2)u_2-u_1u_3-\sqrt{3}u_3^2))^2$
$+(2u_1u_3(\sqrt{3}u_2^2+2u_2u_3-\sqrt{3}u_3^2)+(\sqrt{3}u_2^2-2u_2u_3-\sqrt{3}u_3^2)(\sqrt{3}(u_1-u_2)u_2-u_1u_3-\sqrt{3}u_3^2))^2$
$= (-\sqrt{3}(u_1-u_2)u_2^3-3(u_1-2u_2)u_2^2u_3-\sqrt{3}u_1u_2u_3^2-3(u_1-2u_2)u_3^3-\sqrt{3}u_3^4)^2$
$+(3(u_1-u_2)u_2^3-\sqrt{3}(u_1-2u_2)u_2^2u_3+3u_1u_2u_3^2-\sqrt{3}(u_1-2u_2)u_3^3+3u_3^4)^2$
$= (-\sqrt{3}(u_1-u_2)u_2-3(u_1-2u_2)u_3-\sqrt{3}u_3^2)^2(u_2^2+u_3^2)^2$
$+(3(u_1-u_2)u_2-\sqrt{3}(u_1-2u_2)u_3+3u_3^2)^2\times(u_2^2+u_3^2)^2$
$= 12(u_2^2+u_3^2)^2((u_1-u_2)^2u_2^2+(u_1-2u_2)^2u_3^2+2(u_1-u_2)u_2u_3^2+u_3^4)$
$= 12(u_2^2+u_3^2)^2((u_1-u_2)^2u_2^2+(u_1^2-2u_1u_2+2u_2^2)u_3^2+u_3^4)$

$\overline{E'_{11}E'_{20}}^2 = 4(u_1u_3(u_2^2-2\sqrt{3}u_2u_3-u_3^2)-(u_2^2-u_3^2)(\sqrt{3}(u_1-u_2)u_2+u_1u_3-\sqrt{3}u_3^2))^2$
$+4(u_1u_3(\sqrt{3}u_2^2+2u_2u_3-\sqrt{3}u_3^2)-2u_2u_3(\sqrt{3}(u_1-u_2)u_2+u_1u_3-\sqrt{3}u_3^2))^2$
$= 4(-\sqrt{3}(u_1-u_2)u_2^3-\sqrt{3}u_1u_2u_3^2-\sqrt{3}u_3^4)^2+12(u_1-2u_2)^2u_3^2(u_2^2+u_3^2)^2$
$= 12(-(u_1-u_2)u_2-u_3^2)^2(u_2^2+u_3^2)^2+12(u_1-2u_2)^2u_3^2(u_2^2+u_3^2)^2$
$= (12(u_1-u_2)^2u_2^2+24(u_1-u_2)u_2u_3^2+12(u_1-2u_2)^2u_3^2+12u_3^4)(u_2^2+u_3^2)^2$
$= 12(u_2^2+u_3^2)^2((u_1-u_2)^2u_2^2+(u_1^2-2u_1u_2+2u_2^2)u_3^2+u_3^4)$

$\overline{E'_{02}E'_{20}}^2 = ((u_2^2+2\sqrt{3}u_2u_3-u_3^2)(\sqrt{3}(u_1-u_2)u_2-u_1u_3-\sqrt{3}u_3^2)$
$-2(u_2^2-u_3^2)(\sqrt{3}(u_1-u_2)u_2+u_1u_3-\sqrt{3}u_3^2))^2+((\sqrt{3}u_2^2-2u_2u_3-\sqrt{3}u_3^2)$
$\times(\sqrt{3}(u_1-u_2)u_2-u_1u_3-\sqrt{3}u_3^2)+4u_2u_3(\sqrt{3}(u_1-u_2)u_2+u_1u_3-\sqrt{3}u_3^2))^2$
$= (-\sqrt{3}(u_1-u_2)u_2^3+3(u_1-2u_2)u_2^2u_3-\sqrt{3}u_1u_2u_3^2+3(u_1-2u_2)u_3^3-\sqrt{3}u_3^4)^2$
$+(3(u_1-u_2)u_2^3+\sqrt{3}(u_1-2u_2)u_2^2u_3+3u_1u_2u_3^2+\sqrt{3}(u_1-2u_2)u_3^3+3u_3^4)^2$
$= (-\sqrt{3}(u_1-u_2)u_2+3(u_1-2u_2)u_3-\sqrt{3}u_3^2)^2(u_2^2+u_3^2)^2$
$+(3(u_1-u_2)u_2+\sqrt{3}(u_1-2u_2)u_3+3u_3^2)^2(u_2^2+u_3^2)^2$
$= (12(u_1-u_2)^2u_2^2+12(u_1-2u_2)^2u_3^2+24(u_1-u_2)u_2u_3^2+12u_3^4)(u_2^2+u_3^2)^2$
$= 12(u_2^2+u_3^2)^2((u_1-u_2)^2u_2^2+(u_1^2-2u_1u_2+2u_2^2)u_3^2+u_3^4)$

可见 $\triangle E_{11}E_{02}E_{20}$ 是正三角形。

24. 证明 $\triangle E_{22}E_{01}E_{10}$ 是正三角形

对三个点 E_{01}、E_{10}、E_{22} 提取公因子 $\dfrac{(3(u_1-u_2)^2-u_3^2)}{4P(u_1,u_2,u_3)u_3}$，用 E'_{01}、E'_{10}、E'_{22} 表示：

$E'_{01}(-(u_2^2-2\sqrt{3}u_2u_3-u_3^2)(\sqrt{3}(u_1-u_2)u_2-u_1u_3-\sqrt{3}u_3^2),$
$\quad -(\sqrt{3}u_2^2+2u_2u_3-\sqrt{3}u_3^2)\times(\sqrt{3}(u_1-u_2)u_2-u_1u_3-\sqrt{3}u_3^2))$

$E'_{10}(4(u_2^2-u_3^2)u_1u_3, 8u_1u_2u_3^2)$

$E'_{22}((\sqrt{3}(u_1-u_2)u_2+u_1u_3-\sqrt{3}u_3^2)(u_2^2+2\sqrt{3}u_2u_3-u_3^2),$
$\quad -(\sqrt{3}(u_1-u_2)u_2+u_1u_3-\sqrt{3}u_3^2)(\sqrt{3}u_2^2-2u_2u_3-\sqrt{3}u_3^2))$

$\overline{E'_{22}E'_{01}}^2 = ((\sqrt{3}(u_1-u_2)u_2+u_1u_3-\sqrt{3}u_3^2)(u_2^2+2\sqrt{3}u_2u_3-u_3^2)$
$+(u_2^2-2\sqrt{3}u_2u_3-u_3^2)(\sqrt{3}(u_1-u_2)u_2-u_1u_3-\sqrt{3}u_3^2))^2$
$+((\sqrt{3}(u_1-u_2)u_2+u_1u_3-\sqrt{3}u_3^2)(\sqrt{3}u_2^2-2u_2u_3-\sqrt{3}u_3^2)$
$-(\sqrt{3}u_2^2+2u_2u_3-\sqrt{3}u_3^2)(\sqrt{3}(u_1-u_2)u_2-u_1u_3-\sqrt{3}u_3^2))^2$
$= 12((u_1-u_2)u_2+u_3^2)^2(u_2^2+u_3^2)^2 + 12(u_1-2u_2)^2u_3^2(u_2^2+u_3^2)^2$
$= 12((u_1-u_2)^2u_2^2+(u_1^2-2u_1u_2+2u_2^2)u_3^2+u_3^4)(u_2^2+u_3^2)^2$

$\overline{E'_{22}E'_{10}}^2 = ((u_2^2+2\sqrt{3}u_2u_3-u_3^2)(\sqrt{3}(u_1-u_2)u_2+u_1u_3-\sqrt{3}u_3^2)$
$-4(u_2^2-u_3^2)u_1u_3)^2 + ((\sqrt{3}u_2^2-2u_2u_3-\sqrt{3}u_3^2)(\sqrt{3}(u_1-u_2)u_2+u_1u_3-\sqrt{3}u_3^2)+8u_1u_2u_3^2)^2$
$= 3((u_1-u_2)u_2+\sqrt{3}(u_1-2u_2)u_3+u_3^2)^2(u_2^2+u_3^2)^2$
$+(3(u_1-u_2)u_2-\sqrt{3}(u_1-2u_2)u_3+3u_3^2)^2 \times (u_2^2+u_3^2)^2$
$= (12(u_1-u_2)^2u_2^2+12(u_1-2u_2)^2u_3^2+24(u_1-u_2)u_2u_3^2+12u_3^4)(u_2^2+u_3^2)^2$
$= 12((u_1-u_2)^2u_2^2+(u_1^2-2u_1u_2+2u_2^2)u_3^2+u_3^4)(u_2^2+u_3^2)^2$

$\overline{E'_{01}E'_{10}}^2 = ((u_2^2-2\sqrt{3}u_2u_3-u_3^2)(\sqrt{3}(u_1-u_2)u_2-u_1u_3-\sqrt{3}u_3^2)+4u_1u_3(u_2^2-u_3^2))^2$
$+((\sqrt{3}u_2^2+2u_2u_3-\sqrt{3}u_3^2)(\sqrt{3}(u_1-u_2)u_2-u_1u_3-\sqrt{3}u_3^2)+8u_1u_2u_3^2)^2$
$= (\sqrt{3}(u_1-u_2)u_2^3-3(u_1-2u_2)u_2^2u_3+\sqrt{3}u_1u_2u_3^2-3(u_1-2u_2)u_3^3+\sqrt{3}u_3^4)^2$
$+(3(u_1-u_2)u_2^3+\sqrt{3}(u_1-2u_2)u_2^2u_3+3u_1u_2u_3^2+\sqrt{3}(u_1-2u_2)u_3^3+3u_3^4)^2$
$= (\sqrt{3}(u_1-u_2)u_2-3(u_1-2u_2)u_3+\sqrt{3}u_3^2)^2(u_2^2+u_3^2)^2$
$+(3(u_1-u_2)u_2+\sqrt{3}(u_1-2u_2)u_3+3u_3^2)^2 \times (u_2^2+u_3^2)^2$
$= (12(u_1-u_2)^2u_2^2+12(u_1-2u_2)^2u_3^2+24(u_1-u_2)u_2u_3^2+12u_3^4)(u_2^2+u_3^2)^2$
$= 12((u_1-u_2)^2u_2^2+(u_1^2-2u_1u_2+2u_2^2)u_3^2+u_3^4)(u_2^2-u_3^2)^2$

可见 $\triangle E_{01}E_{10}E_{22}$ 是正三角形。

25. 证明 $\triangle D_{00}D_{12}D_{21}$ 是正三角形

对三个点 D_{00}、D_{12}、D_{21} 提取公因子 $\dfrac{1}{2(\sqrt{3}u_2-u_3)((u_1-u_2)^2+u_3^2)^2 P(u_1,u_2,u_3)}$,成为:

$D'_{00}(2M_0(u_1,u_2,u_3),2N_0(u_1,u_2,u_3))$, $D'_{12}(M_7(u_1,u_2,u_3),N_7(u_1,u_2,u_3))$
$D'_{21}(2M_8(u_1,u_2,u_3),2N_8(u_1,u_2,u_3))$

代之相应坐标表达式,可得:

$2M_0(u_1,u_2,u_3)-M_7(u_1,u_2,u_3) = -3\sqrt{3}(u_1-u_2)^7u_2^3+9(u_1-u_2)^6(u_1-2u_2)u_2^2u_3$
$-\sqrt{3}(u_1-u_2)^5(u_1^2-5u_1u_2-5u_2^2)u_2^2u_3^2-3(u_1-u_2)^4(u_1-4u_2)(u_1^2-4u_2^2)u_3^3$
$+\sqrt{3}(u_1-u_2)^3(u_1^3-12u_1u_2^2+2u_2^3)u_3^4-9(u_1-u_2)^2(u_1^3-4u_1^2u_2+2u_1u_2^2+4u_2^3)u_3^5$
$+3\sqrt{3}(u_1-u_2)(u_1^3-2u_1^2u_2-2u_2^3)u_3^6-9(u_1-2u_2)^2u_1u_3^7$
$+\sqrt{3}(3u_1^2-5u_1u_2-u_2^2)u_3^8-3(u_1-2u_2)u_3^9+\sqrt{3}u_3^{10}$

$2N_0(u_1,u_2,u_3)-N_7(u_1,u_2,u_3) = -9(u_1-u_2)^7u_2^3-3\sqrt{3}(u_1-u_2)^6(u_1-2u_2)u_2^2u_3$

$$+3(u_1-u_2)^5(u_1^2-5u_1u_2-5u_2^2)u_2u_3^2+\sqrt{3}(u_1-u_2)^4(u_1-4u_2)(u_1^2-4u_2^2)u_3^3$$
$$+3(u_1-u_2)^3(u_1^3-12u_1u_2^2+2u_2^3)u_3^4+3\sqrt{3}(u_1-u_2)^2(u_1^3-4u_1^2u_2+2u_1u_2^2+4u_2^3)u_3^5$$
$$+9(u_1-u_2)(u_1^3-2u_1^2u_2-2u_1u_2^2+2u_2^3)u_3^6+3\sqrt{3}(u_1-2u_2)^2u_1u_3^7$$
$$+3(3u_1^2-5u_1u_2-u_2^2)u_3^8+\sqrt{3}(u_1-2u_2)u_3^9+3u_3^{10}$$

$$\overline{D'_{00}D'_{12}}^2 = [(-3\sqrt{3}(u_1-u_2)^7u_2^3+\sqrt{3}(u_1-u_2)^5(u_1^2-5u_1u_2-5u_2^2)u_2u_3^2$$
$$+\sqrt{3}(u_1-u_2)^3(u_1^3-12u_1u_2^2+2u_2^3)u_3^4+3\sqrt{3}(u_1-u_2)(u_1^3-2u_1^2u_2-2u_1u_2^2+2u_2^3)u_3^6$$
$$+\sqrt{3}(3u_1^2-5u_1u_2-u_2^2)u_3^8+\sqrt{3}u_3^{10})-\sqrt{3}(-3\sqrt{3}(u_1-u_2)^6(u_1-2u_2)u_2^2u_3$$
$$+\sqrt{3}(u_1-u_2)^4(u_1-4u_2)(u_1^2-4u_2^2)u_3^3+3\sqrt{3}(u_1-u_2)^2(u_1^3-4u_1^2u_2+2u_1u_2^2+4u_2^3)u_3^5$$
$$+3\sqrt{3}(u_1-2u_2)^2u_1u_3^7+\sqrt{3}(u_1-2u_2)u_3^9)]^2+[\sqrt{3}(-3\sqrt{3}(u_1-u_2)^7u_2^3$$
$$+\sqrt{3}(u_1-u_2)^5(u_1^2-5u_1u_2-5u_2^2)u_2u_3^2+\sqrt{3}(u_1-u_2)^3(u_1^3-12u_1u_2^2+2u_2^3)u_3^4$$
$$+3\sqrt{3}(u_1-u_2)(u_1^3-2u_1^2u_2-2u_1u_2^2+2u_2^3)u_3^6+\sqrt{3}(3u_1^2-5u_1u_2-u_2^2)u_3^8+\sqrt{3}u_3^{10})$$
$$+(-3\sqrt{3}(u_1-u_2)^6(u_1-2u_2)u_2^2u_3+\sqrt{3}(u_1-u_2)^4(u_1-4u_2)(u_1^2-4u_2^2)u_3^3$$
$$+3\sqrt{3}(u_1-u_2)^2(u_1^3-4u_1^2u_2+2u_1u_2^2+4u_2^3)u_3^5+3\sqrt{3}(u_1-2u_2)^2u_1u_3^7+\sqrt{3}(u_1-2u_2)u_3^9)]^2$$
$$=4(-3\sqrt{3}(u_1-u_2)^7u_2^3+\sqrt{3}(u_1-u_2)^5(u_1^2-5u_1u_2-5u_2^2)u_2u_3^2$$
$$+\sqrt{3}(u_1-u_2)^3(u_1^3-12u_1u_2^2+2u_2^3)u_3^4+3\sqrt{3}(u_1-u_2)(u_1^3-2u_1^2u_2-2u_1u_2^2+2u_2^3)u_3^6$$
$$+\sqrt{3}(3u_1^2-5u_1u_2-u_2^2)u_3^8+\sqrt{3}u_3^{10})^2+4(-3\sqrt{3}(u_1-u_2)^6(u_1-2u_2)u_2^2u_3$$
$$+\sqrt{3}(u_1-u_2)^4(u_1-4u_2)(u_1^2-4u_2^2)u_3^3+3\sqrt{3}(u_1-u_2)^2(u_1^3-4u_1^2u_2+2u_1u_2^2+4u_2^3)u_3^5$$
$$+3\sqrt{3}(u_1-2u_2)^2u_1u_3^7+\sqrt{3}(u_1-2u_2)u_3^9)^2$$

$$2(M_0(u_1,u_2,u_3)-M_8(u_1,u_2,u_3))=2(-3\sqrt{3}(u_1-u_2)^7u_2^3$$
$$+\sqrt{3}(u_1-u_2)^5(u_1^2-5u_1u_2-5u_2^2)u_2u_3^2+\sqrt{3}(u_1-u_2)^3(u_1^3-12u_1u_2^2+2u_2^3)u_3^4$$
$$+3\sqrt{3}(u_1-u_2)(u_1^3-2u_1^2u_2-2u_1u_2^2+2u_2^3)u_3^6+\sqrt{3}(3u_1^2-5u_1u_2-u_2^2)u_3^8+\sqrt{3}u_3^{10})$$

$$2(N_0(u_1,u_2,u_3)-N_8(u_1,u_2,u_3))=2(-3\sqrt{3}(u_1-u_2)^6(u_1-2u_2)u_2^2u_3$$
$$+\sqrt{3}(u_1-u_2)^4(u_1-4u_2)(u_1^2-4u_2^2)u_3^3+3\sqrt{3}(u_1-u_2)^2(u_1^3-4u_1^2u_2+2u_1u_2^2+4u_2^3)u_3^5$$
$$+3\sqrt{3}(u_1-2u_2)^2u_1u_3^7+\sqrt{3}(u_1-2u_2)u_3^9)$$

$$\overline{D'_{00}D'_{21}}^2 = 4(-3\sqrt{3}(u_1-u_2)^7u_2^3+\sqrt{3}(u_1-u_2)^5(u_1^2-5u_1u_2-5u_2^2)u_2u_3^2$$
$$+\sqrt{3}(u_1-u_2)^3(u_1^3-12u_1u_2^2+2u_2^3)u_3^4+3\sqrt{3}(u_1-u_2)(u_1^3-2u_1^2u_2-2u_1u_2^2+2u_2^3)u_3^6$$
$$+\sqrt{3}(3u_1^2-5u_1u_2-u_2^2)u_3^8+\sqrt{3}u_3^{10})^2+4(-3\sqrt{3}(u_1-u_2)^6(u_1-2u_2)u_2^2u_3$$
$$+\sqrt{3}(u_1-u_2)^4(u_1-4u_2)(u_1^2-4u_2^2)u_3^3+3\sqrt{3}(u_1-u_2)^2(u_1^3-4u_1^2u_2+2u_1u_2^2+4u_2^3)u_3^5$$
$$+3\sqrt{3}(u_1-2u_2)^2u_1u_3^7+\sqrt{3}(u_1-2u_2)u_3^9)^2$$

$$-2M_8(u_1,u_2,u_3)+M_7(u_1,u_2,u_3)$$
$$=-3\sqrt{3}(u_1-u_2)^7u_2^3-9(u_1-u_2)^6(u_1-2u_2)u_2^2u_3+\sqrt{3}(u_1-u_2)^5(u_1^2-5u_1u_2-5u_2^2)u_2u_3^2$$
$$+3(u_1-u_2)^4(u_1-4u_2)(u_1^2-4u_2^2)u_3^3+\sqrt{3}(u_1-u_2)^3(u_1^3-12u_1u_2^2+2u_2^3)u_3^4$$
$$+9(u_1-u_2)^2(u_1^3-4u_1^2u_2+2u_1u_2^2+4u_2^3)u_3^5+3\sqrt{3}(u_1-u_2)(u_1^3-2u_1^2u_2-2u_1u_2^2+2u_2^3)u_3^6$$

第二章 Morley 定理的 Gauss 消去法证明

$+9(u_1-2u_2)^2u_1u_3^7+\sqrt{3}(3u_1^2-5u_1u_2-u_2^2)u_3^8+3(u_1-2u_2)u_3^9+\sqrt{3}u_3^{10}$

$-2N_8(u_1,u_2,u_3)+N_7(u_1,u_2,u_3)=9(u_1-u_2)^7u_2^3-3\sqrt{3}(u_1-u_2)^6(u_1-2u_2)u_2^2u_3$

$-3(u_1-u_2)^5(u_1^2-5u_1u_2-5u_2^2)u_2u_3^2+\sqrt{3}(u_1-u_2)^4(u_1-4u_2)(u_1^2-4u_2^2)u_3^3$

$-3(u_1-u_2)^3(u_1^3-12u_1u_2^2+2u_2^3)u_3^4+3\sqrt{3}(u_1-u_2)^2(u_1^3-4u_1^2u_2+2u_1u_2^2+4u_2^3)u_3^5$

$-9(u_1-u_2)(u_1^3-2u_1^2u_2-2u_1u_2^2+2u_2^3)u_3^6+3\sqrt{3}(u_1-2u_2)^2u_1u_3^7$

$-3(3u_1^2-5u_1u_2-u_2^2)u_3^8+\sqrt{3}(u_1-2u_2)u_3^9-\sqrt{3}u_3^{10}$

$\overline{D'_{12}D'_{21}}^2=[(-3\sqrt{3}(u_1-u_2)^7u_2^3+\sqrt{3}(u_1-u_2)^5(u_1^2-5u_1u_2-5u_2^2)u_2u_3^2$

$+\sqrt{3}(u_1-u_2)^3(u_1^3-12u_1u_2^2+2u_2^3)u_3^4+3\sqrt{3}(u_1-u_2)(u_1^3-2u_1^2u_2-2u_1u_2^2+2u_2^3)u_3^6$

$+\sqrt{3}(3u_1^2-5u_1u_2-u_2^2)u_3^8+\sqrt{3}u_3^{10})+\sqrt{3}(-3\sqrt{3}(u_1-u_2)^6(u_1-2u_2)u_2^2u_3$

$+\sqrt{3}(u_1-u_2)^4(u_1-4u_2)(u_1^2-4u_2^2)u_3^3+3\sqrt{3}(u_1-u_2)^2(u_1^3-4u_1^2u_2+2u_1u_2^2+4u_2^3)u_3^5$

$+3\sqrt{3}(u_1-2u_2)^2u_1u_3^7+\sqrt{3}(u_1-2u_2)u_3^9)]^2+[-\sqrt{3}(-3\sqrt{3}(u_1-u_2)^7u_2^3$

$+\sqrt{3}(u_1-u_2)^5(u_1^2-5u_1u_2-5u_2^2)u_2u_3^2+\sqrt{3}(u_1-u_2)^3(u_1^3-12u_1u_2^2+2u_2^3)u_3^4$

$+3\sqrt{3}(u_1-u_2)(u_1^3-2u_1^2u_2-2u_1u_2^2+2u_2^3)u_3^6+\sqrt{3}(3u_1^2-5u_1u_2-u_2^2)u_3^8+\sqrt{3}u_3^{10})$

$+(-3\sqrt{3}(u_1-u_2)^6(u_1-2u_2)u_2^2u_3+\sqrt{3}(u_1-u_2)^4(u_1-4u_2)(u_1^2-4u_2^2)u_3^3$

$+3\sqrt{3}(u_1-u_2)^2(u_1^3-4u_1^2u_2+2u_1u_2^2+4u_2^3)u_3^5+3\sqrt{3}(u_1-2u_2)^2u_1u_3^7+\sqrt{3}(u_1-2u_2)u_3^9)]^2$

$=4(-3\sqrt{3}(u_1-u_2)^7u_2^3+\sqrt{3}(u_1-u_2)^5(u_1^2-5u_1u_2-5u_2^2)u_2u_3^2$

$+\sqrt{3}(u_1-u_2)^3(u_1^3-12u_1u_2^2+2u_2^3)u_3^4+3\sqrt{3}(u_1-u_2)(u_1^3-2u_1^2u_2-2u_1u_2^2+2u_2^3)u_3^6$

$+\sqrt{3}(3u_1^2-5u_1u_2-u_2^2)u_3^8+\sqrt{3}u_3^{10})^2+4(-3\sqrt{3}(u_1-u_2)^6(u_1-2u_2)u_2^2u_3$

$+\sqrt{3}(u_1-u_2)^4(u_1-4u_2)(u_1^2-4u_2^2)u_3^3+3\sqrt{3}(u_1-u_2)^2(u_1^3-4u_1^2u_2+2u_1u_2^2+4u_2^3)u_3^5$

$+3\sqrt{3}(u_1-2u_2)^2u_1u_3^7+\sqrt{3}(u_1-2u_2)u_3^9)]^2$

因此有:$\overline{D'_{00}D'_{12}}^2=\overline{D'_{00}D'_{21}}^2=\overline{D'_{12}D'_{21}}^2$。

故 $\triangle D_{00}D_{12}D_{21}$ 是正三角形。

26. 证明 $\triangle D_{11}D_{02}D_{20}$ 是正三角形

对三个点 D_{11}、D_{02}、D_{20} 提取公因子 $\dfrac{1}{2(\sqrt{3}u_2+u_3)((u_1-u_2)^2+u_3^2)^2P(u_1,u_2,u_3)}$,有:

$D'_{11}(2M_1(u_1,u_2,u_3),2N_1(u_1,u_2,u_3))$, $D'_{02}(2M_4(u_1,u_2,u_3),+2N_4(u_1,u_2,u_3))$,

$D'_{20}(M_3(u_1,u_2,u_3),-N_3(u_1,u_2,u_3))$

$2(M_1(u_1,u_2,u_3)-M_4(u_1,u_2,u_3))=2(3\sqrt{3}(u_1-u_2)^7u_2^3$

$-\sqrt{3}(u_1-u_2)^5(u_1^2-5u_1u_2-5u_2^2)u_2u_3^2-\sqrt{3}(u_1-u_2)^3(u_1^3-12u_1u_2^2+2u_2^3)u_3^4$

$-3\sqrt{3}(u_1-u_2)(u_1^3-2u_1^2u_2-2u_1u_2^2+2u_2^3)u_3^6-\sqrt{3}(3u_1^2-5u_1u_2-u_2^2)u_3^8-\sqrt{3}u_3^{10})$

$2(N_1(u_1,u_2,u_3)-N_4(u_1,u_2,u_3))=2(3\sqrt{3}(u_1-u_2)^6(u_1-2u_2)u_2^2u_3$

$-\sqrt{3}(u_1-u_2)^4(u_1-4u_2)(u_1^2-4u_2^2)u_3^3-3\sqrt{3}(u_1-u_2)^2(u_1^3-4u_1^2u_2+2u_1u_2^2+4u_2^3)u_3^5$

$-3\sqrt{3}(u_1-2u_2)^2u_1u_3^7-\sqrt{3}(u_1-2u_2)u_3^9)$

$\overline{D'_{11}D'_{02}}^2=4(3\sqrt{3}(u_1-u_2)^7u_2^3-\sqrt{3}(u_1-u_2)^5(u_1^2-5u_1u_2-5u_2^2)u_2u_3^2$

$$-\sqrt{3}(u_1-u_2)^3(u_1^3-12u_1u_2^2+2u_2^3)u_3^4-3\sqrt{3}(u_1-u_2)(u_1^3-2u_1^2u_2-2u_1u_2^2+2u_2^3)u_3^6$$
$$-\sqrt{3}(3u_1^2-5u_1u_2-u_2^2)u_3^8-\sqrt{3}u_3^{10})^2+4(3\sqrt{3}(u_1-u_2)^6(u_1-2u_2)u_2^2u_3$$
$$-\sqrt{3}(u_1-u_2)^4(u_1-4u_2)(u_1^2-4u_2^2)u_3^3-3\sqrt{3}(u_1-u_2)^2(u_1^3-4u_1^2u_2+2u_1u_2^2+4u_2^3)u_3^5$$
$$-3\sqrt{3}(u_1-2u_2)^2u_1u_3^7-\sqrt{3}(u_1-2u_2)u_3^9)^2$$

$$2M_1(u_1,u_2,u_3)-M_3(u_1,u_2,u_3)=[(3\sqrt{3}(u_1-u_2)^7u_2^3$$
$$-\sqrt{3}(u_1-u_2)^5(u_1^2-5u_1u_2-5u_2^2)u_2u_3^2-\sqrt{3}(u_1-u_2)^3(u_1^3-12u_1u_2^2+2u_2^3)u_3^4$$
$$-3\sqrt{3}(u_1-u_2)(u_1^3-2u_1^2u_2-2u_1u_2^2+2u_2^3)u_3^6-\sqrt{3}(3u_1^2-5u_1u_2-u_2^2)u_3^8-\sqrt{3}u_3^{10})$$
$$-\sqrt{3}(3\sqrt{3}(u_1-u_2)^6(u_1-2u_2)u_2^2u_3-\sqrt{3}(u_1-u_2)^4(u_1-4u_2)(u_1^2-4u_2^2)u_3^3$$
$$-3\sqrt{3}(u_1-u_2)^2(u_1^3-4u_1^2u_2+2u_1u_2^2+4u_2^3)u_3^5-3\sqrt{3}(u_1-2u_2)^2u_1u_3^7-\sqrt{3}(u_1-2u_2)u_3^9)]$$

$$2N_1(u_1,u_2,u_3)+N_3(u_1,u_2,u_3)=[\sqrt{3}(3\sqrt{3}(u_1-u_2)^7u_2^3$$
$$-\sqrt{3}(u_1-u_2)^5(u_1^2-5u_1u_2-5u_2^2)u_2u_3^2-\sqrt{3}(u_1-u_2)^3(u_1^3-12u_1u_2^2+2u_2^3)u_3^4$$
$$-3\sqrt{3}(u_1-u_2)(u_1^3-2u_1^2u_2-2u_1u_2^2+2u_2^3)u_3^6-\sqrt{3}(3u_1^2-5u_1u_2-u_2^2)u_3^8-\sqrt{3}u_3^{10})$$
$$+(3\sqrt{3}(u_1-u_2)^6(u_1-2u_2)u_2^2u_3-\sqrt{3}(u_1-u_2)^4(u_1-4u_2)(u_1^2-4u_2^2)u_3^3$$
$$-3\sqrt{3}(u_1-u_2)^2(u_1^3-4u_1^2u_2+2u_1u_2^2+4u_2^3)u_3^5-3\sqrt{3}(u_1-2u_2)^2u_1u_3^7-\sqrt{3}(u_1-2u_2)u_3^9)]$$

$$\overline{D'_{11}D'_{20}}^2=4(3\sqrt{3}(u_1-u_2)^7u_2^3-\sqrt{3}(u_1-u_2)^5(u_1^2-5u_1u_2-5u_2^2)u_2u_3^2$$
$$-\sqrt{3}(u_1-u_2)^3(u_1^3-12u_1u_2^2+2u_2^3)u_3^4-3\sqrt{3}(u_1-u_2)(u_1^3-2u_1^2u_2-2u_1u_2^2+2u_2^3)u_3^6$$
$$-\sqrt{3}(3u_1^2-5u_1u_2-u_2^2)u_3^8-\sqrt{3}u_3^{10})^2+4(3\sqrt{3}(u_1-u_2)^6(u_1-2u_2)u_2^2u_3$$
$$-\sqrt{3}(u_1-u_2)^4(u_1-4u_2)(u_1^2-4u_2^2)u_3^3-3\sqrt{3}(u_1-u_2)^2(u_1^3-4u_1^2u_2+2u_1u_2^2+4u_2^3)u_3^5$$
$$-3\sqrt{3}(u_1-2u_2)^2u_1u_3^7-\sqrt{3}(u_1-2u_2)u_3^9)^2$$

其中：$\overline{D'_{11}D'_{20}}^2=(2M_1(u_1,u_2,u_3)-M_3(u_1,u_2,u_3))^2+(2N_1(u_1,u_2,u_3)+N_3(u_1,u_2,u_3))^2$

$$2M_4(u_1,u_2,u_3)-M_3(u_1,u_2,u_3)=-(3\sqrt{3}(u_1-u_2)^7u_2^3$$
$$-\sqrt{3}(u_1-u_2)^5(u_1^2-5u_1u_2-5u_2^2)u_2u_3^2-\sqrt{3}(u_1-u_2)^3(u_1^3-12u_1u_2^2+2u_2^3)u_3^4$$
$$-3\sqrt{3}(u_1-u_2)(u_1^3-2u_1^2u_2-2u_1u_2^2+2u_2^3)u_3^6-\sqrt{3}(3u_1^2-5u_1u_2-u_2^2)u_3^8-\sqrt{3}u_3^{10})$$
$$-\sqrt{3}(3\sqrt{3}(u_1-u_2)^6\times(u_1-2u_2)u_2^2u_3-\sqrt{3}(u_1-u_2)^4(u_1-4u_2)(u_1^2-4u_2^2)u_3^3$$
$$-3\sqrt{3}(u_1-u_2)^2\times(u_1^3-4u_1^2u_2+2u_1u_2^2+4u_2^3)u_3^5-3\sqrt{3}(u_1-2u_2)^2u_1u_3^7-\sqrt{3}(u_1-2u_2)u_3^9)$$

$$2N_4(u_1,u_2,u_3)+N_3(u_1,u_2,u_3)=\sqrt{3}(3\sqrt{3}(u_1-u_2)^7u_2^3$$
$$-\sqrt{3}(u_1-u_2)^5(u_1^2-5u_1u_2-5u_2^2)u_2u_3^2-\sqrt{3}(u_1-u_2)^3(u_1^3-12u_1u_2^2+2u_2^3)u_3^4$$
$$-3\sqrt{3}(u_1-u_2)(u_1^3-2u_1^2u_2-2u_1u_2^2+2u_2^3)u_3^6-\sqrt{3}(3u_1^2-5u_1u_2-u_2^2)u_3^8-\sqrt{3}u_3^{10})$$
$$-(3\sqrt{3}(u_1-u_2)^6(u_1-2u_2)u_2^2u_3-\sqrt{3}(u_1-u_2)^4(u_1-4u_2)(u_1^2-4u_2^2)u_3^3$$
$$-3\sqrt{3}(u_1-u_2)^2(u_1^3-4u_1^2u_2+2u_1u_2^2+4u_2^3)u_3^5-3\sqrt{3}(u_1-2u_2)^2u_1u_3^7-\sqrt{3}(u_1-2u_2)u_3^9)$$

$$\overline{D'_{02}D'_{20}}^2=(2M_4(u_1,u_2,u_3)-M_3(u_1,u_2,u_3))^2+(2N_4(u_1,u_2,u_3)+N_3(u_1,u_2,u_3))^2$$
$$=4(3\sqrt{3}(u_1-u_2)^7u_2^3-\sqrt{3}(u_1-u_2)^5(u_1^2-5u_1u_2-5u_2^2)u_2u_3^2$$
$$-\sqrt{3}(u_1-u_2)^3(u_1^3-12u_1u_2^2+2u_2^3)u_3^4-3\sqrt{3}(u_1-u_2)(u_1^3-2u_1^2u_2-2u_1u_2^2+2u_2^3)u_3^6$$

$-\sqrt{3}(3u_1^2-5u_1u_2-u_2^2)u_3^8-\sqrt{3}u_3^{10})^2+4(3\sqrt{3}(u_1-u_2)^6(u_1-2u_2)u_2^2u_3$

$-\sqrt{3}(u_1-u_2)^4(u_1-4u_2)(u_1^2-4u_2^2)u_3^3-3\sqrt{3}(u_1-u_2)^2(u_1^3-4u_1^2u_2+2u_1u_2^2+4u_2^3)u_3^5$

$-3\sqrt{3}(u_1-2u_2)^2u_1u_3^7-\sqrt{3}(u_1-2u_2)u_3^9)^2$

可见$\overline{D'_{11}D'_{02}}^2=\overline{D'_{11}D'_{20}}^2=\overline{D'_{01}D'_{20}}^2$，$\triangle D_{11}D_{02}D_{20}$是正三角形。

27. 证明$\triangle D_{22}D_{01}D_{10}$是正三角形

对三个点D_{01}、D_{10}、D_{22}提取公因子$\dfrac{1}{4u_3((u_1-u_2)^2+u_3^2)^2P(u_1,u_2,u_3)}$，成为：

$D'_{01}(4M_5(u_1,u_2,u_3),4N_5(u_1,u_2,u_3))$, $\quad D'_{10}(M_5(u_1,u_2,u_3),-N_6(u_1,u_2,u_3))$
$D'_{22}(M_2(u_1,u_2,u_3),-N_2(u_1,u_2,u_3))$

代之相应坐标表达式，可得：

$M_6(u_1,u_2,u_3)-M_2(u_1,u_2,u_3)=2(3\sqrt{3}(u_1-u_2)^7u_2^3$

$-\sqrt{3}(u_1-u_2)^5(u_1^2-5u_1u_2-5u_2^2)u_2u_3^2-\sqrt{3}(u_1-u_2)^3(u_1^3-12u_1u_2^2+2u_2^3)u_3^4$

$-3\sqrt{3}(u_1-u_2)(u_1^3-2u_1^2u_2-2u_1u_2^2+2u_2^3)u_3^6-\sqrt{3}(3u_1^2-5u_1u_2-u_2^2)u_3^8-\sqrt{3}u_3^{10})$

$-N_6(u_1,u_2,u_3)+N_2(u_1,u_2,u_3)=2(3\sqrt{3}(u_1-u_2)^5(u_1-2u_2)u_2^2u_3$

$-\sqrt{3}(u_1-u_2)^4(u_1-4u_2)(u_1^2-4u_2^2)u_3^3-3\sqrt{3}(u_1-u_2)^2(u_1^3-4u_1^2u_2+2u_1u_2^2+4u_2^3)u_3^5$

$-3\sqrt{3}(u_1-2u_2)^2u_1u_3^7-\sqrt{3}(u_1-2u_2)u_3^9)$

$\overline{D'_{10}D'_{22}}^2=4(3\sqrt{3}(u_1-u_2)^7u_2^3-\sqrt{3}(u_1-u_2)^5(u_1^2-5u_1u_2-5u_2^2)u_2u_3^2$

$-\sqrt{3}(u_1-u_2)^3(u_1^3-12u_1u_2^2+2u_2^3)u_3^4-3\sqrt{3}(u_1-u_2)(u_1^3-2u_1^2u_2-2u_1u_2^2+2u_2^3)u_3^6$

$-\sqrt{3}(3u_1^2-5u_1u_2-u_2^2)u_3^8-\sqrt{3}u_3^{10})^2+4(3\sqrt{3}(u_1-u_2)^6(u_1-2u_2)u_2^2u_3$

$-\sqrt{3}(u_1-u_2)^4(u_1-4u_2)(u_1^2-4u_2^2)u_3^3-3\sqrt{3}(u_1-u_2)^2(u_1^3-4u_1^2u_2+2u_1u_2^2+4u_2^3)u_3^5$

$-3\sqrt{3}(u_1-2u_2)^2u_1u_3^7-\sqrt{3}(u_1-2u_2)u_3^9)^2$

$-M_2(u_1,u_2,u_3)+4M_5(u_1,u_2,u_3)=(3\sqrt{3}(u_1-u_2)^7u_2^3$

$-\sqrt{3}(u_1-u_2)^5(u_1^2-5u_1u_2-5u_2^2)u_2u_3^2-\sqrt{3}(u_1-u_2)^3(u_1^3-12u_1u_2^2+2u_2^3)u_3^4$

$-3\sqrt{3}(u_1-u_2)(u_1^3-2u_1^2u_2-2u_1u_2^2+2u_2^3)u_3^6-\sqrt{3}(3u_1^2-5u_1u_2-u_2^2)u_3^8-\sqrt{3}u_3^{10})$

$-\sqrt{3}(3\sqrt{3}(u_1-u_2)^6(u_1-2u_2)u_2^2u_3-\sqrt{3}(u_1-u_2)^4(u_1-4u_2)(u_1^2-4u_2^2)u_3^3$

$-3\sqrt{3}(u_1-u_2)^2(u_1^3-4u_1^2u_2+2u_1u_2^2+4u_2^3)u_3^5-3\sqrt{3}(u_1-2u_2)^2u_1u_3^7-\sqrt{3}(u_1-2u_2)u_3^9)$

$N_2(u_1,u_2,u_3)+4N_5(u_1,u_2,u_3)=\sqrt{3}(3\sqrt{3}(u_1-u_2)^7u_2^3$

$-\sqrt{3}(u_1-u_2)^5(u_1^2-5u_1u_2-5u_2^2)u_2u_3^2-\sqrt{3}(u_1-u_2)^3(u_1^3-12u_1u_2^2+2u_2^3)u_3^4$

$-3\sqrt{3}(u_1-u_2)(u_1^3-2u_1^2u_2-2u_1u_2^2+2u_2^3)u_3^6-\sqrt{3}(3u_1^2-5u_1u_2-u_2^2)u_3^8-\sqrt{3}u_3^{10})$

$+(3\sqrt{3}(u_1-u_2)^6(u_1-2u_2)u_2^2u_3-\sqrt{3}(u_1-u_2)^4(u_1-4u_2)(u_1^2-4u_2^2)u_3^3$

$-3\sqrt{3}(u_1-u_2)^2(u_1^3-4u_1^2u_2+2u_1u_2^2+4u_2^3)u_3^5-3\sqrt{3}(u_1-2u_2)^2u_1u_3^7-\sqrt{3}(u_1-2u_2)u_3^9)$

$\overline{D'_{01}D'_{22}}^2=(-M_2(u_1,u_2,u_3)+4M_5(u_1,u_2,u_3))^2+(N_2(u_1,u_2,u_3)+4N_5(u_1,u_2,u_3))^2$

$=4(3\sqrt{3}(u_1-u_2)^7u_2^3-\sqrt{3}(u_1-u_2)^5(u_1^2-5u_1u_2-5u_2^2)u_2u_3^2$

$-\sqrt{3}(u_1-u_2)^3(u_1^3-12u_1u_2^2+2u_2^3)u_3^4-3\sqrt{3}(u_1-u_2)(u_1^3-2u_1^2u_2-2u_1u_2^2+2u_2^3)u_3^6$

$-\sqrt{3}(3u_1^2-5u_1u_2-u_2^2)u_3^8-\sqrt{3}u_3^{10})^2+4(3\sqrt{3}(u_1-u_2)^6(u_1-2u_2)u_2^2u_3$
$-\sqrt{3}(u_1-u_2)^4(u_1-4u_2)(u_1^2-4u_2^2)u_3^3-3\sqrt{3}(u_1-u_2)^2(u_1^3-4u_1^2u_2+2u_1u_2^2+4u_2^3)u_3^5$
$-3\sqrt{3}(u_1-2u_2)^2u_1u_3^7-\sqrt{3}(u_1-2u_2)u_3^9)^2$

$4M_5(u_1,u_2,u_3)-M_6(u_1,u_2,u_3)=-(3\sqrt{3}(u_1-u_2)^7u_2^3$
$-\sqrt{3}(u_1-u_2)^5(u_1^2-5u_1u_2-5u_2^2)u_2u_3^2-\sqrt{3}(u_1-u_2)^3(u_1^3-12u_1u_2^2+2u_2^3)u_3^4$
$-3\sqrt{3}(u_1-u_2)(u_1^3-2u_1^2u_2-2u_1u_2^2+2u_2^3)u_3^6-\sqrt{3}(3u_1^2-5u_1u_2-u_2^2)u_3^8-\sqrt{3}u_3^{10})$
$-\sqrt{3}(3\sqrt{3}(u_1-u_2)^6(u_1-2u_2)u_2^2u_3-\sqrt{3}(u_1-u_2)^4(u_1-4u_2)(u_1^2-4u_2^2)u_3^3$
$-3\sqrt{3}(u_1-u_2)^2(u_1^3-4u_1^2u_2+2u_1u_2^2+4u_2^3)u_3^5-3\sqrt{3}(u_1-2u_2)^2u_1u_3^7-\sqrt{3}(u_1-2u_2)u_3^9)$

$4N_5(u_1,u_2,u_3)+N_6(u_1,u_2,u_3)=\sqrt{3}(3\sqrt{3}(u_1-u_2)^7u_2^3$
$-\sqrt{3}(u_1-u_2)^5(u_1^2-5u_1u_2-5u_2^2)u_2u_3^2-\sqrt{3}(u_1-u_2)^3(u_1^3-12u_1u_2^2+2u_2^3)u_3^4$
$-3\sqrt{3}(u_1-u_2)(u_1^3-2u_1^2u_2-2u_1u_2^2+2u_2^3)u_3^6-\sqrt{3}(3u_1^2-5u_1u_2-u_2^2)u_3^8-\sqrt{3}u_3^{10})$
$-(3\sqrt{3}(u_1-u_2)^6(u_1-2u_2)u_2^2u_3-\sqrt{3}(u_1-u_2)^4(u_1-4u_2)(u_1^2-4u_2^2)u_3^3$
$-3\sqrt{3}(u_1-u_2)^2(u_1^3-4u_1^2u_2+2u_1u_2^2+4u_2^3)u_3^5-3\sqrt{3}(u_1-2u_2)^2u_1u_3^7-\sqrt{3}(u_1-2u_2)u_3^9)$

$\overline{D'_{01}D'_{10}}^2=(4M_5(u_1,u_2,u_3)-M_6(u_1,u_2,u_3))^2+(4N_5(u_1,u_2,u_3)+N_6(u_1,u_2,u_3))^2$
$=4(3\sqrt{3}(u_1-u_2)^7u_2^3-\sqrt{3}(u_1-u_2)^5(u_1^2-5u_1u_2-5u_2^2)u_2u_3^2$
$-\sqrt{3}(u_1-u_2)^3(u_1^3-12u_1u_2^2+2u_2^3)u_3^4-3\sqrt{3}(u_1-u_2)(u_1^3-2u_1^2u_2-2u_1u_2^2+2u_2^3)u_3^6$
$-\sqrt{3}(3u_1^2-5u_1u_2-u_2^2)u_3^8-\sqrt{3}u_3^{10})^2+4(3\sqrt{3}(u_1-u_2)^6(u_1-2u_2)u_2^2u_3$
$-\sqrt{3}(u_1-u_2)^4(u_1-4u_2)(u_1^2-4u_2^2)u_3^3-3\sqrt{3}(u_1-u_2)^2(u_1^3-4u_1^2u_2+2u_1u_2^2+4u_2^3)u_3^5$
$-3\sqrt{3}(u_1-2u_2)^2u_1u_3^7-\sqrt{3}(u_1-2u_2)u_3^9)^2$

可见$\overline{D'_{22}D'_{01}}^2=\overline{D'_{22}D'_{10}}^2=\overline{D'_{01}D'_{10}}^2$，$\triangle D_{22}D_{01}D_{10}$是正三角形。

做完这9个正三角形，可认为对F_i公式组用高斯消去法解出x_i的坐标表达式，或代入g_j公式组或代入距离公式(各边长)验证是否是正三角形，无论从几何结构、代数式的去分母成为多项式运算、从计算的复杂度讲是比较方便的。用g_j公式组对F_i公式组用高斯消去法实在烦琐。注意证明过程，只证边长相等，似乎很多正三角形边长相等，表达式也十分相似。注意提取了公因子，实际上这些正三角形的边长并不相等。这正是初等几何的灵巧之处。用消去法是得不到这个美妙的享受的。

第三章 实 例

这是本书作为验证数学推导准确及作为验算的依据。

对图 1-2，取 $u_1=1$，$u_2=0.208$，$u_3=1.144$，此时有 $\alpha=26.565018°$，$\beta=18.43494882°$。

给出 27 个 Morley 定理所指出的三角形以及相关的其他三角形，有关顶点、边长、角度的数据。用来指出或验证相关的结论。例如：

① 27 个三角形是正三角形。

② 对 Morley 定理可能出现的有一个角是 60° 的三角形未必是正三角形。也就是说，不能用某一个角等于 60° 来判定它是正三角形。

$$\begin{cases} t_1:y=\dfrac{4}{3}x \\ t'_1:y=-2.3410582100x \\ t''_1:y=-0.1204802516x \end{cases}$$

$$\begin{cases} t_2:y=-\dfrac{1}{3}(x-1) \\ t'_2:y=0.8867513448(x-1) \\ t''_2:y=-4.8367513461(x-1) \end{cases}$$

$$\begin{cases} t_3:y-1.144=-2.7936362459(x-0.208) \\ t'_3:y-1.144=-0.1818181817(x-0.208) \\ t''_3:y-1.144=1.1789573485(x-0.208) \end{cases}$$

$$\begin{cases} s_1:y=0.5x \\ s'_1:y=-0.6602540378x \\ s''_1:y=16.6502540521x \end{cases}$$

$$\begin{cases} s_2:y=-0.75(x-1) \\ s'_2:y=+8.3001154717(x-1) \\ s''_2:y=+0.4271572555(x-1) \end{cases}$$

$$\begin{cases} s_3:y-1.144=-12.1758473000(x-0.208) \\ s'_3:y-1.144=0.6923076925(x-0.208) \\ s''_3:y-1.144=-0.4728013256(x-0.208) \end{cases}$$

写成 $y=kx+b$ 形式，其中四组即：

$$\begin{cases} t_2:y=-\dfrac{1}{3}x+\dfrac{1}{3} \\ t'_2:y=0.8867513448x-0.8867513448 \\ t''_2:y=-4.8867513461x+4.8867513461 \end{cases}$$

$$\begin{cases} t_3:y=-2.7936362459x+1.7250763391 \\ t'_3:y=-0.1818181817x+1.1818181818 \\ t''_3:y=1.1789573485x+0.8987768715 \end{cases}$$

$$\begin{cases} s_2:y=-0.75x+0.75 \\ s'_2:y=+8.3001154717x-8.3001154717 \\ s''_2:y=+0.4271572555x-0.4271572555 \end{cases}$$

$$\begin{cases} s_3:y=-12.1758473000x+3.6765762384 \\ s'_3:y=0.6923076925x+1 \\ s''_3:y=-0.4728013256x+1.2423426757 \end{cases}$$

可得：

$E_{00}(0.2721539022, 0.3628718709)$ $E_{10}(1.56, 2.08)$

$F_{00}(0.4, 0.2)$ $F_{10}(-1.0196152422, 0.6732050807)$

$D_{00}(0.4771281294, 0.3921539030)$ $D_{10}(0.9036791219, -0.7994744106)$

$E_{01}(0.3738337655, -0.8751666059)$ $E_{11}(-0.3296667900, 0.7717691453)$

$F_{01}(2.2928203269, 1.1464101634)$ $F_{11}(0.5732050805, -0.3784609689)$
$D_{01}(-0.7599999998, 1.3199999999)$ $D_{11}(1.1178976447, 0.9785640647)$
$E_{02}(0.3049742263, -0.0367433715)$ $E_{12}(-1.2303332096, 0.1482308546)$
$F_{02}(09071796770, 0.4535898385)$ $F_{12}(1.1562177826, -0.7633974596)$
$D_{02}(-0.0771281292, 0.8078460969)$ $D_{12}(1.2917691453, 2.4217175980)$
$E_{20}(0.6878460970, 0.9171281293)$ $E_{21}(-0.6649742260, 1.5567433712)$
$F_{20}(0.0196152423, 0.3267949192)$ $F_{21}(-0.0562177825, -0.9366025391)$
$D_{20}(0.6682308548, -0.1417175975)$ $D_{21}(2.6421023559, 0.7014359356)$
$E_{22}(3.5261662369, -0.4248333954)$ $F_{22}(0.2267949191, 3.7784609699)$
$D_{22}(-1.7636791207, -1.1805255883)$

经 Morley 定理证明，27 个点用 u_1、α、β 的坐标表达式验证是准确的。

(1) $\triangle DEF$：$(0.4771281294, 0.3921539030)$，$(0.2721539022, 0.3628718709)$，$(0.4, 0.2)$。

三边长分别为 $0.2070552371, 0.2070552367, 0.2070552361$，为正三角形（不完全相同是计算误差所致）。

(2) $\triangle D_{11} E_{11} F_{11}$：$(1.1178976447, 0.9785640647)$，$(-0.3296667900, 0.7717691453)$，$(0.5732050805, -0.3784609689)$。

三边长分别为 $1.4622608971, 1.4622608967, 1.4622608971$，为正三角形。

(3) $\triangle D_{22} E_{22} F_{22}$：$(-1.7636791207, -1.1805255883)$，$(3.5261662369, -0.4248333954)$，$(0.2267949191, 3.7784609699)$。

三边长分别为 $5.3435507481, 5.3435507496, 5.3435507471$，为正三角形。

经 Morley 定理证明：$R = 0.7071067812$。

$\triangle DEF$ 边长 $= 8R\sin\alpha\sin\beta\sin\gamma = 8 \times 0.7071067812 \times 0.4472135955 \times 0.3162277660 \times 0.2588190451 = 0.2070552361$

$\triangle D_{11} E_{11} F_{11}$ 边长 $= 8R\sin\left(\dfrac{\pi}{3}-\alpha\right)\sin\left(\dfrac{\pi}{3}-\beta\right)\sin\left(\dfrac{\pi}{3}-\gamma\right) = 8 \times 0.7071067812 \times 0.5509898714 \times 0.6634699533 \times 0.7071067812 = 1.4622608970$

$\triangle D_{22} E_{22} F_{22}$ 边长 $= 8R\sin\left(\dfrac{\pi}{3}+\alpha\right)\sin\left(\dfrac{\pi}{3}+\beta\right)\sin\left(\dfrac{\pi}{3}+\gamma\right) = 8 \times 0.7071067812 \times 0.9982034670 \times 0.9796977193 \times 0.9659258263 = 5.3435507478$

(4) $\triangle DE_{02}F_{20}$：$(0.4771281294, 0.3921539030)$，$(0.3049742263, -0.0367433715)$，$(0.0196152423, 0.3267949192)$。

三边长分别为 $0.4621578068, 0.4621578070, 0.4621578071$，为正三角形。

(5) $\triangle D_{20}EF_{02}$：$(0.6682308548, -0.1417175975)$，$(0.2721539022, 0.3628718709)$，$(0.9071796770, 0.4535898385)$。

三边长分别为 $0.6414729020, 0.6414729022, 0.6414729012$，为正三角形。

(6) $\triangle D_{02}E_{20}F$：$(-0.0771281292, 0.8078460969)$，$(0.6878460970, 0.9171281293)$，$(0.4, 0.2)$。

三边长分别为 $0.7727406611, 0.7727406611, 0.7727406610$，为正三角形。

(7) $\triangle D_{11}E_{10}F_{01}$：$(1.1178976447, 0.9785640647)$，$(1.5600000005, 2.0800000007)$，

(2.2928203269,1.1464101634)。

三边长分别为1.1868511339,1.1868511343,1.1868511373,为正三角形。

(8) $\triangle D_{01}E_{11}F_{10}$：(-0.7599999998,1.3199999999),(-0.3296667900,0.7717691453),(-1.0196152422,0.6732050807)。

三边长分别为0.6969531845,0.6969531846,0.6969531846,为正三角形。

(9) $\triangle D_{10}E_{01}F_{11}$：(0.9036791219,-0.7994744106),(0.3738337655,-0.8751666059),(0.5732050805,-0.3784609689)。

三边长分别为0.5352246352,0.5352246361,0.5352246352,为正三角形。

(10) $\triangle D_{22}E_{21}F_{12}$：(-1.7636791207,-1.1805255883),(-0.6649742260,1.5567433712),(1.1562177826,-0.7633974596)。

三边长分别为2.9495412868,2.9495412875,2.9495412867,为正三角形。

(11) $\triangle D_{12}E_{22}F_{21}$：(1.2917691453,2.4217175980),(3.5261662369,-0.4248333954),(-0.0562177825,-0.9366025391)。

三边长分别为3.6187543328,3.6187543325,3.6187543300,为正三角形。

(12) $\triangle D_{21}E_{12}F_{22}$：(2.6421023559,0.7014359356),(-1.2303332096,0.1482308546),(0.2267949191,3.7784609699)。

三边长分别为3.9117506401,3.9117506405,3.9117506408,为正三角形。

(13) $\triangle D_{01}E_{12}F_{20}$：(-0.7599999998,1.3199999999),(-1.2303332096,0.1482308546),(0.0196152423,0.3267949192)。

三边长分别为1.2626386095,1.2626386093,1.2626386097,为正三角形。

(14) $\triangle D_{20}E_{01}F_{12}$：(0.6682308548,-0.1417175975),(0.3738337655,-0.8751666059),(1.1562177826,-0.7633974596)。

三边长分别为0.7903272070,0.7903272058,0.7903272061,为正三角形。

(15) $\triangle D_{12}E_{20}F_{01}$：(1.2917691453,2.4217175980),(0.6878460970,0.9171281293),(2.2928203269,1.1464101634)。

三边长分别为1.6212687987,1.6212688025,1.6212687997,为正三角形。

(16) $\triangle D_{10}E_{02}F_{21}$：(0.9036791219,-0.7994744106),(0.3049742263,-0.0367433715),(-0.0562177825,-0.9366025391)。

三边长分别为0.9696423000,0.9696422994,0.9696423003,为正三角形。

(17) $\triangle D_{21}E_{10}F_{02}$：(2.6421023559,0.7014359356),(1.5600000005,2.0800000007),(0.9071796770,0.4535898385)。

三边长分别为1.7525365586,1.7525365590,1.7525365587,为正三角形。

(18) $\triangle D_{02}E_{21}F_{10}$：(-0.0771281292,0.8078460969),(-0.6649742260,1.5567433712),(-1.0196152422,0.6732050807)。

三边长分别为0.9520557552,0.9520557553,0.9520557554,为正三角形。

(19) $\triangle DD_{12}D_{21}$：(0.4771281294,0.3921539030),(1.2917691453,2.4217175980),(2.6421023559,0.7014359356)。

三边长分别为2.1869542238,2.1869542221,2.1869542238,为正三角形。

(20) $\triangle D_{11}D_{02}D_{20}$：(1.1178976447,0.9785640647),(-0.0771281292,0.8078460969),

$(0.6682308548, -0.1417175975)$。

三边长分别为 $1.2071583263, 1.2071583263, 1.2071583244$, 为正三角形。

(21) $\triangle D_{22} D_{01} D_{10}$: $(-1.7636791207, -1.1805255883)$, $(-0.7599999998, 1.3199999999)$, $(0.9036791219, -0.7994744106)$。

三边长分别为 $2.6944387161, 2.6944387165, 2.6944387160$, 为正三角形。

(22) $\triangle E E_{12} E_{21}$: $(0.2721539022, 0.3628718709)$, $(-1.2303332096, 0.1482308546)$, $(-0.6649742260, 1.5567433712)$。

三边长分别为 $1.5177411792, 1.5177411801, 1.5177411795$, 为正三角形。

(23) $\triangle E_{11} E_{02} E_{20}$: $(-0.3296667900, 0.7717691453)$, $(0.3049742263, -0.0367433715)$, $(0.6878460970, 0.9171281293)$。

三边长分别为 $1.0278432319, 1.0278432319, 1.0278432319$, 为正三角形。

(24) $\triangle E_{22} E_{01} E_{10}$: $(3.5261662369, -0.4248333954)$, $(0.3738337655, -0.8751666059)$, $(1.5600000005, 2.0800000007)$。

三边长分别为 $3.1843366673, 3.1843366672, 3.1843366674$, 为正三角形。

(25) $\triangle F F_{12} F_{21}$: $(0.4, 0.2)$, $(1.1562177826, -0.7633974596)$, $(-0.0562177825, -0.9366025391)$。

三边长分别为 $1.2247448713, 1.2247448710, 1.2247448701$, 为正三角形。

(26) $\triangle F_{11} F_{02} F_{20}$: $(0.5732050805, -0.3784609689)$, $(0.9071796770, 0.4535898385)$, $(0.0196152423, 0.3267949192)$。

三边长分别为 $0.8965754730, 0.8965754722, 0.8965754718$, 为正三角形。

(27) $\triangle F_{22} F_{01} F_{10}$: $(0.2267949191, 3.7784609699)$, $(2.2928203269, 1.1464101634)$, $(-1.0196152422, 0.6732050807)$。

三边长分别为 $3.3460652166, 3.3460652190, 3.3460652157$, 为正三角形。

注意：用近似计算时，不可能没有误差，现在基本保证小数点以后有八位准确就可以了。

(28) $\triangle D_{00} E_{01} F_{10}$:

$D_{00}(0.4771281294, 0.3921539030)$, $E_{01}(0.3738337655, -0.8751666059)$, $F_{10}(-1.0196152422, 0.6732050807)$。

$\overline{D_{00} E_{01}} = 1.6332590395$, $\overline{D_{00} F_{10}} = 1.5229038400$, $\overline{E_{01} F_{10}} = 2.0830638533$, 不是正三角形。

(29) $\triangle D_{10} E_{00} F_{01}$:

$D_{10}(0.9036791219, -0.7994744106)$, $E_{00}(0.2721539022, 0.3628718709)$, $F_{01}(2.2928203269, 1.1464101634)$。

$\overline{D_{10} E_{00}} = 1.3228276461$, $\overline{D_{10} F_{01}} = 2.2240653712$, $\overline{E_{00} F_{01}} = 2.1672621105$, 不是正三角形。

(30) $\triangle D_{01} E_{10} F_{00}$:

$D_{01}(-0.76, 1.32)$, $E_{10}(1.56, 2.08)$, $F_{00}(0.4, 0.2)$ （从实例点表可知，这 D_{10} 用的是理论值）。

$\overline{D_{01} E_{10}} = 2.4413111231$, $\overline{D_{01} F_{00}} = 1.6124515497$, $\overline{E_{10} F_{00}} = 2.2090722034$, 不是正三角形。

(31) $\triangle D_{11} E_{12} F_{21}$:

$D_{11}(1.1178976447, 0.9785640647)$, $E_{12}(-1.2303332096, 0.1482308546)$,

$F_{21}(-0.0562177825, -0.9366025391)$。

$\overline{D_{11}E_{12}} = 2.4907110199$, $\overline{D_{11}F_{21}} = 2.2464216338$, $\overline{E_{12}F_{21}} = 1.5985651467$, 不是正三角形。

(32) $\triangle D_{21}E_{11}F_{12}$:

$D_{21}(2.6421023559, 0.7014359356)$, $E_{11}(-0.3296667900, 0.7717691453)$,
$F_{12}(1.1562177826, -0.7633974596)$。

$\overline{D_{21}E_{11}} = 2.9726013216$, $\overline{D_{21}F_{12}} = 2.0865257824$, $\overline{E_{11}F_{12}} = 2.1364899878$, 不是正三角形。

(33) $\triangle D_{12}E_{21}F_{11}$:

$D_{12}(1.2917691453, 2.4217175980)$, $E_{21}(-0.6649742260, 1.5567433712)$,
$F_{11}(0.5732050805, -0.3784609689)$。

$\overline{D_{12}E_{21}} = 2.1393982879$, $\overline{D_{12}F_{11}} = 2.8909054502$, $\overline{E_{21}F_{11}} = 2.2974124212$, 不是正三角形。

(34) $\triangle D_{22}E_{20}F_{02}$:

$D_{22}(-1.7636791207, -1.1805255883)$, $E_{20}(0.6878460970, 0.9171281293)$,
$F_{02}(0.9071796770, 0.4535898385)$。

$\overline{D_{22}E_{20}} = 3.2264728438$, $\overline{D_{22}F_{02}} = 3.1310956663$, $\overline{E_{20}F_{02}} = 0.5128108485$, 不是正三角形。

(35) $\triangle D_{02}E_{22}F_{20}$:

$D_{02}(-0.0771281292, 0.8078460969)$, $E_{22}(3.5261662369, -0.4248333954)$,
$F_{20}(0.0196152423, 0.3267949192)$。

$\overline{D_{02}E_{22}} = 3.8083105204$, $\overline{D_{02}F_{20}} = 0.4906827035$, $\overline{E_{22}F_{20}} = 3.5862020301$, 不是正三角形。

(36) $\triangle D_{20}E_{02}F_{22}$:

$D_{20}(0.6682308548, -0.1417175975)$, $E_{02}(0.3049742263, -0.0367433715)$,
$F_{22}(0.2267949191, 3.7784609699)$。

$\overline{D_{20}E_{02}} = 0.3781203066$, $\overline{D_{20}F_{22}} = 3.9449544593$, $\overline{E_{02}F_{22}} = 3.8160052635$, 不是正三角形。

(37) $\triangle D_{01}E_{01}F_{01}$:

$D_{01}(-0.76, 1.32)$, $E_{01}(0.3738337655, -0.8751666059)$,
$F_{01}(2.2928203269, 1.1464101634)$。

$\overline{D_{01}E_{01}} = 2.4706953344$, $\overline{D_{01}F_{01}} = 3.0577516871$, $\overline{E_{01}F_{01}} = 2.7873431897$, 不是正三角形。

(38) $\triangle D_{02}E_{02}F_{02}$:

$D_{02}(-0.0771281292, 0.8078460969)$, $E_{02}(0.3049742263, -0.0367433715)$,
$F_{02}(0.9071796770, 0.4535898385)$。

$\overline{D_{02}E_{02}} = 0.9270024704$, $\overline{D_{02}F_{02}} = 1.0461163195$, $\overline{E_{02}F_{02}} = 0.7765810078$, 不是正三角形。

(39) $\triangle D_{10}E_{10}F_{10}$:

$D_{10}(0.9036791219, -0.7994744106)$, $E_{10}(1.56, 2.08)$,
$F_{10}(-1.0196152422, 0.6732050807)$。

$\overline{D_{10}E_{10}} = 2.9533252405$, $\overline{D_{10}F_{10}} = 2.4223637413$, $\overline{E_{10}F_{10}} = 2.9382795549$, 不是正三角形。

(40) $\triangle D_{12}E_{12}F_{12}$:

$D_{12}(1.2917691453, 2.4217175980)$, $E_{12}(-1.2303332096, 0.1482308546)$,
$F_{12}(1.1562177826, -0.7633974596)$。

$\overline{D_{12}E_{12}} = 3.3955474170, \overline{D_{12}F_{12}} = 3.1879981340, \overline{E_{12}F_{12}} = 2.5547390907$,不是正三角形。

(41) $\triangle D_{20}E_{20}F_{20}$:

$D_{20}(0.6682308548, -0.1417175975)$, $E_{20}(0.6878460970, 0.9171281293)$, $F_{20}(0.0196152423, 0.3267949192)$。

$\overline{D_{20}E_{20}} = 1.0590273986, \overline{D_{20}F_{20}} = 0.8001288590, \overline{E_{20}F_{20}} = 0.8916421783$,不是正三角形。

(42) $\triangle D_{21}E_{21}F_{21}$:

$D_{21}(2.6421023559, 0.7014359356)$, $E_{21}(-0.6649742260, 1.5567433712)$, $F_{21}(-0.0562177825, -0.9366025391)$。

$\overline{D_{21}E_{21}} = 3.4158902687, \overline{D_{21}F_{21}} = 3.1565965238, \overline{E_{21}F_{21}} = 2.5665849364$,不是正三角形。

(43) $\triangle D_{00}E_{12}F_{21}$:

$D_{00}(0.4771281294, 0.3921539030)$, $E_{12}(-1.2303332096, 0.1482308546)$, $F_{21}(-0.0562177825, -0.9366025391)$。

$a = \overline{D_{00}E_{12}} = 1.7247964163, b = \overline{D_{00}F_{21}} = 1.4318001062, c = \overline{E_{12}F_{21}} = 1.5985651467$,

$\cos(\angle E_{12}D_{00}F_{21}) = \frac{a^2+b^2-c^2}{2ab} = 0.4999999305$, $\angle E_{12}D_{00}F_{21} = 60.0000046205° \approx 60°$,这是$\angle E_{12}D_{00}F_{21} = 60°$的非正三角形。

(44) $\triangle D_{00}E_{20}F_{02}$:

$D_{00}(0.4771281294, 0.3921539030)$, $E_{20}(0.6878460970, 0.9171281293)$, $F_{02}(0.9071796770, 0.4535898385)$。

$a = \overline{D_{00}E_{20}} = 0.5656854249, b = \overline{D_{00}F_{02}} = 0.4344176651, c = \overline{E_{20}F_{02}} = 0.5128108485$

$\cos(\angle E_{20}D_{00}F_{02}) = \frac{a^2+b^2-c^2}{2ab} = \frac{0.2457437414}{0.4914874829} = 0.4999999999$,

$\angle E_{20}D_{00}F_{02} = 60.0000000067° \approx 60°$,这是$\angle E_{20}D_{00}F_{02} = 60°$的非正三角形。

(45) $\triangle D_{21}E_{00}F_{12}$:

$D_{21}(2.6421023559, 0.7014359356)$, $E_{00}(0.2721539022, 0.3628718709)$, $F_{12}(1.1562177826, -0.7633974596)$。

$a = \overline{E_{00}D_{21}} = 2.3940094609, b = \overline{E_{00}F_{12}} = 1.4318001081, c = \overline{D_{21}F_{12}} = 2.0865257825$,

$\cos(\angle D_{21}E_{00}F_{12}) = \frac{a^2+b^2-c^2}{2ab} = \frac{3.4277430077}{6.8554860098} = 0.5000000004$,

$\angle D_{21}E_{00}F_{12} = 59.9999999730° \approx 60°$,这是$\angle D_{21}E_{00}F_{12} = 60°$的非正三角形。

(46) $\triangle D_{02}E_{00}F_{20}$:

$D_{02}(-0.0771281292, 0.8078460969)$, $E_{00}(0.2721539022, 0.3628718709)$, $F_{20}(0.0196152423, 0.3267949192)$。

$a = \overline{E_{00}D_{02}} = 0.5656854243, b = \overline{E_{00}F_{20}} = 0.2551025699, c = \overline{D_{02}F_{20}} = 0.4906827035$

$\cos(\angle D_{02}E_{00}F_{20}) = \frac{a^2+b^2-c^2}{2ab} = \frac{0.1443078050}{2 \times 0.5656854243 \times 0.2551025699} = \frac{0.1443078050}{0.28861561099}$

$= 0.4999999983$,

$\angle D_{02}E_{00}F_{20} = 60.000000113° \approx 60°$,这是$\angle D_{02}E_{00}F_{20} = 60°$的非正三角形。

(47) $\triangle D_{12}E_{21}F_{00}$:

$D_{12}(1.2917691453, 2.4217175980)$, $E_{21}(-0.6649742260, 1.5567433712)$, $F_{00}(0.4, 0.2)$。

$a = \overline{F_{00}D_{12}} = 2.3940094598$, $b = \overline{F_{00}E_{21}} = 1.7247964612$, $c = \overline{D_{12}E_{21}} = 2.1393982879$

$\cos(\angle D_{12}F_{00}E_{21}) = \dfrac{a^2+b^2-c^2}{2ab} = \dfrac{4.1291789369}{2 \times 2.3940094598 \times 1.7247964612} = \dfrac{4.1291789369}{8.2583580887}$

$= 0.4999999870$,

$\angle D_{12}F_{00}E_{21} = 60.0000008601° \approx 60°$,这是$\angle D_{12}F_{00}E_{21} = 60°$的非正三角形。

(48) $\triangle D_{20}E_{02}F_{00}$:

$D_{20}(0.6682308548, -0.1417175975)$, $E_{02}(0.3049742263, -0.0367433715)$, $F_{00}(0.4, 0.2)$。

$a = \overline{F_{00}D_{20}} = 0.4344176653$, $b = \overline{F_{00}E_{02}} = 0.2551025708$, $c = \overline{D_{02}E_{20}} = 0.3781203066$

$\cos(\angle D_{20}F_{00}E_{02}) = \dfrac{a^2+b^2-c^2}{2ab} = \dfrac{0.1108210632}{2 \times 0.4344176653 \times 0.2551025708} = 0.5$

$\angle D_{20}F_{00}E_{02} = 60°$,这是$\angle D_{20}F_{00}E_{02} = 60°$的非正三角形。

(49) $\triangle D_{11}E_{20}F_{02}$:

$D_{11}(1.1178976447, 0.9785640647)$, $E_{20}(0.6878460970, 0.9171281293)$, $F_{02}(0.9071796770, 0.4535898385)$。

$a = \overline{D_{11}E_{20}} = 0.4344176652$, $b = \overline{D_{11}F_{02}} = 0.5656854250$, $c = \overline{E_{20}F_{02}} = 0.5128108485$

$\cos(\angle E_{20}D_{11}F_{02}) = \dfrac{a^2+b^2-c^2}{2ab} = \dfrac{0.2457437415}{2 \times 0.4344176652 \times 0.5656854250} = \dfrac{0.2457437415}{0.4914874831}$

$= 0.4999999999$,

$\angle E_{20}D_{11}F_{02} = 60.0000000067° \approx 60°$,这是$\angle E_{20}D_{11}F_{02} = 60°$的非正三角形。

(50) $\triangle D_{11}E_{01}F_{10}$:

$D_{11}(1.1178976447, 0.9785640647)$, $E_{01}(0.3738337655, -0.8751666059)$, $F_{10}(-1.0196152422, 0.6732050807)$。

$a = \overline{D_{11}E_{01}} = 1.9974855332$, $b = \overline{D_{11}F_{10}} = 2.1592140817$, $c = \overline{E_{01}F_{10}} = 2.0830638533$

$\cos(\angle E_{01}D_{11}F_{10}) = \dfrac{a^2+b^2-c^2}{2ab} = \dfrac{4.3129988894}{2 \times 1.9974855332 \times 2.1592140817} = \dfrac{4.3129988894}{8.6259977826}$

$= 0.4999999998$,

$\angle E_{01}D_{11}F_{10} = 60.0000000145° \approx 60°$,这是$\angle E_{01}D_{11}F_{10} = 60°$的非正三角形。

(51) $\triangle D_{02}E_{11}F_{20}$:

$D_{02}(-0.0771281292, 0.8078460969)$, $E_{11}(-0.3296667900, 0.7717691453)$, $F_{20}(0.0196152423, 0.3267949192)$。

$a = \overline{E_{11}D_{02}} = 0.2551025708$, $b = \overline{E_{11}F_{20}} = 0.5656854249$, $c = \overline{D_{02}F_{20}} = 0.4906827035$

$\cos(\angle D_{02}E_{11}F_{20}) = \dfrac{a^2+b^2-c^2}{2ab} = \dfrac{0.1443078061}{2 \times 0.2551025708 \times 0.5656854249} = \dfrac{0.1443078061}{0.2886156123}$

$= 0.4999999998$,

$\angle D_{02}E_{11}F_{20} = 60.0000000114° \approx 60°$,这是$\angle D_{02}E_{11}F_{20} = 60°$的非正三角形。

(52) $\triangle D_{10}E_{11}F_{01}$:

$D_{10}(0.9036791219, -0.7994744106)$,$E_{11}(-0.3296667900, 0.7717691453)$,$F_{01}(2.2928203269, 1.1464101634)$。

$a = \overline{E_{11}D_{10}} = 1.9974855320$,$b = \overline{E_{11}F_{01}} = 2.6491120344$,$c = \overline{D_{10}F_{01}} = 2.3908534172$

$\cos(\angle D_{10}E_{11}F_{01}) = \dfrac{a^2+b^2-c^2}{2ab} = \dfrac{5.2915629583}{10.5831259226} = 0.4999999997$,

$\angle D_{10}E_{11}F_{01} = 60.0000000188° \approx 60°$,这是$\angle D_{10}E_{11}F_{01} = 60°$的非正三角形。

(53) $\triangle D_{20}E_{02}F_{11}$:

$D_{20}(0.6682308548, -0.1417175975)$,$E_{02}(0.3049742263, -0.0367433715)$,$F_{11}(0.5732050805, -0.3784609689)$。

$a = \overline{F_{11}D_{20}} = 0.2551025709$,$b = \overline{F_{11}E_{02}} = 0.4344176648$,$c = \overline{D_{20}E_{02}} = 0.3781203066$

$\cos(\angle D_{20}F_{11}E_{02}) = \dfrac{a^2+b^2-c^2}{2ab} = \dfrac{0.1108210566}{2\times 0.2551025709 \times 0.4344176648} = \dfrac{0.1108210566}{0.2216421263}$

$= 0.4999999704$,

$\angle D_{20}F_{11}E_{02} = 60.0000019551° \approx 60°$,这是$\angle D_{20}F_{11}E_{02} = 60°$的非正三角形。

(54) $\triangle D_{01}E_{10}F_{11}$:

$D_{01}(-0.76, 1.32)$,$E_{10}(1.56, 2.08)$,$F_{11}(0.5732050805, -0.3784609689)$。

$a = \overline{F_{11}D_{01}} = 2.1592140815$,$b = \overline{F_{11}E_{10}} = 2.6491120302$,$c = \overline{D_{01}E_{10}} = 2.4413111231$

$\cos(\angle D_{01}F_{11}E_{10}) = \dfrac{a^2+b^2-c^2}{2ab} = \dfrac{5.7199999983}{2\times 2.1592140815 \times 2.6491120302} = \dfrac{5.7199999983}{11.4399999982}$

$= 0.4999999999$,

$\angle D_{01}F_{11}E_{10} = 60.0000000046° \approx 60°$,这是$\angle D_{01}F_{11}E_{10} = 60°$的非正三角形。

(55) $\triangle D_{22}E_{12}F_{21}$:

$D_{22}(-1.7636791207, -1.1805255883)$,$E_{12}(-1.2303332096, 0.1482308546)$,$F_{21}(-0.0562177825, -0.9366025391)$。

$a = \overline{D_{22}E_{12}} = 1.4318001067$,$b = \overline{D_{22}F_{21}} = 1.7247964156$,$c = \overline{E_{12}F_{21}} = 1.5985651467$

$\cos(\angle E_{12}D_{22}F_{21}) = \dfrac{a^2+b^2-c^2}{2ab} = \dfrac{2.4695636926}{4.9391273838} = 0.5000000001$,

$\angle E_{12}D_{22}F_{21} = 59.99999999906° \approx 60°$,这是$\angle E_{12}D_{22}F_{21} = 60°$的非正三角形。

(56) $\triangle D_{22}E_{01}F_{10}$:

$D_{22}(-1.7636791207, -1.1805255883)$,$E_{01}(0.3738337655, -0.8751666059)$,$F_{10}(-1.0196152422, 0.6732050807)$。

$a = \overline{D_{22}E_{01}} = 2.1592140808$,$b = \overline{D_{22}F_{10}} = 1.9974855315$,$c = \overline{E_{01}F_{10}} = 2.0830638533$

$\cos(\angle E_{01}D_{22}F_{10}) = \dfrac{a^2+b^2-c^2}{2ab} = \dfrac{4.3129988784}{2\times 2.1592140808 \times 1.9974855315} = \dfrac{4.3129988784}{8.6259977716}$

$= 0.4999999991$,

$\angle E_{01}D_{22}F_{10} = 60.0000000568° \approx 60°$,这是$\angle E_{01}D_{22}F_{10} = 60°$的非正三角形。

(57) $\triangle D_{21}E_{22}F_{12}$:

$D_{21}(2.6421023559, 0.7014359356)$, $E_{22}(3.5261662369, -0.4248333954)$, $F_{12}(1.1562177826, -0.7633974596)$。

$a = \overline{E_{22}D_{21}} = 1.4318001088$, $b = \overline{E_{22}F_{12}} = 2.3940094612$, $c = \overline{D_{21}F_{12}} = 2.0865257825$

$\cos(\angle D_{21}E_{22}F_{12}) = \dfrac{3.4277430110}{2 \times 1.4318001088 \times 2.3940094612} = \dfrac{3.4277430110}{6.8554860140} = 0.5000000006$,

$\angle D_{21}E_{22}F_{12} = 59.9999999614° \approx 60°$,这是$\angle D_{21}E_{22}F_{12} = 60°$的非正三角形。

(58) $\triangle D_{10}E_{22}F_{01}$:

$D_{10}(0.9036791219, -0.7994744106)$, $E_{22}(3.5261662369, -0.4248333954)$, $F_{01}(2.2928203269, 1.1464101634)$。

$a = \overline{E_{22}D_{10}} = 2.6491120321$, $b = \overline{E_{22}F_{01}} = 1.9974855331$, $c = \overline{D_{10}F_{01}} = 2.3908534172$

$\cos(\angle D_{10}E_{22}F_{01}) = \dfrac{a^2+b^2-c^2}{2ab} = \dfrac{5.2915629506}{2 \times 2.6491120321 \times 1.9974855331} = \dfrac{5.2915629506}{10.5831259193}$

$= 0.4999999991$,

$\angle D_{10}E_{22}F_{01} = 60.0000000566° \approx 60°$,这是$\angle D_{10}E_{22}F_{01} = 60°$的非正三角形。

(59) $\triangle D_{12}E_{21}F_{22}$:

$D_{12}(1.2917691453, 2.4217175980)$, $E_{21}(-0.6649742260, 1.5567433712)$, $F_{22}(0.2267949191, 3.7784609699)$。

$a = \overline{F_{22}D_{12}} = 1.7247964169$, $b = \overline{F_{22}E_{21}} = 2.3940094604$, $c = \overline{D_{12}E_{21}} = 2.1393982879$

$\cos(\angle D_{12}F_{22}E_{21}) = \dfrac{a^2+b^2-c^2}{2ab} = \dfrac{4.1291789420}{2 \times 1.7247964169 \times 2.3940094604} = \dfrac{4.1291789420}{8.2583578786}$

$= 0.5000000003$,

$\angle D_{12}F_{22}E_{21} = 59.9999999784° \approx 60°$,这是$\angle D_{12}F_{22}E_{21} = 60°$的非正三角形。

(60) $\triangle D_{01}E_{10}F_{22}$:

$D_{01}(-0.76, 1.32)$, $E_{10}(1.56, 2.08)$, $F_{22}(0.2267949191, 3.7784609699)$。

$a = \overline{F_{22}D_{01}} = 2.6491120310$, $b = \overline{E_{10}F_{22}} = 2.1592140825$, $c = \overline{D_{01}E_{10}} = 2.4413111231$

$\cos(\angle D_{01}F_{22}E_{10}) = \dfrac{a^2+b^2-c^2}{2ab} = \dfrac{5.72}{2 \times 2.6491120310 \times 2.1592140825} = \dfrac{5.72}{11.4400000069}$

$= 0.4999999997$,

$\angle D_{01}F_{22}E_{10} = 60.0000000200° \approx 60°$,这是$\angle D_{01}F_{22}E_{10} = 60°$的非正三角形。

这里注意几点:

① 不用担心计算误差,在十位小数下运算(十位有效数字),能保证小数点后七八位数字准确,是正三角形一定是,不是正三角形一定不是。

② 要证明它不是正三角形,只需有一个实例,它确实不是正三角形,即可。

③ 这27个点,能组成的三角形很多,我们这里举出了60个三角形,其实还有很多很多。要证明其中有27个正三角形,用三角证明或Gauss消去法证明都可以,正如本书前面所证明的。要证明有18个正三角形,就得指明对某个特定范围。这在F. G. Taylor和

W. L. Marr "The six trisectors of each of angles of a triangle and The Relation of Morley's Theorem to the Hessian Axis and circum centre Proceedings of Edinburgh Math" 一文中就得出了：对能表示为 $\triangle D_{qr}E_{rp}F_{pq}(p,q,r$ 可取 $0,1,2)$ 的三角形，这里有 27 个三角形，其中 18 个正三角形，9 个非正三角形。

不能用某一个角等于 60° 就判定是正三角形。对形如 $\triangle D_{qr}E_{rp}F_{pq}$ 的三角形，有一个角是 60°，可确定是正三角形。而如上述 (43)~(60)，有一角 60° 但不是正三角形。我们的定解条件只有三个参数 u_1、u_2、u_3 与三等分线 t_i、t'_i、t''_i 和 s_i、s'_i、s''_i。

还要指出：下述 F_i 公式不能作为 27 个三角形中有 18 个是正三角形的程序检验。

$F_1 = (3(u_1-u_2)^2 u_2^2 - (u_1^2+6u_1u_2-6u_2^2)u_3^2 + 3u_3^4)x_1$
$-(3(u_1-u_2)^2 - u_3^2)(3u_2^2-u_3^2)u_3 = 0$

$F_2 = (3u_2^2-u_3^2)u_3x_2 - (u_2^2-3u_3^2)u_2x_1 = 0$

$F_3 = (3u_2^2-u_3^2)u_3(x_1^2+x_2^2)x_3^3 + 3(-2u_2u_3(x_1^2+x_2^2)-u_1(u_2^2-u_3^2)x_1+2u_1u_2u_3x_2)$
$(u_2x_1-u_3x_2)x_3^2 + 3(u_3(x_1^2+x_2^2)+u_1u_2x_1-u_1u_3x_2)(u_2x_1-u_3x_2)^2x_3$
$-u_1x_1(u_2x_1-u_3x_2)^3 = 0$

$F_4 = -(u_2x_1-u_3x_2)x_4 + (u_3x_1+u_2x_2)x_3 = 0$

$F_5 = (((u_1-u_2)x_1-u_3x_2)x_4 - (u_3x_1+(u_1-u_2)x_2)x_3 + u_3(x_1^2+x_2^2))x_5$
$-((u_1-u_2)x_1+u_3x_2-u_1u_3)(x_1x_4-x_2x_3) = 0$

$F_6 = ((u_1-u_2)x_1+u_3x_2-u_1u_3)x_6 + (u_3x_1-(u_1-u_2)x_2+(u_1-u_2)u_1)x_5$
$-((u_1-u_2)x_1+u_3x_2-u_1u_3)u_1 = 0$

实例对图 1-3，有 $u_1=1, u_2=0.4, u_3=0.2$；利用 F_1 可得 $x_1=1.144$，利用 F_2 可得 $x_2=0.208$。

将 $u_1=1, u_2=0.4, u_3=0.2, x_1=1.144, x_2=0.208$ 代入 F_3：

$F_3 = 0.118976x_3^3 - 0.39975936x_3^2 + 0.3563569152x_3 - 0.08235804262 = 0$

即 $\triangle = x_3^3 - 3.36x_3^2 + 2.9952x_3 - 0.69222399996 = 0$

可解出三个根：

$x_3^{(1)} = 0.362871871, x_3^{(2)} = 2.080000215, x_3^{(3)} = 0.917127914$

读者可以用卡丹公式求出，也可以代入直接验证：

$x_3^{(1)} = 0.362871871, (x_3^{(1)})^2 = 0.1316759948, (x_3^{(1)})^3 = 0.047781515$,
$\triangle^{(1)} = 0.00000000011$。

$x_3^{(2)} = 2.080000215, (x_3^{(2)})^2 = 4.3264008944, (x_3^{(2)})^3 = 8.99891479052$,
$\triangle^{(2)} = 0.000000429$。

$x_3^{(3)} = 0.917127914, (x_3^{(3)})^2 = 0.84112361063, (x_3^{(3)})^3 = 0.77141794243$,
$\triangle^{(3)} = 0.000000139$。

这里产生的误差是计算误差。

代入 $u_1=1, u_2=0.4, u_3=0.2, x_1=1.144, x_2=0.208$ 到 $F_4, x_4=0.75x_3$，有：

$x_4^{(1)} = 0.272153903, x_4^{(2)} = 1.560000161, x_4^{(3)} = 0.687845936$

将 $u_1=1, u_2=0.4, u_3=0.2, x_1=1.144, x_2=0.208$ 及 $x_3^{(i)}, x_4^{(i)}(i=1,2,3)$ 代入 F_5：

(1) $0.317573343x_5 = 0.528 \times 0.235866716, x_5^{(1)} = 0.392153903$。

(2) $0.540800028x_5 = 0.528 \times 1.352000139, x_5^{(2)} = 1.320000068$。

(3) $0.389626629x_5 = 0.528 \times 0.596133144, x_5^{(3)} = 0.807845965$。

将 $u_1 = 1, u_2 = 0.4, u_3 = 0.2, x_1 = 1.144, x_2 = 0.208$ 及 $x_3^{(i)}, x_4^{(i)}, x_5^{(i)}$ 代入 F_6:

(1) $0.528x_6 + 0.7040x_5 - 0.528 = 0, x_6^{(1)} = 0.477128129$。

(2) $0.528x_6 + (0.2 \times 1.144 - 0.6 \times 0.208 + 0.6)x_5 - 0.528 = 0, x_6^{(2)} = -0.760000090$。

(3) $(0.6 \times 1.144 + 0.2 \times 0.208 - 0.2)x_6 + (0.2 \times 1.144 - 0.6 \times 0.208 + 0.6)x_5 - (0.6 \times 1.144 + 0.2 \times 2.08 - 0.2) = 0, x_6^{(3)} = -0.077127954$。

通过上述计算可得到以下三组数据：

(1) $F_{00}(0.4, 0.2), E_{00}(0.272153903, 0.362871871), D_{00}(0.477128129, 0.392153903)$。

(2) $F_{00}(0.4, 0.2), E_{10}(1.560000161, 2.080000215), D_{01}(-0.760000090, 1.320000068)$。

(3) $F_{00}(0.4, 0.2), E_{20}(0.687845936, 0.917127914), D_{02}(-0.077127954, 0.807845965)$。

上述三组数据所产生的误差也是由积累误差所致。

可见这些 F_i 公式仅适用于 $\triangle D_{00}E_{00}F_{00}$、$\triangle D_{01}E_{10}F_{00}$、$\triangle D_{02}E_{20}F_{00}$。其他 24 个三角形，不能用这些 F_i 公式检验是否是正三角形。

第 二 篇

初等几何定理的机器证明

初等几何定理的机器证明过程大致经过以下几个步骤：

(1) 定理定解条件数字化,生成多项式表示的 $h_i = 0$ 公式组;

(2) 把问题结论变成 $g_j = 0$ 公式组;

(3) 利用代数方法把 $h_i = 0$ 公式组等价变换生成三角阵列的 $F_i = 0$ 公式组;

(4) 用 $F_i = 0$ 公式组的逐个 x_i(从 $x_n, x_{n-1}, \cdots, x_2, x_1$),消去 g_j 中的 x_i,得最终的余式 $g_j^{(n)}$。当 $g_j^{(n)} = 0$ 时,问题结论成立;当 $g_j^{(n)} \neq 0$ 时,问题结论不成立。

其中：

第四章初等几何定理的坐标化,对应做以上(1)、(2);

第五章 $h_i = 0$ 公式组或 $F_i = 0$ 公式组的经典代数解法;

第六章 Gröbner 基算法,对应做以上(3);

第七章国内引入的非线性消去法,对应做以上(4);

第八章引入 $g_j = 0$ 公式组所产生的问题;

第九章三角形面积是常量的问题(g_j 无法表示三角形面积是常量)。

第四章 初等几何定理的坐标化

定理判定能力的数字化：
①线段相等；②一点是两点的中点；③两直线平行或垂直；④三点共线；⑤三线共点；⑥两角相等；⑦点在分角线上（二等分、三等分的分角线）；⑧线段的比相等；⑨一点分两点成定比；⑩一点在圆上或数点共圆。

首先遇到的问题是几何图形的坐标化，仁者见仁，智者见智，常用的大致有以下三种：

① $A(0,0)$、$B(u_1,0)$、$F(u_2,u_3)$、$C(x_2,x_1)$、$E(x_4,x_3)$、$D(x_6,x_5)$ 及内外角三等分定解条件相应推出的 $h_i=0$ 公式组形成范例1。

② $A(0,0)$、$B(u_1,0)$、$C(u_2,u_3)$、$F(x_2,x_1)$、$E(x_4,x_3)$、$D(x_6,x_5)$ 及内外角三等分定解条件相应推出的 $h_i=0$ 公式组形成范例2。

③ $A(u_1,0)$、$B(u_2,0)$、$D(0,u_3)$、$C(x_2,x_1)$、$F(x_4,x_3)$、$E(x_6,x_5)$。

第一章中我们用过②的情况，对27个 $\Delta D_{q\gamma}E_{\gamma p}F_{pq}$ 的角的每个点用 $F(x_2,x_1)$、$E(x_4,x_3)$、$D(x_6,x_5)$ 表示。

注意：我们用的已知参数是 u_1 及 $\angle A=3\alpha$, $\angle B=3\beta$。每个点给出以 u_1、u_2、u_3、α、β 为参数及以 u_1、α、β 为参数的坐标表达式。

4.1 范例1的坐标化

现在我们用①情况。见图4-1。

内外角三等分定解条件：$\angle ABF=\angle CBD=\beta$，$\angle ABC=C\angle ABF=3\beta$，$\angle BAF=\angle CAE=\alpha$，$\angle BAC=3\angle BAF=3\alpha$，$\angle ACE=\angle BCD=\gamma$，$\angle ACB=3\angle ACE=3\gamma$。见 Zhou S C（周咸青）"Mechanical geometry theorem proving"（《几何定理的机器证明》）p64，EXample(5.4)。

$$\tan(\angle ABC)=\frac{x_1}{u_1-x_2}, \quad \tan(\angle ABF)=\frac{u_3}{u_1-u_2}, \quad \tan(\angle ABC)=\tan(3\angle ABF)$$

利用公式：$\tan 3\omega=\tan\omega\times\dfrac{3-\tan^2\omega}{1-3\tan^2\omega}$，

$$\frac{x_1}{u_1-x_2}=\frac{u_3}{u_1-u_2}\times\frac{3-u_3^2/(u_1-u_2)^2}{1-3u_3^2/(u_1-u_2)^2}=\frac{u_3(3(u_1-u_2)^2-u_3^2)}{(u_1-u_2)((u_1-u_2)^2-3u_3^2)}$$

$$=\frac{+u_3[u_3^2-3(u_1-u_2)^2]}{(u_1-u_2)[3u_3^2-(u_1-u_2)^2]}$$

可得：$h_1=(u_1-u_2)[3u_3^2-(u_1-u_2)^2]x_1+u_3[u_3^2-3(u_1-u_2)^2]x_2-u_1u_3[u_3^2-3(u_1-u_2)^2]=0$

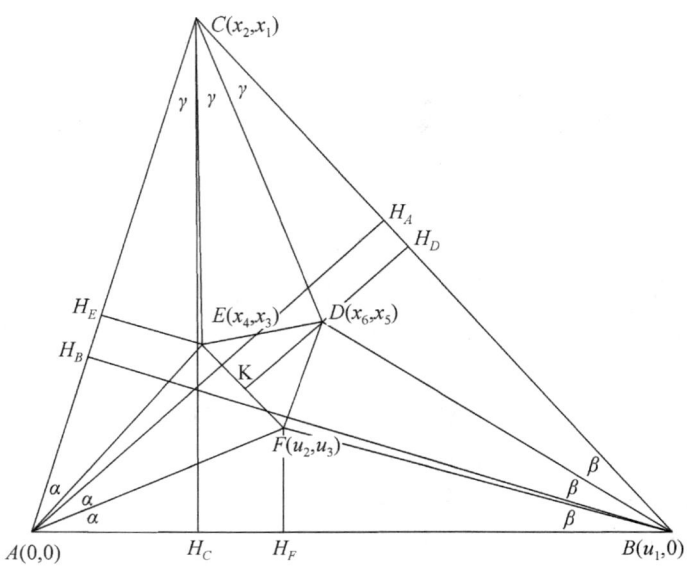

图 4-1

即: $h_1 = [u_3^3-(3u_2^2-6u_1u_2+3u_1^2)u_3]x_2+[(-3u_2+3u_1)u_3^2$
$+(u_2^3-3u_1u_2^2+3u_1^2u_2-u_1^3)]x_1-u_1u_3^3+(3u_1^3-6u_1^2u_2+3u_1u_2^2)u_3=0$

BC 法式方程是: $\dfrac{(x_2-u_1)y-x_1x+x_1u_1}{\sqrt{x_1^2+(x_2-u_1)^2}}=0$

DH_D 法式方程是: $\dfrac{x_1y+(x_2-u_1)x-x_1x_5-(x_2-u_1)x_6}{\sqrt{x_1^2+(x_2-u_1)^2}}=0$

$\tan(\angle CBD)=\dfrac{-(x_2-u_1)x_5+x_1x_6-x_1u_1}{(x_2-u_1)u_1-x_1x_5-(x_2-u_1)x_6}$

由 $\tan(\angle ABF)=\tan(\angle CBD)$ 得:

$\dfrac{u_3}{u_1-u_2}=\dfrac{-(x_2-u_1)x_5+x_1x_6-x_1u_1}{(x_2-u_1)u_1-x_1x_5-(x_2-u_1)x_6}$

$h_5=[x_2u_3+(u_1-u_2)x_1-u_1u_3]x_6+[-(u_1-u_2)x_2+u_3x_1+(u_1-u_2)u_1]x_5$
$+[-u_3x_2-(u_1-u_2)x_1+u_1u_3]u_1=0$

$\tan(\angle BAC)=\dfrac{x_1}{x_2}, \tan(\angle BAF)=\dfrac{u_3}{u_2},$ 由 $\tan(\angle BAC)=\tan(3\angle BAF)$, 得:

$\dfrac{x_1}{x_2}=\dfrac{u_3}{u_2}\times\dfrac{3-u_3^2/u_2^2}{1-3u_3^2/u_2^2}=\dfrac{u_3(3u_2^2-u_3^2)}{u_2(u_2^2-3u_3^2)}=\dfrac{u_3(u_3^2-3u_2^2)}{u_2(3u_3^2-u_2^2)}$

$h_2=(u_3^3-3u_2^2u_3)x_2+(-3u_2u_3^2+u_2^3)x_1=0$

AC 法式方程: $\dfrac{x_2y-x_1x}{\sqrt{x_1^2+x_2^2}}=0$; EH_E 法式方程: $\dfrac{x_1y+x_2x-(x_1x_3+x_2x_4)}{\sqrt{x_1^2+x_2^2}}=0$。

$$\tan(\angle CAE) = \frac{x_1x_4 - x_2x_3}{x_1x_3 + x_2x_4}$$

由 $\tan(\angle BAF) = \frac{u_3}{u_2} = \tan(\angle CAE)$，得 $h_3 = (u_3x_2 - u_2x_1)x_4 + (u_3x_1 + u_2x_2)x_3 = 0$。

BH_B 法式方程：$\frac{x_1y + x_2x - x_2u_1}{\sqrt{x_1^2 + x_2^2}} = 0$；

$$\tan(\angle ACB) = \frac{u_1x_1}{x_1^2 + x_2^2 - u_1x_2}, \quad \tan(\angle ACE) = \frac{x_1x_4 - x_2x_3}{x_1^2 + x_2^2 - x_1x_3 - x_2x_4}$$

由 $\tan(\angle ACB) = \tan(3\angle ACE)$，得：

$$\frac{u_1x_1}{x_1^2 + x_2^2 - u_1x_2} = \frac{x_1x_4 - x_2x_3}{x_1^2 + x_2^2 - x_1x_3 - x_2x_4} \times \frac{3 - ((x_1x_4 - x_2x_3)/(x_1^2 + x_2^2 - x_1x_3 - x_2x_4))^2}{1 - 3 \times ((x_1x_4 - x_2x_3)/(x_1^2 + x_2^2 - x_1x_3 - x_2x_4))^2}$$

$$= \frac{x_1x_4 - x_2x_3}{x_1^2 + x_2^2 - x_1x_3 - x_2x_4} \times \frac{3(x_1^2 + x_2^2 - x_1x_3 - x_2x_4)^2 - (x_1x_4 - x_2x_3)^2}{(x_1^2 + x_2^2 - x_1x_3 - x_2x_4)^2 - 3(x_1x_4 - x_2x_3)^2}$$

即：$\frac{u_1x_1}{x_1^2 + x_2^2 - u_1x_2} = \frac{x_1x_4 - x_2x_3}{x_1^2 + x_2^2 - x_1x_3 - x_2x_4}$

$$\times \frac{(3x_1^2 - x_2^2)x_3^2 + 8x_1x_2x_3x_4 + (3x_2^2 - x_1^2)x_4^2 - 6x_1(x_1^2 + x_2^2)x_3 - 6x_2(x_1^2 + x_2^2)x_4 + 3(x_1^2 + x_2^2)^2}{(x_1^2 - 3x_2^2)x_3^2 + 8x_1x_2x_3x_4 + (x_2^2 - 3x_1^2)x_4^2 - 2x_1(x_1^2 - x_2^2)x_3 - 2x_2(x_1^2 + x_2^2)x_4 + (x_1^2 + x_2^2)^2}$$

即：$[-u_1x_1^2x_3 - u_1x_1x_2x_4 + u_1x_1(x_1^2 + x_2^2)] \times [(x_1^2 - 3x_2^2)x_3^2 + 8x_1x_2x_3x_4 + (x_2^2 - 3x_1^2)x_4^2$
$-2x_1(x_1^2 + x_2^2)x_3 - 2x_2(x_1^2 + x_2^2)x_4 + (x_1^2 + x_2^2)^2]$
$= [(x_1^2 + x_2^2 - u_1x_2)x_1x_4 - (x_1^2 + x_2^2 - u_1x_2) \times x_2x_3] \times [(3x_1^2 - x_2^2)x_3^2 + 8x_1x_2x_3x_4$
$+(3x_2^2 - x_1^2)x_4^2 - 6x_1(x_1^2 + x_2^2)x_3 - 6x_2(x_1^2 + x_2^2)x_4 + 3(x_1^2 + x_2^2)^2]$

乘开再整理可得：

$u_1x_1^2(3x_2^2 - x_1^2)x_3^3 + 3u_1x_1x_2(x_2^2 - 3x_1^2)x_3^2x_4 - 3u_1x_1^2(3x_2^2 - x_1^2)x_3x_4^2 - u_1x_1x_2(x_2^2 - 3x_1^2)x_4^3$
$-3u_1x_1(x_2^4 - x_1^4)x_3^2 + 12u_1x_1^2x_2(x_2^2 + x_1^2)x_3x_4 + 3u_1x_1(x_2^4 - x_1^4)x_4^2 - 3u_1x_1^2(x_2^2 + x_1^2)^2x_3$
$-3u_1x_1x_2(x_2^2 + x_1^2)^2x_4 + u_1x_1(x_2^2 + x_1^2)^3 = x_2(x_2^2 - 3x_1^2)(x_2^2 + x_1^2 - u_1x_2)x_3^3$
$-3(3x_2^2 - x_1^2)(x_2^2 + x_1^2 - u_1x_2)x_1x_3^2x_4 - 3(x_2^2 - 3x_1^2)(x_2^2 + x_1^2 - u_1x_2)x_2x_3x_4^2$
$+(3x_2^2 - x_1^2)(x_2^2 + x_1^2 - u_1x_2)x_1x_4^3 + 6(x_2^2 + x_1^2)(x_2^2 + x_1^2 - u_1x_2)x_1x_2x_3^2$
$+6(x_2^4 - x_1^4)(x_2^2 + x_1^2 - u_1x_2)x_3x_4 - 6(x_2^2 + x_1^2)(x_2^2 + x_1^2 - u_1x_2)x_1x_2x_4^2$
$-3(x_2^2 + x_1^2)^2(x_2^2 + x_1^2 - u_1x_2)x_2x_3 + 3(x_2^2 + x_1^2)^2(x_2^2 + x_1^2 - u_1x_2)x_1x_4$

则有：

$h_4 = (-3x_1x_2^4 + 2u_1x_1x_2^3 - 2x_1^3x_2^2 + 2u_1x_1^3x_2 + x_1^5)x_4^3$
$+(3x_2^5 - 3u_1x_2^4 - 6x_1^2x_2^3 - 9x_1^4x_2 + 3u_1x_1^4) \times x_3x_4^2$
$+(9x_1x_2^4 - 6u_1x_1x_2^3 + 6x_1^3x_2^2 - 6u_1x_1^3x_2 - 3x_1^5)x_3^2x_4$
$-(-x_2^5 + u_1x_2^4 + 2x_1^2x_2^3 + 3x_1^4x_2 - u_1x_1^4)x_3^3$
$+(6x_1x_2^5 - 3u_1x_1x_2^4 + 12x_1^3x_2^3 - 6u_1x_1^3x_2^2 + 6x_1^5x_2 - 3u_1x_1^5)x_4^2$
$+(-6x_2^6 + 6u_1x_2^5 - 6x_1^2x_2^4 + 12u_1x_1^2x_2^3 + 6x_1^4x_2^2 + 6u_1x_1^4x_2 + 6x_1^6)x_3x_4$
$+(-6x_1x_2^5 + 3u_1x_1x_2^4 - 12x_1^3x_2^3 + 6u_1x_1^3x_2^2 - 6x_1^5x_2 + 3u_1x_1^5)x_3^2$

$-3(x_2^2+x_1^2)^3 x_1 x_4 + 3(x_2^2+x_1^2)^3(x_2-u_1)x_3 + u_1 x_1(x_2^2+x_1^2)^3 = 0$

提取公因子$-(x_2^2+x_1^2)$，可得：
$h_4 = (3x_1 x_2^2 - 2u_1 x_1 x_2 - x_1^3)x_4^3 + (-3x_2^3 + 3u_1 x_2^2 + 9x_1^2 x_2 - 3u_1 x_1^2)x_3 x_4^2$
$+(-9x_1 x_2^2 + 6u_1 x_1 x_2 + 3x_1^3)x_3^2 x_4 + (x_2^3 - u_1 x_2^2 - 3x_1^2 x_2 + u_1 x_1^2)x_3^3$
$+(-6x_1 x_2^3 + 3u_1 x_1 x_2^2 - 6x_1^3 x_2 + 3u_1 x_1^3)x_4^2 + (6x_2^4 - 6u_1 x_2^3 - 6u_1 x_1^2 x_2 - 6x_1^4)x_3 x_4$
$+(6x_1 x_2^3 - 3u_1 x_1 x_2^2 + 6x_1^3 x_2 - 3u_1 x_1^3)x_3^2 + 3x_1(x_2^2+x_1^2)^2 x_4$
$-3(x_2^2+x_1^2)^2(x_2-u_1)x_3 - u_1 x_1(x_2^2+x_1^2)^2 = 0$

BC 法式方程：$\dfrac{(x_2-u_1)y - x_1 x + x_1 u_1}{\sqrt{x_1^2+(x_2-u_1)^2}} = 0$。

DH_D 法式方程：$\dfrac{x_1 y + (x_2-u_1)x - x_1 x_5 - (x_2-u_1)x_6}{\sqrt{x_1^2+(x_2-u_1)^2}} = 0$。

$\tan(\angle BCD) = \dfrac{(x_2-u_1)x_5 - x_1 x_6 + x_1 u_1}{x_1^2 + (x_2-u_1)x_2 - x_1 x_5 - (x_2-u_1)x_6}$

由 $\tan(\angle ACE) = \tan(\angle BCD)$，有：
$$\frac{x_1 x_4 - x_2 x_3}{x_1^2 + x_2^2 - x_1 x_3 - x_2 x_4} = \frac{(x_2-u_1)x_5 - x_1 x_6 + x_1 u_1}{x_1^2 + (x_2-u_1)x_2 - x_1 x_5 - (x_2-u_1)x_6}$$

即：$[(x_2-u_1)x_5 - x_1 x_6 + x_1 u_1][-x_1 x_3 - x_2 x_4 + x_1^2 + x_2^2]$
$+[x_1 x_5 + (x_2-u_1)x_6 - x_1^2 - (x_2-u_1)x_2][-x_2 x_3 + x_1 x_4] = 0$

则有：$h_6 = [(2x_1 x_2 - x_1 u_1)x_4 + (x_1^2 - x_2^2 + u_1 x_2)x_3 - x_1(x_1^2+x_2^2)]x_6$
$+[(x_1^2 - x_2^2 + x_2 u_1)x_4 + (-2x_1 x_2 + u_2 x_1)x_3 + (x_2-u_1)(x_1^2+x_2^2)]x_5$
$-(x_1^3 + x_1 x_2^2)x_4 + (x_2^3 - u_1 x_2^2 + x_1^2 x_2 - u_1 x_1^2)x_3 + u_1 x_1(x_1^2+x_2^2) = 0$

得出第一组 h_i 公式：
$h_1 = (-3(u_1-u_2)^2 u_3 + u_3^3)x_2 + (-(u_1-u_2)^3 + 3(u_1-u_2)u_3^2)x_1$
$+(3(u_1-u_2)^2 - u_3^2)u_1 u_3 = 0$
$h_2 = (3u_2^2 u_3 - u_3^3)x_2 - (u_2^3 - 3u_2 u_3^2)x_1 = 0$
$h_3 = -(u_2 x_1 - u_3 x_2)x_4 + (u_3 x_1 + u_2 x_2)x_3 = 0$
$h_4 = (-x_1^3 + 3x_1 x_2^2 - 2u_1 x_1 x_2)x_4^3 + (9x_1^2 x_2 - 3u_1 x_1^2 - 3x_2^3 + 3u_1 x_2^2)x_3 x_4^2$
$+(3x_1^3 + 6u_1 x_1 x_2 - 9x_1 x_2^2)x_3^2 x_4 + (u_1 x_2^2 - 3x_1^2 x_2 - u_1 x_1^2 + x_2^3)x_3^3 + 3(u_1 - 2x_2)x_1(x_1^2+x_2^2)x_4^2$
$-6(x_1^2 + u_1 x_2 - x_2^2)(x_1^2+x_2^2)x_3 x_4 + 3(2x_2 - u_1)x_1(x_1^2+x_2^2)x_3^2 + 3x_1(x_1^2+x_2^2)^2 x_4$
$-3(x_2 - u_1)(x_1^2+x_2^2)^2 x_3 - u_1 x_1(x_1^2+x_2^2)^2 = 0$
$h_5 = ((u_1-u_2)x_1 + u_3 x_2 - u_1 u_3)x_6 + (u_3 x_1 - (u_1-u_2)x_2 + (u_1-u_2)u_1)x_5$
$-((u_1-u_2)x_1 + u_3 x_2 - u_1 u_3)u_1 = 0$
$h_6 = ((2x_1 x_2 - u_1 x_1)x_4 + (x_1^2 - x_2^2 + u_1 x_2)x_3 - x_1(x_1^2+x_2^2))x_6$
$+(((x_1^2 - x_2^2) + u_1 x_2)x_4 + (-2x_1 x_2 + u_1 x_1)x_3 + (x_2-u_1)(x_1^2+x_2^2))x_5$
$-(x_1^2+x_2^2)x_1 x_4 + (x_2^3 - u_1 x_2^2 + x_1^2 x_2 - u_1 x_1^2)x_3 + u_1 x_1(x_1^2+x_2^2) = 0$

用 h_1、h_2 消去 x_2 得 F_1，h_2 改为 F_2；用 h_3、h_4 消去 x_4 得 F_3，h_3 改为 F_4；用 h_5、h_6 消去 x_6 得 F_5，h_5 改为 F_6。下面 F_3 中注意到 F_2：

$(3u_2^2-u_3^2)u_3x_2-(u_2^2-3u_3^2)u_2x_1=0$,$F_3$ 的 x_3^3 系数做了简化。

得出第二组 F_i 公式：

$F_1=(3(u_1-u_2)^2u_2^2-(u_1^2+6u_1u_2-6u_2^2)u_3^2+3u_3^4)x_1-(3(u_1-u_2)^2-u_3^2)(3u_2^2-u_3^2)u_3=0$

$F_2=(3u_2^2-u_3^2)u_3x_2-(u_2^2-3u_3^2)u_2x_1=0$

$F_3=((3u_2^2-u_3^2)u_3(x_1^2+x_2^2))x_3^3+3(-2u_2u_3(x_1^2+x_2^2)-u_1(u_2^2-u_3^2)x_1+2u_1u_2u_3x_2)$
$\times(u_2x_1-u_3x_2)x_3^2+3(u_3(x_1^2+x_2^2)+u_1u_2x_1-u_1u_3x_2)(u_2x_1-u_3x_2)^2x_3$
$-u_1x_1(u_2x_1-u_3x_2)^3=0$

$F_4=-(u_2x_1-u_3x_2)x_4+(u_3x_1+u_2x_2)x_3=0$

$F_5=(((u_1-u_2)x_1-u_3x_2)x_4-(u_3x_1+(u_1-u_2)x_2)x_3+u_3(x_1^2+x_2^2))x_5$
$+((u_1-u_2)x_1+u_3x_2-u_1u_3)(-x_1x_4+x_2x_3)=0$

$F_6=((u_1-u_2)x_1+u_3x_2-u_1u_3)x_6+(u_3x_1-(u_1-u_2)x_2+(u_1-u_2)u_1)x_5$
$-((u_1-u_2)x_1+u_3x_2-u_1u_3)u_1=0$

同时有要证明的目标,第三组 g_j 公式：

$g_1=2(x_4-u_2)x_6+2(x_3-u_3)x_5-(x_4^2+x_3^2)+(u_2^2+u_3^2)=0$

$g_2=x_6^2-2x_4x_6+x_5^2-2x_3x_5+2(u_2x_4+u_3x_3)-(u_2^2+u_3^2)=0$

$g_3=x_6^2-2u_2x_6+x_5^2-2u_3x_5-(x_4^2+x_3^2)+2(u_2x_4+u_3x_3)=0$

注意：$g_3=g_1+g_2$。

对消去法而言,$F_i=0(i=\overline{1,6})$ 是已知的,$g_j=0(j=\overline{1,3})$ 是欲证明的。这组 g_j 公式实际上是证明 Morley 内正三角形三边相等,只要证明 $g_j=0(j=\overline{1,3})$ 其中两个成立即可。这里作为反例的指证,三个 g_j 都证明不可能得到 $0\times x_3^2+0\times x_3+0$ 形,说明非线性消去法将得不到期望的结果,是不成功的。

从 F_1 求出 x_1;由 u_1、u_2、u_3 及 x_1,从 F_2 求出 x_2;由 u_1、u_2、u_3 及 x_1、x_2,从 F_3 求出 x_3……;最后求出 x_6。原则上讲可行,但这样去求 x_3 用卡丹(Cardan)公式求,不可能得到多项式表达式,也不胜其烦。下面用一个实例来证明更直观些。

实例：设 $u_1=1,u_2=0.4,u_3=0.2$。计算时取小数点后 10 位。

① u_1、u_2、u_3 代入 F_1 可解得：$x_1=1.144$;

② u_1、u_2、u_3、x_1 代入 F_2 可解得：$x_2=0.208$;

③ u_1、u_2、u_3、x_1、x_2 代入 F_3 可解得 $x_3^{(1)}=0.3628718709$,$x_3^{(2)}=2.08$,$x_3^{(3)}=0.9171281289$;

④ u_1、u_2、u_3、x_1、x_2、x_3 代入 F_4 可解得：$x_4^{(1)}=0.2721539033$,$x_4^{(2)}=1.56$,$x_4^{(3)}=0.6878460967$;

⑤ u_1、u_2、u_3、x_1、x_2、x_3、x_4 代入 F_5 可解得：$x_5^{(1)}=0.3921539030$,$x_5^{(2)}=1.32$,$x_5^{(3)}=0.8078460966$;

⑥ u_1、u_2、u_3、x_1、x_2、x_3、x_4、x_5 代入 F_6 可解得：$x_6^{(1)}=0.4771281294$,$x_6^{(2)}=-0.76$,$x_6^{(3)}=-0.0771281288$。

即得到满足 F_i 公式组的三个三角形：$\triangle D_{00}E_{00}F_{00}$,$\triangle D_{01}E_{01}F_{00}$,$\triangle D_{02}E_{20}F_{00}$。

另一个方法：将上述三组：x_1、x_2、$x_3^{(1)}$、$x_4^{(1)}$、$x_5^{(1)}$、$x_6^{(1)}$,x_1、x_2、$x_3^{(2)}$、$x_4^{(2)}$、$x_5^{(2)}$、$x_6^{(2)}$,x_1、x_2、$x_3^{(3)}$、$x_4^{(3)}$、$x_5^{(3)}$、$x_6^{(3)}$ 代入 F 公式组,经验证,F_i 也都等于 0。

4.2 范例 2 的坐标化

4.2.1 h_i 公式组的推导

内外角三等分定解条件：

$\angle BAF = \angle CAE$　　　　$3\angle BAF = \angle BAC$
$\angle ABF = \angle CBD$　　　　$3\angle ABF = \angle ABC$
$\angle ACE = \angle BCD$　　　　$3\angle ACE = \angle ACB$

如图 4-2 所示。

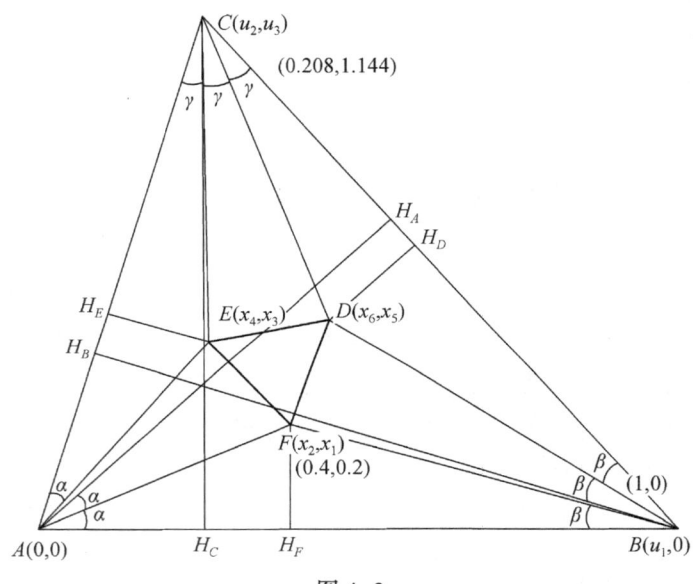

图 4-2

AC 方程为 $y = \dfrac{u_3}{u_2}x$。法式方程为 $\dfrac{u_2 y - u_3 x}{\sqrt{u_2^2 + u_3^2}} = 0$，$\overline{EH_E} = \dfrac{u_3 x_4 - u_2 x_3}{\sqrt{u_2^2 + u_3^2}}$。

EH_E 方程为 $y - x_3 = -\dfrac{u_2}{u_3}(x - x_4)$。

法式方程为 $\dfrac{u_3 y + u_2 x - (u_3 x_3 + u_2 x_4)}{\sqrt{u_2^2 + u_3^2}} = 0$，$\overline{AH_E} = \dfrac{u_3 x_3 + u_2 x_4}{\sqrt{u_2^2 + u_3^2}}$。

$\tan(\angle CAE) = \dfrac{u_3 x_4 - u_2 x_3}{u_3 x_3 + u_2 x_4}$，$\tan(\angle BAF) = \dfrac{x_1}{x_2}$

$\dfrac{x_1}{x_2} = \dfrac{u_3 x_4 - u_2 x_3}{u_2 x_4 + u_3 x_3}$，$(u_3 x_1 + u_2 x_2)x_3 + (u_2 x_1 - u_3 x_2)x_4 = 0$

$\tan(\angle BAC) = \tan(3\angle BAF)$，$\dfrac{u_3}{u_2} = \dfrac{x_1}{x_2} \times \dfrac{3 - x_1^2/x_2^2}{1 - 3 \times x_1^2/x_2^2} = \dfrac{3x_1 x_2^2 - x_1^3}{x_2^3 - 3x_1^2 x_2}$

$$u_3x_2^3-3u_2u_1x_2^2-3u_3x_1^2x_2+u_2x_1^3=0$$

BC 方程为 $y=-\dfrac{u_3}{u_1-u_2}(x-u_1)$，法式方程为 $\dfrac{(u_1-u_2)y+u_3x-u_1u_3}{\sqrt{(u_1-u_2)^2-u_3^2}}=0$,

$$\overline{DH_D}=\dfrac{u_1u_3-(u_1-u_2)x_5-u_3x_6}{\sqrt{(u_1-u_2)^2+u_3^2}}。$$

DH_D 方程为 $y-x_5=\dfrac{u_1-u_2}{u_3}(x-x_6)$。法式方程为 $\dfrac{u_3y-(u_1-u_2)x-u_3x_5+(u_1-u_2)x_6}{\sqrt{(u_1-u_2)^2+u_3^2}}=0$,

$$\overline{BH_D}=\dfrac{(u_1-u_2)(u_1-x_6)+u_3x_5}{\sqrt{(u_1-u_2)^2+u_3^2}}。$$

$$\tan(\angle CBD)=\dfrac{u_3(u_1-x_6)-(u_1-u_2)x_5}{(u_1-u_2)(u_1-x_6)+u_3x_5},$$

$$\tan(\angle ABF)=\dfrac{x_1}{u_1-x_2}=\dfrac{u_3(u_1-x_6)-(u_1-u_2)x_5}{(u_1-u_2)(u_1-x_6)+u_3x_5}。$$

$$(u_3(u_1-x_2)-(u_1-u_2)x_1)(u_1-x_6)-((u_1-u_2)(u_1-x_2)+u_3x_1)x_5=0,$$

$\tan(\angle ABC)=\tan(3\angle ABF)$

$$\dfrac{u_3}{u_1-u_2}=\dfrac{x_1}{u_1-x_2}\times\dfrac{3-x_1^2/(u_1-x_2)^2}{1-3x_1^2/(u_1-x_2)^2}=\dfrac{3x_1(u_1-x_2)^2-x_1^3}{(u_1-x_2)^3-3x_1^2(u_1-x_2)}$$

$$u_3(u_1-x_2)^3-3(u_1-u_2)x_1(u_1-x_2)^2-3u_3x_1^2(u_1-x_2)+(u_1-u_2)x_1^3=0$$

$\tan3\alpha=\dfrac{u_3}{u_2}$，$\tan3\beta=\dfrac{u_3}{u_1-u_2}$，$\tan(3\alpha+3\beta)=\dfrac{u_3/u_2+u_3/(u_1-u_2)}{1-u_3^2/((u_1-u_2)u_2)}=\dfrac{u_1u_3}{(u_1-u_2)u_2-u_3^2}$

$\tan(\angle ACB)=\tan3\gamma=\tan(\pi-(3\alpha+3\beta))=-\tan(3\alpha+3\beta)=\dfrac{u_1u_3}{u_3^2-(u_1-u_2)u_2}$

AC 方程为 $y=\dfrac{u_3}{u_2}x$。法式方程为 $\dfrac{u_2y-u_3x}{\sqrt{u_2^2+u_3^2}}=0$，$\overline{EH_E}=\dfrac{u_3x_4-u_2x_3}{\sqrt{u_2^2+u_3^2}}$。

EH_E 方程为 $y-x_3=-\dfrac{u_2}{u_3}(x-x_4)$。法式方程为 $\dfrac{u_3y+u_2x-(u_3x_3+u_2x_4)}{\sqrt{u_2^2+u_3^2}}=0$,

$$\overline{CH_E}=\dfrac{u_2^2+u_3^2-u_3x_3-u_2x_4}{\sqrt{u_2^2+u_3^2}}。$$

$$\tan(\angle ACE)=\dfrac{u_3x_4-u_2x_3}{u_2^2+u_3^2-u_3x_3-u_2x_4},\quad \tan(\angle ACB)=\tan3\gamma=\dfrac{u_1u_3}{u_3^2-(u_1-u_2)u_2}$$

$\tan(\angle ACB)=\tan(3\angle ACE)$

$$\dfrac{u_1u_3}{u_3^2-(u_1-u_2)u_2}=\dfrac{u_3x_4-u_2x_3}{u_2^2+u_3^2-u_3x_3-u_2x_4}\times\dfrac{3-(u_3x_4-u_2x_3)^2/(u_2^2+u_3^2-u_3x_3-u_2x_4)^2}{1-3(u_3x_4-u_2x_3)^2/(u_2^2+u_3^2-u_3x_3-u_2x_4)^2}$$

$$=\dfrac{3(u_3x_4-u_2x_3)(u_2^2+u_3^2-u_3x_3-u_2x_4)^2-(u_3x_4-u_2x_3)^3}{(u_2^2+u_3^2-u_3x_3-u_2x_4)^3-3(u_3x_4-u_2x_3)^2(u_2^2+u_3^2-u_3x_3-u_2x_4)}$$

去分母，得：$u_1u_3(u_2^2+u_3^2-u_3x_3-u_2x_4)^3-3(u_3^2-(u_1-u_2)u_2)(u_3x_4-u_2x_3)$

$\times(u_2^2+u_3^2-u_3x_3-u_2x_4)^2-3u_1u_3(u_3x_4-u_2x_3)^2(u_2^2+u_3^2-u_3x_3-u_2x_4)$
$+(u_3^2-(u_1-u_2)u_2)(u_3x_4-u_2x_3)^3=0$

BC 方程为 $y=-\dfrac{u_3}{u_1-u_2}(x-u_1)$。法式方程为 $\dfrac{(u_1-u_2)y+u_3x-u_1u_3}{\sqrt{(u_1-u_2)^2+u_3^2}}=0$,

$\overline{DH_D}=\dfrac{-(u_1-u_2)x_5-u_3x_6+u_1u_3}{\sqrt{(u_1-u_2)^2+u_3^2}}$。

DH_D 方程为 $y-x_5=\dfrac{u_1-u_2}{u_3}(x-x_6)$。法式方程为 $\dfrac{u_3y-(u_1-u_2)x-u_3x_5+(u_1-u_2)x_6}{\sqrt{(u_1-u_2)^2+u_3^2}}=0$,

$\overline{CH_D}=\dfrac{u_3(u_3-x_5)+(u_1-u_2)(x_6-u_2)}{\sqrt{(u_1-u_2)^2+u_3^2}}$。

$\tan(\angle DCB)=\dfrac{u_1u_3-(u_1-u_2)x_5-u_3x_6}{u_3(u_3-x_5)+(u_1-u_2)(x_6-u_2)}$

$\tan(\angle DCB)=\tan(\angle ACE)$，$\dfrac{u_3x_4-u_2x_3}{u_2^2+u_3^2-u_3x_3-u_2x_4}=\dfrac{u_1u_3-(u_1-u_2)x_5-u_3x_6}{u_3(u_3-x_5)+(u_1-u_2)(x_6-u_2)}$

可得：$(u_3x_4-u_2x_3)((u_1-u_2)x_6-u_3x_5+u_3^2-(u_1-u_2)u_2)$
$+((u_1-u_2)x_5+u_3x_6-u_1u_3)(u_2^2+u_3^2-u_3x_3-u_2x_4)=0$

综上可得：

$$(*)\begin{cases} h_1=u_2x_1^3-3u_3x_1^2x_2-3u_2x_1x_2^2+u_3x_2^3=0 \\ h_2=(u_1-u_2)x_1^3-3u_3x_1^2(u_1-x_2)-3(u_1-u_2)x_1(u_1-x_2)^2+u_3(u_1-x_2)^3=0 \\ h_3=(u_3x_1+u_2x_2)x_3+(u_2x_1-u_3x_2)x_4=0 \\ h_4=u_1u_3\,(u_2^2+u_3^2-u_3x_3-u_2x_4)^3-3(u_3^2-(u_1-u_2)u_2)(-u_2x_3+u_3x_4) \\ \qquad\times(u_2^2+u_3^2-u_3x_3-u_2x_4)^2-3u_1u_3\,(-u_2x_3+u_3x_4)^2(u_2^2+u_3^2-u_3x_3-u_2x_4) \\ \qquad+(u_3^2-(u_1-u_2)u_2)(-u_2x_3+u_3x_4)^3=0 \\ h_5=(-(u_1-u_2)x_1+u_3(u_1-x_2))(u_1-x_6)-(u_3x_1+(u_1-u_2)(u_1-x_2))x_5=0 \\ h_6=(-u_2x_3+u_3x_4)(-u_3x_5+(u_1-u_2)x_6+u_3^2-(u_1-u_2)u_2) \\ \qquad+(u_2^2+u_3^2-u_3x_3-u_2x_4)((u_1-u_2)x_5+u_3x_6-u_1u_3)=0 \end{cases}$$

上述 h 公式组不可能用消去法得到三角阵列的 F_i 公式组,即：
(1) 关于 x_1 的 F 公式；
(2) 关于 x_1、x_2 的 F 公式；
(3) 关于 x_1、x_2、x_3 的 F 公式；
(4) 关于 x_1、x_2、x_3、x_4 的 F 公式；
(5) 关于 x_1、x_2、x_3、x_4、x_5 的 F 公式；
(6) 关于 x_1、x_2、x_3、x_4、x_5、x_6 的 F 公式。

为了得到上述三角阵列,仅用消去运算：用 h_1 和 h_2 消去 x_2,作 F_1；用 h_1 和 h_2 中选

第四章 初等几何定理的坐标化

一个作 F_2；用 h_3 和 h_4 消去 x_4，作 F_3；用 h_3 和 h_4 中选一个作 F_4；用 h_5 和 h_6 消去 x_6，作 F_5；用 h_5 和 h_6 中选一个作 F_6。这不可能做到！对 h_1 和 h_2 的三次式用卡丹公式时，已得不到有理分式或多项式，不再是消去法了。对线性高斯消去法可以有三角阵列，对非线性式则不能保证有三角阵列。

对实例而言，$u_1 = 2$，$u_2 = 0.208$，$u_3 = 1.144$（见图 4-2），h 公式组成为：

$$(**)\begin{cases} h_1 = 1.144x_2^3 - 0.624x_1x_2^2 - 3.432x_1^2x_2 + 0.208x_1^3 = 0 \\ h_2 = 1.144(1-x_2)^3 - 2.376x_1(1-x_2)^2 - 3.432x_1^2(1-x_2) + 0.792x_1^3 = 0 \\ h_3 = (1.144x_1 + 0.208x_2)x_3 + (0.208x_1 - 1.144x_2)x_4 = 0 \\ h_4 = (1.144(1-x_3) + 0.208(1-x_4))^3 - 3(-0.208x_3 + 1.144x_4)(1.144(1-x_3) \\ \qquad + 0.208(1-x_4))^2 - 3(-0.208x_3 + 1.144x_4)^2(1.144(1-x_3) + 0.208(1-x_4)) \\ \qquad + (-0.208x_3 + 1.144x_4)^3 = 0 \\ h_5 = (-0.792x_1 + 1.144(1-x_2))(1-x_6) - (1.144x_1 + 0.792(1-x_2))x_5 = 0 \\ h_6 = (-0.208x_3 + 1.144x_4)(1.144(1-x_5) + 0.792x_6) \\ \qquad + (1.144(1-x_3) + 0.208(1-x_4)) \times (0.792x_5 - 1.144(1-x_6)) = 0 \end{cases}$$

4.2.2 27 个三角形的验证

下面用实例说明：下列 27 个三角形适用于这个 h 公式组，即代入相应 $x_1 \sim x_6$ 会使相应的 $h_i = 0$。这 27 个三角形概括了 Morley 定理要证明的正三角形与非正三角形。对原形的 h 公式组，从 h_1、h_2、h_4 将得不到 x_1、x_2、x_3、x_4、x_5、x_6 的有理分式或多项式的表示。

这 27 个三角形是：

$\triangle D_{00}E_{00}F_{00}$，$\triangle D_{00}E_{02}F_{20}$，$\triangle D_{20}E_{00}F_{02}$，$\triangle D_{02}E_{20}F_{00}$，$\triangle D_{11}E_{11}F_{11}$，$\triangle D_{11}E_{10}F_{01}$，
$\triangle D_{01}E_{11}F_{10}$，$\triangle D_{10}E_{01}F_{11}$，$\triangle D_{22}E_{22}F_{22}$，$\triangle D_{22}E_{21}F_{12}$，$\triangle D_{12}E_{22}F_{21}$，$\triangle D_{21}E_{12}F_{22}$，
$\triangle D_{01}E_{12}F_{20}$，$\triangle D_{20}E_{01}F_{12}$，$\triangle D_{12}E_{20}F_{01}$，$\triangle D_{10}E_{02}F_{21}$，$\triangle D_{21}E_{10}F_{02}$，$\triangle D_{02}E_{21}F_{10}$，
$\triangle D_{00}E_{01}F_{10}$，$\triangle D_{10}E_{00}F_{01}$，$\triangle D_{01}E_{10}F_{00}$，$\triangle D_{11}E_{12}F_{21}$，$\triangle D_{21}E_{11}F_{12}$，$\triangle D_{12}E_{21}F_{11}$，
$\triangle D_{22}E_{20}F_{02}$，$\triangle D_{02}E_{22}F_{20}$，$\triangle D_{20}E_{02}F_{22}$（形如 $\triangle D_{qr}E_{rp}F_{pq}$，$p,q,r$ 取 $0,1,2$）。

这里用近似计算不可能得到真正的零，但有小数点后相当多的零，就可以认为是零了。将下面的 27 个三角形 $F(x_2, x_1)$、$E(x_4, x_3)$、$D(x_6, x_5)$ 代入 $(**)$ h_i 公式组验证即可。

（1）$\triangle E_{00}F_{00}D_{00}$：$x_1 = 0.2$，$\quad x_2 = 0.4$，$\quad x_3 = 0.3628718709$，
$\quad x_4 = 0.2721539022$，$x_5 = 0.3921539030$，$x_6 = 0.4771281294$

（2）$\triangle E_{11}F_{11}D_{11}$：$x_1 = -0.3784609689$，$x_2 = 0.5732050805$，$x_3 = 0.77117691453$，
$\quad x_4 = -0.3296667900$，$x_5 = 0.9785640647$，$x_6 = 1.1178976447$

（3）$\triangle E_{22}F_{22}D_{22}$：$x_1 = 3.7784609699$，$x_2 = 0.2267949191$，$x_3 = -0.4248333954$，
$\quad x_4 = 3.5261662369$，$x_5 = -1.1805255883$，$x_6 = -1.7636791207$

（4）$\triangle D_{00}E_{02}F_{20}$：$x_1 = 0.3267949192$，$x_2 = 0.0196152423$，$x_3 = -0.0367433715$，
$\quad x_4 = 0.3049742263$，$x_5 = 0.3921539030$，$x_6 = 0.4771281294$

(5) $\triangle D_{20}E_{00}F_{02}: x_1=0.4535898385, \quad x_2=0.9071796770, \quad x_3=0.3628718709,$
$\qquad x_4=0.2721539022, \quad x_5=-0.1417175975, \quad x_6=0.6682308548$

(6) $\triangle D_{02}E_{20}F_{00}: x_1=0.2, \quad x_2=0.4, \quad x_3=0.9171281293,$
$\qquad x_4=0.6878460970, \quad x_5=0.8078460969, \quad x_6=-0.0771281292$

(7) $\triangle D_{11}E_{10}F_{01}: x_1=1.1464101634, \quad x_2=2.2928203269, \quad x_3=2.08,$
$\qquad x_4=1.56, \quad x_5=0.9785640647, \quad x_6=1.1178976447$

(8) $\triangle D_{01}E_{11}F_{10}: x_1=0.6732050807, \quad x_2=-1.0196152422, \quad x_3=0.7717691453,$
$\qquad x_4=-0.3296667900, \quad x_5=1.32, \quad x_6=-0.76$

(9) $\triangle D_{10}E_{01}F_{11}: x_1=-0.3784609689, \quad x_2=0.5732050805, \quad x_3=-0.8751666059,$
$\qquad x_4=0.3738337655, \quad x_5=-0.7994744106, x_6=0.9036791219$

(10) $\triangle D_{22}E_{21}F_{12}: x_1=-0.7633974596, \quad x_2=1.1562177826, \quad x_3=1.5567433712,$
$\qquad x_4=-0.6649742260, \quad x_5=-1.1805255883, \quad x_6=-1.7636791207$

(11) $\triangle D_{12}E_{22}F_{21}: x_1=-0.9366025391, \quad x_2=-0.0562177825, \quad x_3=-0.4248333954,$
$\qquad x_4=3.5261662369, x_5=2.4217175980, x_6=1.2917691453$

(12) $\triangle D_{21}E_{12}F_{22}: x_1=3.7784609699, \quad x_2=0.2267949191, \quad x_3=0.1482308546,$
$\qquad x_4=-1.2303332096, \quad x_5=0.7014359356, \quad x_6=2.6421023559$

(13) $\triangle D_{01}E_{12}F_{20}: x_1=0.3267949192, \quad x_2=0.0196152423, \quad x_3=0.1482308546,$
$\qquad x_4=-1.2303332096, \quad x_5=1.32, \quad x_6=-0.76$

(14) $\triangle D_{20}E_{01}F_{12}: x_1=-0.7633974596, \quad x_2=1.1562177826, \quad x_3=-0.8751666059,$
$\qquad x_4=0.3738337655, \quad x_5=-0.1417175975, \quad x_6=0.6682308548$

(15) $\triangle D_{12}E_{20}F_{01}: x_1=1.1464101634, \quad x_2=2.2928203269, x_3=0.9171281293,$
$\qquad x_4=0.6878460970, \quad x_5=2.4217175980, x_6=1.2917691453$

(16) $\triangle D_{10}E_{02}F_{21}: x_1=-0.9366025391, x_2=-0.0562177825, x_3=-0.0367433715,$
$\qquad x_4=0.3049742263, \quad x_5=-0.7994744106, x_6=0.9036791219$

(17) $\triangle D_{21}E_{10}F_{02}: x_1=0.4535898385, \quad x_2=0.9071796770, \quad x_3=2.08,$
$\qquad x_4=1.56, \quad x_5=0.7014359356, \quad x_6=2.6421023559$

(18) $\triangle D_{02}E_{21}F_{10}: x_1=0.6732050807, \quad x_2=-1.0196152422, x_3=1.5567433712,$
$\qquad x_4=-0.6649742260, \quad x_5=0.8078460969, \quad x_6=-0.0771281292$

(19) $\triangle D_{00}E_{01}F_{10}: x_1=0.6732050807, x_2=-1.0196152422, x_3=-0.8751666059,$
$\qquad x_4=0.3738337655, x_5=0.3921539030, \quad x_6=0.4771281294$

(20) $\triangle D_{10}E_{00}F_{01}: x_1=1.1464101634, \quad x_2=2.2928203269, \quad x_3=0.3628718709,$
$\qquad x_4=0.2721539022, x_5=-0.7994744106, \quad x_6=0.9036791219$

(21) $\triangle D_{01}E_{10}F_{00}: x_1=0.2, x_2=0.4, x_3=2.08, x_4=1.56, x_5=1.32, x_6=-0.76$

(22) $\triangle D_{11}E_{12}F_{21}: x_1=-0.9366025391, x_2=-0.0562177825, x_3=0.1482308546,$
$\qquad x_4=-1.2303332096, x_5=0.9785640647, \quad x_6=1.1178976447$

(23) $\triangle D_{21}E_{11}F_{12}: x_1=-0.7633974596, x_2=1.1562177826, x_3=0.7717691453,$
$\qquad x_4=-0.3296667900, x_5=0.7014359356, x_6=2.6421023559$

(24) $\triangle D_{12}E_{21}F_{11}: x_1=-0.3784609689, x_2=0.5732050805, x_3=1.5567433712,$
$\qquad x_4=-0.6649742260, x_5=2.4217175980, x_6=1.2917691453$

(25) $\triangle D_{22}E_{20}F_{02}: x_1=0.4535898385, x_2=0.9071796770, x_3=0.9171281293,$
$\qquad x_4=0.6878460970, x_5=-1.1805255883, x_6=-1.7636791207$

(26) $\triangle D_{02}E_{22}F_{20}: x_1=0.3267949192, x_2=0.0196152423, x_3=-0.4248333954,$
$\qquad x_4=3.5261662369, x_5=0.8078460969, x_6=-0.0771281292$

(27) $\triangle D_{20}E_{02}F_{22}: x_1=3.7784609699, x_2=0.2257949191, x_3=-0.0367433715,$
$\qquad x_4=0.3049742263, x_5=-0.1417175975, x_6=0.6682308548$

请注意：计算总是有误差的，原始数据是十位精度，基本保证八位精度，就保证了上述结论的正确性。

可以说对 h 公式组，用消去法得不到三角阵列，故也不能使用消去法。

结论：在非线性时，消去法是不成功的。

4.2.3 由 h_i 公式组反解出 27 个三角形

我们可由 h 公式组反解出满足它们的三角形来：

$$(**)\begin{cases} h_1 = 1.144x_2^3 - 0.624x_1x_2^2 - 3.432x_1^2x_2 + 0.208x_1^3 \\ h_2 = 1.144(1-x_2)^3 - 2.376x_1(1-x_2)^2 - 3.432x_1^2(1-x_2) + 0.792x_1^3 \\ h_3 = (1.144x_1 + 0.208x_2)x_3 + (0.208x_1 - 1.144x_2)x_4 = 0 \\ h_4 = (1.144(1-x_3) + 0.208(1-x_4))^3 - 3(-0.208x_3 + 1.144x_4) \times (1.144(1-x_3) \\ \qquad + 0.208(1-x_4))^2 - 3(-0.208x_3 + 1.144x_4)^2(1.144(1-x_3) + 0.208(1-x_4)) \\ \qquad + (-0.208x_3 + 1.144x_4)^3 \\ h_5 = (-0.792x_1 + 1.144(1-x_2))(1-x_6) - (1.144x_1 + 0.792(1-x_2))x_5 = 0 \\ h_6 = (-0.208x_3 + 1.144x_4)(1.144(1-x_5) + 0.792x_6) \\ \qquad + (1.144(1-x_3) + 0.208(1-x_4)) \times (0.792x_5 - 1.144(1-x_6)) = 0 \end{cases}$$

由 h_1 可得：$1.144\left(\dfrac{x_2}{x_1}\right)^3 - 0.624\left(\dfrac{x_2}{x_1}\right)^2 - 3.432\left(\dfrac{x_2}{x_1}\right) + 0.208 = 0$。

令 $s = \dfrac{x_2}{x_1}$，即 $1.144s^3 - 0.624s^2 - 3.432s + 0.208 = 0$。

又可改为：$(s-2)(1.144s^2 + 1.1664s - 0.104) = 0$。

可得：$s_1 = 2, s_2 = 0.0600230944, s_3 = -1.5145685489$。

由 h_2 可得：$1.144\left(\dfrac{1-x_2}{x_1}\right)^3 - 2.376\left(\dfrac{1-x_2}{x_1}\right)^2 - 3.432\dfrac{1-x_2}{x_1} + 0.792 = 0$。

令 $t = \dfrac{1-x_2}{x_1}$，即 $1.144t^3 - 2.376t^2 - 3.432t + 0.792 = 0$。

又可改为：$(t-3)(1.144t^2 + 1.056t - 0.264) = 0$。

可得：$t_1 = 3, t_2 = 0.2046349260, t_3 = -1.1277118491$。

$$\begin{cases} x_2 = 2x_1 \\ 1-x_2 = 3x_1 \end{cases} \quad \begin{cases} x_2 = 2x_1 \\ 1-x_2 = 0.2046349260 \end{cases} \quad \begin{cases} x_2 = 2x_1 \\ 1-x_2 = -1.1277118491 \end{cases}$$

$$\begin{cases} x_1 = 0.2 \\ x_2 = 0.4 \end{cases} \quad \begin{cases} x_1 = 0.4535898385 \\ x_2 = 0.9071796770 \end{cases} \quad \begin{cases} x_1 = 1.1464101616 \\ x_2 = 2.2928203231 \end{cases}$$

$$\quad F_{00} \quad\quad\quad\quad\quad\quad F_{02} \quad\quad\quad\quad\quad\quad F_{01}$$

$$\begin{cases} x_2 = 0.0600230944x_1 \\ 1-x_2 = 3x_1 \end{cases} \quad \begin{cases} x_2 = 0.0600230944x_1 \\ 1-x_2 = 0.2046349260x_1 \end{cases} \quad \begin{cases} x_2 = 0.0600230944x_1 \\ 1-x_2 = -1.1277118491 \end{cases}$$

$$\begin{cases} x_1 = 0.3267949192 \\ x_2 = 0.0196152423 \end{cases} \quad \begin{cases} x_1 = 3.7784609682 \\ x_2 = 0.2267949194 \end{cases} \quad \begin{cases} x_1 = -0.9366025404 \\ x_2 = -0.0562177827 \end{cases}$$

$$\quad F_{20} \quad\quad\quad\quad\quad\quad F_{22} \quad\quad\quad\quad\quad\quad F_{21}$$

$$\begin{cases} x_2 = -1.5145685489x_1 \\ 1-x_2 = 3x_1 \end{cases} \quad \begin{cases} x_2 = -1.5145685489x_1 \\ 1-x_2 = 0.2046349260x_1 \end{cases} \quad \begin{cases} x_2 = -1.5145685489x_1 \\ 1-x_2 = -1.1277118491x_1 \end{cases}$$

$$\begin{cases} x_1 = 0.6732050808 \\ x_2 = -1.0196152423 \end{cases} \quad \begin{cases} x_1 = -0.7633974596 \\ x_2 = 1.1562177827 \end{cases} \quad \begin{cases} x_1 = -0.3784609691 \\ x_2 = 0.5732050808 \end{cases}$$

$$\quad F_{10} \quad\quad\quad\quad\quad\quad F_{12} \quad\quad\quad\quad\quad\quad F_{11}$$

现在有九组 F 数据,按 F_{00}、F_{01}、F_{02}、F_{10}、F_{11}、F_{12}、F_{20}、F_{21}、F_{22} 次序做。

由 h_4 可得:

$$h_4 = \left(\frac{1.144(1-x_3)+0.208(1-x_4)}{-0.208x_3+1.144x_4}\right)^3 - 3\left(\frac{1.144(1-x_3)+0.208(1-x_4)}{-0.208x_3+1.144x_4}\right)^2$$

$$-3\left(\frac{1.144(1-x_3)+0.208(1-x_4)}{-0.208x_3+1.144x_4}\right)+1 = 0$$

令 $r = \dfrac{1.144(1-x_3)+0.208(1-x_4)}{-0.208x_3+1.144x_4}$,有 $h_4 = r^3 - 3r^2 - 3r + 1 = 0$,

即 $(r+1)(r^2-4r+1) = 0$,可得:

$r_1 = -1, r_2 = 2-\sqrt{3} = 0.2679491924, r_3 = 2+\sqrt{3} = 3.7320508076$

(i) $r = -1, x_3 - 0.6923076923x_4 = 1$

(ii) $r = 0.2679491924, x_3 + 0.4728013257x_4 = 1.2423426757$

(iii) $r = 3.7320508076, x_3 + 12.1758473238x_4 = 3.6765762434$

分成三组,代入 x_1、x_2:(1) F_{00} (2) F_{02} (3) F_{01};

                         (4) F_{10} (5) F_{11} (6) F_{12};

                         (7) F_{20} (8) F_{21} (9) F_{22};

(1) $x_1 = 0.2, x_2 = 0.4 (F_{00})$

(2) $x_1 = 0.4535898385, x_2 = 0.9071796770 (F_{02})$

（3） $x_1 = 1.1464101616, x_2 = 2.2928203231$（$F_{01}$）

都有 $\dfrac{x_2}{x_1} = 2$，对 h_3 各项除以 x_1，可得：$h_3 = \left(1.144 + 0.208 \dfrac{x_2}{x_1}\right) x_3 + \left(0.208 - 1.144\left(\dfrac{x_2}{x_1}\right)\right) x_4 = 0$。

代入 $\dfrac{x_2}{x_1} = 2$，得：$1.56 x_3 - 2.08 x_4 = 0$，$x_4 = 0.75 x_3$。

用上述 r 的三个不同解，所对应的 x_3 与 x_4 的关系式是：

（ⅰ） $\begin{cases} x_3 - 0.6923076923 x_4 = 1 \\ x_3 - 0.6923076923 \times 0.75 x_3 = 1 \end{cases}$ $\begin{cases} x_3 = 2.08 \\ x_4 = 1.56 \end{cases}$ （E_{10}）

（ⅱ） $\begin{cases} x_3 + 0.8591049927 x_4 = 1 \\ x_3 + 0.8591049927 \times 0.75 x_3 = 1 \end{cases}$ $\begin{cases} x_3 = 0.9171281292 \\ x_4 = 0.6878460969 \end{cases}$ （E_{20}）

（ⅲ） $\begin{cases} x_3 + 12.1758473238 x_4 = 3.6765762434 \\ x_3 + 12.1758473238 \times 0.75 x_3 = 3.6765762434 \end{cases}$ $\begin{cases} x_3 = 0.3628718708 \\ x_4 = 0.2721539031 \end{cases}$ （E_{00}）

至此可解得：$E_{00} F_{00}$、$E_{10} F_{00}$、$E_{20} F_{00}$；$E_{00} F_{01}$、$E_{10} F_{01}$、$E_{20} F_{01}$；$E_{00} F_{02}$、$E_{10} F_{02}$、$E_{20} F_{02}$。

（4） $\begin{cases} x_1 = 0.6732050808 \\ x_2 = -1.0196152423 \end{cases}$ （F_{10}）

（5） $\begin{cases} x_1 = -0.3784609691 \\ x_2 = 0.5732050808 \end{cases}$ （F_{11}）

（6） $\begin{cases} x_1 = -0.7633974596 \\ x_2 = 1.1562177827 \end{cases}$ （F_{12}）

都有 $\dfrac{x_2}{x_1} = -1.5145685489$，代入 h_3。

由 $h_3 = (1.144 + 0.208(-1.5145685489)) x_3 + (0.208 - 1.5145685489 \times 1.144) x_4 = 0$

得：$x_4 = -0.4271572555 x_3$。由 h_4 的前述 r 三个不同解，所对应的 x_3 与 x_4 关系式是：

（ⅰ） $\begin{cases} x_3 - 0.6923076923 x_4 = 1 \\ x_3 + 0.6923076923 \times 0.4271572555 x_3 = 1 \end{cases}$ $\begin{cases} x_3 = 0.7717691454 \\ x_4 = -0.3296667900 \end{cases}$ （E_{11}）

（ⅱ） $\begin{cases} x_3 + 0.4728013257 x_4 = 1.2423426757 \\ x_3 - 0.4728013257 \times 0.4271572555 x_3 = 1.2423426757 \end{cases}$ $\begin{cases} x_3 = 1.5567433615 \\ x_4 = -0.6649742218 \end{cases}$ （E_{21}）

（ⅲ） $\begin{cases} x_3 + 12.1758473238 x_4 = 3.6765762434 \\ x_3 - 12.1758473238 \times 0.4271572555 x_3 = 3.6765762434 \end{cases}$ $\begin{cases} x_3 = -0.8751666050 \\ x_4 = 0.3738337651 \end{cases}$ （E_{01}）

至此又解得：$E_{01} F_{10}$、$E_{11} F_{10}$、$E_{21} F_{10}$；$E_{01} F_{11}$、$E_{11} F_{11}$、$E_{21} F_{11}$；$E_{01} F_{12}$、$E_{11} F_{12}$、$E_{21} F_{12}$。

（7） $\begin{cases} x_1 = 0.3267949192 \\ x_2 = 0.0196152423 \end{cases}$ （F_{20}）

(8) $\begin{cases} x_1 = -0.9366025404 \\ x_2 = -0.0562177827 \end{cases}$ (F_{21})

(9) $\begin{cases} x_1 = 3.7784609682 \\ x_2 = 0.2267949194 \end{cases}$ (F_{22})

都有 $\dfrac{x_2}{x_1} = 0.0600230944$,代入 h_3。

由 $h_3 = (1.144 + 0.208 \times 0.0600230944)x_3 + (0.208 - 1.144 \times 0.0600230944)x_4 = 0$,

可得:$x_4 = -8.3001154754 x_3$。由 h_4 的前述 r 三个不同解,所对应的 x_3 与 x_4 关系式是:

(i) $\begin{aligned} & x_3 - 0.6923076923 x_4 = 1 \\ & x_3 + 0.6923076923 \times 8.3001154754 x_3 = 1 \end{aligned}$ $\begin{cases} x_3 = 0.1482308546 \\ x_4 = -1.2303332100 \end{cases}$ (E_{12})

(ii) $\begin{aligned} & x_3 + 0.4728013257 x_4 = 1.2423426757 \\ & x_3 - 0.4728013257 \times 8.3001154754 x_3 = 1.2423426757 \end{aligned}$ $\begin{cases} x_3 = -0.4248333948 \\ x_4 = 3.5261662350 \end{cases}$ (E_{22})

(iii) $\begin{aligned} & x_3 + 12.1758473238 x_4 = 3.6765762434 \\ & x_3 + 12.1758473238 \times (-8.3001154754) x_3 = 3.6765762434 \end{aligned}$ $\begin{cases} x_3 = -0.0367433715 \\ x_4 = 0.3049742261 \end{cases}$ (E_{02})

至此 27 组 E、F 值已解出:

$E_{00}F_{00}, E_{10}F_{00}, E_{20}F_{00}, E_{01}F_{10}, E_{11}F_{10}, E_{21}F_{10}, E_{02}F_{20}, E_{12}F_{20}, E_{22}F_{20},$

$E_{00}F_{01}, E_{10}F_{01}, E_{20}F_{01}, E_{01}F_{11}, E_{11}F_{11}, E_{21}F_{11}, E_{02}F_{21}, E_{12}F_{21}, E_{22}F_{21},$

$E_{00}F_{02}, E_{10}F_{02}, E_{20}F_{02}, E_{01}F_{12}, E_{11}F_{12}, E_{21}F_{12}, E_{02}F_{22}, E_{12}F_{22}, E_{22}F_{22}$。

有了 27 组 x_1、x_2、x_3、x_4 值之后,再一个接一个地用 h_5、h_6 去解 x_5、x_6:

(1) $x_1 = 0.2, x_2 = 0.4(F_{00}), x_3 = 0.3628718708, x_4 = 0.2721539031(E_{00})$。

由 h_5、h_6 解得:$\begin{cases} x_5 = 0.3921539031 \\ x_6 = 0.4771281292 \end{cases}$ (D_{00}),得 $\triangle D_{00}E_{00}F_{00}$。

(2) $x_1 = 0.2, x_2 = 0.4(F_{00}), x_3 = 2.08, x_4 = 1.56(E_{10})$。

由 h_5、h_6 可解得:$\begin{cases} x_5 = 1.32 \\ x_6 = -0.76 \end{cases}$ (D_{01}),得 $\triangle D_{01}E_{10}F_{00}$。

(3) $x_1 = 0.2, x_2 = 0.4(F_{00}), x_3 = 0.9171281292, x_4 = 0.6878460969(E_{20})$。

由 h_5、h_6 可解得:$\begin{cases} x_5 = 0.8078460969 \\ x_6 = -0.0771281292 \end{cases}$ (D_{02}),得 $\triangle D_{02}E_{20}F_{00}$。

(4) $E_{01}F_{10}: x_1 = 0.6732050808, \quad x_2 = -1.0196152423(F_{10})$
$\quad\quad\quad\quad\quad x_3 = -0.8751666050, \quad x_4 = 0.3738337651(E_{01})$

由 h_5、h_6 可解得:$\begin{cases} x_5 = 0.3921539031 \\ x_6 = 0.4771281292 \end{cases}$ (D_{00}),得 $\triangle D_{00}E_{01}F_{10}$。

(5) $E_{11}F_{10}: \quad x_1 = 0.6732050808, x_2 = -1.0196152423(F_{10})$

第四章 初等几何定理的坐标化

$$x_3=0.7717691454, x_4=-0.3296657900(E_{11})$$

由 h_5、h_6 可解得：$\begin{cases}x_5=1.32\\x_6=-0.76\end{cases}(D_{01})$，得 $\triangle D_{01}E_{11}F_{10}$。

(6) $E_{21}F_{10}$：　$x_1=0.6732050808, x_2=-1.0196152423(F_{10})$

$$x_3=1.5567433615, x_4=-0.6649742213(E_{21})$$

由 h_5、h_6 可解得：$\begin{cases}x_5=0.8078460989\\x_6=-0.0771281318\end{cases}(D_{02})$，得 $\triangle D_{02}E_{21}F_{10}$。

(7) $E_{02}F_{20}$：　$x_1=0.3267949192,\quad x_2=0.0196152423(F_{20})$

$$x_3=-0.0367433715, x_4=0.3049742261(E_{02})$$

由 h_5、h_6 可解得：$\begin{cases}x_5=0.3921539031\\x_6=0.4771281293\end{cases}(D_{00})$，得 $\triangle D_{00}E_{02}F_{20}$。

(8) $E_{12}F_{20}$：$x_1=0.3267949192, x_2=0.0196152423(F_{20})$

$$x_3=0.1482308546, x_4=-1.2303332100(E_{12})$$

由 h_5、h_6 可解得：$\begin{cases}x_5=1.32\\x_6=-0.76\end{cases}(D_{01})$，得 $\triangle D_{01}E_{12}F_{20}$。

(9) $E_{22}F_{20}$：$x_1=0.3267949192,\quad x_2=0.0196152423(F_{20})$

$$x_3=-0.4248333948,\quad x_4=3.5261662350(E_{22})$$

由 h_5、h_6 可解得：$\begin{cases}x_5=0.8078460969\\x_6=-0.0771281292\end{cases}(D_{02})$，得 $\triangle D_{02}E_{22}F_{20}$。

(10) $E_{00}F_{01}$：$x_1=1.1464101616, x_2=2.2928203231(F_{01})$

$$x_3=0.3628718708, x_4=0.2721539031(E_{00})$$

由 h_5、h_6 可解得：$\begin{cases}x_5=-0.7994744113\\x_6=0.9036791218\end{cases}(D_{10})$，得 $\triangle D_{10}E_{00}F_{01}$。

(11) $E_{10}F_{01}$：　$x_1=1.1464101616, x_2=2.2928203231(F_{01})$

$$x_3=2.08,\qquad x_4=1.56(E_{10})$$

由 h_5、h_6 可解得：$\begin{cases}x_5=0.9785640646\\x_6=1.1178976447\end{cases}(D_{11})$，得 $\triangle D_{11}E_{10}F_{01}$。

(12) $E_{20}F_{01}$：$x_1=1.1464101616, x_2=2.2928203231(F_{01})$

$$x_3=0.9171281292, x_4=0.6878460969(E_{10})$$

由 h_5、h_6 可解得：$\begin{cases}x_5=2.4217175762\\x_6=1.2917691428\end{cases}(D_{12})$，得 $\triangle D_{12}E_{20}F_{01}$。

(13) $E_{01}F_{11}$：　$x_1=-0.3784609691, x_2=0.5732050808(F_{11})$

$$x_3=-0.8751666050, x_4=0.3738337651(E_{01})$$

由 h_5、h_6 可解得：$\begin{cases}x_5=0.7994741111\\x_6=0.9036791218\end{cases}(D_{10})$，得 $\triangle D_{10}E_{01}F_{11}$。

(14) $E_{11}F_{11}$：　$x_1=-0.3784609691, x_2=0.5732050807(F_{11})$

$$x_3 = 0.7717691454, \quad x_4 = -0.3296667900(E_{11})$$

由 h_5、h_6 可解得：$\begin{cases} x_5 = 0.9785640646 \\ x_6 = 1.1178976447 \end{cases}(D_{11})$，得 $\triangle D_{11}E_{11}F_{11}$。

(15) $E_{21}F_{11}$： $x_1 = -0.3784609691, x_2 = 0.5732050808(F_{11})$
$$x_3 = 1.5567433615, \quad x_4 = -0.6649742218(E_{21})$$

由 h_5、h_6 可解得：$\begin{cases} x_5 = 2.4217175755 \\ x_6 = 1.2917691427 \end{cases}(D_{12})$，得 $\triangle D_{12}E_{21}F_{11}$。

(16) $E_{02}F_{21}$： $x_1 = -0.9366025404, x_2 = -0.0562177827(F_{21})$
$$x_3 = -0.0367433715, x_4 = 0.3049742261(E_{02})$$

由 h_5、h_6 可解得：$\begin{cases} x_5 = -0.7994744115 \\ x_6 = 0.9036791218 \end{cases}(D_{10})$，得 $\triangle D_{10}E_{02}F_{21}$。

(17) $E_{12}F_{21}$： $x_1 = -0.9366025404, \quad x_2 = -0.0562177827(F_{21})$
$$x_3 = 0.1482308546, \quad x_4 = -1.2303332100(E_{12})$$

由 h_5、h_6 可解得：$\begin{cases} x_5 = 0.9785640646 \\ x_6 = 1.1178976446 \end{cases}(D_{11})$，得 $\triangle D_{11}E_{12}F_{21}$。

(18) $E_{22}F_{21}$： $x_1 = -0.9366025404, \quad x_2 = -0.0562177827(F_{21})$
$$x_3 = -0.4248333948, \quad x_4 = 3.5261662350(E_{22})$$

由 h_5、h_6 可解得：$\begin{cases} x_5 = 2.4217175973 \\ x_6 = 1.2917691453 \end{cases}(D_{12})$，得 $\triangle D_{12}E_{22}F_{21}$。

(19) $E_{00}F_{02}$： $x_1 = 0.4535898385, \quad x_2 = 0.9071796770(F_{02})$
$$x_3 = 0.3628718708, \quad x_4 = 0.2721539031(E_{00})$$

由 h_5、h_6 可解得：$\begin{cases} x_5 = -0.1417175977 \\ x_6 = 0.6682308546 \end{cases}(D_{20})$，得 $\triangle D_{20}E_{00}F_{02}$。

(20) $E_{10}F_{02}$： $x_1 = 0.4535898385, \quad x_2 = 0.9071796770(F_{02})$
$$x_3 = 2.08, x_4 = 1.56(E_{10})$$

由 h_5、h_6 可解得：$\begin{cases} x_5 = 0.7014359355 \\ x_6 = 2.6421023549 \end{cases}(D_{21})$，得 $\triangle D_{21}E_{10}F_{02}$。

(21) $E_{20}F_{02}$： $x_1 = 0.4535898385, x_2 = 0.9071796770(F_{02})$
$$x_3 = 0.9171281292, x_4 = 0.6878460969(E_{20})$$

由 h_5、h_6 可解得：$\begin{cases} x_5 = -1.1805255897 \\ x_6 = -1.7636791228 \end{cases}(D_{22})$，得 $\triangle D_{22}E_{20}F_{02}$。

(22) $E_{01}F_{12}$： $x_1 = -0.7633974596, x_2 = 1.1562177827(F_{12})$
$$x_3 = -0.8751666050, x_4 = 0.3738337651(E_{01})$$

由 h_5、h_6 可解得：$\begin{cases} x_5 = -0.1417175976 \\ x_6 = 0.6682308546 \end{cases}(D_{20})$，得 $\triangle D_{20}E_{01}F_{12}$。

(23) $E_{11}F_{12}$: $x_1=-0.7633974596$, $x_2=1.1562177827(F_{12})$
$x_3=0.7717691454$, $x_4=-0.3296657900(E_{11})$

由 h_5、h_6 可解得：$\begin{cases}x_5=0.7014359353\\x_6=2.6421023556\end{cases}(D_{21})$，得 $\triangle D_{21}E_{11}F_{12}$。

(24) $E_{21}F_{12}$: $x_1=-0.7633974596$, $x_2=1.1562177827(F_{12})$
$x_3=1.5567433615$, $x_4=-0.6649742218(E_{21})$

由 h_5、h_6 可解得：$\begin{cases}x_5=-1.1805256081\\x_6=-1.7636791677\end{cases}(D_{22})$，得 $\triangle D_{22}E_{21}F_{12}$。

(25) $E_{02}F_{22}$: $x_1=3.7784609682$, $x_2=0.2267949194(F_{22})$
$x_3=-0.0367433715$, $x_4=0.3049742251(E_{02})$

由 h_5、h_6 可解得：$\begin{cases}x_5=-0.1417175976\\x_6=0.6682308546\end{cases}(D_{20})$，得 $\triangle D_{20}E_{02}F_{22}$。

(26) $E_{12}F_{22}$: $x_1=3.7784609682$, $x_2=0.2267949194(F_{22})$
$x_3=0.1482308546$, $x_4=-1.2303332100(E_{12})$

由 h_5、h_6 可解得：$\begin{cases}x_5=0.7014359354\\x_6=2.6421023555\end{cases}(D_{21})$，得 $\triangle D_{21}E_{12}F_{22}$。

(27) $E_{22}F_{22}$: $x_1=3.7784609682$, $x_2=0.2267949194(F_{22})$
$x_3=-0.4248333948$, $x_4=3.5261662350(E_{22})$

由 h_5、h_6 可解得：$\begin{cases}x_5=-1.1805255888\\x_6=-1.7636791220\end{cases}(D_{22})$，得 $\triangle D_{22}E_{22}F_{22}$。

与本书 4.2.2 对应三角形相比，有小小的误差，对结论不产生影响。

通过上述计算，反解出了满足 h_i 公式组的 27 个三角形，这正好与 100 多年前爱丁堡数学会进展上刊出的 27 个三角形相吻合。

这里的实例推演不能作为严格的证明，只是大致可以看出（*）h_i 公式组是 27 个三角形的综合。其实可以不管这些，从几何定理得到（*）那样的 h_i 公式组是不可能得到三角阵列的 F_i 公式组的，从而消去法是无法进行的。

F_i 公式组和 g_i 公式组合起来是算法。算法是针对对象而言，要确定适合算法的对象，其实就是适合定解条件的对象。这是任何一个编程人员都应遵守的规则，调试程序就是做这个工作。

就 F_i 公式组而言，若每个 F_i 公式都是线性的，则适用对象是唯一的（如本书 2.2 节所给的 F_i 公式组）。若有一个 F_i 公式是三次的，其余是线性，则适用对象有三个（如本书 4.1 节的尾部所给的 F_i 公式组）。若有三个 F_i 公式是三次的，其余是线性的，则适用对象有 $3\times3\times3=27$，即有 27 个（如本书 4.2 节所给的（*）h_i 公式组，此处得不到 F_i 公式组）。不必一一列出了。

如已给出 F_i 公式组或 h_i 公式组，直接解出适合对象比较困难，一般用实例。如能知道适用对象,可直接代入验证;如不能确切知道,可以由 $h_i=0$ 或 $F_i=0$ 反解出适用对象。这是写本节的用意。

适用对象是一个或三个,则无论如何得不到多余一个或三个对象的结论。

无论怎么消去,$F_i=0$ 是必需的,否则消去做的不是等量代换。

4.3 其他定解条件

4.3.1 另一种定解条件

设 $A(u'_1,0)$、$B(u'_2,0)$、$F(0,u'_3)$,令 $C(x_2^0,x_1^0)$、$E(x_4^0,x_3^0)$、$D(x_6^0,x_5^0)$ 来定解 Morley 三角形。

利用条件:$\angle BAC=3\angle FAB$,$\angle FAB=\angle EAC$,$\angle ABC=3\angle ABF$,$\angle ABF=\angle CBD$,$\angle ACB=3\angle ACE$,$\angle ACE=\angle BCD$(见图 4-3)。

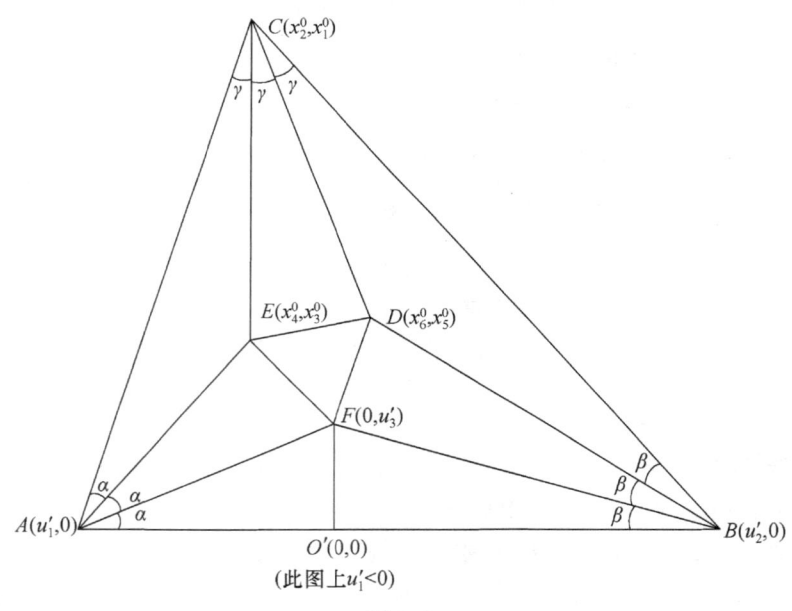

图 4-3

完全可以令 $u_1=-u'_1+u'_2$,此时原点从 $O'(0,0)$ 移到 $A(0,0)$,x 轴不变。

$u_2=-u'_1$,$u_3=u'_3$,$u_1-u_2=u'_2$

分别代入 h 公式、F 公式、g 公式得出完全相应的结论,计算如下:

(1) h 公式:

$h_1=(-3u'^2_2 u'_3+u'^3_3)x_2+(-u'^3_2+3u'_2 u'^2_3)x_1-(3u'^2_2-u'^2_3)(u'_1-u'_2)u'_3=0$

$h_2=(3u'^2_1 u'_3-u'^3_3)x_2+(u'^3_1-3u'_1 u'^2_3)x_1=0$

$h_3=(u'_1 x_1+u'_3 x_2)x_4+(u'_3 x_1-u'_1 x_2)x_3=0$

$$h_4 = (-x_1^3+3x_1x_2^2+2(u'_1-u'_2)x_1x_2)x_4^3+(9x_1^2x_2-3x_2^3+3(u'_1-u'_2)x_1^2$$
$$-3(u'_1-u'_2)x_2^2)x_3x_4^2+(3x_1^3-6(u'_1-u'_2)x_1x_2-9x_1x_2^2)x_3^2x_4$$
$$-((u'_1-u'_2)x_1^2+3x_1^2x_2-(u'_1-u'_2)x_2^2-x_2^3)x_3^3-3((u'_1-u'_2)+2x_2)x_1(x_1^2+x_2^2)x_4^2$$
$$-6(x_1^2-(u'_1-u'_2)x_2-x_2^2)(x_1^2+x_2^2)x_3x_4+3((u'_1-u'_2)+2x_2)x_1$$
$$\times(x_1^2+x_2^2)x_3^2+3x_1(x_1^2+x_2^2)^2x_4-3(x_2+(u'_1-u'_2))(x_1^2+x_2^2)^2x_3$$
$$+(u'_1-u'_2)x_1(x_1^2+x_2^2)^2=0$$

$$h_5=+(u'_2x_1+u'_3x_2+(u'_1-u'_2)u'_3)x_6+(u'_3x_1-u'_2x_2-(u'_1-u'_2)u'_2)x_5$$
$$+(u'_2x_1+u'_3x_2+(u'_1-u'_2)u'_3)(u'_1-u'_2)=0$$

$$h_6=((2x_1x_2+(u'_1-u'_2)x_1)x_4+(x_1^2-x_2^2-(u'_1-u'_2)x_2)x_3-x_1(x_1^2+x_2^2))x_6$$
$$+(((x_1^2-x_2^2)-(u'_1-u'_2)x_2)x_4-(2x_1x_2+(u'_1-u'_2)x_1)x_3+(x_2+(u'_1-u'_2))(x_1^2+x_2^2))x_5$$
$$+(-(x_1^2+x_2^2)x_1x_4+(x_2^3+(u'_1-u'_2)x_2^2+x_1^2x_2+(u'_1-u'_2)x_1^2)x_3-(u'_1-u'_2)x_1(x_1^2+x_2^2))=0$$

(2) F 公式:

$$F_1=[3u'^2_1u'^2_2-(u'^2_1-8u'_1u'_2+u'^2_2)u'^2_3+3u'^4_3]x_1-(3u'^2_1-u'^2_3)(3u'^2_2-u'^2_3)u'_3=0$$

$$F_2=(3u'^2_1u'_3-u'^3_3)x_2+(u'^3_1-3u'_1u'^2_3)x_1=0$$

$$F_3=((3u'^2_1-u'^2_3)u'_3(x_1^2+x_2^2))x_3^3-3(2u'_1u'_3(x_1^2+x_2^2)+(u'_1-u'_2)(u'^2_1-u'^2_3)x_1$$
$$+2u'_1(u'_1-u'_2)u'_3x_2)(u'_1x_1+u'_3x_2)x_3^2+3(u'_3(x_1^2+x_2^2)+u'_1(u'_1-u'_2)x_1$$
$$+(u'_1-u'_2)u'_3x_2)(u'_1x_1+u'_3x_2)^2x_3-(u'_1-u'_2)x_1(u'_1x_1+u'_3x_2)^3=0$$

$$F_4=(u'_1x_1+u'_3x_2)x_4+(u'_3x_1-u'_1x_2)x_3=0$$

$$F_5=((u'_2x_1-u'_3x_2)x_4-(u'_3x_1+u'_2x_2)x_3+u'_3(x_1^2+x_2^2))x_5$$
$$+(u'_2x_1+u'_3x_2+(u'_1-u'_2)u'_3)(-x_1x_4+x_2x_3)=0$$

$$F_6=(u'_2x_1+u'_3x_2+(u'_1-u'_2)u'_3)x_6+((u'_3x_1-u'_2x_2-(u'_1-u'_2)u'_2)x_5$$
$$+(u'_2x_1+u'_3x_2+(u'_1-u'_2)u'_3)(u'_1-u'_2)=0$$

(3) g 公式:

$$g_1=2(x_4+u'_1)x_6+2(x_3-u'_3)x_5-(x_4^2+x_3^2)+(u'^2_1+u'^2_3)=0$$
$$g_2=x_6^2-2x_4x_6+x_5^2-2x_3x_5+2(-u'_1x_4+u'_3x_3)-(u'^2_1+u'^2_3)=0$$
$$g_3=x_6^2+2u'_1x_6+x_5^2-2u'_3x_5-(x_4^2+x_3^2)+2(-u'_1x_4+u'_3x_3)=0$$

这里还要指出:从 F_3 要得出 x_3 是 u'_1、u'_2、u'_3 及 x_1、x_2 的有理分式(或说关于 x_3 的线性式)是极为困难的。这样的 F 公式仅适合于内 Morley 正三角形 $\triangle D_{00}E_{00}F_{00}$、$\triangle D_{01}E_{10}F_{00}$ 及 $\triangle D_{02}E_{20}F_{00}$ 三个正三角形。

4.3.2 再一种定解条件

如仍用图 4-1,那么 Zhou S C(周咸青)"Mechanical geometry theorem proving"(《几何定理的机器证明》)p120—p121Example 的图,$D(u_2,u_3)$ 要为 $F(u_2,u_3)$、$F(x_5,x_4)$ 变为

$E(x_5,x_4)$、$E(x_7,x_6)$ 变为 $D(x_7,x_6)$。相应定解条件：

$$\left. \begin{array}{l} \tan(\angle CBA)=\tan(3\angle DBA) \\ \tan(\angle CAB)=\tan(3\angle DAB) \\ x_3\cdot x_3-3=0 \\ \tan(\angle DAB)=\tan(\angle CAF) \\ \tan(\angle BAD)+\angle DBA+\angle ACF)=x_3 \\ \tan(\angle ABD)=\tan(\angle EBC) \\ \tan(\angle ACF)=\tan(\angle ECB) \\ \text{结论 } g=\tan(\angle EDF)-x_3=0 \end{array} \right\} \text{变成} \begin{array}{l} (1)\ \tan(\angle ABC)=\tan(3\angle ABF) \\ (2)\ \tan(\angle BAC)=\tan(3\angle BAF) \\ (3)\ x_3\cdot x_3-3=0 \\ (4)\ \tan(\angle BAF)=\tan(\angle CAE) \\ (5)\ \tan(\angle BAF+\angle FBA+\angle ACE)=x_3 \\ (6)\ \tan(\angle ABF)=\tan(\angle DBC) \\ (7)\ \tan(\angle ACE)=\tan(\angle DCB) \\ (8)\ g=\tan(\angle DFE)-x_3=0 \end{array}$$

对照可得（见本书 4-1 节）：

(1) $h_1=(u_1-u_2)[3u_3^2-(u_1-u_2)^2]x_1+u_3[u_3^2-3(u_1-u_2)^2]x_2$
$-u_1u_3[u_3^2-3(u_1-u_2)^2]=0$。

(2) $h_2=(u_3^3-3u_2^2u_3)x_2+(-3u_2u_3^2+u_2^3)x_1=0$。

(3) $h_3=x_3^2-3=0$。

(4) $h_4=(u_2x_1-u_3x_2)x_5-(u_3x_1+u_2x_2)x_4=0$。

(5) $h_5=[(u_1u_2-u_2^2-u_3^2)(x_1+x_2x_3)+u_1u_3(x_1x_3-x_2)]x_5$
$+[(u_1u_2-u_2^2-u_3^2)(x_1x_3-x_2)-u_1u_3(x_1+x_2x_3)]x_4$
$-(x_1^2+x_2^2)[(u_1u_2-u_2^2-u_3^2)x_3-u_1u_3]=0$。

(6) $h_6=[u_3x_2+(u_1-u_2)x_1-u_1u_3]x_7+[-(u_1-u_2)x_2+u_3x_1+(u_1-u_2)u]x_6$
$+[-u_3x_2-(u_1-u_2)x_1+u_1u_3]u_1=0$。

(7) $h_7=[(2x_1x_2-u_1x_1)x_5+(x_1^2-x_2^2+u_1x_2)x_4-x_1(x_1^2+x_2^2)]x_7$
$+[(x_1^2-x_2^2+u_1x_2)x_5+(-2x_1x_2+u_1x_1)x_4+(x_2-u_1)(x_1^2+x_2^2)]x_6$
$-(x_1^3+x_1x_2^2)x_5+(x_2^3-u_1x_2^2+x_1^2x_2-u_1x_2^2)x_4+u_1x_1(x_1^2+x_2^2)=0$。

(8) $g=\tan(\angle DEF)-x_3=0$。

EF 直线方程：

$$y-u_3=\frac{x_4-u_3}{-(u_2-x_5)}(x-u_2)$$

法式方程：

$$\frac{(u_2-x_5)y+(x4-u_3)x+u_3x_5-u_2x_4}{\sqrt{(x_4-u_3)^2+(u_2-x_5)^2}}=0$$

$$\overline{DK}=\frac{(u_2-x_5)x_6+(x_4-u_3)x_7+u_3x_5-u_2x_4}{\sqrt{(x_4-u_3)^2+(u_2-x_5)^2}}$$

DK 直线方程：

$$y-x_6=\frac{u_2-x_5}{x_4-u_3}(x-x_7)$$

法式方程：

第四章　初等几何定理的坐标化

$$\frac{(x_4-u_3)y-(u_2-x_5)x-(x_4-u_3)x_6+(u_2-x_5)x_7}{\sqrt{(x_4-u_3)^2+(u_2-x_5)^2}}=0$$

$$\overline{FK}=\frac{-(x_4-u_3)u_3+(u_2-x_5)u_2+(x_4-u_3)x_6-(u_2-x_5)x_7}{\sqrt{(x_4-u_3)^2+(u_2-x_5)^2}}$$

$$\tan(\angle DFE)=x_3=\frac{(u_2-x_5)x_6+(x_4-u_3)x_7+u_3x_5-u_2x_4}{(x_4-u_3)x_6-(u_2-x_5)x_7+(u_2^2+u_3^2-u_2x_5-u_3x_4)}$$

$$g=[(x_4-u_3)x_6-(u_2-x_5)x_7+(u_2^2+u_3^2-u_2x_5-u_3x_4)]x_3$$
$$-[(u_2-x_5)x_6+(x_4-u_3)x_7+(u_3x_5-u_2x_4)]=0$$

可以用实例 $u_1=1$, $u_2=0.4$, $u_3=0.2$ 直接将 $x_1=1.144$, $x_2=0.208$, $x_3=\sqrt{3}=1.7320508076$, $x_4=0.3628718708$, $x_5=0.2721539031$, $x_6=0.3921539031$, $x_7=0.4771281292$, 代入 h_i 及 g_j 验证 $h_i=0$ 及 $g_j=0$, 得出结论。这个 h_i 公式组及 $g_j=0$ 公式仅适用于 $\triangle D_{00}E_{00}F_{00}$（内 Morlog 正三角形）。

也可以由 $u_1=1$, $u_2=0.4$, $u_3=0.2$, 从 $h_i=0$ 公式组反解出上述 x_1、x_2、x_3、x_4、x_5、x_6、x_7 的值，再代入 g_j, 确实 $g_j=0$。

由此可以推出 F_i 公式组如下：

$$\begin{cases} F_1=(3(u_1-u_2)^2u_2^2-(u_1^2+6u_1u_2-6u_2^2)u_3^2+3u_3^4)x_2 \\ \quad\quad -3((u_1-u_2)^2-u_3^2)(3u_2^2-u_3^2)u_3=0 \\ F_2=(3u_2^2-u_3^2)u_3x_2-(u_2^2-3u_3^2)u_2x_1=0 \\ F_3=x_3^2-3=0^{①} \\ F_4=[(u_1u_2-u_2^2-u_3^2)(u_2x_3+u_3)+u_1u_3(u_3x_2-u_2)]x_4 \\ \quad\quad -(u_2x_1-u_3x_2)((u_1u_2-u_2^2-u_3^2)x_3-u_1u_3)=0 \\ F_5=(u_2x_1-u_3x_2)x_5-(u_3x_1+u_2x_2)x_4=0 \\ F_6=[(u_1-u_2)x_1-u_3x_2)x_5-(u_3x_1+(u_1-u_2)x_2)x_4+u_3(x_1^2+x_2^2)]x_6 \\ \quad\quad -(x_1x_5-x_2x_4)(u_3x_2+(u_1-u_2)x_1-u_1u_3)=0 \\ F_7=(u_3x_2+(u_1-u_2)x_1-u_1u_3)x_7+(-(u_1-u_2)x_2+u_3x_1-(u_1-u_2)u_1)x_6 \\ \quad\quad -(u_3x_2+(u_1-u_2)x_1-u_1u_3)u_1=0 \end{cases}$$

---

① 此处应该用 $x_3-\sqrt{3}=0$, 这样用的是高斯消去法，能做到底，用 $x_3^2-3=0$ 导致当一个角为 120°时也认为是正三角形，这导致增根。这里需要指出：这个 F_i 公式组仅适用于 $\triangle D_{00}E_{00}F_{00}$, 此时这个 $F_3=0$ 完全是多余的。

第五章 $h_i=0$ 公式组或 $F_i=0$ 公式组的经典代数解法

经典代数针对一个个具体问题自然有相应合适的解法,本书主要利用三次方程的卡丹公式,给出解法。

5.1 范例1的代数解法

由 $h_i=0$ 公式组(见4.1节)

$h_1=(-3(u_1-u_2)^2u_3+u_3^3)x_2+(-(u_1-u_2)^3+3(u_1-u_2)u_3^2)x_1$
$+(3(u_1-u_2)^2-u_3^2)u_1u_3=0$

$h_2=(3u_2^2u_3-u_3^3)x_2-(u_2^3-3u_2u_3^2)x_1=0$

$h_3=-(u_2x_1-u_3x_2)x_4+(u_3x_1+u_2x_2)x_3=0$

$h_4=(-x_1^3+3x_1x_2^2-2u_1x_1x_2)x_4^3+(9x_1^2x_2-3u_1x_1^2-3x_2^3+3u_1x_2^2)x_3x_4^2$
$+(3x_1^3+6u_1x_1x_2-9x_1x_2^2)x_3^2x_4+(u_1x_1^2-3x_1^2x_2-u_1x_2^2+x_2^3)x_3^3+3(u_1-2x_2)x_1(x_1^2+x_2^2)x_4^2$
$-6(x_1^2+u_1x_2-x_2^2)(x_1^2+x_2^2)x_3x_4+3(2x_2-u_1)x_1(x_1^2+x_2^2)x_3^2+3x_1(x_1^2+x_2^2)^2x_4$
$-3(x_2-u_1)(x_1^2+x_2^2)^2x_3-u_1x_1(x_1^2+x_2^2)^2=0$

$h_5=((u_1-u_2)x_1+u_3x_2-u_1u_3)x_6+(u_3x_1-(u_1-u_2)x_2+(u_1-u_2)u_1)x_5$
$-((u_1-u_2)x_1+u_3x_2-u_1u_3)u_1=0$

$h_6=((2x_1x_2-u_1x_1)x_4+(x_1^2-x_2^2+u_1x_2)x_3-x_1(x_1^2+x_2^2))x_6$
$+(((x_1^2-x_2^2)+u_1x_2)x_4+(-2x_1x_2+u_1x_1)x_3+(x_2-u_1)(x_1^2+x_2^2))x_5$
$-(x_1^2+x_2^2)x_1x_4+(x_2^3-u_1x_2^2+x_1^2x_2-u_1x_1^2)x_3+u_1x_1(x_1^2+x_2^2)=0$

由 h_1、h_2 可解得:

$$x_1=\frac{(3(u_1-u_2)^2-u_3^2)u_3(3u_2^2-u_3^2)}{[3(u_1-u_2)^2u_2^2-(u_1^2+6u_1u_2-6u_2^2)u_3^2+3u_3^4]},$$

$$x_2=\frac{(3(u_1-u_2)^2-u_3^2)u_2(u_2^2-3u_3^2)}{[3(u_1-u_2)^2u_2^2-(u_1^2+6u_1u_2-6u_2^2)u_3^2+3u_3^4]}。$$

$$x_1^2+x_2^2=\frac{(3(u_1-u_2)^2-u_3^2)^2(u_2^2+u_3^2)^3}{[3(u_1-u_2)^2u_2^2-(u_1^2+6u_1u_2-6u_2^2)u_3^2+3u_3^4]^2},$$

$$u_2x_1-u_3x_2=\frac{2u_2u_3(3(u_1-u_2)^2-u_3^2)(u_2^2+u_3^2)}{3(u_1-u_2)^2u_2^2-(u_1^2+6u_1u_2-6u_2^2)u_3^2+3u_3^4}$$

由 h_3 可得：$(u_2x_1-u_3x_2)x_4=(u_3x_1+u_2x_2)x_3$

$$x_4=\frac{(u_3x_1+u_2x_2)}{(u_2x_1-u_3x_2)}x_3$$

由 h_5、h_6 可解出 x_5、x_6 的表达式。

只要把 $F_3=0$ 解出来，范例1的 x_i 坐标表达式就解出来了。以下给出"解相应于 x_3 的三次方程的全过程"：

$F_3=(3u_2^2-u_3^2)u_3(x_1^2+x_2^2)x_3^3$
$-3(2u_2u_3(x_1^2+x_2^2)+u_1(u_2^2-u_3^2)x_1-2u_1u_2u_3x_2)(u_2x_1-u_3x_2)x_3^2$
$+3(u_3(x_1^2+x_2^2)+u_1u_2x_1-u_1u_3x_2)(u_2x_1-u_3x_2)^2x_3$
$-u_1x_1(u_2x_1-u_3x_2)^3=0$

5.1.1 范例1的 $F_i=0$ 公式组的第一种解法

先将整个 $F_3=0$ 除以 $(u_2x_1-u_3x_2)^3$，代之以上各式后，提取公因子：

$$\frac{(3(u_1-u_2)^2-u_3^2)u_3}{[3(u_1-u_2)^2u_2^2-(u_1^2+6u_1u_2-6u_2^2)u_3^2+3u_3^4]^2}，并令 y=\frac{(u_2^2+u_3^2)}{u_2x_1-u_3x_2}x_3，可得：$$

$(3u_2^2-u_3^2)(3(u_1-u_2)^2-u_3^2)y^3$
$-3[3(u_1-u_2)^2(u_1+2u_2)u_2^2-(u_1^3+6u_1u_2^2-4u_2^3)u_3^2+(3u_1-2u_2)u_3^4]y^2$
$+3[3(u_1-u_2)^2(2u_1+u_2)u_2^3-(2u_1^3+6u_1^2u_2-5u_2^3)u_2u_3^2+(3u_1^2+u_2^2)u_3^4-u_3^6]y$
$-u_1(3u_2^2-u_3^2)(3(u_1-u_2)^2u_2^2-(u_1^2+6u_1u_2-6u_2^2)u_3^2+3u_3^4)=0$

为推演方便记为：

$a=(3u_2^2-u_3^2)(3(u_1-u_2)^2-u_3^2)$
$b=[3(u_1-u_2)^2(u_1+2u_2)u_2^2-(u_1^3+6u_1u_2^2-4u_2^3)u_3^2+(3u_1-2u_2)u_3^4]$
$c=[3(u_1-u_2)^2(2u_1+u_2)u_2^3-(2u_1^3+6u_1^2u_2-5u_2^3)u_2u_3^2+(3u_1^2+u_2^2)u_3^4-u_3^6]$
$d=u_1(3u_2^2-u_3^2)(3(u_1-u_2)^2u_2^2-(u_1^2+6u_1u_2-6u_2^2)u_3^2+3u_3^4)$

即：$ay^3-3by^2+3cy-d=0$

$y^3-3\frac{b}{a}y^2+3\frac{c}{a}y-\frac{d}{a}=0$（将 $u_1=1$、$u_2=0.4$、$u_3=0.2$ 分别代入 a、b、c、d，可得 y 的纯数值方程，即得这个方程的三个根：1，0.1744576303，0.4409269850）。

令 $y=z+\frac{b}{a}$，记为 $p=\frac{-3(b^2-ac)}{a^2}$，$q=\frac{3abc-2b^3-a^2d}{a^3}$

将 a、b、c、d 表达式分别代入 p、q 可得：

$$-\frac{p}{3}=\frac{p_0+p_2z^2+p_4z^4+p_6z^6+p_8z^8+p_{10}z^{10}}{(3u_2^2-u_3^2)^2(3(u_1-u_2)^2-u_3^2)^2}$$

$$=\frac{1}{(3u_2^2-u_3^2)^2(3(u_1-u_2)^2-u_3^2)^2}[9(u_1-u_2)^6u_2^4-3(u_1-u_2)^4(2u_1^2-4u_1u_2-7u_2^2)u_2^2u_3^2$$

$$+(u_1-u_2)^2(u_1^4-4u_1^3u_2-12u_1^2u_2^2+32u_1u_2^3+10u_2^4)u_3^4$$
$$+3(u_1^4-4u_1^3u_2+8u_1u_2^3-2u_2^4)u_3^6+3(u_1^2-2u_1u_2-u_2^2)u_3^8+u_3^{10}]$$

$$-\frac{q}{2}=\frac{q_0+q_2u_3^2+q_4u_3^4+q_6u_3^6+q_8u_3^8+q_{10}u_3^{10}+q_{12}u_3^{12}+q_{14}u_3^{14}}{(3u_2^2-u_3^2)^3(3(u_1-u_2)^2-u_3^2)^3}$$

$$=\frac{1}{(3u_2^2-u_3^2)^3(3(u_1-u_2)^2-u_3^2)^3}[27(u_1-u_2)^9u_2^6-27(u_1-u_2)^9u_2^4u_3^2$$
$$+9(u_1-u_2)^5(u_1^4-4u_1^3u_2+6u_1^2u_2^2-4u_1u_2^3-17u_2^4)u_2^2u_3^4$$
$$-(u_1-u_2)^3(u_1^6-6u_1^5u_2+15u_1^4u_2^2-20u_1^3u_2^3-147u_1^2u_2^4+318u_1u_2^5+55u_2^6)u_3^6$$
$$-27(u_1-u_2)(2u_1^4-8u_1^3u_2+4u_1^2u_2^2+8u_1u_2^3-3u_2^4)u_2^2u_3^8$$
$$+3(u_1-u_2)(2u_1^4-8u_1^3u_2-12u_1^2u_2^2+40u_1u_2^3+5u_2^4)u_3^{10}$$
$$+(u_1-u_2)(8u_1^2-16u_1u_2-19u_2^2)u_3^{12}+3(u_1-u_2)u_3^{14}]$$

$$=\frac{1}{(3u_2^2-u_3^2)^3(3(u_1-u_2)^2-u_3^2)^3}\triangle_1(q)$$

这里有：$p_0=9(u_1-u_2)^6u_2^4$

$p_2=-3(u_1-u_2)^4(2u_1^2-4u_1u_2-7u_2^2)u_2^2$

$p_4=(u_1-u_2)^2(u_1^4-4u_1^3u_2-12u_1^2u_2^2+32u_1u_2^3+10u_2^4)$

$p_6=3(u_1^4-4u_1^3u_2+8u_1u_2^3-2u_2^4)$

$p_8=3(u_1^2-2u_1u_2-u_2^2)$

$p_{10}=1$

$q_0=27(u_1-u_2)^9u_2^6$

$q_2=-27(u_1-u_2)^9u_2^4$

$q_4=9(u_1-u_2)^5(u_1^4-4u_1^3u_2+6u_1^2u_2^2-4u_1u_2^3-17u_2^4)u_2^2$

$q_6=-(u_1-u_2)^3(u_1^6-6u_1^5u_2+15u_1^4u_2^2-20u_1^3u_2^3-147u_1^2u_2^4+318u_1u_2^5+55u_2^6)$

$q_8=-27(u_1-u_2)(2u_1^4-8u_1^3u_2+4u_1^2u_2^2+8u_1u_2^3-3u_2^4)u_2^2$

$q_{10}=3(u_1-u_2)(2u_1^4-8u_1^3u_2-12u_1^2u_2^2+40u_1u_2^3+5u_2^4)$

$q_{12}=(u_1-u_2)(8u_1^2-16u_1u_2-19u_2^2)$

$q_{14}=3(u_1-u_2)$

按卡丹公式 $z^3+pz+q=0$

记 $u^3=-\dfrac{q}{2}+\sqrt{\dfrac{q^2}{4}+\dfrac{p^3}{27}}=A$

$v^3=-\dfrac{q}{2}-\sqrt{\dfrac{q^2}{4}+\dfrac{p^3}{27}}=B$

三个根为 $\sqrt[3]{A}+\sqrt[3]{B},\omega\times\sqrt[3]{A}+\omega^2\times\sqrt[3]{B},\omega^2\times\sqrt[3]{A}+\omega\times\sqrt[3]{B}$

记 $\dfrac{q^2}{4}+\dfrac{p^3}{27}=\dfrac{\triangle(p,q)}{(3u_2^2-u_3^2)^6(3(u_1-u_2)^2-u_3^2)^6}$

$\dfrac{q^2}{4}+\dfrac{p^3}{27}=\left(-\dfrac{q}{2}\right)^2-\left(\dfrac{-p}{3}\right)^3=\dfrac{1}{(3u_2^2-u_3^2)^6(3(u_1-u_2)^2-u_3^2)^6}$

$[(q_0+q_2u_3^2+q_4u_3^4+q_6u_3^6+q_8u_3^8+q_{10}u_3^{10}+q_{12}u_3^{12}+q_{14}u_3^{14})^2$
$-(p_0+p_2u_3^2+p_4u_3^4+p_6u_3^6+p_8u_3^8+p_{10}u_3^{10})^3]$

$=\dfrac{1}{(3u_2^2-u_3^2)^6(3(u_1-u_2)^2-u_3^2)^6}\{(q_0^2-p_0^3)+(2q_0q_2-3p_0^2p_2)u_3^2$

$+(q_2^2+2q_0q_4-3p_0p_2^2-3p_0^2p_4)u_3^4+(2q_2q_4+2q_0q_6-p_2^3-3p_0^2p_6-6p_0p_2p_4)\times u_3^6$

$+(q_4^2+2q_0q_8+2q_2q_6-3p_0p_4^2-3p_0^2p_8-3p_2^2p_4-6p_0p_2p_6)u_3^8$

$+(2q_0q_{10}+2q_2q_8+2q_4q_6-3p_0^2p_{10}-3p_2p_4^2-3p_2^2p_6-6p_0p_2p_8-6p_0p_4p_6)\times u_3^{10}$

$+(q_6^2+2q_0q_{12}+2q_2q_{10}+2q_4q_8-p_4^3-3p_0p_6^2-3p_2^2p_8-6p_0p_2p_{10}-6p_0p_4p_8-6p_2p_4p_6)u_3^{12}$

$+(2q_0q_{14}+2q_2q_{12}+2q_4q_{10}+2q_6q_8-3p_2^2p_{10}-3p_2p_6^2-3p_4^2p_6-6p_0p_4p_{10}-6p_0p_6p_8-6p_2p_4p_8)u_3^{14}$

$+(q_8^2+2q_2q_{14}+2q_4q_{12}+2q_6q_{10}-3p_0p_8^2-3p_4p_6^2-3p_4^2p_8-6p_0p_6p_{10}-6p_2p_4p_{10}-6p_2p_6p_8)u_3^{16}$

$+(2q_4q_{14}+2q_6q_{12}+2q_8q_{10}-p_6^3-3p_2p_8^2-3p_4^2p_{10}-6p_0p_8p_{10}-6p_2p_6p_{10}-6p_4p_6p_8)u_3^{18}$

$+(q_{10}^2+2q_6q_{14}+2q_8q_{12}-3p_4p_8^2-3p_6^2p_8-3p_0p_{10}^2-6p_2p_8p_{10}-6p_4p_6p_{10})u_3^{20}$

$-(2q_8q_{14}+2q_{10}q_{12}-3p_2p_{10}^2-3p_6p_8^2-3p_6^2p_{10}-6p_4p_8p_{10})u_3^{22}$

$+(q_{12}^2+2q_{10}q_{14}-p_8^3-3p_4p_{10}^2-6p_6p_8p_{10})u_3^{24}$

$+(2q_{12}q_{14}-3p_6p_{10}^2-3p_8^2p_{10})u_3^{26}+(q_{14}^2-3p_8p_{10}^2)u_3^{28}-p_{10}^3u_3^{30}\}$

$=\dfrac{\triangle(p,q)}{(3u_2^2-u_3^2)^6(3(u_1-u_2)^2-u_3^2)^6}$ 于是有:

$\triangle(p,q)=[-3^8(u_1-u_2)^{16}u_2^{12}u_3^2+2\times 3^7(u_1-u_2)^{14}(3u_1^2-6u_1u_2-5u_2^2)u_2^{10}u_3^4$

$-3^6(u_1-u_2)^{12}u_2^8(15u_1^4-60u_1^3u_2-6u_1^2u_2^2+132u_1u_2^3+19u_2^4)u_3^6$

$+2^2\times 3^5(u_1-u_2)^{10}u_2^6(5u_1^6-30u_1^5u_2+15u_1^4u_2^2+140u_1^3u_2^3-135u_1^2u_2^4-90u_1u_2^5+23u_2^6)u_3^8$

$-3^4(u_1-u_2)^8u_2^4(15u_1^8-120u_1^7u_2+100u_1^6u_2^2+1080u_1^5u_2^3-2250u_1^4u_2^4-440u_1^3u_2^5+2892u_1^2u_2^6$

$-744u_1u_2^7-263u_2^8)u_3^{10}+3^3(u_1-u_2)^6u_2^2(6u_1^{10}-60u_1^9u_2+30u_1^8u_2^2+1200u_1^7u_2^3-3460u_1^6u_2^4$

$-72u_1^5u_2^5+10140u_1^4u_2^6-10000u_1^3u_2^7-750u_1^2u_2^8+3900u_1u_2^9-502u_2^{10})u_3^{12}$

$-3^2(u_1-u_2)^4(u_1^{12}-12u_1^{11}u_2-30u_1^{10}u_2^2+740u_1^9u_2^3-2325u_1^8u_2^4-1272u_1^7u_2^5+17004u_1^5u_2^6$

$-25040u_1^5u_2^7+2985u_1^4u_2^8+26300u_1^3u_2^9-21762u_1^2u_2^{10}+2124u_1u_2^{11}+20032u_2^{12})u_3^{14}$

$-3(u_1-u_2)^2(16u_1^{12}-192u_1^{11}u_2+456u_1^{10}u_2^2+2480u_1^9u_2^3-14760u_1^8u_2^4+24768u_1^7u_2^5$

$+4344u_1^6u_2^6-70992u_1^5u_2^7+96840u_1^4u_2^8-39520u_1^3u_2^9-19032u_1^2u_2^{10}+17904u_1u_2^{11}-2312u_2^{12})$

$\times u_3^{16}-(100u_1^{12}-1200u_1^{11}u_2+4872u_1^{10}u_2^2-4720u_1^9u_2^3-24210u_1^8u_2^4+95760u_1^7u_2^5$

$-148440u_1^6u_2^6+77616u_1^5u_2^7+85140u_1^4u_2^8-155920u_1^3u_2^9+84360u_1^2u_2^{10}-5840u_1u_2^{11}-2789u_2^{12})u_3^{18}$

$-3(32u_1^{10}-320u_1^9u_2+1260u_1^8u_2^2-2400u_1^7u_2^3+960u_1^6u_2^4+6336u_1^5u_2^5-14520u_1^4u_2^6$
$+12000u_1^3u_2^7-1440u_1^2u_2^8-3200u_1u_2^9+806u_2^{10})u_3^{20}$
$-3(10u_1^8-80u_1^7u_2+376u_1^6u_2^2-1136u_1^5u_2^3+1600u_1^4u_2^4-320u_1^3u_2^5-1520u_1^2u_2^6+1504u_1u_2^7-29u_2^8)u_3^{22}$
$+4(4u_1^6-24u_1^5u_2+6u_1^4u_2^2+136u_1^3u_2^3-264u_1^2u_2^4+192u_1u_2^5+85u_2^6)u_3^{24}$
$+3(4u_1^4-16u_1^3u_2+24u_1^2u_2^2-16u_1u_2^3-41u_2^4)u_3^{26}+18u_2^2u_3^{28}-u_3^{30}]$

注意到 $-\dfrac{q}{2}=\dfrac{\triangle_1(q)}{(3u_2^2-u_3^2)^3(3(u_1-u_2)^2-u_3^2)^3}$

于是就有:$\triangle_1(q)=[27(u_1-u_2)^9u_2^6-27(u_1-u_2)^9u_2^4u_3^2$

$+9(u_1-u_2)^5(u_1^4-4u_1^3u_2+6u_1^2u_2^2-4u_1u_2^3-17u_2^4)u_2^2u_3^4$

$-(u_1-u_2)^3(u_1^6-6u_1^5u_2+15u_1^4u_2^2-20u_1^3u_2^3-147u_1^2u_2^4+318u_1u_2^5+55u_2^6)u_3^6$

$-27(u_1-u_2)(2u_1^4-8u_1^3u_2+4u_1^2u_2^2+8u_1u_2^3-3u_2^4)u_2^2u_3^8$

$+3(u_1-u_2)(2u_1^4-8u_1^3u_2-12u_1^2u_2^2+40u_1u_2^3+5u_2^4)u_3^{10}$

$+(u_1-u_2)(8u_1^2-16u_1u_2-19u_2^2)u_3^{12}+3(u_1-u_2)u_3^{14}]$

按卡丹公式 $z^3+pz+q=0$

$A=u^3=\dfrac{\triangle_1(q)+\sqrt{\triangle(p,q)}}{(3u_2^2-u_3^2)^3(3(u_1-u_2)^2-u_3^2)^3}$

$B=v^3=\dfrac{\triangle_1(q)-\sqrt{\triangle(p,q)}}{(3u_2^2-u_3^2)^3(3(u_1-u_2)^2-u_3^2)^3}$

则 $g_1^{(6)}$、$g_2^{(5)}$、$g_3^{(7)}$ 中的 $\dfrac{x_3}{u_2x_1-u_3x_2}=\dfrac{y}{u_2^2+u_3^2}=\dfrac{1}{u_2^2+u_3^2}\left[z+\dfrac{b}{a}\right]$,即有三根:

$$\begin{cases}\dfrac{1}{u_2^2+u_3^2}\left(\dfrac{b+\sqrt[3]{\triangle_1(q)+\sqrt{\triangle(p,q)}}+\sqrt[3]{\triangle_1(q)-\sqrt{\triangle(p,q)}}}{(3u_2^2-u_3^2)(3(u_1-u_2)^2-u_3^2)}\right);\\[2mm]\dfrac{1}{u_2^2+u_3^2}\left(\dfrac{b+\omega\times\sqrt[3]{\triangle_1(q)+\sqrt{\triangle(p,q)}}+\omega^2\times\sqrt[3]{\triangle_1(q)-\sqrt{\triangle(p,q)}}}{(3u_2^2-u_3^2)(3(u_1-u_2)^2-u_3^2)}\right);\\[2mm]\dfrac{1}{u_2^2+u_3^2}\left(\dfrac{b+\omega^2\times\sqrt[3]{\triangle_1(q)+\sqrt{\triangle(p,q)}}+\omega\times\sqrt[3]{\triangle_1(q)-\sqrt{\triangle(p,q)}}}{(3u_2^2-u_3^2)(3(u_1-u_2)^2-u_3^2)}\right)\end{cases}$$

这里有三个层次,圆括号内分子没有 $+b$,而分母就是 a,算出来是 z;$z+\dfrac{b}{a}$ 得到的是 y;$\dfrac{y}{u_2^2+u_3^2}$ 就是 $\dfrac{x_3}{u_2x_1-u_3x_2}$。这三个根对应三个不同的三角形。

这里指出:原本 15 次多项式的二次方及 10 次多项式的三次方比较繁复,为此引入 $\triangle_1(q)$、$\triangle(p,q)$ 及 q_i、p_j,以方便运算和验算其准确性。

第五章 $h_i=0$ 公式组或 $F_i=0$ 公式组的经典代数解法

以下用实例 $u_1=1$、$u_2=0.4$、$u_3=0.2$ 验证上述计算 $\triangle_1(q)$、$\triangle(p,q)$ 及 y、z 的三次方程计算的准确性。

① 先代入 $u_1=1, u_2=0.4$ 有：

$\triangle_1(q) = 0.00111451255603 - 0.0069657034752u_3^2 - 0.03708592128u_3^4$
$+ 0.1213056u_3^6 + 0.3234816u_3^8 - 0.7776u_3^{10} - 0.864u_3^{12} + 1.8u_3^{14}$

$\triangle(p,q) = -0.00003105345593882u_3^2 - 0.00007188299985839u_3^4 + 0.001066597256547u_3^6$
$+ 0.00184422048247799u_3^8 - 0.01632422208277u_3^{10} - 0.0172604559567u_3^{12}$
$+ 0.1410845193064u_3^{14} + 0.05433248710656u_3^{16} - 0.7123482869u_3^{18} + 0.163631925u_3^{20}$
$+ 1.92471552u_3^{22} - 1.52064u_3^{24} - 1.9008u_3^{26} + 2.88u_3^{28} - u_3^{30}$

② 再代入 $u_3=0.2$ 可得：

$\triangle_1(q) = 0.00111451255603 - 0.000278628139008 - 0.000059337474048$
$+ 0.0000077635584 + 0.000000828112896 - 0.0000007962624 - 0.00000003538944$
$+ 0.000000000294912 = 0.000785055738598$

$\triangle(p,q) = -0.0000012421382375528 - 0.0000011501279977342$
$+ 0.00000006826222441901 + 0.000000004721204435144$
$- 0.000000001671600341276 - 0.0000000007069882759854$
$+ 0.00000000002311528764316 + 0.00000000000036150663621221$
$- 0.000000000000018673782932111 + 0.000000000000001715805093888$
$+ 0.0000000000000000080728420 - 0.000000000000000000255121057$
$- 0.0000000000000000001275605 + 0.00000000000000000000773094$
$- 0.0000000000000000000001073741824 = -0.0000012358866151067$

$\sqrt{\triangle(p,q)} = i0.0011339694066005$

根 $r_1 = [\sqrt[3]{0.000785055738598 + i0.0011339694066005}$
$+ \sqrt[3]{0.000785055738598 - i0.0011339694066005}]/0.4576$
$= 0.11131217352404[(\cos 18.4349488733934° + i\sin 18.4349488733934°)$
$+ (\cos 18.43494887733934° - i\sin 18.4349488733934°)]/0.4576$

$= \dfrac{0.21119999971}{0.4576} = 0.46153846093$

即 $z_1 = 0.46153846093$

相应 $y_1 = z_1 + \dfrac{0.2464}{0.4576} = 0.9999999994$

根 $r_2 = 0.11131217352404[(\cos 138.4349488733934° + i\sin 138.4349488733934°)$
$- (\cos 138.4349488733934° - i\sin 138.4349488733934°)]/0.4576$

$= [-2\times 0.11131217325404\times 0.74820292836225]/0.4576 = -0.36400390730349$

即 $z_2 = -0.36400390730349$

相应 $y_2 = -0.36400390730349 + \dfrac{0.2464}{0.4576} = 0.1744576312$

$r_3 = 0.11131217352404[(\cos 258.4349488733934° + \sin 258.4349488733934°)$
$+ (\cos 258.4349488733934° - i\sin 258.4349488733934°)]/0.4576$

$z_3 = -0.09753455274506$

$y_3 = -0.09753455274506 + \dfrac{0.2464}{0.4576} = 0.44092609857$

可见 z 的根公式准确。

5.1.2 范例 1 的 $F_i = 0$ 公式组的第二种解法

从 $\tan(\angle ACB) = \tan(3\angle ACE)$ 得：

$$\frac{u_1 x_1}{x_1^2 + x_2^2 - u_1 x_2} = \frac{x_1 x_4 - x_2 x_3}{x_1^2 + x_2^2 - x_1 x_3 - x_2 x_4}\left[3 - \left(\frac{x_1 x_4 - x_2 x_3}{x_1^2 + x_2^2 - x_1 x_3 - x_2 x_4}\right)^2\right] / \left[1 - 3\left(\frac{x_1 x_4 - x_2 x_3}{x_1^2 + x_2^2 - x_1 x_3 - x_2 x_4}\right)^2\right]$$

直接得：

$$\frac{u_1 x_1}{x_1^2 + x_2^2 - u_1 x_2} - 3\left(\frac{x_1 x_4 - x_2 x_3}{x_1^2 + x_2^2 - x_1 x_3 - x_2 x_4}\right) - 3\frac{u_1 x_1}{x_1^2 + x_2^2 - u_1 x_2}\left(\frac{x_1 x_4 - x_2 x_3}{x_1^2 + x_2^2 - x_1 x_3 - x_2 x_4}\right)^2$$
$$+ \left(\frac{x_1 x_4 - x_2 x_3}{x_1^2 + x_2^2 - x_1 x_3 - x_2 x_4}\right)^3 = 0$$

令 $\lambda = \dfrac{u_1 x_1}{x_1^2 + x_2^2 - u_1 x_2}$, $s = \dfrac{x_1 x_4 - x_2 x_3}{x_1^2 + x_2^2 - x_1 x_3 - x_2 x_4}$;

化为 $s^3 - 3\lambda s^2 - 3s + \lambda = 0$

利用

$$x_1 = \frac{[3(u_1 - u_2)^2 - u_3^2](3u_2^2 - u_3^2) u_3}{3(u_1 - u_2)^2 u_2^2 - (u_1^2 + 6u_1 u_2 - 6u_2^2) u_3^2 + 3u_3^4}; \quad x_2 = \frac{[3(u_1 - u_2)^2 - u_3^2](u_2^2 - 3u_3^2) u_2}{3(u_1 - u_2)^2 u_2^2 - (u_1^2 + 6u_1 u_2 - 6u_2^2) u_3^2 + 3u_3^4}$$

$$x_1^2 + x_2^2 = \frac{[3(u_1 - u_2)^2 - u_3^2]^2 (u_2^2 + u_3^2)^3}{[3(u_1 - u_2)^2 u_2^2 - (u_1^2 + 6u_1 u_2 - 6u_2^2) u_3^2 + 3u_3^4]^2}$$

可知 s 有三个根，

记

$$\lambda_0 = \frac{(3u_2^2 - u_3^2) u_1 u_3 [3(u_1 - u_2)^2 u_2^2 - (u_1^2 + 6u_1 u_2 - 6u_2^2) u_3^2 + 3u_3^4]}{[3(u_1 - u_2)^2 - u_3^2](u_2^2 + u_3^2)^3 - (u_2^2 - 3u_3^2) u_1 u_2 [3(u_1 - u_2)^2 u_2^2 - (u_1^2 + 6u_1 u_2 - 6u_2^2) u_3^2 + 3u_3^4]}$$

第五章　$h_i=0$ 公式组或 $F_i=0$ 公式组的经典代数解法

$$\begin{cases} s_1^0 = \lambda_0 + \sqrt{1+\lambda_0^2} \times 2\cos\dfrac{1}{3}\left(\text{arc }\cos\dfrac{\lambda_0}{\sqrt{1+\lambda_0^2}}\right) \\ s_2^0 = \lambda_0 - \sqrt{1+\lambda_0^2}\left[\cos\dfrac{1}{3}\left(\text{arc }\cos\dfrac{\lambda_0}{\sqrt{1+\lambda_0^2}}\right) + \sqrt{3}\sin\dfrac{1}{3}\left(\text{arc }\cos\dfrac{\lambda_0}{\sqrt{1+\lambda_0^2}}\right)\right] \\ s_3^0 = \lambda_0 - \sqrt{1+\lambda_0^2}\left[\cos\dfrac{1}{3}\left(\text{arc }\cos\dfrac{\lambda_0}{\sqrt{1+\lambda_0^2}}\right) - \sqrt{3}\sin\dfrac{1}{3}\left(\text{arc }\cos\dfrac{\lambda_0}{\sqrt{1+\lambda_0^2}}\right)\right] \end{cases}$$

对实例 $u_1=1, u_2=0.4, u_3=0.2, x_1=1.144, x_2=0.208$,

$\lambda_0=1, \sqrt{1+\lambda_0^2}=\sqrt{2}, \cos\dfrac{1}{3}\text{arc }\cos\dfrac{\sqrt{2}}{2}=0.9659258263, \sin\dfrac{1}{3}\text{arc }\cos\dfrac{\sqrt{2}}{2}=0.2588190451$

$s_1^0=3.7320508076, s_2^0=-1, s_3^0=0.2679491924$

这是对的！

$x_1 x_4 - x_2 x_3 = s_i^0 (x_1^2 + x_2^2 - x_1 x_3 - x_2 x_4)$

$(s_i^0 x_1 - x_2) x_3 + (x_1 + s_i^0 x_2) x_4 - s_i^0 (x_1^2 + x_2^2) = 0$

这时归化为：

$h_1 = (-3(u_1-u_2)^2 u_3 + u_3^3) x_2 + (-(u_1-u_2)^3 + 3(u_1-u_2) u_3^2) x_1$
$\qquad + (3(u_1-u_2)^2 - u_3^2) u_1 u_3 = 0$

$h_2 = (3u_2^2 u_3 - u_3^3) x_2 - (u_3^3 - 3u_2 u_3^2) x_1 = 0$

$h_3 = (s_i^0 x_1 - x_2) x_3 + (s_i^0 x_2 + x_1) x_4 - (x_1^2 + x_2^2) s_i^0 = 0$

$h_4 = -(u_2 x_1 - u_3 x_2) x_4 + (u_3 x_1 + u_2 x_2) x_3 = 0$

$h_5 = ((u_1-u_2) x_1 + u_3 x_2 - u_1 u_3) x_6 + (u_3 x_1 - (u_1-u_2) x_2 + (u_1-u_2) u_1) x_5$
$\qquad - ((u_1-u_2) x_1 + u_3 x_2 - u_1 u_3) u_1 = 0$

$h_6 = ((2 x_1 x_2 - u_1 x_1) x_4 + (x_1^2 - x_2^2 + u_1 x_2) x_3 - x_1(x_1^2 + x_2^2)) x_5$
$\qquad + (((x_1^2 - x_2^2) + u_1 x_2) x_4 + (-2 x_1 x_2 + u_1 x_1) x_3 + (x_2 - u_1)(x_1^2 + x_2^2)) x_5$
$\qquad - (x_1^2 + x_2^2) x_1 x_4 + (x_2^3 - u_1 x_2^2 + x_1^2 x_2 - u_1 x_1^2) x_3 + u_1 x_1 (x_1^2 + x_2^2) = 0$

由 $h_i=0$ 可得

$F_1 = (3(u_1-u_2)^2 u_2^2 - (u_1^2 + 6 u_1 u_2 - 6 u_2^2) u_3^2 + 3 u_3^4) x_1$
$\qquad - (3(u_1-u_2)^2 - u_3^2)(3 u_2^2 - u_3^2) u_3 = 0$

$F_2 = (3 u_2^2 - u_3^2) u_3 x_2 - (u_3^2 - 3 u_2^2) u_2 x_1 = 0$

$F_3 = (s_i^0 u_2 + u_3) x_3 - (u_2 x_1 - u_3 x_2) s_i^0 = 0$

$F_4 = -(u_2 x_1 - u_3 x_2) x_4 + (u_3 x_1 + u_2 x_2) x_3 = 0$

$F_5 = (((u_1-u_2) x_1 - u_3 x_2) x_4 - (u_3 x_1 + (u_1-u_2) x_2) x_3 + u_3(x_1^2 + x_2^2)) x_5$
$\qquad + ((u_1-u_2) x_1 + u_3 x_2 - u_1 u_3)(-x_1 x_4 + x_2 x_3) = 0$

$F_6 = ((u_1-u_2) x_1 + u_3 x_2 - u_1 u_3) x_6 + (u_3 x_1 - (u_1-u_2) x_2 + (u_1-u_2) u_1) x_5$
$\qquad - ((u_1-u_2) x_1 + u_3 x_2 - u_1 u_3) u_1 = 0$

5.2 范例 2 的 $h_i=0$ 公式组的解法

由范例 2 的坐标化推导可得：

$$(*)\begin{cases} h_1 = u_2x_1^3 - 3u_3x_1^2x_2 - 3u_2x_1x_2^2 + u_3x_2^3 = 0 \\ h_2 = (u_1-u_2)x_1^3 - 3u_3x_1^2(u_1-x_2) - 3(u_1-u_2)x_1(u_1-x_2)^2 + u_3(u_1-x_2)^3 = 0 \\ h_3 = (u_3x_1+u_2x_2)x_3 + (u_2x_1-u_3x_2)x_4 = 0 \\ h_4 = u_1u_3(u_2^2+u_3^2-u_3x_3-u_2x_4)^3 - 3(u_3^2-(u_1-u_2)u_2)(-u_2x_3+u_3x_4)(u_2^2+u_3^2-u_3x_3-u_2x_4)^2 \\ \qquad -3u_1u_3(-u_2x_3+u_3x_4)^2(u_2^2+u_3^2-u_3x_3-u_2x_4) + (u_3^2-(u_1-u_2)u_2)(-u_2x_3+u_3x_4)^3 = 0 \\ h_5 = (-(u_1-u_2)x_1+u_3(u_1-x_2))(u_1-x_6) - (u_3x_1+(u_1-u_2)(u_1-x_2))x_5 = 0 \\ h_6 = (-u_2x_3+u_3x_4)(-u_3x_5+(u_1-u_2)x_6+u_3^2-(u_1-u_2)u_2) \\ \qquad + (u_2^2+u_3^2-u_3x_3-u_2x_4)((u_1-u_2)x_5+u_3x_6-u_1u_3) = 0 \end{cases}$$

这里需要说明的是：除了用下面的方法将 h_i 公式组（*）化为线性代数方程组以外，没有其他的代数方法能得到三角阵列的 F_i 公式组，从而无法做非线性消去法。

现在来解 $h_1=0$、$h_2=0$ 及 $h_4=0$：

对 $h_1=0$，即：$u_2x_1^3-3u_3x_1^2x_2-3u_2x_1x_2^2+u_3x_2^3=0$

令 $\dfrac{x_1}{x_2}=s$，$\dfrac{u_3}{u_2}=\lambda$。$h_1=0$ 化为：$s^3-3\lambda s^2-3s+\lambda=0$

对 $h_2=0$，即：$(u_1-u_2)x_1^3-3u_3x_1^2(u_1-x_2)-3(u_1-u_2)x_1(u_1-x_2)^2+u_3(u_1-x_2)^3=0$

令 $\dfrac{x_1}{u_1-x_2}=s$，$\dfrac{u_3}{u_1-u_2}=\lambda$。$h_2=0$ 化为：$s^3-3\lambda s^2-3s+\lambda=0$

对 $h_4=0$，即：

$u_1u_3(u_2^2+u_3^2-u_3x_3-u_2x_4)^3-3(u_3^2-(u_1-u_2)u_2)(-u_2x_3+u_3x_4)(u_2^2+u_3^2-u_3x_3-u_2x_4)^2$
$-3u_1u_3(-u_2x_3+u_3x_4)^2(u_2^2+u_3^2-u_3x_3-u_2x_4)+(u_3^2-(u_1-u_2)u_2)(-u_2x_3+u_3x_4)^3=0$

令图 4-2 的图形正向（即逆时针方向）转 $\pi-3\alpha$，再令 x' 轴平移，将 $C(-\sqrt{u_2^2+u_3^2},0)$ 平移成 $C(0,0)$，即 x' 轴每个点加 $\sqrt{u_2^2+u_3^2}$。这样一来，令 $s=\dfrac{-u_2x_3+u_3x_4}{u_2^2+u_3^2-u_3x_3-u_2x_4}$，

$\lambda=\dfrac{u_1u_3}{u_3^2-(u_1-u_2)u_2}$

与 $h_1=0$ 及 $h_2=0$ 一样处理。$h_4=0$ 化为 $s^3-3\lambda s^2-3s+\lambda=0$

三个 h 公式归化为相同的三次方程，只是参数不一样。

现在来解 $s^3-3\lambda s^2-3s+\lambda=0$

令 $s=t+\lambda$，得：

$t^3+3\lambda t^2+3\lambda^2 t+\lambda^3-3\lambda t^2-6\lambda^2 t-3\lambda^3-3t-3\lambda+\lambda=0$

即：$t^3-3(\lambda^2+1)t-2(\lambda^2+1)\lambda=0$

利用卡丹公式，这里有 $p=-3(\lambda^2+1)$，$q=-2(\lambda^2+1)\lambda$

于是有：$-\dfrac{q}{2}=(\lambda^2+1)\lambda$，$\left(\dfrac{q}{2}\right)^2=\lambda^2(\lambda^2+1)^2$，$\left(\dfrac{p}{3}\right)^3=-(\lambda^2+1)^3$，$\sqrt{\left(\dfrac{q}{2}\right)^2+\left(\dfrac{p}{3}\right)^3}=i(\lambda^2+1)$

于是有根：

$$\begin{cases} t_1=\sqrt[3]{1+\lambda^2}\left(\sqrt[3]{\lambda+i}+\sqrt[3]{\lambda-i}\right) \\ t_2=\sqrt[3]{1+\lambda^2}\left(\sqrt[3]{\lambda+i}\times\omega+\sqrt[3]{\lambda-i}\times\omega^2\right) \\ t_3=\sqrt[3]{1+\lambda^2}\left(\sqrt[3]{\lambda+i}\times\omega^2+\sqrt[3]{\lambda-i}\times\omega\right) \end{cases}$$

$$\begin{cases} s_1=\lambda+\sqrt[3]{1+\lambda^2}\left(\sqrt[3]{\lambda+i}+\sqrt[3]{\lambda-i}\right) \\ s_2=\lambda+\sqrt[3]{1+\lambda^2}\left(\sqrt[3]{\lambda+i}\times\omega+\sqrt[3]{\lambda-i}\times\omega^2\right) \\ s_3=\lambda+\sqrt[3]{1+\lambda^2}\left(\sqrt[3]{\lambda+i}\times\omega^2+\sqrt[3]{\lambda-i}\times\omega\right) \end{cases}$$

下面来看看计算实例：令 $u_1=1$，$u_2=0.208$，$u_3=1.144$：

（1）对 h_1，$\lambda=\dfrac{u_3}{u_2}=5.5$

$t_1=\sqrt[3]{1+(5.5)^2}\left(\sqrt[3]{5.5+i}+\sqrt[3]{5.5-i}\right)$

$=5.5901699437\left(\sqrt[3]{0.9838699101+i0.1788854382}+\sqrt[3]{0.9838699101-i0.1788854382}\right)$

$=5.5901699437\times 2\times 0.9982034670=11.1602540378$

$s_1=t_1+5.5=16.6602540378$

$t_2=5.5901699437\times\left[(0.9982034670+i0.0599152609)\times\dfrac{-1+\sqrt{3}i}{2}\right.$

$\left.-(0.9982034670-i0.0599152609)\times\dfrac{-1-\sqrt{3}i}{2}\right]$

$=5.5901699437\times(-0.5509898715)\times 2=-6.1602540379$

$s_2=-0.6602540379$

$t_3=5.5901699437\left[(0.9982034670+i0.0599152609)\times\dfrac{-1-\sqrt{3}i}{2}\right.$

$\left.-(0.9982034670-i0.0599152609)\times\dfrac{-1+\sqrt{3}i}{2}\right]$

$=5.5901699437\times(-0.4472135955)\times 2=-5$

$s_3=0.5$

这里的 s_1、s_2、s_3 分别是本书 4.2.3 的 h_1 的 $s_1=2$（是这里 $s_3=0.5$ 的倒数），$s_2=0.0600230944$（是这里 $s_1=16.6602540378$ 的倒数），$s_3=-1.5145685489$（是这里 $s_2=-0.6602540379$ 的倒数）。

与实例计算一致。

相应有根的公式如下：

$$\begin{cases} s_1^{(1)} = \dfrac{u_3}{u_2} + \dfrac{\sqrt{u_2^2+u_3^2}}{u_2}\left(2\times\cos\dfrac{1}{3}\text{arc cos}\dfrac{u_3}{\sqrt{u_2^2+u_3^2}}\right) \\ s_2^{(1)} = \dfrac{u_3}{u_2} + \dfrac{\sqrt{u_2^2+u_3^2}}{u_2}\left[\omega\left(\cos\left(\dfrac{1}{3}\text{arc cos}\dfrac{u_3}{\sqrt{u_2^2+u_3^2}}\right)+i\sin\left(\dfrac{1}{3}\text{arc cos}\dfrac{u_3}{\sqrt{u_2^2+u_3^2}}\right)\right)\right. \\ \quad\left.+\omega^2\left(\cos\left(\dfrac{1}{3}\text{arc cos}\dfrac{u_3}{\sqrt{u_2^2+u_3^2}}\right)-i\sin\left(\dfrac{1}{3}\text{arc cos}\dfrac{u_3}{\sqrt{u_2^2+u_3^2}}\right)\right)\right] \\ s_3^{(1)} = \dfrac{u_3}{u_2} + \dfrac{\sqrt{u_2^2+u_3^2}}{u_2}\left[\omega^2\left(\cos\left(\dfrac{1}{3}\text{arc cos}\dfrac{u_3}{\sqrt{u_2^2+u_3^2}}\right)+i\sin\left(\dfrac{1}{3}\text{arc cos}\dfrac{u_3}{\sqrt{u_2^2+u_3^2}}\right)\right)\right. \\ \quad\left.+\omega\left(\cos\left(\dfrac{1}{3}\text{arc cos}\dfrac{u_3}{\sqrt{u_2^2+u_3^2}}\right)-i\sin\left(\dfrac{1}{3}\text{arc cos}\dfrac{u_3}{\sqrt{u_2^2+u_3^2}}\right)\right)\right] \end{cases}$$

即：

$$\begin{cases} s_1^{(1)} = \dfrac{u_3}{u_2} + \dfrac{\sqrt{u_2^2+u_3^2}}{u_2}\left(2\cos\dfrac{1}{3}\text{arc cos}\dfrac{u_3}{\sqrt{u_2^2+u_3^2}}\right) \\ s_2^{(1)} = \dfrac{u_3}{u_2} - \dfrac{\sqrt{u_2^2+u_3^2}}{u_2}\left[\cos\left(\dfrac{1}{3}\text{arc cos}\dfrac{u_3}{\sqrt{u_2^2+u_3^2}}\right)+\sqrt{3}\sin\left(\dfrac{1}{3}\text{arc cos}\dfrac{u_3}{\sqrt{u_2^2+u_3^2}}\right)\right] \\ s_3^{(1)} = \dfrac{u_3}{u_2} - \dfrac{\sqrt{u_2^2+u_3^2}}{u_2}\left[\cos\left(\dfrac{1}{3}\text{arc cos}\dfrac{u_3}{\sqrt{u_2^2+u_3^2}}\right)-\sqrt{3}\sin\left(\dfrac{1}{3}\text{arc cos}\dfrac{u_3}{\sqrt{u_2^2+u_3^2}}\right)\right] \end{cases}$$

有 $x_1 = s_j^{(1)} x_2 (j=1,2,3)$ 或 $x_1 - s_j^{(1)} x_2 = 0 (j=1,2,3)$

(2) 对 h_2，$s = \dfrac{x_1}{u_1-x_2}$，$\lambda = \dfrac{u_3}{u_1-u_2}$

$\lambda = \dfrac{1.144}{0.792} = \dfrac{13}{9}$ $1+\lambda^2 = 1+\dfrac{169}{81} = \dfrac{250}{91}$

$t_1 = \sqrt[3]{1+\lambda^2}\left(\sqrt[3]{\lambda+i}+\sqrt[3]{\lambda-i}\right)$

$= \sqrt{1+\lambda^2}\left(\sqrt[3]{\dfrac{\lambda}{\sqrt{1+\lambda^2}}+i\dfrac{1}{\sqrt{1+\lambda^2}}}+\sqrt[3]{\dfrac{\lambda}{\sqrt{1+\lambda^2}}-i\dfrac{1}{\sqrt{1+\lambda^2}}}\right)$

$= \dfrac{15.8113883008}{9}\left(\sqrt[3]{\dfrac{13+9i}{15.8113883008}}+\sqrt[3]{\dfrac{13-9i}{15.8113883008}}\right)$

$= 1.7568209223\left(\sqrt[3]{0.8221921916+i0.5692099788}+\sqrt[3]{0.8221921916-i0.5692099788}\right)$

$= 1.7568209223 \times 2 \times 0.9796977193 = 3.4423069015$

$\quad s_1 = 4.8867513459$

$\quad t_2 = 1.7568209223\left(\omega \times \sqrt[3]{0.8221921916+i0.5692099788}\right.$
$\left.+\omega^2 \times \sqrt[3]{0.8221921916-i0.5692099788}\right)$

$$= 1.7568209223 \left[\frac{-1+\sqrt{3}i}{2}(0.9796977193+i0.2004803703) \right.$$

$$\left. + \frac{-1-\sqrt{3}i}{2}(0.9796977193-i0.2004803703) \right]$$

$$= 1.7568209223 \left[(-0.6634699532+0.7482029277i)+(-0.6634699532-0.7482029277i) \right]$$

$$= -2.3311957902$$

$$s_2 = -0.8867513458$$

$$t_3 = 1.7568209223 \left[\frac{-1-\sqrt{3}i}{2}(0.9796977193+i0.2004803703) \right.$$

$$\left. + \frac{-1+\sqrt{3}i}{2}(0.9796977193-i0.2004803703) \right]$$

$$= 1.7568209223 \times \left[(-0.3162277660-i0.9486832982)+(-0.3162277660+ \right.$$

$$\left. i0.948632982) \right] = -1.1111111110$$

$$s_3 = 0.3333333334$$

与本书 4.2.3 中 h_2 的 $t_1=3$(是此处 s_3 的倒数)、$t_2=0.2046349260$(是此处 s_1 的倒数)、$t_3=-1.1277118491$(是此处 s_2 的倒数)一致。

相应有根的公式如下:

$$\begin{cases} s_1^{(2)} = \frac{u_3}{u_1-u_2} + \frac{\sqrt{(u_1-u_2)^2+u_3^2}}{u_1-u_2}\left(2\times\cos\left(\frac{1}{3}\arccos\frac{u_3}{\sqrt{(u_1-u_2)^2+u_3^2}}\right)\right) \\ s_2^{(2)} = \frac{u_3}{u_1-u_2} + \frac{\sqrt{(u_1-u_2)^2+u_3^2}}{u_1-u_2}\left[\omega\left(\cos\left(\frac{1}{3}\arccos\frac{u_3}{\sqrt{(u_1-u_2)^2+u_3^2}}\right)\right. \right. \\ \left. +i\sin\left(\frac{1}{3}\arccos\frac{u_3}{\sqrt{(u_1-u_2)^2+u_3^2}}\right)\right) \\ \left. +\omega^2\left(\cos\left(\frac{1}{3}\arccos\frac{u_3}{\sqrt{(u_1-u_2)^2+u_3^2}}\right)-i\sin\left(\frac{1}{3}\arccos\frac{u_3}{\sqrt{(u_1-u_2)^2+u_3^2}}\right)\right)\right] \\ s_3^{(2)} = \frac{u_3}{u_1-u_2} + \frac{\sqrt{(u_1-u_2)^2+u_3^2}}{u_1-u_2}\left[\omega^2\left(\cos\left(\frac{1}{3}\arccos\frac{u_3}{\sqrt{(u_1-u_2)^2+u_3^2}}\right)\right. \right. \\ \left. +i\sin\left(\frac{1}{3}\arccos\frac{u_3}{\sqrt{(u_1-u_2)^2+u_3^2}}\right)\right) \\ \left. +\omega\left(\cos\left(\frac{1}{3}\arccos\frac{u_3}{\sqrt{(u_1-u_2)^2+u_3^2}}\right)-i\sin\left(\frac{1}{3}\arccos\frac{u_3}{\sqrt{(u_1-u_2)^2+u_3^2}}\right)\right)\right] \end{cases}$$

即:

$$\begin{cases} s_1^{(2)} = \dfrac{u_3}{u_1-u_2} + \dfrac{\sqrt{(u_1-u_2)^2+u_3^2}}{u_1-u_2}\left(2\cos\dfrac{1}{3}\text{arc cos}\dfrac{u_3}{\sqrt{(u_1-u_2)^2+u_3^2}}\right) \\ s_2^{(2)} = \dfrac{u_3}{u_1-u_2} - \dfrac{\sqrt{(u_1-u_2)^2+u_3^2}}{u_1-u_2}\left(\cos\dfrac{1}{3}\text{arc cos}\dfrac{u_3}{\sqrt{(u_1-u_2)^2+u_3^2}}+\sqrt{3}\sin\dfrac{1}{3}\text{arc cos}\dfrac{u_3}{\sqrt{(u_1-u_2)^2+u_3^2}}\right) \\ s_2^{(3)} = \dfrac{u_3}{u_1-u_2} - \dfrac{\sqrt{(u_1-u_2)^2+u_3^2}}{u_1-u_2}\left(\cos\dfrac{1}{3}\text{arc cos}\dfrac{u_3}{\sqrt{(u_1-u_2)^2+u_3^2}}-\sqrt{3}\sin\dfrac{1}{3}\text{arc cos}\dfrac{u_3}{\sqrt{(u_1-u_2)^2+u_3^2}}\right) \end{cases}$$

有 $(x_1 - s_k^{(2)}(u_1-x_2)) = 0 (k=1,2,3)$ 或 $x_1 = s_k^{(2)}(u_1-x_2)(k=1,2,3)$

(3) 对 h_4, $s = \dfrac{-u_2 x_3 + u_3 x_4}{u_2^2 + u_3^2 - u_3 x_3 - u_2 x_4}, \lambda = \dfrac{u_1 u_3}{u_2^2 + u_3^2 - u_1 u_2}$

$$\lambda = \dfrac{1.144}{1.352-0.208} = 1$$

$$s_1 = 1 + \sqrt[3]{2}(\sqrt[3]{1+i} + \sqrt[3]{1-i}) = 1 + \sqrt{2}\left(\sqrt[3]{\dfrac{\sqrt{2}}{2}+\dfrac{\sqrt{2}}{2}i} + \sqrt[3]{\dfrac{\sqrt{2}}{2}-\dfrac{\sqrt{2}}{2}i}\right)$$

$$= 1 + \sqrt{2}\left(\left(\cos\dfrac{1}{3}\cdot\dfrac{\pi}{4}+i\sin\dfrac{1}{3}\cdot\dfrac{\pi}{4}\right) + \left(\cos\dfrac{\pi}{12}-i\sin\dfrac{\pi}{12}\right)\right)$$

$$= 1 + 2\sqrt{2}\cos\dfrac{\pi}{12} = 1 + 2\sqrt{2}\times 0.9659258263 = 3.7320508075$$

$$s_2 = 1 + \sqrt{2}\left(\left(\cos\dfrac{\pi}{12}+i\sin\dfrac{\pi}{12}\right)\omega + \left(\cos\dfrac{\pi}{2}-i\sin\dfrac{\pi}{12}\right)\omega^2\right)$$

$$= 1 + \sqrt{2}\times 2\left(\cos\left(\dfrac{\pi}{12}+\dfrac{2\pi}{3}\right)\right) = 1 + 2\sqrt{2}\cos\dfrac{3\pi}{4} = 1 + 2\sqrt{2}\left(-\dfrac{\sqrt{2}}{2}\right) = 1 - 2 = -1$$

$$s_3 = 1 + 2\sqrt{2}\cos\left(\dfrac{\pi}{12}-\dfrac{2\pi}{3}\right) = 1 + 2\sqrt{2}\cos\dfrac{7\pi}{12} = 1 - 2\sqrt{2}\times 0.2588190451$$

$= 0.2679491924$

与本书 4.2.3 节的 h_4 的解 r_1、r_2、r_3 一致。注意：这里 s_2 对应 r_1，s_3 对应 r_2，s_1 对应 r_3。

有根公式如下：

$$\begin{cases} s_1^{(3)} = \dfrac{u_1 u_3}{u_2^2+u_3^2-u_1 u_2} + \dfrac{\sqrt{(u_2^2+u_3^2-u_1 u_2)^2+u_1^2 u_3^2}}{u_2^2+u_3^2-u_1 u_2}\times 2\cos\dfrac{1}{3}\left(\text{arc cos}\dfrac{u_1 u_3}{\sqrt{(u_2^2+u_3^2-u_1 u_2)^2+u_1^2 u_3^2}}\right) \\ s_2^{(3)} = \dfrac{u_1 u_3}{u_2^2+u_3^2-u_1 u_2} + \dfrac{\sqrt{(u_2^2+u_3^2-u_1 u_2)^2+u_1^2 u_3^2}}{u_2^2+u_3^2-u_1 u_2} \\ *\left[\omega\left(\cos\dfrac{1}{3}\left(\text{arc cos}\dfrac{u_1 u_3}{\sqrt{(u_2^2+u_3^2-u_1 u_2)^2+u_1^2 u_3^2}}\right)+i\sin\dfrac{1}{3}\left(\text{arc cos}\dfrac{u_1 u_3}{\sqrt{(u_2^2+u_3^2-u_1 u_2)^2+u_1^2 u_3^2}}\right)\right)\right. \\ \left.+\omega^2\left(\cos\dfrac{1}{3}\left(\text{arc cos}\dfrac{u_1 u_3}{\sqrt{(u_2^2+u_3^2-u_1 u_2)^2+u_1^2 u_3^2}}-i\sin\dfrac{1}{3}\left(\left(\text{arc cos}\dfrac{u_1 u_3}{\sqrt{(u_2^2+u_3^2-u_1 u_2)^2+u_1^2 u_3^2}}\right)\right)\right)\right] \end{cases}$$

$$\begin{cases} s_3^{(3)} = \dfrac{u_1 u_3}{u_2^2+u_3^2-u_1 u_2} + \dfrac{\sqrt{(u_2^2+u_3^2-u_1 u_2)^2+u_1^2 u_3^2}}{u_2^2+u_3^2-u_1 u_2} \\ \quad * \left[\omega^2 \left(\cos\dfrac{1}{3}\left(\text{arc cos}\dfrac{u_1 u_3}{\sqrt{(u_2^2+u_3^2-u_1 u_2)^2+u_1^2 u_3^2}}\right) + i\sin\dfrac{1}{3}\left(\text{arc cos}\dfrac{u_1 u_3}{\sqrt{(u_2^2+u_3^2-u_1 u_2)^2+u_1^2 u_3^2}}\right)\right) \right. \\ \quad \left. +\omega\left(\cos\dfrac{1}{3}\left(\text{arc cos}\dfrac{u_1 u_3}{\sqrt{(u_2^2+u_3^2-u_1 u_2)^2+u_1^2 u_3^2}}\right) - i\sin\dfrac{1}{3}\left(\text{arc cos}\dfrac{u_1 u_3}{\sqrt{(u_2^2+u_3^2-u_1 u_2)^2+u_1^2 u_3^2}}\right)\right)\right] \end{cases}$$

即：

$$\begin{cases} s_1^{(3)} = \dfrac{u_1 u_3}{u_2^2+u_3^2-u_1 u_2} + \dfrac{\sqrt{(u_2^2+u_3^2-u_1 u_2)^2+u_1^2 u_3^2}}{u_2^2+u_3^2-u_1 u_2} \times 2\cos\dfrac{1}{3}\text{arc cos}\dfrac{u_1 u_3}{\sqrt{(u_2^2+u_3^2-u_1 u_2)^2+u_1^2 u_3^2}} \\[6pt] s_2^{(3)} = \dfrac{u_1 u_3}{u_2^2+u_3^2-u_1 u_2} - \dfrac{\sqrt{(u_2^2+u_3^2-u_1 u_2)^2+u_1^2 u_3^2}}{u_2^2+u_3^2-u_1 u_2} \\ \quad \times \left(\cos\dfrac{1}{3}\text{arc cos}\dfrac{u_1 u_3}{\sqrt{(u_2^2+u_3^2-u_1 u_2)^2+u_1^2 u_3^2}} + \sqrt{3}\sin\dfrac{1}{3}\text{arc cos}\dfrac{u_1 u_3}{\sqrt{(u_2^2+u_3^2-u_1 u_2)^2+u_1^2 u_3^2}}\right) \\[6pt] s_3^{(3)} = \dfrac{u_1 u_3}{u_2^2+u_3^2-u_1 u_2} - \dfrac{\sqrt{(u_2^2+u_3^2-u_1 u_2)^2+u_1^2 u_3^2}}{u_2^2+u_3^2-u_1 u_2} \\ \quad \times \left(\cos\dfrac{1}{3}\text{arc cos}\dfrac{u_1 u_3}{\sqrt{(u_2^2+u_3^2-u_1 u_2)^2+u_1^2 u_3^2}} - \sqrt{3}\sin\dfrac{1}{3}\text{arc cos}\dfrac{u_1 u_3}{\sqrt{(u_2^2+u_3^2-u_1 u_2)^2+u_1^2 u_3^2}}\right) \end{cases}$$

有 $(-u_2 x_3 + u_3 x_4) - s_l^{(3)}(u_2^2+u_3^2-u_3 x_3 - u_2 x_4) = 0$ $(l=1,2,3)$

综上所述 h_i 方程可分解为三个线性方程,可得 27 个三角形,可以用 Gauss 消去法规范算法程序来消去下述线性方程组,从而得解：

$$(***)\begin{cases} h_1 = x_1 - s_j^{(1)} x_2 = 0 \\ h_2 = x_1 - s_k^{(2)}(u_1 - x_2) = 0 \\ h_3 = (u_3 x_1 + u_2 x_2) x_3 + (u_2 x_1 - u_3 x_2) x_4 = 0 \\ h_4 = (-u_2 x_3 + u_3 x_4) - s_l^{(3)}(u_2^2+u_3^2-u_3 x_3 - u_2 x_4) = 0 \\ h_5 = (-(u_1-u_2) x_1 + u_3(u_1-x_2))(u_1-x_6) \\ \quad -(u_3 x_1 + (u_1-u_2)(u_1-x_2)) x_5 = 0 \\ h_6 = (-u_2 x_3 + u_3 x_4)(-u_3 x_5 + (u_1-u_2) x_6 + u_3^2 - (u_1-u_2) u_2) \\ \quad + (u_2^2+u_3^2 - u_3 x_3 - u_2 x_4)((u_1-u_2) x_5 + u_3 x_6 - u_1 u_3) = 0 \end{cases} \begin{cases} j=1,2,3 \\ k=1,2,3 \\ l=1,2,3 \end{cases}$$

这里补充说明一下解上述方程组的方法：

用 s 表示 $\tan\theta$ ($s=\tan\theta$),用 λ 表示 $\tan 3\theta$ ($\lambda=\tan 3\theta$)：

$$\tan 3\theta = \dfrac{3\tan\theta - \tan^3\theta}{1 - 3\tan^2\theta} = \lambda$$

即 $\tan^3\theta - 3\lambda\tan^2\theta - 3\tan\theta + \lambda = 0$,代入 $\tan\theta = s$

$$s^3 - 3\lambda s^2 - 3s + \lambda = 0$$

有解：

$$\begin{cases} x_1 = \dfrac{s_j^{(1)} s_k^{(2)} u_1}{s_j^{(1)} + s_k^{(2)}} \\ x_2 = \dfrac{s_k^{(2)} u_1}{s_j^{(1)} + s_k^{(2)}} \\ x_3 = \dfrac{-u_2 s_j^{(1)} + u_3}{s_j^{(1)} + s_l^{(3)}} s_l^{(3)} \qquad (j,k,l=1,2,3) \\ x_4 = \dfrac{u_3 s_j^{(1)} + u_2}{s_j^{(1)} + s_l^{(3)}} s_l^{(3)} \\ x_5 = \dfrac{(-(u_1-u_2)x_1 + u_3(u_1-x_2))(u_2 x_3 - u_3 x_4)}{-(u_2^2+u_3^2)x_1 + (u_3 x_1 + u_2(u_1-x_2))x_3 + (u_2 x_1 - u_3(u_1-x_2))x_4} \\ u_1 - x_6 = \dfrac{(u_3 x_1 + (u_1-u_2)(u_1-x_2))(u_2 x_3 - u_3 x_4)}{-(u_2^2+u_3^2)x_1 + (u_3 x_1 + u_2(u_1-x_2))x_3 + (u_2 x_1 - u_3(u_1-x_2))x_4} \end{cases}$$

进一步可改为：

$$(\star): \begin{cases} x_1 = \dfrac{s_j^{(1)} s_k^{(2)} u_1}{s_j^{(1)} + s_k^{(2)}} \\ x_2 = \dfrac{s_k^{(2)} u_1}{s_j^{(1)} + s_k^{(2)}} \\ x_3 = \dfrac{-u_2 s_j^{(1)} + u_3}{s_j^{(1)} + s_l^{(3)}} s_l^{(3)} \qquad (j,k,l=1,2,3) \\ x_4 = \dfrac{u_3 s_j^{(1)} + u_2}{s_j^{(1)} + s_l^{(3)}} s_l^{(3)} \\ x_5 = \dfrac{u_3 - (u_1-u_2) s_k^{(2)}}{s_k^{(2)} + s_l^{(3)}} s_l^{(3)} \\ x_6 = \dfrac{u_1 s_k^{(2)} + u_2 s_l^{(3)} - u_3 s_k^{(2)} s_l^{(3)}}{s_k^{(2)} + s_l^{(3)}} \end{cases}$$

(1) 取 $s_1^{(1)} = 0.5, s_1^{(2)} = 1/3, s_1^{(3)} = -1, u_1 = 1, u_2 = 0.208, u_3 = 1.144$

$$x_1 = \frac{1/2 \times 1/3}{1/2 + 1/3} = 1/5 = 0.2$$

$$x_2 = \frac{1/3}{1/2 + 1/3} = 0.4$$

$$x_3 = \frac{-0.208 \times 1/2 + 1.144}{1/2 - 1} * (-1) = -0.208 + 2.288 = 2.08$$

$$x_4 = \frac{1.144 \times 1/2 + 0.208}{1/2 - 1} * (-1) = 1.56$$

$$x_5 = \frac{1.144 - 0.792 \times 1/3}{1/3 - 1} (-1) = (3/2)(1.144 - 0.264) = 1.32$$

$$x_6 = \frac{1/3 + 0.208 \times (-1) - 1.144 \times (1/3) \times (-1)}{(1/3) - 1} = -1/2 + (3/2) \times 0.208 - 1/2 \cdot 1.144$$

$= -0.5 + 0.312 - 0.572 = -0.76$。

这是 $\triangle D_{01} E_{10} F_{00}$。

(2) 取 $s_1^{(1)} = 0.5, s_1^{(2)} = 1/3, s_2^{(3)} = 0.2679491924$。

$x_1 = 0.2, x_2 = 0.4$ 不变

$$x_3 = \frac{-0.208 \times 0.5 + 1.144}{0.5 + 0.2679491924} \times 0.2679491924 = 0.3623718708$$

$$x_4 = \frac{1.144 \times 0.5 + 0.208}{0.5 + 0.2679491924} \times 0.2679491924 = 0.2721539031$$

$$x_5 = \frac{1.144 - 0.792 \times (1/3)}{(1/3) + 0.2679491924} \times 0.2679491924 = 0.3921539031$$

$$x_6 = \frac{1.0 \times (1/3) + 0.208 \times 0.2679491924 - 1.144 \times (1/3) \times 0.2679491924}{(1/3) + 0.2679491924} \times 0.2679491924$$

$= 0.4771281287$。

这是 $\triangle D_{00} E_{00} F_{00}$。

(3) 取 $s_1^{(1)} = 0.5, s_1^{(2)} = 1/3, s_3^{(3)} = 3.7320508075$

$x_1 = 0.2, x_2 = 0.4$ 不变

$$x_3 = \frac{-0.208 \times 0.5 + 1.144}{0.5 + 3.7320508075} * 3.7320508075 = 0.9171281292$$

$$x_4 = \frac{1.144 \times 0.5 + 0.208}{0.5 + 3.7320508075} \times 3.7320508075 = 0.6878460969$$

$$x_5 = \frac{1.144 - 0.792 \times 1/3}{1/3 + 3.7320508075} \times 3.7320508075 = 0.8078460969$$

$$x_6 = \frac{1.0 \times (1/3) + 0.208 \times 3.7320508075 - 1.144 \times (1/3) \times 3.7320508075}{(1/3) + 3.7320508075} = -0.0771281292$$。

这是 $\triangle D_{02} E_{20} F_{00}$。

(4) 取 $s_1^{(1)} = 0.5, s_2^{(2)} = 4.8867513459, s_1^{(3)} = -1$

$$x_1 = \frac{0.5 * 4.8867513459}{0.5 + 4.8867513459} = 0.4535898385$$

$$x_2 = \frac{4.8867513459}{0.5 + 4.8867513459} = 0.9071796770$$

$$x_3 = \frac{-0.208 \times 0.5 + 1.144}{(0.5 - 1)} * (-1) = +2.08$$

$$x_4 = \frac{1.144 \times 0.5 + 0.208}{(0.5 - 1)} * (-1) = 1.56$$

$$x_5 = \frac{1.144 - 0.792 \times 4.8867513459}{4.8867513459 - 1} (-1) = 0.7014359354$$

$$x_6 = \frac{4.8867513459 + 0.208 \times (-1) + 1.144 \times 4.8867513459}{4.8867513459 - 1} = \frac{0.208 - 0.144 \times 4.8867513459}{3.8867513459}$$

$= 2.6421023553$。

这是 $\triangle D_{21}E_{10}F_{02}$。

(5) 取 $s_1^{(1)} = 0.5, s_2^{(2)} = 4.8867513459, s_2^{(3)} = 0.2679491924$

$x_1 = 0.4535898385, x_2 = 0.9071796770$,不变

$x_3 = \dfrac{-0.208 \times 0.5 + 1.144}{0.5 + 0.2679491924} \times 0.2679491924 = 0.3628718708$

$x_4 = \dfrac{1.144 \times 0.5 + 0.208}{0.5 + 0.2679491924} \times 0.2679491924 = 0.2721539031$

$x_5 = \dfrac{1.144 - 0.792 \times 4.8867513459}{4.8867513459 + 0.2679491924} \times 0.2679491924 = -0.1417175976$

$x_6 = \dfrac{4.8867513459 + 0.208 \times 0.2679491924 - 1.144 \times 4.8867513459 \times 0.2679491924}{4.8867513459 + 0.2679491924}$

$= 0.6682308547$。

这是 $\triangle D_{20}E_{00}F_{02}$。

(6) 取 $s_1^{(1)} = 0.5, s_2^{(2)} = 4.8867513459, s_3^{(3)} = 3.7320508075$

$x_1 = 0.4535898385, x_2 = 0.9071796770$ 不变

$x_3 = \dfrac{-0.208 \times 0.5 + 1.144}{0.5 + 3.7320508075} \times 3.7320508075 = 0.9171281292$

$x_4 = \dfrac{1.144 \times 0.5 + 0.208}{0.5 + 3.7320508075} \times 3.7320508075 = 0.6878460969$

$x_5 = \dfrac{1.144 - 0.792 \times 4.8867513459}{4.8867513459 + 3.7320508075} \times 3.7320508075 = -1.1805255898$

$x_6 = \dfrac{4.8867513459 + 0.208 \times 3.7320508075 - 1.144 \times 4.8867513459 \times 3.7320508075}{4.8867513459 + 3.7320508075}$

$= -1.7636791218$。

这是 $\triangle D_{22}E_{20}F_{02}$。

(7) 取 $s_1^{(1)} = 0.5, s_3^{(2)} = -0.8867513458, s_1^{(3)} = -1$

$x_1 = \dfrac{-0.5 \times 0.8867513458}{0.5 - 0.8867513458} = 1.1464101618$

$x_2 = \dfrac{-0.8867513458}{0.5 - 0.8867513458} = 2.2928203235$

$x_3 = \dfrac{-0.208 * 0.5 + 1.144}{0.5 - 1} * (-1) = 2.08$

$x_4 = \dfrac{1.144 * 0.5 + 0.208}{0.5 - 1} * (-1) = 1.56$

$x_5 = \dfrac{1.144 + 0.792 * 0.8867513458}{-1.8867513458} * (-1) = 0.9785640646$

$x_6 = \dfrac{-0.8867513458 + 0.208 \times (-1) + 1.144 * 0.8867513458 * (-1)}{-1.8867513459} = 1.1178976446$。

这是 $\triangle D_{11}E_{10}F_{01}$。

第五章 $h_i=0$ 公式组或 $F_i=0$ 公式组的经典代数解法   139

(8) 取 $s_1^{(1)}=0.5, s_3^{(2)}=-0.8867513458, s_2^{(3)}=0.2679491924$

$x_1=1.1464101618, x_2=2.2928203235$ 不变。

$$x_3=\frac{-0.208\times 0.5+1.144}{0.5+0.2679491924}\times 0.2679491924=0.3623718708$$

$$x_4=\frac{1.144\times 0.5+0.208}{0.5+0.2679491924}\times 0.2679491924=0.2721539031$$

$$x_5=\frac{1.144+0.792\times 0.8867513458}{-0.8867513458+0.2679491924}\times 0.2679491924=-0.7994744112$$

$$x_6=\frac{-0.8867513458+0.208\times 0.2679491924+1.144\times 0.8867513458\times 0.2679491924}{-0.8867513458+0.2679491924}$$

$=0.9036791219$。

这是 $\triangle D_{10}E_{00}F_{01}$。

(9) 取 $s_1^{(1)}=0.5, s_3^{(2)}=-0.8867513458, s_3^{(3)}=3.7320508075$

$x_1=1.1464101618, x_2=2.2928203235$ 不变

$$x_3=\frac{-0.208\times 0.5+1.144}{0.5+3.7320508075}\times 3.7320508075=0.9171281292$$

$$x_4=\frac{1.144\times 0.5+0.208}{0.5+3.7320508075}\times 3.7320508075=0.6878460969$$

$$x_5=\frac{1.144+0.792\times 0.8867513458}{-0.8867513458+3.7320508075}\times 3.7320508075=2.4217175973$$

$$x_6=\frac{-0.8867513458+0.208\times 3.7320508075+1.144\times 0.8867513458\times 3.7320508075}{-0.8867513458+3.7320508075}$$

$=1.2917691451$。

这是 $\triangle D_{12}E_{20}F_{01}$。

(10) 取 $s_2^{(1)}=16.6602540378, s_1^{(2)}=1/3, s_1^{(3)}=-1, u_1=1, u_2=0.208, u_3=1.144$

$$x_1=\frac{16.6602540378\times 1/3}{16.6602540378+1/3}=0.3267949192$$

$$x_2=\frac{1/3}{16.6602540378+1/3}=0.0196152423$$

$$x_3=\frac{-0.208\times 16.6602540378+1.144}{16.6602540378-1}*(-1)=0.1482308546$$

$$x_4=\frac{1.144\times 16.6602540378+0.208}{16.6602540378-1}*(-1)=-1.2303332100$$

$$x_5=\frac{1.144-0.792\times (1/3)}{(1/3)-1}*(-1)=\frac{1.144-0.264}{2/3}=1.32$$

$$x_6=\frac{(1/3)+0.208\times (-1)+1.144\times (1/3)}{(1/3)-1}=-0.76$$。

这是 $\triangle D_{01}E_{12}F_{20}$。

(11) 取 $s_2^{(1)}=16.6602540378, s_1^{(2)}=1/3, s_2^{(3)}=0.2679491924$

$x_1=0.3267949192, x_2=0.0196152423$ 不变

$$x_3 = \frac{-0.208 \times 16.6602540378 + 1.144}{16.6602540378 + 0.2679491924} \times 0.2679491924 = -0.0367433715$$

$$x_4 = \frac{1.144 \times 16.6602540378 + 0.208}{16.6602540378 + 0.2679491924} \times 0.2679491924 = 0.3049742261$$

$$x_5 = \frac{1.144 - 0.792 \times 1/3}{(1/3) + 0.2679491924} \times 0.2679491924 = 0.3921539031$$

$$x_6 = \frac{(1/3) + 0.208 \times 0.2679491924 - 1.144 \times (1/3) \times 0.2679491924}{(1/3) + 0.2679491924} = 0.4771281292_\circ$$

这是 $\triangle D_{00} E_{02} F_{20}$。

(12) 取 $s_2^{(1)} = 16.6602540378, s_1^{(2)} = 1/3, s_3^{(3)} = 3.7320508075$

$x_1 = 0.3267949192, x_2 = 0.0196152423$ 不变

$$x_3 = \frac{-0.208 \times 16.6602540378 + 1.144}{16.6602540378 + 3.7320508075} \times 3.7320508075 = -0.4248333950$$

$$x_4 = \frac{1.144 \times 16.6602540378 + 0.208}{16.6602540378 + 3.7320508075} \times 3.7320508075 = 3.5261662348$$

$$x_5 = \frac{1.144 - 0.792 \times 1/3}{(1/3) + 3.7320508075} \times 3.7320508075 = 0.8078460969$$

$$x_6 = \frac{(1/3) + 0.208 \times 3.7320508075 - 1.144 \times (1/3) \times 3.7320508075}{(1/3) + 3.7320508075} = -0.0771281292_\circ$$

这是 $\triangle D_{02} E_{22} F_{20}$。

(13) 取 $s_2^{(1)} = 16.6602540378, s_2^{(2)} = 4.8867513459, s_1^{(3)} = -1, u_1 = 1, u_2 = 0.208, u_3 = 1.144$

$$x_1 = \frac{16.6602540378 \times 4.8867513459}{16.6602540378 + 4.8867513459} = 3.7784609690$$

$$x_2 = \frac{4.8867513459}{16.6602540378 + 4.8867513459} = 0.2267949192$$

$$x_3 = \frac{-0.208 \times 16.6602540378 + 1.144}{16.6602540378 - 1} \times (-1) = 0.1482308546$$

$$x_4 = \frac{1.144 \times 16.6602540378 + 0.208}{16.6602540378 - 1} \times (-1) = -1.2303332100$$

$$x_5 = \frac{1.144 - 0.792 \times 4.8867513459}{4.8867513459 - 1} * (-1) = 0.7014359354$$

$$x_6 = \frac{4.8867513459 - 0.208 + 1.144 \times 4.8867513459}{4.8867513459 - 1} = +2.6421023553_\circ$$

这是 $\triangle D_{21} E_{12} F_{22}$。

(14) 取 $s_2^{(1)} = 16.6602540378, s_2^{(2)} = 4.8867513459, s_2^{(3)} = 0.2679491924$

$x_1 = 3.7784609690, x_2 = 0.2267949192$ 不变

$$x_3 = \frac{-0.208 \times 16.6602540378 + 1.144}{16.6602540378 + 0.2679491924} \times 0.2679491924 = -0.0367433715$$

第五章 $h_i=0$ 公式组或 $F_i=0$ 公式组的经典代数解法 141

$$x_4 = \frac{1.144 \times 16.6602540378 + 0.208}{16.6602540378 + 0.2679491924} \times 0.2679491924 = 0.3049742261$$

$$x_5 = \frac{1.144 - 0.792 \times 4.8867513459}{4.8867513459 + 0.2679491924} \times 0.2679491924 = -0.1417175976$$

$$x_6 = \frac{4.8867513459 + 0.208 \times 0.2679491924 - 1.144 \times 4.8867513459 \times 0.2679491924}{4.8867513459 + 0.2679491924}$$

$= 0.6682308547$。

这是 $\triangle D_{20}E_{02}F_{22}$。

（15）取 $s_2^{(1)} = 16.6602540378, s_2^{(2)} = 4.8867513459, s_3^{(3)} = 3.7320508075$

$x_1 = 3.7784609690, x_2 = 0.2267949192$ 不变

$$x_3 = \frac{-0.208 \times 16.6602540378 + 1.144}{16.6602540378 + 3.7320508075} \times 3.7320508075 = -0.4248333950$$

$$x_4 = \frac{1.144 \times 16.6602540378 + 0.208}{16.6602540378 + 3.7320508075} \times 3.7320508075 = 3.5261662348$$

$$x_5 = \frac{1.144 - 0.792 \times 4.8867513459}{4.8867513459 + 3.7320508075} \times 3.7320508075 = -1.1805255888$$

$$x_6 = \frac{4.8867513459 + 0.208 \times 3.7320508075 - 1.144 \times 4.8867513459 \times 3.7320508075}{4.8867513459 + 3.7320508075}$$

$= -1.7636791218$。

这是 $\triangle D_{22}E_{22}F_{22}$。

（16）取 $s_2^{(1)} = 16.6602540378, s_3^{(2)} = -0.8867513458, s_1^{(3)} = -1$

$$x_1 = \frac{-16.6602540378 \times 0.8867513458}{16.6602540378 - 0.8867513458} = -0.9366025402$$

$$x_2 = \frac{-0.8867513458}{16.6602540378 - 0.8867513458} = -0.0562177826$$

$$x_3 = \frac{-0.208 \times 16.6602540378 + 1.144}{16.6602540378 - 1} * (-1) = 0.1482308546$$

$$x_4 = \frac{1.144 \times 16.6602540378 + 0.208}{16.6602540378 - 1} * (-1) = -1.2303332100$$

$$x_5 = \frac{1.144 + 0.792 \times 0.8867513458}{-0.8867513458 - 1} * (-1) = 0.9785640646$$

$$x_6 = \frac{-0.8867513458 - 0.208 - 1.144 \times 0.8867513458}{-0.8867513458 - 1} = 1.1178976446$$。

这是 $\triangle D_{11}E_{12}F_{21}$。

（17）取 $s_2^{(1)} = 16.6602540378, s_3^{(2)} = -0.8867513458, s_2^{(3)} = 0.2679491924$

$x_1 = -0.9366025402, x_2 = -0.0562177826$ 不变。

$$x_3 = \frac{-0.208 \times 16.6602540378 + 1.144}{16.6602540378 + 0.2679491924} \times 0.2679491924 = -0.0367433715$$

$$x_4 = \frac{1.144 \times 16.6602540378 + 0.208}{16.6602540378 + 0.2679491924} \times 0.2679491924 = 0.3049742261$$

$$x_5 = \frac{1.144 + 0.792 \times 0.8867513458}{-0.8867513458 + 0.2679491924} \times 0.2679491924 = -0.7994744087$$

$$x_6 = \frac{-0.8867513458 + 0.208 \times 0.2679491924 + 1.144 \times 0.8867513458 \times 0.2679491924}{-0.8867513458 + 0.2679491924}$$

$= 0.9036791219$。

这是 $\triangle D_{10} E_{02} F_{21}$。

(18) 取 $s_2^{(1)} = 16.6602540378, s_3^{(2)} = -0.8867513458, s_3^{(3)} = 3.7320508075$

$x_1 = -0.9366025402, x_2 = -0.0562177826$ 不变

$$x_3 = \frac{-0.208 \times 16.6602540378 + 1.144}{16.6602540378 + 3.7320508075} \times 3.7320508075 = -0.4248333950$$

$$x_4 = \frac{1.144 \times 16.6602540378 + 0.208}{16.6602540378 + 3.7320508075} \times 3.7320508075 = 3.5261662348$$

$$x_5 = \frac{1.144 + 0.792 \times 0.8867513458}{-0.8867513458 + 3.7320508075} \times 3.7320508075 = 2.4217175973$$

$$x_6 = \frac{-0.8867513458 + 0.208 \times 3.7320508075 + 1.144 \times 0.8867513458 \times 3.7320508075}{-0.8867513458 + 3.7320508075}$$

$= 1.2917691451$。

这是 $\triangle D_{12} E_{22} F_{21}$。

(19) 取 $s_3^{(1)} = -0.6602540379, s_1^{(2)} = 1/3, s_1^{(3)} = -1 \quad u_1 = 1, u_2 = 0.208, u_3 = 1.144$

$$x_1 = \frac{-0.6602540379 \times 1/3}{-0.6602540379 + 1/3} = 0.6732050806$$

$$x_2 = \frac{1/3}{-0.6602540379 + 1/3} = \frac{1}{-0.6602540379 \times 3 + 1} = -1.0196152421 \quad (F_{10})$$

$$x_3 = \frac{+0.208 \times 0.6602540379 + 1.144}{-0.6602540379 - 1} * (-1) = 0.7717691453$$

$$x_4 = \frac{-1.144 \times 0.6602540379 + 0.208}{-0.6602540379 - 1} * (-1) = -0.3296667901 \quad (E_{11})$$

$$x_5 = \frac{1.144 - 0.792 \times 1/3}{(1/3) - 1} * (-1) = \frac{3.432 - 0.792}{2} = 1.32$$

$$x_6 = \frac{1/3 - 0.208 + 1.144 \times 1/3}{(1/3) - 1} = \frac{1 - 0.624 + 1.144}{-2} = -0.76 \quad (D_{01})$$

这是 $\triangle D_{01} E_{11} F_{10}$。

(20) 取 $s_3^{(1)} = -0.6602540379, s_1^{(2)} = 1/3, s_2^{(3)} = 0.2679491924$

$x_1 = 0.6732050806, x_2 = -1.0196152421$ 不变

$$x_3 = \frac{+0.208 \times 0.6602540379 + 1.144}{-0.6602540379 + 0.2679491924} \times 0.2679491924 = -0.8751666047$$

$$x_4 = \frac{-1.144 \times 0.6602540379 + 0.208}{-0.6602540379 + 0.2679491924} \times 0.2679491924 = 0.3738337650$$

$$x_5 = \frac{1.144 - 0.792 \times 1/3}{(1/3) + 0.2679491924} \times 0.2679491924 = 0.3921539031$$

第五章 $h_i=0$ 公式组或 $F_i=0$ 公式组的经典代数解法

$$x_6=\frac{(1/3)+0.208\times0.2679491924-1.144\times(1/3)\times0.2679491924}{(1/3)+0.2679491924}=0.4771281292。$$

这是 $\triangle D_{00}E_{01}F_{10}$。

(21) 取 $s_3^{(1)}=-0.6602540379, s_1^{(2)}=\frac{1}{3}, s_3^{(3)}=3.7320508075$

$x_1=0.6732050806, x_2=-1.0196152421$ 不变

$$x_3=\frac{0.208\times0.6602540379+1.144}{-0.6602540379+3.7320508075}\times3.7320508075=1.5567433715$$

$$x_4=\frac{-1.144\times0.6602540379+0.208}{-0.6602540379+3.7320508075}\times3.7320508075=-0.6649742262$$

$$x_5=\frac{1.144-0.792\times1/3}{(1/3)+3.7320508075}\times3.7320508075=0.8078460969$$

$$x_6=\frac{(1/3)+0.208\times3.7320508075-1.144\times(1/3)\times3.7320508075}{(1/3)+3.7320508075}=-0.0771281292。$$

这是 $\triangle D_{02}E_{21}F_{10}$。

(22) 取 $s_3^{(1)}=-0.6602540379, s_2^{(2)}=4.8867513459, s_1^{(3)}=-1$ $u_1=1$, $u_2=0.208$, $u_3=1.144$

$$x_1=\frac{-0.6602540379\times4.8867513459}{-0.6602540379+4.8867513459}=-0.7633974597$$

$$x_2=\frac{4.8867513459}{-0.6602540379+4.8867513459}=1.1562177827(F_{12})$$

$$x_3=\frac{+0.208\times0.6602540379+1.144}{-0.6602540379-1}*(-1)=0.7717691453$$

$$x_4=\frac{-1.144\times0.6602540379+0.208}{-0.6602540379-1}*(-1)=-0.3296667901(E_{11})$$

$$x_5=\frac{1.144-0.792\times4.8867513459}{4.8867513459-1}*(-1)=0.7014359354$$

$$x_6=\frac{4.8867513459+0.208\times(-1)+1.144\times4.8867513459}{4.8867513459-1}=2.6421023553(D_{21})。$$

这是 $\triangle D_{21}E_{11}F_{12}$。

(23) 取 $s_3^{(1)}=-0.6602540379, s_2^{(2)}=4.8867513459, s_2^{(3)}=0.2679491924$

$x_1=-0.7633974597, x_2=1.1562177827$ 不变

$$x_3=\frac{0.208\times0.6602540379+1.144}{-0.6602540379+0.2679491924}\times0.2679491924=-0.8751666047$$

$$x_4=\frac{-1.144\times0.6602540379+0.208}{-0.6602540379+0.2679491924}\times0.2679491924=0.3738337650$$

$$x_5=\frac{1.144-0.792\times4.8867513459}{4.8867513459+0.2679491924}\times0.2679491924=-0.1417175976$$

$$x_6=\frac{4.8867513459+0.208\times0.2679491924-1.144\times4.8867513459\times0.2679491924}{4.8867513459+0.2679491924}$$

$= 0.6682308547$。

这是 $\triangle D_{20}E_{01}F_{12}$。

(24) 取 $s_3^{(1)} = -0.6602540379, s_2^{(2)} = 4.8867513459, s_3^{(3)} = 3.7320508075$

$x_1 = -0.7633974597, x_2 = 1.1562177827$ 不变

$$x_3 = \frac{+0.208 \times 0.6602540379 + 1.144}{-0.6602540379 + 3.7320508075} \times 3.7320508075 = 1.5567433715$$

$$x_4 = \frac{-1.144 \times 0.6602540379 + 0.208}{-0.6602540379 + 3.7320508075} \times 3.7320508075 = -0.6649742262$$

$$x_5 = \frac{1.144 - 0.792 \times 4.8867513459}{4.8867513459 + 3.7320508075} \times 3.7320508075 = -1.1805255888$$

$$x_6 = \frac{4.8867513459 + 0.208 \times 3.7320508075 - 1.144 \times 4.8867513459 \times 3.7320508075}{4.8867513459 + 3.7320508075}$$

$= -1.7636791218$。

这是 $\triangle D_{22}E_{21}F_{12}$。

(25) 取 $s_3^{(1)} = -0.6602540379, s_3^{(2)} = -0.8867513458, s_1^{(3)} = -1$

$$x_1 = \frac{0.6602540379 \times 0.8867513458}{-0.6602540379 + (-0.8867513458)} = -0.3784609691$$

$$x_2 = \frac{-0.8867513458}{-0.6602540379 - 0.8867513458} = 0.5732050807 (F_{11})$$

$$x_3 = \frac{0.208 \times 0.6602540379 + 1.144}{-0.6602540379 - 1} \times (-1) = 0.7717691453$$

$$x_4 = \frac{-1.144 \times 0.6602540379 + 0.208}{-0.660254079 - 1} \times (-1) = -0.3296667901 (E_{11})$$

$$x_5 = \frac{1.144 + 0.792 \times 0.8867513458}{-0.8867513458 + (-1)} \times (-1) = 0.9785640646$$

$$x_6 = \frac{-0.8867513458 - 0.208 - 1.144 \times 0.8867513458}{-0.8867513458 - 1} = 1.1178976446。$$

这是 $\triangle D_{11}E_{11}F_{11}$。

(26) 取 $s_3^{(1)} = -0.6602540379, s_3^{(2)} = -0.8867513458, s_2^{(3)} = 0.2679491924$

$x_1 = -0.3784609691, x_2 = 0.5732050807$ 不变

$$x_3 = \frac{+0.208 \times 0.6602540379 + 1.144}{-0.6602540379 + 0.2679491924} \times 0.2679491924 = -0.8751666047$$

$$x_4 = \frac{-1.144 \times 0.6602540379 + 0.208}{-0.6602540379 + 0.2679491924} \times 0.2679491924 = 0.3738337650$$

$$x_5 = \frac{1.144 + 0.792 \times 0.8867513458}{-0.8867513458 + 0.2679491924} \times 0.2679491924 = -0.7994744112$$

$$x_6 = \frac{-0.8867513458 + 0.208 \times 0.2679491924 + 1.144 \times 0.8867513458 \times 0.2679491924}{-0.8867513458 + 0.2679491924}$$

$= 0.9036791219$。

这是 $\triangle D_{10}E_{01}F_{11}$。

(27) 取 $s_3^{(1)}=-0.5602540379, s_3^{(2)}=-0.8867513458, s_3^{(3)}=3.7320508075$

$x_1=-0.3784609691, x_2=0.5732050807$ 不变

$$x_3=\frac{0.208\times 0.6602540379+1.144}{-0.6602540379+3.7320508075}\times 3.7320508075=1.5567433715$$

$$x_4=\frac{-1.144\times 0.6602540379+0.208}{-0.6602540379+3.7320508075}\times 3.7320508075=-0.6649742262$$

$$x_5=\frac{1.144+0.792\times 0.8867513458}{-0.8867513458+3.7320508075}\times 3.7320508075=2.4217175973$$

$$x_6=\frac{-0.8867513458+0.208\times 3.7320508075+1.144\times 0.8867513458\times 3.7320508075}{-0.8867513458+3.7320508075}$$

$=1.2917691451$。

这是 $\triangle D_{12}E_{21}F_{11}$。

综上可见,这里所搠出的 x_i 公式组(用 Gauss 消去法规范算法)是准确的,其结果非常接近真正数据。说明上述(1)~(27)的 27 个三角形是(**)h_i 公式组的解。

用(☆)x_i 公式组代人 g_j,是因为 x_i 不是多项式或分子分母都是多项式的分式,无法检验 $g_j=0$。或说无法检验三边长是否相等。从而无法得到预期的结论。

$g_1=2(x_4-x_2)x_6+2(x_3-x_1)x_5-(x_4^2+x_3^2)+(x_1^2+x_2^2)$

$=\dfrac{u_1^2((s_j^{(1)})^2+1)(s_k^{(2)})^2}{(s_j^{(1)}+s_k^{(2)})^2}-\dfrac{(u_2^2+u_3^2)((s_j^{(1)})^2+1)(s_l^{(3)})^2}{(s_j^{(1)}+s_l^{(3)})^2}+\dfrac{2}{(s_j^{(1)}+s_k^{(2)})(s_j^{(1)}+s_l^{(3)})(s_k^{(2)}+s_l^{(3)})}$

$*[(u_1u_2-u_2^2-u_3^2)(s_j^{(1)})^2 s_k^{(2)}(s_l^{(3)})^2+u_1(u_1-u_2)(s_j^{(1)})^2$

$\times(s_k^{(2)})^2 s_l^{(3)}+(u_1^2-u_2^2)s_j^{(1)}(s_k^{(2)})^2(s_l^{(3)})^2$

$-u_3^2(s_k^{(2)})^2(s_l^{(3)})^2+(u_1+u_2)u_3 s_j^{(1)}(s_k^{(2)})^2 s_l^{(3)}$

$-2u_1u_3 s_j^{(1)} s_k^{(2)}(s_l^{(3)})^2+(u_1-u_2)u_2 s_j^{(1)}(s_k^{(2)})s_l^{(3)}-u_1u_2 s_j^{(1)}(s_k^{(2)})^2+(u_2^2+u_3^2)s_j^{(1)}(s_l^{(3)})^2$

$-(u_1u_2-u_2^2-u_3^2)s_k^{(2)}(s_l^{(3)})^2-(u_1-u_2)u_1(s_k^{(2)})^2 s_l^{(3)}]$

类似可推导 $g_2=(x_6^2+x_5^2)-(x_1^2+x_2^2)-2(x_6-x_2)x_4-2(x_5-x_1)x_3$

$g_3=(x_6^2+x_5^2)-(x_4^2+x_3^2)-2(x_6-x_4)x_2-2(x_5-x_3)x_1$

这些 $g_j=0$ 的判断是做不了的!因为它十分繁复,而且不是多项式或有理分式。只能另辟出路去设法证明。

这里再强调一次:初等几何定理的机器证明一般都可以用 Gauss 消去法来实现,如果没有实现,说明还没有找到路子。而用非线性消去法是不可能成功的。但是用多项式或分子与分母都是多项式的分式来表示 g_j 时,非线性代数方程组归化为线性代数方程组(如本节情况)时,就因为 Gauss 消去法规范算法程序的结果不是多项式或有理分式,就做不了 $g_j=0$ 的判断,从而只能得到否定的结论。

最后再说说 Morlay 定理的表达方式:

Morlay 定理(见图 1-4)对 $\triangle ABC$ 有三个角 $\angle BAC$、$\angle ABC$、$\angle ACB$,各有两条内角的三等分线:t_1、s_1,t_2、s_2,t_3、s_3,满足下述定解条件:

$\angle BAF=\angle CAE \quad \angle ABF=\angle CBD \quad \angle ACE=\angle BCD$

$3\angle BAF=\angle BAC \quad 3\angle ABF=\angle ABC \quad 3\angle ACE=\angle ACB$

有 27 个三角形,其中 18 个三角形是正三角形,9 个三角形不是正三角形。

我们可以检验所有 $\triangle AF_{mn}B$ (m,n 可取 $0,1,2$)，可以发现 F_{mn} 与 A、B、C 满足定解条件。由于 F_{mn} 的构成，对 A 而言是 s_1（或 s_1' 或 s_1''），对 B 而言是 t_2（或 t_2' 或 t_2''）。

对 A 而言，由 s_1 逆时针转 $120°$ 得 s_1'，而逆时针转 $240°$ 得 s_1''。对 B 而言，由 t_2 顺时针转 $120°$ 得 t_2'，而顺时针转 $240°$ 得 t_2''。在 s_1 上有 F_{00}、F_{01}、F_{02} 是与 t_2、t_2'、t_2'' 的交点；在 s_1' 上有 F_{10}、F_{11}、F_{12} 是与 t_2、t_2'、t_2'' 的交点；在 s_1'' 上有 F_{20}、F_{21}、F_{22} 是与 t_2、t_2'、t_2'' 的交点。这样 Morlay 为什么要将 s、t 分别逆时针转与顺时针转就清楚了。对 D_{mn}、E_{mn} 的理解只要对 $\triangle ABC$ 做旋转，使 AC、BC 分别为底边，相应做对比就明白了。进一步的行文就顺理成章了。

第六章 Gröbner 基算法

1965 年 B. Buchberger 在他的奥地利英斯布鲁克大学数学专业博士论文中,提出了以他的导师命名的 Gröbner 基算法,试图仿照解线性代数方程组的主元素 Gauss 消去法,去解非线性代数方程组。这个非线性代数方程组的每个方程是多变量的多项式方程。该算法是把非线性代数方程组的 n 个未知变量排一个次序(用字典序、逆字典序、分次字典序、分次逆字典序、……之一)。后面的每一步,称为一个消去过程,消去过程的次序就是用这个序:第一步,把第一个未知变量做主变量,把所有含有第一个未知变量的方程取出来,其余的方程全体是没有第一个未知变量的余集。选主变量幂次最低的一个方程作为除式,用这个除式去除去掉这个除式以外的所有取出来的方程(除法用余数定理),把其余数保留下来作为一个方程。对这个除式与余数作为的方程,保留有第一个未知变量的方程,把没有第一个未知变量的方程与上述的余集,作为下一步消去过程的全部非线性代数方程组。第二步,把上一步得到的全部非线性代数方程组里面,所有含有第二个未知变量方程取出来,其余的方程全体是没有第一个未知变量和没有第二个未知变量的余集。再把第二个未知变量做主变量,选主变量的幂次最低的一个方程作除式,用这个除式去除去掉这个余式以外的所有取出来的方程(除法用余数定理),把余数保留下来作为一个方程。对这个除式与余数作为的方程,保留有第二个未知变量的方程,把没有第二个未知变量的方程与第二步一开始的余集,作为下一步消去过程的全部非线性代数方程组。第三步,对第三个未知变量作对应的消去运算,以下运算类同……直到只剩下最后一个未知变量的非线性代数方程为止,依此类推。最后保留下来的是由排序的主变量所形成的一个三角阵列,而且每个多项式方程对主变量而言,是不超过四次多项式的方程,都能用 Gröbner 基解出所有变量的代数表达式解。如果对某一个主变量来讲,保留下来的方程有两个或两个以上时,就要求出相应的对这个主变量的公共解的方程,此时对这个主变量的 Gröbner 基还有补充算法。

以上即为 Gröbner 基算法的主要内容,此处依据 Buchberger 最初算法,对整个算法作了简化,说明问题已足够。

这里应该指出:Gröbner 基算法试图用非线性消去法去解非线性代数方程组,这个算法只能在消去过程完成后,满足如下条件——(1)由排序的主变量能形成三角阵列;(2)每个多项式方程对主变量不超过四次方程——的情况下,才能解出所有变量的代数表达式解。否则,Gröbner 算法无效。

这里不排除,对少数能满足这两个条件的非线性代数方程组做一些力所能及的代数几何方面的工作。

6.1 范例 1 的 Gröbner 基算法

下面我们用 4.1 节推出的 $h_i=0$ 公式组为例,即范例 1 为例给予说明:

$$\begin{cases} h_1 = (-3(u_1-u_2)^2 u_3 + u_3^3)x_2 + (-(u_1-u_2)^3 + 3(u_1-u_2)u_3^2)x_1 + (3(u_1-u_2)^2 - u_3^2)u_1 u_3 = 0 \\ h_2 = (3u_2^2 u_3 - u_3^3)x_2 - (u_2^3 - 3u_2 u_3^2)x_1 = 0 \\ h_3 = -(u_2 x_1 - u_3 x_2)x_4 + (u_3 x_1 + u_2 x_2)x_3 = 0 \\ h_4 = (-x_1^3 + 3x_1 x_2^2 - 2u_1 x_1 x_2)x_4^3 + (9x_1^2 x_2 - 3u_1 x_1^2 - 3x_2^3 + 3u_1 x_2^2)x_3 x_4^2 \\ \quad + (3x_1^3 + 6u_1 x_1 x_2 - 9x_1 x_2^2)x_3^2 x_4 + (u_1 x_1^2 - 3x_1^2 x_2 - u_1 x_2^2 + x_2^3)x_3^3 \\ \quad + 3(u_1 - 2x_2)x_1(x_1^2 + x_2^2)x_4^2 - 6(x_1^2 + u_1 x_2 - x_2^2)(x_1^2 + x_2^2)x_3 x_4 \\ \quad + 3(2x_2 - u_1)x_1(x_1^2 + x_2^2)x_3^2 + 3x_1(x_1^2 + x_2^2)^2 x_4 - 3(x_2 - u_1)(x_1^2 + x_2^2)^2 x_3 - u_1 x_1(x_1^2 + x_2^2)^2 = 0 \\ h_5 = ((u_1 - u_2)x_1 + u_3 x_2 - u_1 u_3)x_6 + (u_3 x_1 - (u_1 - u_2)x_2 + (u_1 - u_2)u_1)x_5 \\ \quad - ((u_1 - u_2)x_1 + u_3 x_2 - u_1 u_3)u_1 = 0 \\ h_6 = ((2x_1 x_2 - u_1 x_1)x_4 + (x_1^2 - x_2^2 + u_1 x_2)x_3 - x_1(x_1^2 + x_2^2))x_6 \\ \quad + (((x_1^2 - x_2^2) + u_1 x_2)x_4 + (-2x_1 x_2 + u_1 x_1)x_3 + (x_2 - u_1)(x_1^2 + x_2^2))x_5 \\ \quad - (x_1^2 + x_2^2)x_1 x_4 + (x_2^3 - u_1 x_2^2 + x_1^2 x_2 - u_1 x_1^2)x_3 + u_1 x_1(x_1^2 + x_2^2) = 0 \end{cases}$$

这里 x_6、x_5、x_4、x_3、x_2、x_1 是未知变量序,是逆字典序。

x_6 为第一个主变量,选 h_5 为除式,并把它保留下来。除它外,还有 h_6 有主变量 x_6。

第一步:

(1) 用 h_5 去除 h_6:

先把 h_6 乘以 $((u_1-u_2)x_1+u_3 x_2-u_1 u_3)$,变成:

$((u_1-u_2)x_1+u_3 x_2-u_1 u_3)((2x_1 x_2-u_1 x_1)x_4+(x_1^2-x_2^2+u_1 x_2)x_3-x_1(x_1^2+x_2^2))x_6$
$+((u_1-u_2)x_1+u_3 x_2-u_1 u_3)$
$\times(((x_1^2-x_2^2)+u_1 x_2)x_4+(-2x_1 x_2+u_1 x_1)x_3+(x_2-u_1)(x_1^2+x_2^2))x_5$
$+((u_1-u_2)x_1+u_3 x_2-u_1 u_3)$
$\times[-(x_1^2+x_2^2)x_1 x_4+(x_2^3-u_1 x_2^2+x_1^2 x_2-u_1 x_1^2)x_3+u_1 x_1(x_1^2+x_2^2)]=0$

代入 $((u_1-u_2)x_1+u_3 x_2-u_1 u_3)x_6$
$= -(u_3 x_1-(u_1-u_2)x_2+(u_1-u_2)u_1)x_5+((u_1-u_2)x_1+u_3 x_2-u_1 u_3)u_1$:

$$\begin{cases} -(u_3 x_1-(u_1-u_2)x_2+(u_1-u_2)u_1)((2x_1 x_2-u_1 x_1)x_4+(x_1^2-x_2^2+u_1 x_2)x_3-x_1(x_1^2+x_2^2)) \\ \times x_5+((u_1-u_2)x_1+u_3 x_2-u_1 u_3)u_1((2x_1 x_2-u_1 x_1)x_4+(x_1^2-x_2^2+u_1 x_2)x_3-x_1(x_1^2+x_2^2)) \\ +((u_1-u_2)x_1+u_3 x_2-u_1 u_3)(((x_1^2-x_2^2)+u_1 x_2)x_4+(-2x_1 x_2+u_1 x_1)x_3+(x_2-u_1)(x_1^2+x_2^2))x_5 \\ +((u_1-u_2)x_1+u_3 x_2-u_1 u_3)[-(x_1^2+x_2^2)x_1 x_4+(x_2^3-u_1 x_2^2+x_1^2 x_2-u_1 x_1^2)x_3+u_1 x_1(x_1^2+x_2^2)]=0 \end{cases}$$

结果再提取公因子 $x_1^2+x_2^2-2u_1 x_2+u_1^2$,可得:

$$K_5 = [-(u_3 x_1+(u_1-u_2)x_2)x_3+((u_1-u_2)x_1-u_3 x_2)x_4+u_3(x_1^2+x_2^2)]x_5$$
$$-((u_1-u_2)x_1+u_3 x_2-u_1 u_3)(x_2 x_3-x_1 x_4)=0$$

(2) 现在保留下来的是:

$K_6 = ((u_1-u_2)x_1+u_3 x_2-u_1 u_3)x_6+(u_3 x_1-(u_1-u_2)x_2+(u_1-u_2)u_1)x_5$
$\quad -((u_1-u_2)x_1+u_3 x_2-u_1 u_3)u_1=0$

$K_5 = [-(u_3 x_1+(u_1-u_2)x_2)x_3+((u_1-u_2)x_1-u_3 x_2)x_4+u_3(x_1^2+x_2^2)]x_5$
$\quad -((u_1-u_2)x_1+u_3 x_2-u_1 u_3)(x_2 x_3-x_1 x_4)=0$

第二步用的非线性代数方程组是h_1、h_2、h_3、h_4及K_5。

第二步：现有的非线性代数方程组是h_1、h_2、h_3、h_4、K_5，有第二个主变量x_5的方程只有一个K_5，这一步就保留K_5。此时第三步用的非线性代数方程组是h_1、h_2、h_3、h_4。

第三步：现有x_4主变量的是h_3、h_4。

h_3作除式，用h_3去除h_4

由$h_3 = -(u_2x_1 - u_3x_2)x_4 + (u_3x_1 + u_2x_2)x_3 = 0$

得：$(u_2x_1 - u_3x_2)x_4 = (u_3x_1 + u_2x_2)x_3$

对h_4每项乘$(u_2x_1 - u_3x_2)^3$：

$(-x_1^3 + 3x_1x_2^2 - 2u_1x_1x_2)[(u_2x_1 - u_3x_2)x_4]^3$
$+ (9x_1^2x_2 - 3u_1x_1^2 - 3x_2^3 + 3u_1x_2^2)(u_2x_1 - u_3x_2)[(u_2x_1 - u_3x_2)x_4]^2 x_3$
$+ (3x_1^3 + 6u_1x_1x_2 - 9x_1x_2^2)(u_2x_1 - u_3x_2)^2((u_2x_1 - u_3x_2)x_4)x_3^2$
$+ (u_1x_1^2 - 3x_1^2x_2 - u_1x_2^2 + x_2^3)(u_2x_1 - u_3x_2)^3 x_3^3$
$+ 3(u_1 - 2x_2)x_1(x_1^2 + x_2^2)(u_2x_1 - u_3x_2)[(u_2x_1 - u_3x_2)x_4]^2$
$- 6(x_1^2 + u_1x_2 - x_2^2)(x_1^2 + x_2^2)(u_2x_1 - u_3x_2)^2[(u_2x_1 - u_3x_2)x_4]x_3$
$+ 3(2x_2 - u_1)x_1(x_1^2 + x_2^2)(u_2x_1 - u_3x_2)^3 x_3^2$
$+ 3x_1(x_1^2 + x_2^2)^2(u_2x_1 - u_3x_2)^2[(u_2x_1 - u_3x_2)x_4]$
$- 3(x_2 - u_1)(x_1^2 + x_2^2)^2(u_2x_1 - u_3x_2)^3 x_3$
$- u_1x_1(x_1^2 + x_2^2)^2(u_2x_1 - u_3x_2)^3 = 0$

即：

$(-x_1^3 + 3x_1x_2^2 - 2u_1x_1x_2)(u_3x_1 + u_2x_2)^3 x_3^3$
$+ (9x_1^2x_2 - 3u_1x_1^2 - 3x_2^3 + 3u_1x_2^2)(u_2x_1 - u_3x_2)(u_3x_1 + u_2x_2)^2 x_3^3$
$+ (3x_1^3 + 6u_1x_1x_2 - 9x_1x_2^2)(u_2x_1 - u_3x_2)^2(u_3x_1 + u_2x_2)x_3^3$
$+ (u_1x_1^2 - 3x_1^2x_2 - u_1x_2^2 + x_2^3)(u_2x_1 - u_3x_2)^3 x_3^3$
$+ 3(u_1 - 2x_2)x_1(x_1^2 + x_2^2)(u_2x_1 - u_3x_2)(u_3x_1 + u_2x_2)^2 x_3^2$
$- 6(x_1^2 + u_1x_2 - x_2^2)(x_1^2 + x_2^2)(u_2x_1 - u_3x_2)^2(u_3x_1 + u_2x_2)x_3^2$
$+ 3(2x_2 - u_1)x_1(x_1^2 + x_2^2)(u_2x_1 - u_3x_2)^3 x_3^2$
$+ 3x_1(x_1^2 + x_2^2)^2(u_2x_1 - u_3x_2)^2(u_3x_1 + u_2x_2)x_3$
$- 3(x_2 - u_1)(x_1^2 + x_2^2)^2(u_2x_1 - u_3x_2)^3 x_3$
$- u_1x_1(x_1^2 + x_2^2)^2(u_2x_1 - u_3x_2)^3 = 0$

$[(-x_1^3 + 3x_1x_2^2 - 2u_1x_1x_2)(u_3^3x_1^3 + 3u_2u_3^2x_1^2x_2 + 3u_2^2u_3x_1x_2^2 + u_2^3x_2^3)$
$+ (9x_1^2x_2 - 3u_1x_1^2 - 3x_2^3 + 3u_1x_2^2) \times (u_2u_3^2x_1^3 + (2u_2^2u_3 - u_3^3)x_1^2x_2$
$+ (u_2^3 - 2u_2u_3^2)x_1x_2^2 - u_2^2u_3x_2^3)$
$+ (3x_1^3 + 6u_1x_1x_2 - 9x_1x_2^2)(u_2^2u_3x_1^3 + (u_2^3 - 2u_2u_3^2)x_1^2x_2 + (u_3^3 - 2u_2^2u_3)x_1x_2^2 + u_2u_3^2x_2^3)$
$- (u_1x_1^2 - 3x_1^2x_2 - u_1x_2^2 + x_2^3)(u_2^3x_1^3 - 3u_2^2u_3x_1^2x_2 + 3u_2u_3^2x_1x_2^2 - u_3^3x_2^3)]x_3^3$
$+ [3(u_1 - 2x_2)x_1(x_1^2 + x_2^2)(u_2u_3^2x_1^3 + (2u_2^2u_3 - u_3^3)x_1^2x_2 + (u_2^3 - 2u_2u_3^2)x_1x_2^2 - u_2^2u_3x_2^3)$
$- 6(x_1^2 + u_1x_2 - x_2^2)(x_1^2 + x_2^2)(u_2^2u_3x_1^3 + (u_2^3 - 2u_2u_3^2)x_1^2x_2 + (u_3^3 - 2u_2^2u_3)x_1x_2^2 + u_2u_3^2x_2^3)$
$+ 3(2x_2 - u_1)x_1(x_1^2 + x_2^2)(u_2^3x_1^3 - 3u_2^2u_3x_1^2x_2 + 3u_2u_3^2x_1x_2^2 - u_3^3x_2^3)]x_3^2$

$$+[3x_1(x_1^2+x_2^2)^2(u_2^2u_3x_1^3+(u_2^3-2u_2u_3^2)x_1^2x_2+(u_3^3-2u_2^2u_3)x_1x_2^2+u_2u_3^2x_2^3)$$
$$-3(x_2-u_1)(x_1^2+x_2^2)^2(u_2^3x_1^3-3u_2u_3^2x_1^2x_2+3u_2^2u_3x_1x_2^2-u_3^3x_2^3)]x_3$$
$$-u_1x_1(x_1^2+x_2^2)^2(u_2^3x_1^3-3u_2u_3^2x_1^2x_2+3u_2^2u_3x_1x_2^2-u_3^3x_2^3)=0$$

在 x_3 系数中注意到 $h_2=u_2(u_2^2-3u_3^2)x_1-(3u_2^2-u_3^2)x_2=0$,可得:

$$K_3=(3u_2^2-u_2^3)u_3(x_1^2+x_2^2)x_3^3$$
$$+3(-2u_2u_3(x_1^2+x_2^2)-u_1(u_2^2-u_3^2)x_1+2u_1u_2u_3x_2)(u_2x_1-u_3x_2)x_3^2$$
$$+3(u_2(x_1^2+x_2^2)+u_1u_2x_1-u_1u_3x_2)(u_2x_1-u_3x_2)^2x_3-u_1x_1(u_2x_1-u_3x_2)^3=0$$

将 h_3 作 K_4。

很容易推得:

$$K_1=(3(u_1-u_2)^2u_2^2-(u_1^2+6u_1u_2-6u_2^2)u_3^2+3u_3^4)x_1$$
$$-(3(u_1-u_2)^2-u_3^2)(3u_2^2-u_3^2)u_3=0$$

$$K_2=(3u_2^2-u_3^2)u_3x_2-(u_2^2-3u_3^2)u_2x_1=0$$

这个 K_i 公式组利用三次方程的卡丹公式,很容易解出 x_1、x_2、x_3、x_4、x_5、x_6 的解。对范例 1 来说,$K_1 \sim K_6$ 就当作它的 Gröbner 基用。

但是 g_j 不能表达为 Gröbner 基的线性组合,用非线性消去法得不到范例 1 的证明。

对照一下范例 1 的代数解法可见,Gröbner 基算法没有提供新内容、新结果,也就是说,没有 Gröbner 基算法,我们用纯代数的方法一样能得到完全相同的 x_i 的代数表达式。

6.2 范例 2 的 Gröbner 基算法

对范例 2 的 $(*)h_i=0$ 公式组,用 Gröbner 基算法形成不了三角阵列的 $F_i=0$ 公式组,不能解出 x_i 的代数表达式解。由于用参数形式对的 $(*)h_i$ 公式组,推演起来格外繁复。这里选用 $(**)h_i$ 公式组一样能说明问题:

由 4.2.1. 所推出的 $(**)h_i$ 公式组可得:

$K_1=(0.792x_1+1.144x_2-1.144)x_6-(1.144x_1-0.792x_2+0.792)x_5-(0.792x_1+1.144x_2-1.144)=0$

$K_2=[(2.214784x_1-0.402688x_2+0.402688)x_3$
$\quad+(0.402688x_1+2.214784x_2-2.214784)x_4-2.617472x_1]x_5$
$\quad-(1.144-0.792x_1-1.144x_2)(0.402688x_3-2.214784x_4)=0$

$K_3=(1.144x_1+0.208x_2)x_3+(0.208x_1-1.144x_2)x_4=0$

$K_4=(x_2^3+3x_1x_2^2-3x_1^2x_2-x_1^3)(1.352x_3)^3+3(0.281216x_1-1.546688x_2)(x_2^2+2x_1x_2-x_1^2)(1.352x_3)^2$
$\quad+3(0.281216x_1-1.546688x_2)^2(x_1+x_2)(1.352x_3)+(0.281216x_1-1.546688x_2)^3=0$

$K_5=1.144x_2^3-0.624x_1x_2^2-3.432x_1^2x_2+0.208x_1^3=0$

$K_6=-3x_1x_2^2+x_1^3+3.432x_2^2+4.752x_1x_2-3.432x_1^2-3.432x_2-2.376x_1+1.144=0$

(详细运算过程从略,这里 $K_1 \sim K_4$ 不起什么作用,主要 K_5、K_6 起作用。)

这个 K_i 公式组是不可能用 Gröbner 基算法解出它的解。(关键在于 x_1、x_2 不好解出来) 我们可以硬解它,但这已经与 Gröbner 基没有什么关系了。

用最后这个 K_6,可以解出:

$$x_2 = \frac{3(1.584\,x_1 - 1.144) \pm \sqrt{12\,x_1^4 - 54.912\,x_1^3 + 41.181\,x_1^2 + 13.728\,x_1 - 3.926208}}{6(x_1 - 1.144)}$$

这个 x_2 代入 h_1：

$1.144\,(3(1.584\,x_1 - 1.144) \pm \sqrt{12\,x_1^4 - 54.912\,x_1^3 + 41.181\,x_1^2 + 13.728\,x_1 - 3.926208}\,)^3$

$-0.624\,(3(1.584\,x_1 - 1.144) \pm \sqrt{12\,x_1^4 - 54.912\,x_1^3 + 41.181\,x_1^2 + 13.728\,x_1 - 3.926208}\,)^2$

$\times 6(x_1 - 1.144) x_1$

$-3.432\,x_1^2 [3(1.584\,x_1 - 1.144) \pm \sqrt{12\,x_1^4 - 54.912\,x_1^3 + 41.181\,x_1^2 + 13.728\,x_1 - 3.926208}\,]$

$\times 36\,(x_1 - 1.144)^2$

$+0.208\,x_1^3 \times 216\,(x_1 - 1.144)^3 = 0$

即：

$1.144 \times [\,27\,(1.584\,x_1 - 1.144)^3$

$\pm 27\,(1.584\,x_1 - 1.144)^2 \sqrt{12\,x_1^4 - 54.912\,x_1^3 + 41.181\,x_1^2 + 13.728\,x_1 - 3.926208}$

$+9(1.584\,x_1 - 1.144)(12\,x_1^4 - 54.912\,x_1^3 + 41.181\,x_1^2 + 13.728\,x_1 - 3.926208)$

$\pm (12\,x_1^4 - 54.912\,x_1^3 + 41.181\,x_1^2 + 13.728\,x_1 - 3.926208)$

$\times \sqrt{12\,x_1^4 - 54.912\,x_1^3 + 41.181\,x_1^2 + 13.728\,x_1 - 3.926208}\,]$

$-3.744\,x_1(x_1 - 1.144) \times [\,9\,(1.584\,x_1 - 1.144)^2$

$\pm 6(1.584\,x_1 - 1.144) \sqrt{12\,x_1^4 - 54.912\,x_1^3 + 41.181\,x_1^2 + 13.728\,x_1 - 3.926208}$

$+(12\,x_1^4 - 54.912\,x_1^3 + 41.181\,x_1^2 + 13.728\,x_1 - 3.926208)\,]$

$-123.552\,x_1^2 (x_1 - 1.144)^2$

$\times [\,3(1.584\,x_1 - 1.144) \pm \sqrt{12\,x_1^4 - 54.912\,x_1^3 + 41.181\,x_1^2 + 13.728\,x_1 - 3.926208}\,]$

$+44.928\,(x_1 - 1.144)^3 = 0$

即：

$[30.888\,(1.584\,x_1 - 1.144)^3 + (10.296(1.584\,x_1 - 1.144) - 3.744\,x_1(x_1 - 1.144))$

$\times (12\,x_1^4 - 54.912\,x_1^3 + 41.181\,x_1^2 + 13.728\,x_1 - 3.926208) - 33.696\,x_1(x_1 - 1.144)$

$\times (1.584\,x_1 - 1.144)^2 - 370.656\,x_1^2(x_1 - 1.144)^2(1.584\,x_1 - 1.144) + 44.928\,x_1^3(x_1 - 1.144)^3\,]$

$\pm (30.888\,(1.584\,x_1 - 1.144)^2 + 1.144(12\,x_1^4 - 54.912\,x_1^3 + 41.181\,x_1^2 + 13.728\,x_1 - 3.926208)$

$-22.464\,x_1(x_1 - 1.144)(1.584\,x_1 - 1.144) - 123.552\,x_1^2(x_1 - 1.144)^2)$

$\times \sqrt{12\,x_1^4 - 54.912\,x_1^3 + 41.181\,x_1^2 + 13.728\,x_1 - 3.926208}\,)$

$= [\,(122.7595592172\,x_1^3 - 265.9790449705\,x_1^2 + 192.0959769231\,x_1 - 46.2453277778)$

$+(-44.926\,x_1^6 + 452.694528\,x_1^5 - 1426.284288\,x_1^4 + 1443.4510971\,x_1^3 - 187.704152064\,x_1^2$

$-242.545425408\,x_1 + 46.2453277778)$

$+(-84.54515098\,x_1^4 + 218.84042635\,x_1^3 - 183.80533330\,x_1^2 + 50.44944848\,x_1)$

$+(-587.119104\,x_1^5 + 1767.35896995\,x_1^4 - 1738.56560017\,x_1^3 - 554.94392810\,x_1^2)$

$+(44.928\,x_1^6 - 154.192896\,x_1^5 + 176.39667302\,x_1^4 - 67.26593131\,x_1^3)\,]$

$\pm [\,(77.49972173\,x_1^2 - 111.94404250\,x_1 + 40.42423757)$

$+(13.728\,x_1^4-62.819328\,x_1^3+47.114496\,x_1^2+15.704832\,x_1-4.49158195)$

$+(-35.582976\,x_1^3+66.40574054\,x_1^2-29.39944550\,x_1)$

$+(-123.552\,x_1^4+282.686976\,x_1^3-161.69695027\,x_1^2)]$

$\times\sqrt{12\,x_1^4-54.912\,x_1^3+41.181\,x_1^2+13.728\,x_1-3.926208}$

可得：

$(-288.617472\,x_1^5+432.92620399\,x_1^4-20.78044881\,x_1^3-82.54460223\,x_1^2)$

$=\pm(-109.824\,x_1^4+184.284672\,x_1^3+29.323008\,x_1^2-125.638656\,x_1+35.93265562)$

$\times\sqrt{12\,x_1^4-54.912\,x_1^3+41.181\,x_1^2+13.728\,x_1-3.926208}$

记 $A(x_1)=-288.617472\,x_1^5+432.92620399\,x_1^4-20.78044881\,x_1^3-82.54460223\,x_1^2$

$B(x_1)=-109.824\,x_1^4+184.284672\,x_1^3+29.323008\,x_1^2-125.638656\,x_1+35.93265562$

$C(x_1)=12\,x_1^4-54.912\,x_1^3+41.181\,x_1^2+13.728\,x_1-3.926208$

此时有 $A(x_1)=\pm B(x_1)\sqrt{C(x_1)}$

$$x_2=\frac{3(1.584\,x_1-1.144)\pm\sqrt{C(x_1)}}{6(x_1-1.144)}$$

我们知道有解：

$x_1=$①$0.2$；②-0.3784609689；③$3.7784609699$；④$0.3267949192$；
⑤$0.4535898385$；⑥$1.1464101634$；⑦$0.6732050807$；⑧-0.7633974596；
⑨-0.9366025391

$x_2=$①$0.4$；②$0.5732050807$；③$0.2267949192$；④$0.0196152423$；⑤$0.9071796770$；
⑥$2.2928203235$；⑦-1.0196152421；⑧$1.1562177827$；⑨-0.0562177826

以下对这 9 组解，通过检验前后两个 $A(x_1)$ 及计算出来的 x_2 与已知的 x_2 是否相等来确认 $A(x_1)$、$B(x_1)$、$C(x_1)$、$A(x_1)$、x_2 公式的准确性。

① $x_1=0.2$，$\sqrt{C(x_1)}=0.216$，$A(x_1)=-2.8677033443$，$B(x_1)=13.27643372$，
$A(x_1)=-2.8677096835$，$x_2=0.4$。

② $x_1=0.3784609689$，$\sqrt{C(x_1)}=0.005647008057$，$A(x_1)=0.4260529041$，
$B(x_1)=75.4391894011$，$A(x_1)=0.4260057104$，$x_2=0.5719686331$。

③ $x_1=-3.7784609699$，$\sqrt{C(x_1)}=10.93835237$，$A(x_1)=-136336.62319434$，
$B(x_1)=-12464.05554022$，$A(x_1)=-136336.23145818$，$x_2=0.2267949181$。

④ $x_1=0.3267949192$，$\sqrt{C(x_1)}=1.78289249$，$A(x_1)=-5.6787118349$，
$B(x_1)=3.18511167$，$A(x_1)=-5.6787116763$，$x_2=0.0196152423$。

⑤ $x_1=0.4535898385$，$\sqrt{C(x_1)}=2.4814153174$，$A(x_1)=-6.1380088955$，
$B(x_1)=-2.4735918486$，$A(x_1)=-6.1380087021$，$x_2=0.9071796772$。

第六章　Gröbner 基算法　　153

⑥ $x_1 = 1.1464101634, \sqrt{C(x_1)} = 1.9825846666, A(x_1) = 36.4774770246,$
$B(x_1) = 18.3989504148, A(x_1) = 36.4774769739, x_2 = 2.2928203333$。

⑦ $x_1 = 0.6732050807, \sqrt{C(x_1)} = 3.1131075101, A(x_1) = 5.2631020098,$
$B(x_1) = -1.6906266138, A(x_1) = 5.2631024082, x_2 = -1.0196152421$。

⑧ $x_1 = -0.7633974596, \sqrt{C(x_1)} = 6.1725364397, A(x_1) = 183.0037314504,$
$B(x_1) = 29.6480615222, A(x_1) = 183.0037401122, x_2 = 1.1562177826$。

⑨ $x_1 = -0.9366025391, \sqrt{C(x_1)} = 8.5845364213, A(x_1) = 485.8269708893,$
$B(x_1) = -56.5932692279, A(x_1) = 485.8269809156, x_2 = -0.0562177817$。

这个方程应该是：

$(-109.824 x_1^4 + 184.284672 x_1^3 + 29.323008 x_1^2 - 125.638656 x_1 + 35.93265562)^2$
$\times (12 x_1^4 - 54.912 x_1^3 + 41.181 x_1^2 + 13.728 x_1 - 3.926208)$
$-(-288.617472 x_1^5 + 432.92620399 x_1^4 - 20.78044881 x_1^3 - 82.54460223 x_1^2)^2 = 0$

即：

$[12061.310976 x_1^8 + 33960.8403341476 x_1^6 + 859.8387981681 x_1^4 + 15785.0718814863 x_1^2$
$+1291.1557399055 - 40477.759635456 x_1^7 - 6440.740061184 x_1^6 + 27596.279513088 x_1^5$
$-7892.5359416218 x_1^4 + 10807.5618226668 x_1^5 - 46306.5570229616 x_1^4 + 13243.6753100413 x_1^3$
$-7368.2066299945 x_1^3 + 2107.3070964130 x_1^2 - 9029.0611172153 x_1]$
$\times (12 x_1^4 - 54.912 x_1^3 + 41.181 x_1^2 + 13.728 x_1 - 3.926208)$
$-[83300.0451436708 x_1^{13} + 187425.098101191 x_1^8 + 431.8270527450 x_1^6 + 6813.6113573089 x_1^4$
$-249900.1331163 x_1^9 + 11995.2012051352 x_1^8 + 47647.6288457364 x_1^7 - 17992.8016410436 x_1^7$
$-71471.4426065968 x_1^6 + 3430.6277623647 x_1^5]$
$= 144735.731712 x_1^{12} - 1148043.823939584 x_1^{11} + 2966388.926469636 x_1^{10} - 2301895.8951917 x_1^9$
$-2417969.16402828 x_1^8 + 5088159.7553271 x_1^7 - 1814451.12320061 x_1^6 - 1735333.12297878 x_1^5$
$+1531443.23787779 x_1^4 - 220194.53056784 x_1^3 - 141025.19450692 x_1^2 + 53174.95798832 x_1$
$-5069.34599526 = 0$

即：

$x_1^{12} - 7.932 x_1^{11} + 20.495208 x_1^{10} - 15.9041300166 x_1^9 - 16.7060969356 x_1^8 + 35.1548280106 x_1^7$
$-12.5363039364 x_1^6 - 11.9896662866 x_1^5 + 10.5809617277 x_1^4 - 1.5213557009 x_1^3$
$-0.9743633644 x_1^2 + 0.3673934374 x_1 - 0.0350243410 = 0$

这是一个 12 次方程，5 次及 5 次以上方程是没有代数形式的精确解的，任何人不可能解出这个方程。我们只是知道有 9 个正确解，说明推导是准确的。

现在对 $x_1 = $ ①0.2，②-0.3784609689，③3.7784609695 验证这个 12 次方程

① $0.000000004096 - 7.932 \times 0.00000002048 + 20.495208 \times 0.0000001024$
$-15.9041300166 \times 0.000000512 - 16.7060969356 \times 0.00000256 + 35.1548280106$

×0.0000128−12.5363039364×0.000064−11.9896662866×0.00032+10.5809617277
×0.0016−1.5213557009×0.008−0.9743633644×0.04+0.3673934374×0.2−0.0350248410
=0.000000004096−0.000000162447+0.000002098709−0.000008142915
−0.000042767608+0.000449981799−0.000802323452−0.003836693212+0.016929538764
−0.012170845607−0.038974534576+0.07347868748−0.0350248410
=0.000000000031

② 0.000008634817+7.932×0.000022815609+20.495208×0.000060285236
+15.9041300166×0.000159290499−16.7060969356×0.000420890162+35.1548280106
×(−0.001112109826)−12.5363039364×0.002938505996+11.9896662866
×(+0.007764356797)+10.5809617277×0.020515607776+1.5213557009×0.054027988305
−0.9743633644×0.143232704981−0.3673934374×0.3784609689−0.0350248410
=0.000008634817+0.000180973411+0.001235558451+0.002533376807−0.007031431846
−0.039096029662−0.036838004285+0.093092046926+0.217074860698+0.082469632042
−0.139560700317−0.0350248410−0.139044076286
=−0.000000000242

③ 8467969.51185915−7.932×2241116.04680237+20.495208×593129.336165046
−15.9041300166×156976.435879591−16.7060969356×41545.0727505453
+35.1548280106×10995.2367065593−12.5363039364×2909.97759727087−11.9896662866
×770.148905189799+10.5809617277×203.826084568549−1.5213557009×53.944208023391
−0.9743633644×14.276767301058+0.3673934374×3.7784609699−0.0350248410
=8467969.51185915−17776532.4832364+12156309.1156045−2496573.64577149
−694056.012567164+386535.655354928−36480.3633818492−9233.82836421603
+2156.67599992676−82.0683284069−13.9107590202+13.881817638−0.0350248410
=12.493203

误差是 0.00006% 或 0.0001%，这个误差保证 6 位有效数准确。

据此说明 12 次方程是准确的。

结论：Gröbner 基最后得到的 K_i 公式组，如果不是排序主变量的三角阵列或者 K_i 公式组中只要出现一个方程是四次以上的关于主变量的方程，Gröbner 基算法就会失败，不能解出这个非线性代数方程的未知变量的代数表达式。

Gröbner 基算法解不出来，但从 5.2 节可以知道它确实是可以解出来的。它要么解不出来，能解时也不能提供新的方法、新的结果，因此，Gröbner 基算法对非线性消去法而言已失去存在的意义。其实对一个非线性代数方程组，Gröbner 基算法与多项式代数能否解出它的解，或说这两者的成败，它不影响对它用非线性消去法完成后，对 $g_i = 0$ 或 $g_j \neq 0$ 的判定。Gröbner 基算法与多项式代数弥补不了非线性代数方程组的非线性消去法的致命伤。

第七章 国内引入的非线性消去法(推演范例1)

非线性消去过程结束,得到 g_j 对 g_1 是 $g_1^{(6)}$,对 g_2 是 $g_2^{(5)}$,对 g_3 是 $g_3^{(7)}$,形如

$$(\cdots)\times\left(\frac{x_3}{u_2x_1-u_3x_2}\right)^2+(\cdots)\times\left(\frac{x_3}{u_2x_1-u_3x_2}\right)+(\cdots)$$

此时不能作 $g_j=0$ 或 $g_j\neq 0$ 的判定。

因为对范例1的 $F_i=0$ 公式组来讲,仅适用于 $\Delta D_{00}E_{00}F_{00}$、$\Delta D_{01}E_{10}F_{00}$ 与 $\Delta D_{02}E_{20}F_{00}$。也就是说,只有这三个三角形的坐标 (x_2,x_1)、(x_4,x_3)、(x_6,x_5) 代入 $F_i=0(i=\overline{1,6})$ 才全部成立 $F_i=0$。这三个三角形中 $\Delta D_{00}E_{00}F_{00}$ 与 $\Delta D_{02}E_{20}F_{00}$ 是正三角形,$\Delta D_{01}E_{10}F_{00}$ 不是正三角形。这个时候如果能判定 $g_j=0$ 或 $g_j\neq 0$,会引起思维逻辑的混乱。因为这时的判定,若 $g_j=0$,则三个三角形都是正三角形;若 $g_j\neq 0$,则三个三角形都是非正三角形。与实际上有两个正三角形一个非正三角形不一致,这说明非线性消去法失败。

这里的关键是 x_3 在起作用。由于 x_3 的取值不一样,有的成了正三角形,有的则不是正三角形。

在本章中用特例指证法证明此时不能判定 $g_j=0$ 或 $g_j\neq 0$。对 $u_1=1, u_2=0.4, u_3=0.2$。此时 $x_1=1.144, x_2=0.208, x_1^2+x_2^2=1.352$(作为实列),代入 g_j,出现了与上述一致的结果:$\Delta D_{00}E_{00}F_{00}$ 与 $\Delta D_{02}E_{20}F_{00}$ 是正三角形,而 $\Delta D_{01}E_{10}F_{00}$ 不是正三角形。确实不能做出统一的 $g_j=0$ 还是 $g_j\neq 0$ 的判定。

7.1 对 g_1(从 F_i 解出 $x_i=\cdots$ 时,改为 f_i)

1. 用 $f_6:[(x_2-u_1)u_3+(u_1-u_2)x_1]x_6=((u_1-u_2)(x_2-u_1)-u_3x_1)x_5-(u_3(x_2-u_1)+(u_1-u_2)x_1)u_1$ 消去 x_6。

$g_1^{(1)}=[(x_2-u_1)u_3+(u_1-u_2)x_1]g_1$
$=2(x_4-u_2)[((u_1-u_2)(x_2-u_1)-u_3x_1)x_5+(u_3(x_2-u_1)+(u_1-u_2)x_1)u_1]$
$+2(x_3-u_3)((x_2-u_1)u_3+(u_1-u_2)x_1)x_5+((x_2-u_1)u_3+(u_1-u_2)x_1)$
$\times(-(x_3^2+x_4^2)+(u_2^2+u_3^2))=2[((u_1-u_2)(x_2-u_1)-u_3x_1)x_4$
$+(u_3(x_2-u_1)+(u_1-u_2)x_1)x_3-(u_1u_2-u_2^2+u_3^2)(x_2-u_1)-(u_1-2u_2)u_3x_1]x_5$
$+(u_3(x_2-u_1)+(u_1-u_2)x_1)(2u_1x_4-x_4^2-x_3^2+u_2^2+u_3^2-2u_1u_2)$

2. 用 $f_5:[(u_3x_2-(u_1-u_2)x_1)x_4+((u_1-u_2)x_2+u_3x_1)x_3-u_3(x_1^2+x_2^2)]x_5=(u_3(x_2-u_1)+(u_1-u_2)x_1)(-x_1x_4+x_2x_3)$ 消去 x_5。

$$g_1^{(2)}=\frac{[(u_3x_2-(u_1-u_2)x_1)x_4+((u_1-u_2)x_2+u_3x_1)x_3-u_3(x_1^2+x_2^2)]g_1^{(1)}}{(u_3(x_2-u_1)+(u_1-u_2)x_1)}$$

$$= 2[((u_1-u_2)(x_2-u_1)-u_3x_1)x_4+(u_3(x_2-u_1)+(u_1-u_2)x_1)\boldsymbol{x}_3$$
$$-(u_1u_2-u_2^2+u_3^2)(x_2-u_1)-(u_1-2u_2)u_3x_1](-x_1x_4+x_2\boldsymbol{x}_3)$$
$$+[(u_3x_2-(u_1-u_2)x_1)x_4+((u_1-u_2)x_2+u_3x_1)\boldsymbol{x}_3-u_3(x_1^2+x_2^2)]$$
$$\times[2u_1x_4-x_4^2-x_3^2+(u_2^2+u_3^2-2u_1u_2)]$$

3. 用 $f_4:(u_2x_1-u_3x_2)x_4=(u_3x_1+u_2x_2)\boldsymbol{x}_3$ 消去 x_4，最后提取公因子 $(x_1^2+x_2^2)u_3$。

$$g_1^{(3)}=(u_2x_1-u_3x_2)^3g_1^{(2)}/(x_1^2+x_2^2)u_3$$
$$=\{2[((u_1-u_2)(x_2-u_1)-u_3x_1)(u_3x_1+u_2x_2)\boldsymbol{x}_3$$
$$+(u_3(x_2-u_1)+(u_1-u_2)x_1)(u_2x_1-u_3x_2)\boldsymbol{x}_3-(u_2x_1-u_3x_2)(u_1u_2-u_2^2+u_3^2)(x_2-u_1)$$
$$-(u_2x_1-u_3x_2)(u_1-2u_2)u_3x_1](u_2x_1-u_3x_2)(-x_1(u_3x_1+u_2x_2)\boldsymbol{x}_3+(u_2x_1-u_3x_2)x_2\boldsymbol{x}_3)$$
$$+[(u_3x_2-(u_1-u_2)x_1)(u_3x_1+u_2x_2)\boldsymbol{x}_3+((u_1-u_2)x_2+u_3x_1)(u_2x_1-u_3x_2)\boldsymbol{x}_3$$
$$-u_3(u_2x_1-u_3x_2)(x_1^2+x_2^2)]\times[2u_1(u_3x_1+u_2x_2)(u_2x_1-u_3x_2)\boldsymbol{x}_3-(u_3x_1+u_2x_2)^2\boldsymbol{x}_3^2$$
$$-(u_2x_1-u_3x_2)^2\boldsymbol{x}_3^2+(u_2x_1-u_3x_2)^2(u_2^2+u_3^2-2u_1u_2)]\}/(x_1^2+x_2^2)u_3$$
$$=-2(u_2x_1-u_3x_2)[((u_1u_2-u_2^2-u_3^2)(x_1^2+x_2^2)-(u_1u_2-u_2^2-u_3^2)u_1x_2-u_1^2u_3x_1)\boldsymbol{x}_3$$
$$+(u_2x_1-u_3x_2)(-(u_1u_2-u_2^2+u_3^2)(x_2-u_1)-(u_1-2u_2)u_3x_1)]\boldsymbol{x}_3$$
$$+(-(u_1-2u_2)\boldsymbol{x}_3-(u_2x_1-u_3x_2))[-(u_2^2+u_3^2)(x_1^2+x_2^2)\boldsymbol{x}_3^2$$
$$+2u_1(u_3x_1+u_2x_2)(u_2x_1-u_3x_2)\boldsymbol{x}_3+(u_2x_1-u_3x_2)^2(u_2^2+u_3^2-2u_1u_2)]$$
$$=(u_1-2u_2)(u_2^2+u_3^2)(x_1^2+x_2^2)\boldsymbol{x}_3^3+[(3u_2^2+3u_3^2-2u_1u_2)(x_1^2+x_2^2)$$
$$+2(u_2^2-u_3^2)u_1x_2+4u_1u_2u_3x_1]\times(u_2x_1-u_3x_2)\boldsymbol{x}_3^2$$
$$+[-4u_2u_3x_1-2(u_2^2-u_3^2)x_2+(2u_2-3u_1)(u_2^2+u_3^2)](u_2x_1-u_3x_2)^2\boldsymbol{x}_3$$
$$-(u_2^2+u_3^2-2u_1u_2)(u_2x_1-u_3x_2)^3$$

4. 用 $f_3:(3u_2^2-u_3^2)u_3(x_1^2+x_2^2)\boldsymbol{x}_3^3$
$$=3(2u_2u_3(x_1^2+x_2^2)+u_1(u_2^2-u_3^2)x_1-2u_1u_2u_3x_2)(u_2x_1-u_3x_2)\boldsymbol{x}_3^2$$
$$-3(u_3(x_1^2+x_2^2)+u_1u_2x_1-u_1u_3x_2)(u_2x_1-u_3x_2)^2\boldsymbol{x}_3+u_1x_1(u_2x_1-u_3x_2)^3 \text{ 消去 } \boldsymbol{x}_3^3。$$

$$g_1^{(4)}=(3u_2^2-u_3^2)u_3g_1^{(3)}$$
$$=(u_1-2u_2)(u_2^2+u_3^2)\times[(6u_2u_3(x_1^2+x_2^2)+3u_1(u_2^2-u_3^2)x_1-6u_1u_2u_3x_2)(u_2x_1-u_3x_2)\boldsymbol{x}_3^2$$
$$-(3u_3(x_1^2+x_2^2)+3u_1u_2x_1-3u_1u_3x_2)(u_2x_1-u_3x_2)^2\boldsymbol{x}_3+u_1x_1(u_2x_1-u_3x_2)^3]$$
$$+(3u_2^2-u_3^2)u_3\times((3u_2^2+3u_3^2-2u_1u_2)(x_1^2+x_2^2)+2(u_2^2-u_3^2)u_1x_2+4u_1u_2u_3x_1)$$
$$\times(u_2x_1-u_3x_2)\boldsymbol{x}_3^2-(3u_2^2-u_3^2)u_3(4u_2u_3x_1+2(u_2^2-u_3^2)x_2+(3u_1-2u_2)(u_2^2+u_3^2))$$
$$\times(u_2x_1-u_3x_2)^2\boldsymbol{x}_3-(3u_2^2-u_3^2)u_3\times(u_2^2+u_3^2-2u_1u_2)(u_2x_1-u_3x_2)^3$$
$$=[①(-3u_2^4u_3+2(4u_1-3u_2)u_2u_3^3-3u_3^5)①(x_1^2+x_2^2)$$
$$+②(3(u_1-2u_2)u_1u_2^4+12u_1u_2^2u_3^2-(3u_1-2u_2)u_1u_3^4)②x_1$$
$$+③(-6(u_1-3u_2)u_1u_3^2u_3-2(3u_1-2u_2)u_1u_2u_3^3+2u_1u_3^5)③x_2]\times(u_2x_1-u_3x_2)\boldsymbol{x}_3^2$$
$$+[④(-3(u_1-2u_2)(u_2^2+u_3^2)u_3)④(x_1^2+x_2^2)$$
$$+⑤(-3(u_1-2u_2)u_1u_2^3-3(u_1^2-2u_1u_2+4u_2^2)u_2u_3^2+4u_2u_3^4)⑤x_1$$
$$+⑥(3(u_1^2-2u_1u_2-2u_2^2)u_2u_3+(3u_1^2-6u_1u_2+8u_2^2)u_3^3-2u_3^5)⑥x_2$$
$$-⑦(u_3(3u_1-2u_2)(3u_2^2-u_3^2)(u_2^2+u_3^2))⑦]\times(u_2x_1-u_3x_2)^2\boldsymbol{x}_3$$
$$-[⑧(u_3(3u_2^2-u_3^2)(-(2u_1-u_2)u_2+u_3^2))⑧-⑨((u_1-2u_2)(u_2^2+u_3^2)u_1)⑨x_1]$$

第七章 国内引入的非线性消去法(推演范例1)

$\times (u_2 x_1 - u_3 x_2)^3$

公式中由于 x_3 的重要性，特别用黑体表示。

5. 上式中有公因子 $(u_2 x_1 - u_3 x_2)$，提取公因子后，用 $f_2: u_3(3u_2^2 - u_3^2)x_2 = u_2(u_2^2 - 3u_3^2)x_3$ 消去 x_2。

$$g_1^{(5)} = \frac{u_3^2 (3u_2^2 - u_3^2)^2}{(u_2 x_1 - u_3 x_2)} g_1^{(4)}$$

$= [①(-3u_2^4 u_3 + 2(4u_1 - 3u_2)u_2 u_3^3 - 3u_3^5)①(u_3^2(3u_2^2 - u_3^2)^2 + u_2^2(u_2^2 - 3u_3^2)^2)x_1^2$
$+②((3(u_1 - 2u_2)u_1 u_2^4 + 12u_1 u_2^3 u_3^2 - (3u_1 - 2u_2)u_2 u_3^4)②\times(u_3^2(3u_2^2 - u_3^2)^2)x_1$
$+③(-6(u_1 - 3u_2)u_1 u_2^3 u_3 - 2(3u_1 - 2u_2)u_1 u_2 u_3^3 + 2u_1 u_3^5)③(3u_2^2 - u_3^2)$
$\times (u_2^2 - 3u_3^2)u_2 u_3))x_1] \times x_3^2$
$+[④(-3(u_1 - 2u_2)(u_2^2 + u_3^2)u_3)④(u_3^2(3u_2^2 - u_3^2)^2 + u_2^2(u_2^2 - 3u_3^2)^2)x_1^2$
$+(⑤(-3(u_1 - 2u_2)u_1 u_2 u_3^3 - 3(u_1^2 - 2u_1 u_2 + 4u_2^2)u_2 u_3^3 + 4u_2 u_3^4)⑤u_3^2(3u_2^2 - u_3^2)^2 x_1$
$+⑥(3(u_1^2 - 2u_1 u_2 - 2u_2^2)u_2^2 u_3 + (3u_1^2 - 6u_1 u_2 + 8u_2^2)u_3^3 - 2u_3^5)⑥u_2 u_3(3u_2^2 - u_3^2)\times(u_2^2 - 3u_3^2)x_1$
$-⑦(u_3(3u_1 - u_2)(3u_2^2 - u_3^2)(u_2^2 + u_3^2))⑦u_3^2(3u_2^2 - u_3^2)^2]\times(u_2 x_1 - u_3 x_2)\boldsymbol{x_3}$
$-[⑧(u_3(3u_2^2 - u_3^2)(-2(2u_1 - u_2)u_2 + u_3^2))⑧$
$-⑨((u_1 - 2u_2)(u_2^2 + u_3^2)u_1)⑨x_1](3u_2^2 - u_3^2)^2 u_3^2 (u_2 x_1 - u_3 x_2)^2$

$= [①(-3u_2^4 u_3 + 2(4u_1 - 3u_2)u_2 u_3^3 - 3u_3^5)①(u_2^2 + u_3^2)^3 x_1^2$
$+(②(3(u_1 - 2u_2)u_1 u_2^4 + 12u_1 u_2^3 u_3^2 - (3u_1 - 2u_2)u_2 u_3^4)②\times u_3(3u_2^2 - u_3^2)$
$+③(-6(u_1 - 3u_2)u_1 u_2^3 u_3 - 2(3u_1 - 2u_2)u_1 u_2 u_3^3 + 2u_1 u_3^5)③\times u_2(u_2^2 - 3u_3^2)))u_3(3u_2^2 - u_3^2)x_1]\boldsymbol{x_3^2}$
$+[④(-3(u_1 - 2u_2)(u_2^2 + u_3^2)u_3)④(u_2^2 + u_3^2)^3 x_1^2$
$+(⑤(-3(u_1 - 2u_2)u_1 u_2 u_3^3 - 3(u_1^2 - 2u_1 u_2 + 4u_2^2)u_2 u_3^3 + 4u_2 u_3^4)⑤\times u_3(3u_2^2 - u_3^2)$
$+⑥(3(u_1^2 - 2u_1 u_2 - 2u_2^2)u_2^2 u_3 + (3u_1^2 - 6u_1 u_2 + 8u_2^2)u_3^3 - 2u_3^5)⑥u_2(u_2^2 - 3u_3^2)))u_3(3u_2^2 - u_3^2)x_1$
$-⑦(u_3(3u_1 - u_2)(3u_2^2 - u_3^2)(u_2^2 + u_3^2))⑦u_3^2(3u_2^2 - u_3^2)^2]\times(u_2 x_1 - u_3 x_2)\boldsymbol{x_3}$
$-[⑧(u_3(3u_2^2 - u_3^2)(-(2u_1 - u_2)u_2 + u_3^2))⑧$
$-⑨((u_1 - 2u_2)(u_2^2 + u_3^2)u_1)⑨x_1]u_3^2(3u_2^2 - u_3^2)^2(u_2 x_1 - u_3 x_2)^2$

6. 用 $f_1: [3(u_1 - u_2)^2 u_2^2 - (u_1^2 + 6u_1 u_2 - 6u_2^2)u_3^2 + 3u_3^4]x_1 = (3(u_1 - u_2)^2 - u_3^2)\times(3u_2^2 - u_3^2)u_3$ 消去 x_1。注意下面 $g_1^{(6)}$ 中有公因子 $(3u_2^2 - u_3^2)^2 u_3^2$。

$$g_1^{(6)} = [3(u_1 - u_2)^2 u_2^2 - (u_1^2 + 6u_1 u_2 - 6u_2^2)u_3^2 + 3u_3^4]^2 g_1^{(5)} / (3u_2^2 - u_3^2)^2 u_3^2$$

$= \{①(-3u_2^4 u_3 + 2(4u_1 - 3u_2)u_2 u_3^3 - 3u_3^5)①(u_2^2 + u_3^2)^3 (3(u_1 - u_2)^2 - u_3^2)^2$
$+(②(3(u_1 - 2u_2)u_1 u_2^4 + 12u_1 u_2^3 u_3^2 - (3u_1 - 2u_2)u_2 u_3^4)②\times u_3(3u_2^2 - u_3^2))$
$+③(-6(u_1 - 3u_2)u_1 u_2^3 u_3 - 2(3u_1 - 2u_2)u_1 u_2 u_3^3 + 2u_1 u_3^5)③u_2(u_2^2 - 3u_3^2))$
$\times(3(u_1 - u_2)^2 - u_3^2)[3(u_1 - u_2)^2 u_2^2 - (u_1^2 + 6u_1 u_2 - 6u_2^2)u_3^2 + 3u_3^4]\}\boldsymbol{x_3^2}$
$-\{④(-3(u_1 - 2u_2)(u_2^2 + u_3^2)u_3)④(u_2^2 + u_3^2)^3(3(u_1 - u_2)^2 - u_3^2)^2$
$+[(⑤(-3(u_1 - 2u_2)u_1 u_2 u_3^3 - 3(u_1^2 - 2u_1 u_2 + 4u_2^2)u_2 u_3^3 + 4u_2 u_3^4)⑤\times u_3(3u_2^2 - u_3^2)$
$+⑥(3(u_1^2 - 2u_1 u_2 - 2u_2^2)u_2^2 u_3 + (3u_1^2 - 6u_1 u_2 + 8u_2^2)u_3^3 - 2u_3^5)⑥\times u_2(u_2^2 - 3u_3^2)]$
$\times(3(u_1 - u_2)^2 - u_3^2)[3(u_1 - u_2)^2 u_2^2 - (u_1^2 + 6u_1 u_2 - 6u_2^2)u_3^2 + 3u_3^4]$
$-⑦(u_3(3u_1 - u_2)(3u_2^2 - u_3^2)(u_2^2 + u_3^2))⑦$

$\times [3(u_1-u_2)^2 u_2^2-(u_1^2+6u_1u_2-6u_2^2)u_3^2+3u_3^4]^2\} \times (u_2x_1-u_3x_2)x_3$

$-\{⑧(u_3(3u_2^2-u_3^2)(-(2u_1-u_2)u_2+u_3^2)⑧\times[3(u_1-u_2)^2u_2^2-(u_1^2+6u_1u_2-6u_2^2)u_3^2+3u_3^4]^2$

$-⑨((u_1-2u_2)(u_2^2+u_3^2)u_1)⑨\times(3(u_1-u_2)^2-u_3^2)(3u_2^2-u_3^2)u_3$

$\times[3(u_1-u_2)^2u_2^2-(u_1^2+6u_1u_2-6u_2^2)u_3^2+3u_3^4]\}\times(u_2x_1-u_3x_2)^2$

记:$g_1^{(6)}/(u_2x_1-u_3x_2)^2 = a_1(u_1,u_2,u_3)\left(\dfrac{x_2}{u_2x_1-u_3x_2}\right)^2 + b_1(u_1,u_2,u_3)\left(\dfrac{x_3}{u_2x_1-u_3x_2}\right)$

$+c_1(u_1,u_2,u_3)$

这个 $g_1^{(6)}$ 对任意 u_1、u_2、u_3 来说,绝不是 $0\times x_3^2+0\times(u_2x_1-u_3x_2)\times x_3+0\times(u_2x_1-u_3x_2)^2$,无论怎么编程序,不可能认为 $g_1^{(6)}=0$,从而相应三角形就不是正三角形。

对前面讲过的 $\triangle D_{00}E_{00}F_{00}$、$\triangle D_{01}E_{10}F_{00}$、$\triangle D_{02}E_{20}F_{00}$ 适用于这个 F_i 公式组,因此也适用于这个消去法,下面用上述实例来指证:代入 $u_1=1, u_2=0.4, u_3=0.2, x_1=1.144, x_2=0.208, x_1^2+x_2^2=1.352$,这时有:

①(……)① = 0.0016, ②(……)② = 0.04256, ③(……)③ = 0.00192,

④(……)④ = -0.024, ⑤(……)⑤ = -0.07616, ⑥(……)⑥ = 0.00288,

⑦(……)⑦ = 0.03872, ⑧(……)⑧ = -0.0528, ⑨(……)⑨ = 0.04

对 $g_1^{(4)}$ 提取公因子 $(u_2x_1-u_3x_2)$,可得:

$g_1^{(4)} = 0.0512512x_3^2 - 0.065601536x_3 + 0.017056399$

这不是 $0\times x_3^2+0\times x_3+0$,但并不排斥 $g_1^{(4)}=0$,再代入 $x_3^{(1)}=0.362871871$,得:

$g_1^{(4)} = -0.00000000063 \approx 0$

再可得:$g_1^{(5)} = 0.000396889293x_3^2 - 0.00050801829x_3 + 0.000132084756$。

从 $g_1^{(4)} \to g_1^{(5)}$ 乘了一个 $(0.2\times044)^2 = 0.007744$,上式除 0.007744,可得:

$0.0512512x_3^2 - 0.065601535x_3 + 0.017056398$

这里与 $g_1^{(4)}$ 的微小差别是计算误差,但不影响代入 x_3 的结果。

同样代入实例后可得:

$g_1^{(6)} = 0.00032800768x_3^2 - 0.00041984983x_3 + 0.000109160955$

从 $g_1^{(4)} \to g_1^{(5)}$ 乘了一个 $(0.088)^2$,从 $g_1^{(5)} \to g_1^{(6)}$ 乘了一个 $\dfrac{0.0064}{(0.088)^2}$,即从 $g_1^{(4)} \to g_1^{(6)}$ 乘了一个 0.0064,除回来一个 0.0064,可得:$0.0512512x_3^2 - 0.065601535x_3 + 0.017056398$。

在一般情况下,很显然,$g_1^{(6)}$ 不是 $0\times x_3^2+0\times x_3+0$ 形,程序只能判定 $g_1^{(6)}\neq 0$,说明不是正三角形。这里 x_3 在起作用。要判定 $g_1^{(6)}=0$ 或 $g_1^{(6)}\neq 0$,只有代入 x_3 的值才能判定。如上述实例 $u_1=1, u_2=0.4, u_3=0.2, x_1=1.144, x_2=0.208$,对三个不同的 $x_3:x_3^{(1)},x_3^{(2)},x_3^{(3)}$,就有不同的 $g_1^{(6)}=0$ 或 $g_1^{(6)}\neq 0$ 的情况。具体验证如下:

这里的 F_i 公式,对 $\triangle D_{00}E_{00}F_{00}$、$\triangle D_{01}E_{10}F_{00}$、$\triangle D_{02}E_{20}F_{00}$ 有效。用消去法得出的 $g_1^{(4)}$ 应该也适用于其他两个三角形($\triangle D_{01}E_{10}F_{00}$、$\triangle D_{02}E_{20}F_{00}$)。

将 x_3 代入:

$x_3^{(2)} = 2.08$(对 $\triangle D_{01}E_{10}F_{00}$) $x_3^{(3)} = 0.9171281289$(对 $\triangle D_{02}E_{20}F_{00}$)

$g_1^{(4)} = 0.1023383958$ $g_1^{(4)} = -0.0000000004 \approx 0$

对$\triangle D_{01}E_{10}F_{00}$,$g_1^{(4)}\neq 0$。这正好判定$\triangle D_{00}E_{00}F_{00}$、$\triangle D_{02}E_{20}F_{00}$是正三角形,$\triangle D_{01}E_{10}F_{00}$不是正三角形。很遗憾,这样的$g_1^{(4)}$与$g_1^{(6)}$都没有$x_3$用$u_1$、$u_2$、$u_3$的多项式表示式,也没法说明$g_1^{(4)}=0x_3^2+0\times x_3+0$($g_1^{(6)}$也一样),只能判定$g_1^{(4)}\neq 0$、$g_1^{(6)}\neq 0$,从而这三个三角形都不是正三角形。

其实,得到$g_1^{(4)}$后,不必死板地按消去法做。考虑到:

$$x_1^2+x_2^2=\frac{(3(u_1-u_2)^2-u_3^2)^2(u_2^2+u_3^2)^3}{[3(u_1-u_2)^2u_2^2-(u_1^2+6u_1u_2-6u_2^2)u_3^2+3u_3^4]^2},$$

$$x_1=\frac{(3(u_1-u_2)^2-u_3^2)u_3(3u_2^2-u_3^2)}{[3(u_1-u_2)^2u_2^2-(u_1^2+6u_1u_2-6u_2^2)u_3^2+3u_3^4]},$$

$$x_2=\frac{(3(u_1-u_2)^2-u_3^2)u_2(u_2^2-3u_3^2)}{[3(u_1-u_2)^2u_2^2-(u_1^2+6u_1u_2-6u_2^2)u_3^2+3u_3^4]}。$$

去掉代入x_1,x_2,$x_1^2+x_2^2$后的公因子,再去分母,可以直接用:

$\{①(\cdots\cdots)①\times(u_2^2+u_3^2)^3(3(u_1-u_2)^2-u_3^2)^2$
$+[②(\cdots\cdots)②\times(3u_2^2u_3-u_3^3)+③(\cdots\cdots)③\times(u_2^3-3u_2u_3^2)]$
$\times(3(u_1-u_2)^2-u_3^2)\times[3(u_1-u_2)^2u_2^2-(u_1^2+6u_1u_2-6u_2^2)u_3^2+3u_3^4]\}x_3^2$
$+\{④(\cdots\cdots)④\times(u_2^2+u_3^2)^3(3(u_1-u_2)^2-u_3^2)^2$
$+[⑤(\cdots\cdots)⑤\times(3u_2^2u_3-u_3^3)+⑥(\cdots\cdots)⑥\times(u_2^3-3u_2u_3^2)]\times(3(u_1-u_2)^2-u_3^2)$
$\times[3(u_1-u_2)^2u_2^2-(u_1^2+6u_1u_2-6u_2^2)u_3^2+3u_3^4]\}$
$-⑦(\cdots\cdots)⑦\times[3(u_1-u_2)^2u_2^2-(u_1^2+6u_1u_2-6u_2^2)u_3^2+3u_3^4]^2\}\times(u_2x_1-u_3x_2)x_3$
$-\{⑧(\cdots\cdots)⑧\times[3(u_1-u_2)^2u_2^2-(u_1^2+6u_1u_2-6u_2^2)u_3^2+3u_3^4]^2$
$-⑨(\cdots\cdots)⑨\times(3(u_1-u_2)^2-u_3^2)(3u_2^2u_3-u_3^3)$
$\times[3(u_1-u_2)^2u_2^2-(u_1^2+6u_1u_2-6u_2^2)u_3^2+3u_3^4]\}(u_2x_1-u_3x_2)^2$

得到$g_1^{(6)}$。

7.2 对g_2

1. 用f_6:$[(x_2-u_1)u_3+(u_1-u_2)x_1]x_6=[(u_1-u_2)(x_2-u_1)-u_3x_1]x_5$
$+(u_3(x_2-u_1)+(u_1-u_2)x_1)u_1$ 消去x_6。

$g_2^{(1)}=((x_2-u_1)u_3+(u_1-u_2)x_1)^2g_2$
$=[((u_1-u_2)x_2-u_3x_1-(u_1-u_2)u_1)x_5+(u_3x_2+(u_1-u_2)x_1-u_1u_3)u_1]^2$
$-2x_4((u_1-u_2)x_1+u_3x_2-u_1u_3)[((u_1-u_2)x_2-u_3x_1-(u_1-u_2)u_1)x_5$
$-(u_3x_2+(u_1-u_2)x_1-u_1u_3)u_1]$
$+(u_3x_2+(u_1-u_2)x_1-u_1u_3)^2[x_5^2-2x_3x_5+2(u_2x_4+u_3x_3)-(u_2^2+u_3^2)]$
$=(u_1^2-2u_1u_2+u_2^2+u_3^2)(x_1^2+x_2^2-2u_1x_2+u_1^2)x_5^2+2(u_3x_2+(u_1-u_2)x_1-u_1u_3)$
$\times[((u_1-u_2)x_2-u_3x_1-(u_1-u_2)u_1)u_1-((u_1-u_2)x_2-u_3x_1-(u_1-u_2)u_1)x_4$
$-(u_3x_2+(u_1-u_2)x_1-u_1u_3)x_3]x_5$
$+(u_3x_2+(u_1-u_2)x_1-u_1u_3)^2\times(-2(u_1-u_2)x_4+2u_3x_3+(u_1^2-u_2^2-u_3^2))$

2. 用 f_5:$[(u_3x_2-(u_1-u_2)x_1)x_4+((u_1-u_2)x_2+u_3x_1)x_3-u_3(x_1^2+x_2^2)]x_5$
$=(u_3(x_2-u_1)+(u_1-u_2)x_1)(-x_1x_4+x_2x_3)$ 消去 x_5。

$$g_2^{(2)}=\frac{[(u_3x_2-(u_1-u_2)x_1)x_4+((u_1-u_2)x_2+u_3x_1)x_3-u_3(x_1^2+x_2^2)]^2\times g_2^{(1)}}{(u_3x_2+(u_1-u_2)x_1-u_1u_3)^2}$$

$=(u_1^2-2u_1u_2+u_2^2+u_3^2)(x_1^2+x_2^2-2u_1x_2+u_1^2)(-x_1x_4+x_2x_3)^2$
$+2[((u_1-u_2)x_2-u_3x_1-(u_1-u_2)u_1)u_1-((u_1-u_2)x_2-u_3x_1-(u_1-u_2)u_1)x_4$
$-(u_3x_2+(u_1-u_2)x_1-u_1u_3)x_3]\times[(u_3x_2-(u_1-u_2)x_1)x_4+((u_1-u_2)x_2+u_3x_1)x_3$
$-u_3(x_1^2+x_2^2)](-x_1x_4+x_2x_3)+[(u_3x_2-(u_1-u_2)x_1)x_4$
$+((u_1-u_2)x_2+u_3x_1)x_3-u_3(x_1^2+x_2^2)]^2\times(2u_2x_4-2u_1x_4+2u_3x_3+u_1^2-u_2^2-u_3^2)$

3. 用 f_4:$(u_2x_1-u_3x_2)x_4=(u_3x_1+u_2x_2)x_3$ 消去 x_4。

$g_2^{(3)}=(u_2x_1-u_3x_2)^3 g_2^{(2)}$
$=(u_2x_1-u_3x_2)(u_1^2-2u_1u_2+u_2^2+u_3^2)(x_1^2+x_2^2-2u_1x_2+u_1^2)$
$\times(-x_1(u_3x_1+u_2x_2)\boldsymbol{x}_3+(u_2x_1-u_3x_2)x_2\boldsymbol{x}_3)^2$
$+2[(u_2x_1-u_3x_2)((u_1-u_2)x_2-u_3x_1-(u_1-u_2)u_1)u_1$
$-((u_1-u_2)x_2-u_3x_1-(u_1-u_2)u_1)(u_3x_1+u_2x_2)\boldsymbol{x}_3$
$-(u_3x_2+(u_1-u_2)x_1-u_1u_3)(u_2x_1-u_3x_2)\boldsymbol{x}_3]$
$\times[(u_3x_2-(u_1-u_2)x_1)(u_3x_1+u_2x_2)\boldsymbol{x}_3+((u_1-u_2)x_2+u_3x_1)(u_2x_1-u_3x_2)\boldsymbol{x}_3$
$-u_3(x_1^2+x_2^2)(u_2x_1-u_3x_2)]\times(-x_1(u_3x_1+u_2x_2)\boldsymbol{x}_3+x_2(u_2x_1-u_3x_2)\boldsymbol{x}_3)$
$+[(u_3x_2-(u_1-u_2)x_1)(u_3x_1+u_2x_2)\boldsymbol{x}_3+((u_1-u_2)x_2+u_3x_1)(u_2x_1-u_3x_2)\boldsymbol{x}_3$
$-u_3(u_2x_1-u_3x_2)(x_1^2+x_2^2)]^2\times[2u_2(u_3x_1+u_2x_2)\boldsymbol{x}_3-2u_1(u_3x_1+u_2x_2)\boldsymbol{x}_3$
$+2u_3(u_2x_1-u_3x_2)\boldsymbol{x}_3+(u_1^2-u_2^2-u_3^2)(u_2x_1-u_3x_2)]$(提去公因子 $u_3^2(x_1^2+x_2^2)^2$)
$=(u_2x_1-u_3x_2)(u_1^2-2u_1u_2+u_2^2+u_3^2)(x_1^2+x_2^2-2u_1x_2+u_1^2)\boldsymbol{x}_3^3$
$+2((u_1-2u_2)\boldsymbol{x}_3+(u_2x_1-u_3x_2))\times[u_1(u_2x_1-u_3x_2)((u_1-u_2)x_2-u_3x_1-(u_1-u_2)u_1)$
$+((-u_1u_2+u_2^2+u_3^2)(x_1^2+x_2^2)+u_1^2u_3x_1-(-u_1u_2+u_2^2+u_3^2)u_1x_2)\boldsymbol{x}_3]\boldsymbol{x}_3$
$+[(u_1-2u_2)\boldsymbol{x}_3+(u_2x_1-u_3x_2)]^2\times[(-2(u_1-2u_2)u_3x_1+2(-u_1u_2+u_2^2-u_3^2)x_2)\boldsymbol{x}_3$
$+(u_1^2-u_2^2-u_3^2)(u_2x_1-u_3x_2)]$
$=[2(u_1-2u_2)(-u_1u_2+u_2^2+u_3^2)(x_1^2+x_2^2)+8(u_1-u_2)(u_1-2u_2)u_2u_3x_1$
$+4(u_1-u_2)(u_1-2u_2)(u_2^2-u_3^2)x_2]\boldsymbol{x}_3^3$
$+[((u_1-u_2)(u_1-3u_2)+3u_3^2)(x_1^2+x_2^2)-4(u_1-u_2)(u_1-4u_2)u_3x_1-4(u_1-u_2)$
$\times((u_1-2u_2)u_2+2u_3^2)x_2+4(u_1-u_2)u_2(u_2^2+u_3^2)](u_2x_1-u_3x_2)\boldsymbol{x}_3^2$
$+2[-2(u_1-u_2)u_3x_1+((u_1-u_2)^2-u_3^2)x_2-((u_1-u_2)(u_1+2u_2)u_2+(u_1-2u_2)u_3^2)]$
$\times(u_2x_1-u_3x_2)^2\boldsymbol{x}_3+(u_1^2-u_2^2-u_3^2)(u_2x_1-u_3x_2)^3$

4. 用 f_3:$(3u_2^2-u_3^2)u_3(x_1^2+x_2^2)\boldsymbol{x}_3^3$
$=[6u_2u_3(x_1^2+x_2^2)+3u_1(u_2^2-u_3^2)x_1-6u_1u_2u_3x_2](u_2x_1-u_3x_2)\boldsymbol{x}_3^2$
$-[3u_3(x_1^2+x_2^2)+3u_1u_2x_1-3u_1u_3x_2](u_2x_1-u_3x_2)^2\boldsymbol{x}_3+u_1x_1(u_2x_1-u_3x_2)^3$ 来消去 $\boldsymbol{x}_3^3$。

$g_2^{(4)}=(3u_2^2-u_3^2)u_3(x_1^2+x_2^2)g_2^{(3)}$
$=[2(u_1-2u_2)(-u_1u_2+u_2^2+u_3^2)(x_1^2+x_2^2)+8(u_1-u_2)(u_1-2u_2)u_2u_3x_1$

第七章 国内引入的非线性消去法（推演范例1）

$+4(u_1-u_2)(u_1-2u_2)(u_2^2-u_3^2)x_2]$
$\times[(6u_2u_3(x_1^2+x_2^2)+3u_1(u_2^2-u_3^2)x_1-6u_1u_2u_3x_2)(u_2x_1-u_3x_2)x_3^2$
$-(3u_3(x_1^2+x_2^2)+3u_1u_2x_1-3u_1u_3x_2)(u_2x_1-u_3x_2)^2x_3+u_1x_1(u_2x_1-u_3x_2)^3]$
$+(3u_2^2u_3-u_3^3)(x_1^2+x_2^2)\times\{[((u_1-u_2)(u_1-3u_2)+3u_3^2)(x_1^2+x_2^2)$
$-4(u_1-u_2)(u_1-4u_2)u_3x_1-4(u_1-u_2)((u_1-2u_2)u_2+2u_3^2)x_2$
$+4(u_1-u_2)u_2(u_2^2+u_3^2)](u_2x_1-u_3x_2)x_3^2+2[-2(u_1-u_2)u_3x_1+((u_1-u_2)^2-u_3^2)x_2$
$-((u_1-u_2)(u_1+2u_2)u_2+(u_1-2u_2)u_3^2)](u_2x_1-u_3x_2)^2x_3+(u_1^2-u_2^2-u_3^2)(u_2x_1-u_3x_2)^3\}$
$=[①(-3(u_1-u_2)(3u_1-5u_2)u_2^2u_3-(u_1^2-16u_1u_2+18u_2^2)u_3^3-3u_3^5)①(x_1^2+x_2^2)^2$
$+②(-6(u_1-u_2)(u_1-2u_2)u_1u_2^3+6(u_1^3+4u_1^2u_2-14u_1u_2^2+8u_2^3)u_2u_3^2$
$-2(u_1^2+4u_1u_2-8u_2^2)u_3^4)②\times(x_1^2+x_2^2)x_1$
$+③(12(u_1-u_2)(u_1+u_2)(u_1-2u_2)u_2^2u_3-4(8u_1^2-15u_1u_2+4u_2^2)u_2u_3^3+8(u_1-u_2)u_3^5)③$
$\times(x_1^2+x_2^2)x_2+④(4(u_1-u_2)u_2(3(2u_1^2-4u_1u_2+u_2^2)u_2^2u_3-2(3u_1^2-6u_1u_2-u_2^2)u_3^3-u_3^5)④x_1^2$
$+⑤(12(u_1-u_2)(u_1-2u_2)u_1(u_2^4-6u_2^2u_3^2+u_3^4))⑤x_1x_2$
$+⑥(4(u_1-u_2)u_2(-3(2u_1^2-4u_1u_2-u_2^2)u_2^2u_3+2(3u_1^2-6u_1u_2+u_2^2)u_3^3-u_3^5))⑥x_2^2]$
$\times(u_2x_1-u_3x_2)x_3^2+[⑦(6(u_1-u_2)(u_1-2u_2)u_2u_3-6(u_1-2u_2)u_3^3)⑦(x_1^2+x_2^2)^2$
$+⑧(6(u_1-u_2)(u_1-2u_2)u_1u_2^2-6(5u_1^2-12u_1u_2+6u_2^2)u_2u_3^2+4(u_1-u_2)u_3^4)⑧(x_1^2+x_2^2)x_1$
$+⑨(-6(u_1-u_2)u_2(u_1^2-u_1u_2-3u_2^2)u_3+4(4u_1^2-11u_1u_2+4u_2^2)u_3^3+2u_3^5)⑨(x_1^2+x_2^2)x_2$
$+⑩(-6(u_1-u_2)(4u_1^2-7u_1u_2+2u_2^2)u_2u_3+2(u_1^2-2u_1u_2+4u_2^2)u_2u_3^3+2(u_1-2u_2)u_3^5)⑩x_1^2$
$+⑪(-12(u_1-u_2)(u_1-2u_2)u_1u_2^3+36(u_1-u_2)(u_1-2u_2)u_1u_2u_3^2)⑪x_1x_2$
$+⑫(6(u_1-u_2)(2u_1^2-5u_1u_2-2u_2^2)u_2^2u_3-(12u_1^3-38u_1^2u_2+28u_1u_2^2-8u_2^3)u_3^3$
$-2(u_1-2u_2)u_3^5)⑫x_2^2]\times(u_2x_1-u_3x_2)^2x_3$
$-[⑬(-2(u_1-u_2)(u_1-2u_2)u_1u_2+2u_1(u_1-2u_2)u_3^2)⑬(x_1^2+x_2^2)x_1$
$+⑭((u_1-u_2)(8u_1^2-13u_1u_2+3u_2^2)u_2u_3-(u_1^2+2u_2^2)u_3^3+u_3^5)⑭x_1^2$
$+⑮(4(u_1-u_2)(u_1-2u_2)u_1u_2^2-4(u_1-u_2)(u_1-2u_2)u_1u_3^2)⑮x_1x_2$
$+⑯(3(u_1^2-u_2^2)u_2^2u_3-(u_1^2+2u_2^2)u_3^3+u_3^5)⑯x_2^2](u_2x_1-u_3x_2)^3$

注意到，可从 $f_1、f_2$ 中直接解出 $x_1、x_2$。

$$(x_1^2+x_2^2)^2 = \frac{(3(u_1-u_2)^2-u_3^2)^4(u_2^2+u_3^2)^6}{[3(u_1-u_2)^2u_2^2-(u_1^2+6u_1u_2-6u_2^2)u_3^2+3u_3^4]^4};$$

$$(x_1^2+x_2^2)x_1 = \frac{(3(u_1-u_2)^2-u_3^2)^3(u_2^2+u_3^2)^3(3u_2^2-u_3^2)u_3}{[3(u_1-u_2)^2u_2^2-(u_1^2+6u_1u_2-6u_2^2)u_3^2+3u_3^4]^3};$$

$$(x_1^2+x_2^2)x_2 = \frac{(3(u_1-u_2)^2-u_3^2)^3(u_2^2+u_3^2)^3(u_2^2-3u_3^2)u_2}{[3(u_1-u_2)^2u_2^2-(u_1^2+6u_1u_2-6u_2^2)u_3^2+3u_3^4]^3};$$

$$x_1^2 = \frac{(3(u_1-u_2)^2-u_3^2)^2(3u_2^2-u_3^2)^2u_3^2}{[3(u_1-u_2)^2u_2^2-(u_1^2+6u_1u_2-6u_2^2)u_3^2+3u_3^4]^2};$$

$$x_1x_2 = \frac{(3(u_1-u_2)^2-u_3^2)^2(3u_2^2-u_3^2)(u_2^2-3u_3^2)u_2u_3}{[3(u_1-u_2)^2u_2^2-(u_1^2+6u_1u_2-6u_2^2)u_3^2+3u_3^4]^2};$$

$$x_2^2 = \frac{(3(u_1-u_2)^2-u_3^2)^2(u_2^2-3u_3^2)^2u_2^2}{[3(u_1-u_2)^2u_2^2-(u_1^2+6u_1u_2-6u_2^2)u_3^3+3u_3^4]^2}。$$

基于对 g_1 处理的相同方法,我们把上述六个 $((x_1^2+x_2^2)^2,(x_1^2+x_2^2)x_1,(x_1^2+x_2^2)x_2,x_1^2,x_1x_2,x_2^2)$ 直接代入 $g_2^{(4)}$,提取公因子 $(3(u_1-u_2)^2-u_3^2)^2$。

可以由 $g_2^{(4)}$ 直接得 $g_2^{(5)}$:

$g_2^{(5)} = [3(u_1-u_2)^2u_2^2-(u_1^2+6u_1u_2-6u_2^2)u_3^3+3u_3^4]^4 g_2^{(4)}/(3(u_1-u_2)^2-u_3^2)^2$

$=\{[①(-3(u_1-u_2)(3u_1-5u_2)u_2^2u_3-(u_1^2-16u_1u_2+18u_2^2)u_3^3-3u_3^5)①(3(u_1-u_2)^2-u_3^2)(u_2^2+u_3^2)^3$

$+(②(-6(u_1-u_2)(u_1-2u_2)u_1u_2^3+6(u_1^3+4u_1^2u_2-14u_1u_2^2+8u_2^3)u_2u_3^2$

$-2(u_1^2+4u_1u_2-8u_2^2)u_3^4)②\times(3u_2^2-u_3^2)u_3$

$+③(12(u_1-u_2)(u_1+u_2)(u_1-2u_2)u_2^2u_3-4(8u_1^2-15u_1u_2+4u_2^2)u_2u_3^3+8(u_1-u_2)u_3^5)③u_2$

$\times(u_2^2-3u_3^2))(3(u_1-u_2)^2u_2^2-(u_1^2+6u_1u_2-6u_2^2)u_3^3+3u_3^4)]\times(3(u_1-u_2)^2-u_3^2)(u_2^2+u_3^2)^3$

$+[④(4(u_1-u_2)u_2(3(2u_1^2-4u_1u_2+u_2^2)u_2^2u_3-2(3u_1^2-6u_1u_2-u_2^2)u_3^3-u_3^5)④(3u_2^2-u_3^2)^2u_2^2$

$+⑤(12(u_1-u_2)(u_1-2u_2)u_1(u_2^4-6u_2^2u_3^2+u_3^4))⑤\times(3u_2^2-u_3^2)u_3(u_2^2-3u_3^2)u_2$

$+⑥(4(u_1-u_2)u_2(-3(2u_1^2-4u_1u_2+u_2^2)u_2^2u_3+2(3u_1^2-6u_1u_2+u_2^2)u_3^3-u_3^5))⑥$

$\times(u_2^2-3u_3^2)^2u_2^2]\times 3[(u_1-u_2)^2u_2^2-(u_1^2+6u_1u_2-6u_2^2)u_3^3+3u_3^4]^2\}(u_2x_1-u_3x_2)\boldsymbol{x_3^2}$

$+\{[⑦(6(u_1-u_2)(u_1-2u_2)u_2u_3-6(u_1-u_2)u_3^3)⑦\times(3(u_1-u_2)^2-u_3^2)(u_2^2+u_3^2)^3$

$+(⑧(6(u_1-u_2)(u_1-2u_2)u_1u_2^2-6(5u_1^2-12u_1u_2+6u_2^2)u_2u_3^2+4(u_1-u_2)u_3^4)⑧\times(3u_2^2-u_3^2)\times u_3$

$+⑨(-6(u_1-u_2)u_2(u_1^2-u_1u_2-3u_2^2)u_3+4(4u_1^2-11u_1u_2+4u_2^2)u_3^3+2u_3^5)⑨$

$\times(u_2^2-3u_3^2)u_2))\times(3(u_1-u_2)^2u_2^2-(u_1^2+6u_1u_2-6u_2^2)u_3^3+3u_3^4)](3(u_1-u_2)^2-u_3^2)(u_2^2+u_3^2)^3$

$+[⑩(-6(u_1-u_2)(4u_1^2-7u_1u_2+2u_2^2)u_2^2u_3+2(u_1^2-2u_1u_2+4u_2^2)u_2u_3^3+2(u_1-2u_2)u_3^5)⑩$

$\times(3u_2^2-u_3^2)^2u_3^2+⑪(-12(u_1-u_2)(u_1-2u_2)u_1u_2^3+36(u_1-u_2)(u_1-2u_2)u_1u_2u_3^2)⑪$

$\times(3u_2^2-u_3^2)u_3\times(u_2^2-3u_3^2)u_2+⑫(6(u_1-u_2)(2u_1^2-5u_1u_2-2u_2^2)u_2^2u_3$

$-(12u_1^3-38u_1^2u_2+28u_1u_2^2-8u_2^3)u_3^3+2(u_1-2u_2)u_3^5)⑫\times(u_2^2-3u_3^2)^2u_2^2]$

$\times(3(u_1-u_2)^2u_2^2-(u_1^2+6u_1u_2-6u_2^2)u_3^3+3u_3^4)^2\}(u_2x_1-u_3x_2)^2\boldsymbol{x_3}$

$+\{⑬(-2(u_1-u_2)(u_1-2u_2)u_1u_2+2u_1(u_1-2u_2)u_3^2)⑬\times(3u_2^2-u_3^2)u_3$

$\times(3(u_1-u_2)^2-u_3^2)(u_2^2+u_3^2)^3\times(3(u_1-u_2)^2u_2^2-(u_1^2+6u_1u_2-6u_2^2)u_3^3+3u_3^4)$

$+[⑭((u_1-u_2)(8u_1^2-13u_1u_2+3u_2^2)u_2u_3-(u_1^2+2u_2^2)u_3^3+u_3^5)⑭\times(3u_2^2-u_3^2)^2u_3^2$

$+⑮(4(u_1-u_2)(u_1-2u_2)u_1u_2^2-4(u_1-u_2)(u_1-2u_2)u_1u_3^2)⑮\times(3u_2^2-u_3^2)u_3(u_2^2-3u_3^2)u_2$

$+⑯(3(u_1^2-u_2^2)u_2^2u_3-(u_1^2+2u_2^2)u_3^3+u_3^5)⑯\times(u_2^2-3u_3^2)^2u_2^2]$

$\times(3(u_1-u_2)^2u_2^2-(u_1^2+6u_1u_2-6u_2^2)u_3^3+3u_3^4)^2\}\times(u_2x_1-u_3x_2)^3$

记: $g_2^{(5)}/(u_2x_1-u_3x_2)^3 = a_2(u_1,u_2,u_3)\left(\frac{x_3}{u_2x_1-u_3x_2}\right)^2 + b_2(u_1,u_2,u_3)\left(\frac{x_3}{u_2x_1-u_3x_2}\right)$

$+c_2(u_1,u_2,u_3)$

对 $g_2^{(4)}$、$g_2^{(5)}$ 中 $u_2x_1-u_3x_2 = \dfrac{(3(u_1-u_2)^2-u_3^2)\times 2u_2u_3(u_2^2+u_3^2)}{(3(u_1-u_2)^2u_2^2-(u_1^2+6u_1u_2-6u_2^2)u_3^3+3u_3^4)} \neq 0$ 未简化也未做

消去。实际指证时,将 $g_2^{(4)}$、$g_2^{(5)}$ 提出公因子 $u_2x_1-u_3x_2$,形成 $(\cdots)\times\boldsymbol{x_3^2}+(\cdots)(u_2x_1-u_3x_2)\boldsymbol{x_3}+$ $(\cdots)\times(u_2x_1-u_3x_2)^2$ 形式。与 $g_1^{(6)}$ 时的说明一样,还是用实例 $u_1=1,u_2=0.4,u_3=0.2,x_1=$

$1.144, x_2 = 0.208$ 来验证:

先得出:

①(……)① = -0.0384,　②(……)② = 0.033408,　③(……)③ = 0.032256,

④(……)④ = 0.044544,　⑤(……)⑤ = -0.016128,　⑥(……)⑥ = -0.010752,

⑦(……)⑦ = 0.048,　⑧(……)⑧ = 0.00768,　⑨(……)⑨ = -0.02624,

⑩(……)⑩ = -0.1696,　⑪(……)⑪ = -0.02304,　⑫(……)⑫ = -0.04288,

⑬(……)⑬ = -0.08,　⑭(……)⑭ = 0.14720,　⑮(……)⑮ = 0.0576,

⑯(……)⑯ = 0.0704。

将实例 $u_1 = 1, u_2 = 0.4, u_3 = 0.2, x_1 = 1.144, x_2 = 0.208, x_1^2 + x_2^2 = 1.352$ 代入 $g_2^{(4)}$, 提取公因子 $u_2 x_1 - u_3 x_2$, 再计算可得:

$g_2^{(4)} = 0.0445446143 x_3^2 - 0.0570171064 x_3 + 0.0148244477$

再代入: $x_3^{(1)} = 0.3628718709$ (对 $\triangle D_{00} E_{00} F_{00}$), 计算得 $g_2^{(4)} = 0.0000000000$;

$x_3^{(3)} = 0.9171281289$ (对 $\triangle D_{02} E_{20} F_{00}$), 计算得 $g_2^{(4)} = 0.0000000000$;

$x_3^{(2)} = 2.08$ (对 $\triangle D_{01} E_{10} F_{00}$), 计算得 $g_2^{(4)} = 0.0889466857$。

说明 $\triangle D_{00} E_{00} F_{00}$、$\triangle D_{02} E_{20} F_{00}$ 是正三角形, 而 $\triangle D_{01} E_{10} F_{00}$ 则不是。

对 $g_2^{(5)}$ 也是先提取公因子 $u_2 x_1 - u_3 x_2$, 再计算可得:

$g_2^{(5)} = 0.00000168689664 x_3^2 - 0.0000021592277 x_3 + 0.0000005613992$

对实例来讲, 从 $g_2^{(4)} \to g_2^{(5)}$ 乘了 0.0000378698, 现在再将 $g_2^{(4)}$ 式除 0.0000378698, 可得:

$g_2^{(5)} = 0.0445446408 x_3^2 - 0.0570171403 x_3 + 0.0148244564$

再代入: $x_3^{(1)} = 0.3628718709$ (对 $\triangle D_{00} E_{00} F_{00}$), 计算得 $g_2^{(5)} = -0.0000000001$;

$x_3^{(3)} = 0.9171281289$ (对 $\triangle D_{02} E_{20} F_{00}$), 计算得 $g_2^{(5)} = -0.0000000001$;

$x_3^{(2)} = 2.08$ (对 $\triangle D_{01} E_{10} F_{00}$), 计算得 $g_2^{(5)} = 0.0889466386$。

说明: $\triangle D_{00} E_{00} F_{00}$、$\triangle D_{02} E_{20} F_{00}$ 是正三角形, $\triangle D_{01} E_{10} F_{00}$ 则不是。

7.3　对 g_3

$g_3 = x_6^2 - 2 u_2 x_6 + x_5^2 - 2 u_2 x_5 - (x_4^2 + x_3^2) + 2(u_2 x_4 + u_3 x_3)$

1. 用 f_6: $(u_3 x_2 + (u_1 - u_2) x_1 - u_1 u_3) x_6$

$= ((u_1 - u_2) x_2 - u_3 x_1 - (u_1 - u_2) u_1) x_5 + (u_3 x_2 + (u_1 - u_2) x_1 - u_1 u_3) u_1$ 消去 x_6。

$g_3^{(1)} = (u_3 x_2 + (u_1 - u_2) x_1 - u_1 u_3)^2 g_3$

$= [((u_1 - u_2) x_2 - u_3 x_1 - (u_1 - u_2) u_1) x_5 + (u_3 x_2 + (u_1 - u_2) x_1 - u_1 u_3) u_1]^2$

$- 2 u_2 (u_3 x_2 + (u_1 - u_2) x_1 - u_1 u_3) [((u_1 - u_2) x_2 - u_3 x_1 - (u_1 - u_2) u_1) x_5$

$+ (u_3 x_2 + (u_1 - u_2) x_1 - u_1 u_3) u_1] + (u_3 x_2 + (u_1 - u_2) x_1 - u_1 u_3)^2 x_5^2$

$- 2 u_3 (u_3 x_2 + (u_1 - u_2) x_1 - u_1 u_3)^2 x_5 - (u_3 x_2 + (u_1 - u_2) x_1 - u_1 u_3)^2 (x_4^2 + x_3^2)$

$+ 2 (u_3 x_2 + (u_1 - u_2) x_1 - u_1 u_3)^2 (u_2 x_4 + u_3 x_3)$

$= ((u_1 - u_2)^2 + u_3^2)((x_2 - u_1)^2 + x_1^2) x_5^2$

$+ 2(u_3 (x_2 - u_1) + (u_1 - u_2) x_1) \times (((u_1 - u_2)^2 - u_3^2)(x_2 - u_1) - 2(u_1 - u_2) u_3 x_1) x_5$

$+(u_3(x_2-u_1)+(u_1-u_2)x_1)^2 \times (-\boldsymbol{x}_3^2-x_4^2+2u_3x_3+2u_2x_4+u_1(u_1-2u_2))$

2. 用 f_5：$((u_3x_2-(u_1-u_2)x_1)x_4+((u_1-u_2)x_2+u_3x_1)x_3-u_3(x_1^2+x_2^2))x_5$
$=(u_3(x_2-u_1)+(u_1-u_2)x_1)(-x_1x_4+x_2x_3)$ 消去 x_5。

$$g_3^{(2)} = \frac{((u_3x_2-(u_1-u_2)x_1)x_4+((u_1-u_2)x_2+u_3x_1)x_3-u_3(x_1^2+x_2^2))^2}{(u_3(x_2-u_1)+(u_1-u_2)x_1)^2} g_3^{(1)}$$

$=((u_1-u_2)^2+u_3^2)((x_2-u_1)^2+x_1^2) \times (x_1x_4-x_2x_3)^2$
$+2[(u_3x_2-(u_1-u_2)x_1)x_4+((u_1-u_2)x_2+u_3x_1)x_3-u_3(x_1^2+x_2^2)](-x_1x_4+x_2x_3)$
$\times(((u_1-u_2)^2-u_3^2)(x_2-u_1)-2(u_1-u_2)u_3x_1)$
$+[(u_3x_2-(u_1-u_2)x_1)x_4+((u_1-u_2)x_2+u_3x_1)x_3-u_3(x_1^2+x_2^2)]^2$
$\times(u_1(u_1-2u_2)-x_4^2-\boldsymbol{x}_3^2+2u_2x_4+2u_3x_3)$

3. 用 f_4：$(u_2x_1-u_3x_2)x_4=(u_3x_1+u_2x_2)\boldsymbol{x}_3$ 消去 x_4。

$g_3^{(3)}=(u_2x_1-u_3x_2)^4 g_3^{(2)}$

$=((u_1-u_2)^2+u_3^2)((x_2-u_1)^2+x_1^2)(u_2x_1-u_3x_2)^2(-x_1(u_3x_1+u_2x_2)+x_2(u_2x_1-u_3x_2))^2\boldsymbol{x}_3^2$
$+2[(u_3x_2-(u_1-u_2)x_1)(u_3x_1+u_2x_2)\boldsymbol{x}_3+((u_1-u_2)x_2+u_3x_1)(u_2x_1-u_3x_2)x_3$
$-u_3(u_2x_1-u_3x_2)(x_1^2+x_2^2)] \times (u_2x_1-u_3x_2)^2 \times (-x_1(u_3x_1+u_2x_2)+x_2(u_2x_1-u_3x_2))x_3$
$\times(((u_1-u_2)^2-u_3^2)(x_2-u_1)-2(u_1-u_2)u_3x_1)+[(u_3x_2-(u_1-u_2)x_1)(u_3x_1+u_2x_2)\boldsymbol{x}_3$
$+((u_1-u_2)x_2+u_3x_1)(u_2x_1-u_3x_2)\boldsymbol{x}_3-u_3(u_2x_1-u_3x_2)(x_1^2+x_2^2)]^2$
$\times[u_1(u_1-2u_2)(u_2x_1-u_3x_2)^2-(u_3x_1+u_2x_2)^2\boldsymbol{x}_3^2-(u_2x_1-u_3x_2)^2\boldsymbol{x}_3^2$
$+2u_3(u_2x_1-u_3x_2)^2\boldsymbol{x}_3+2u_2(u_2x_1-u_3x_2)(u_3x_1+u_2x_2)\boldsymbol{x}_3]$

$=((u_1-u_2)^2+u_3^2)((x_2-u_1)^2+x_1^2)(u_2x_1-u_3x_2)^2 u_3^2 (x_1^2+x_2^2)^2 \boldsymbol{x}_3^2$
$+2(u_2x_1-u_3x_2)^2 u_3^2 (x_1^2+x_2^2)^2 \times (((u_1-u_2)^2-u_3^2)(x_2-u_1)-2(u_1-u_2)u_3x_1)$
$\times((u_1-2u_2)\boldsymbol{x}_3+(u_2x_1-u_3x_2))x_3+u_3^2 (x_1^2+x_2^2)^2 ((u_1-2u_2)\boldsymbol{x}_3+(u_2x_1-u_3x_2))^2$
$\times[-(u_2^2+u_3^2)(x_1^2+x_2^2)\boldsymbol{x}_3^2+2(u_2x_1-u_3x_2)(2u_2u_3x_1+(u_2^2-u_3^2)x_2)\boldsymbol{x}_3$
$+u_1(u_1-2u_2)(u_2x_1-u_3x_2)^2]$

提取公因子 $u_3^2(x_1^2+x_2^2)^2$，得：

$g_3^{(3)'}=((u_1-u_2)^2+u_3^2)((x_2-u_1)^2+x_1^2)(u_2x_1-u_3x_2)^2\boldsymbol{x}_3^2$
$+2(u_2x_1-u_3x_2)^2(((u_1-u_2)^2-u_3^2)(x_2-u_1)-2(u_1-u_2)u_3x_1)\times((u_1-2u_2)\boldsymbol{x}_3$
$+(u_2x_1-u_3x_2))x_3+((u_1-2u_2)\boldsymbol{x}_3+(u_2x_1-u_3x_2))^2[-(u_2^2+u_3^2)(x_1^2+x_2^2)\boldsymbol{x}_3^2$
$+2(u_2x_1-u_3x_2)(2u_2u_3x_1+(u_2^2-u_3^2)x_2)\boldsymbol{x}_3+u_1(u_1-2u_2)(u_2x_1-u_3x_2)^2]$

$=-(u_2^2+u_3^2)(u_1-2u_2)^2(x_1^2+x_2^2)\boldsymbol{x}_3^4+2(u_1-2u_2)$
$\times[-(u_2^2+u_3^2)(x_1^2+x_2^2)+2(u_1-2u_2)u_2u_3x_1+(u_1-2u_2)(u_2^2-u_3^2)x_2](u_2x_1-u_3x_2)\boldsymbol{x}_3^3$
$+[(u_1-2u_2)u_1(x_1^2+x_2^2)-4(u_1-2u_2)(u_1-3u_2)u_3x_1-4((u_1^2-3u_1u_2+3u_2^2)u_2$
$+(2u_1-3u_2)u_3^2)x_2+(3u_1-4u_2)u_1(u_2^2+u_3^2)](u_2x_1-u_3x_2)^2\boldsymbol{x}_3^2$
$+2[-2(u_1-2u_2)u_3x_1+(u_1^2-2u_1u_2+2u_2^2-2u_3^2)x_2$
$+(-2u_1u_2+3u_2^2+u_3^2)u_1](u_2x_1-u_3x_2)^3\boldsymbol{x}_3+u_1(u_1-2u_2)(u_2x_1-u_3x_2)^4$

$g_3^{(3)'}$ 式中有 x_3^4 项和 x_3^3 项需两次分别消去 x_3^4 项和 x_3^3 项。

4. 用 f_3 两边乘以 $\boldsymbol{x}_3$：

第七章 国内引入的非线性消去法(推演范例1)

$(3u_2^2-u_3^2)u_3(x_1^2+x_2^2)\boldsymbol{x}_3^4 = 3(u_2x_1-u_3x_2)[2u_2u_3(x_1^2+x_2^2)+u_1(u_2^2-u_3^2)x_1-2u_1u_2u_3x_2]\boldsymbol{x}_3^3$
$-3(u_2x_1-u_3x_2)^2[u_3(x_1^2+x_2^2)-u_1u_3x_2+u_1u_2x_1]\boldsymbol{x}_3^2+u_1x_1(u_2x_1-u_3x_2)^3\boldsymbol{x}_3$ 消去 $\boldsymbol{x}_3^4$。

$g_3^{(4)} = (3u_2^2-u_3^2)u_3 g_3^{(3)'}$
$= -(u_2^2+u_3^2)(u_1-2u_2)^2[(6u_2u_3(x_1^2+x_2^2)+3u_1(u_2^2-u_3^2)x_1-6u_1u_2u_3x_2)(u_2x_1-u_3x_2)\boldsymbol{x}_3^3$
$-(3u_3(x_1^2+x_2^2)-3u_1u_3x_2+3u_1u_2x_1)(u_2x_1-u_3x_2)^2\boldsymbol{x}_3^2+u_1x_1(u_2x_1-u_3x_2)^3\boldsymbol{x}_3]$
$+2(u_1-2u_2)(3u_2^2-u_3^2)u_3[-(u_2^2+u_3^2)(x_1^2+x_2^2)+(u_1-2u_2)(2u_2u_3x_1+(u_2^2-u_3^2)x_2)]$
$\times(u_2x_1-u_3x_2)\boldsymbol{x}_3^3+(3u_2^2-u_3^2)u_3\times[(u_1-2u_2)u_1(x_1^2+x_2^2)-4(u_1-2u_2)(u_1-3u_3)u_3x_1$
$-4((u_1^2-3u_1u_2+3u_2^2)u_2+(2u_1-3u_2)u_3^2)x_2+(3u_1-4u_2)u_1(u_2^2+u_3^2)]$
$\times(u_2x_1-u_3x_2)^2\boldsymbol{x}_3^2+2(3u_2^2-u_3^2)u_3[-2(u_1-2u_2)u_3x_1+(u_1^2-2u_1u_2+2u_2^2-2u_3^2)x_2$
$+(-2u_1u_2+3u_2^2+u_3^2)u_1](u_2x_1-u_3x_2)^3\boldsymbol{x}_3+(u_1-2u_2)u_1(3u_2^2-u_3^2)u_3(u_2x_1-u_3x_2)^4$
$= -(u_1-2u_2)[2(u_2^2+u_3^2)u_3(3(u_1-u_2)u_2-u_3^2)(x_1^2+x_2^2)+(u_1-2u_2)$
$\times(3u_1u_2^4-12u_2^3u_3^2-(3u_1-4u_2)u_3^4)x_1-2(u_1-2u_2)u_3(3(u_1+u_2)u_2^3+(3u_1-4u_2)u_2u_3^2+u_3^4)x_2]$
$\times(u_2x_1-u_3x_2)\boldsymbol{x}_3^3+[2(u_1-2u_2)u_3(3(u_1-u_2)u_2^2+(u_1-3u_2)u_3^2)(x_1^2+x_2^2)$
$+(3(u_1-2u_2)^2u_1u_2^2+3(u_1-2u_2)(u_1^2-6u_1u_2+12u_2^2)u_2u_3^2+4(u_1-2u_2)(u_1-3u_3)u_3^4)x_1$
$-(3(u_1^3-8u_1u_2^2+12u_2^3)u_2^2u_3+(3u_1^3-16u_1^2u_2+48u_1u_2^2-48u_2^3)u_3^3-4(2u_1-3u_2)u_3^5)x_2$
$+((3u_1-4u_2)(3u_2^2-u_3^2)(u_2^2+u_3^2)u_1u_3)]\times(u_2x_1-u_3x_2)^2\boldsymbol{x}_3^2$
$+[-(u_1-2u_2)((u_1-2u_2)u_1u_2^2+(u_1^2-2u_1u_2+12u_2^2)u_3^2-4u_3^4)x_1$
$+2(3u_2^2-u_3^2)(u_1^2-2u_1u_2+2u_2^2-2u_3^2)u_3x_2+2(3u_2^2-u_3^2)(-2u_1u_2+3u_2^2+u_3^2)u_1u_3]$
$\times(u_2x_1-u_3x_2)^3\boldsymbol{x}_3+(u_1-2u_2)u_1(3u_2^2-u_3^2)u_3(u_2x_1-u_3x_2)^4$

注意：有一个公因子 $(u_2x_1-u_3x_2)$ 要先提取，再往下做。

5. 用 $f_3 : (3u_2^2-u_3^2)u_3(x_1^2+x_2^2)\boldsymbol{x}_3^3 = (6u_2u_3(x_1^2+x_2^2)+3u_1(u_2^2-u_3^2)x_1-6u_1u_2u_3x_2)$
$\times(u_2x_1-u_3x_2)\boldsymbol{x}_3^2-(3u_3(x_1^2+x_2^2)+3u_1u_2x_1-3u_1u_3x_2)(u_2x_1-u_3x_2)^2\boldsymbol{x}_3$
$+(u_2x_1-u_3x_2)^3u_1x_1$ 消去 $\boldsymbol{x}_3^3$。

$$g_3^{(5)} = \frac{(3u_2^2-u_3^2)u_3(x_1^2+x_2^2)}{(u_2x_1-u_3x_2)} g_3^{(4)}$$

$= -(u_1-2u_2)[2(u_2^2+u_3^2)u_3(3(u_1-u_2)u_2-u_3^2)(x_1^2+x_2^2)$
$+(u_1-2u_2)\times(3u_1u_2^4-12u_2^3u_3^2-(3u_1-4u_2)u_3^4)x_1$
$-2(u_1-2u_2)u_3(3(u_1+u_2)u_2^3+(3u_1-4u_2)u_2u_3^2+u_3^4)x_2][(6u_2u_3(x_1^2+x_2^2)+3u_1(u_2^2-u_3^2)x_1$
$-6u_1u_2u_3x_2)(u_2x_1-u_3x_2)\boldsymbol{x}_3^2-(3u_3((x_1^2+x_2^2)+3u_1u_2x_1-3u_1u_3x_2)(u_2x_1-u_3x_2)^2\boldsymbol{x}_3$
$-u_1x_1(u_2x_1-u_3x_2)^3]+(3u_2^2-u_3^2)u_3(x_1^2+x_2^2)$
$\times[2(u_1-2u_2)u_3(3(u_1-u_2)u_2^2+(u_1-3u_2)u_3^2)(x_1^2+x_2^2)$
$+(3(u_1-2u_2)^2u_1u_2^2+3(u_1-2u_2)(u_1^2-6u_1u_2+12u_2^2)u_2u_3^2+4(u_1-2u_2)(u_1-3u_2)u_3^4)x_1$
$-(3(u_1^3-8u_1u_2^2+12u_2^3)u_2^2u_3+(3u_1^3-16u_1^2u_2+48u_1u_2^2-48u_2^3)u_3^3-4(2u_1-3u_2)u_3^5)x_2$
$+((3u_1-4u_2)(3u_2^2-u_3^2)(u_2^2+u_3^2)u_1u_3)]\times(u_2x_1-u_3x_2)\boldsymbol{x}_3^2+(3u_2^2-u_3^2)u_3(x_1^2+x_2^2)$
$\times[-(u_1-2u_2)((u_1-2u_2)u_1u_2^2+(u_1^2-2u_1u_2+12u_2^2)\times u_3^2-4u_3^4)x_1$
$+2(3u_2^2-u_3^2)(u_1^2-2u_1u_2+2u_2^2-2u_3^2)u_3x_2+2(3u_2^2-u_3^2)(-2u_1u_2+3u_2^2+u_3^2)u_1u_3]$
$\times(u_2x_1-u_3x_2)^2\boldsymbol{x}_3+(3u_2^2-u_3^2)u_3(x_1^2+x_2^2)(u_1-2u_2)(3u_2^2-u_3^2)u_1u_3(u_2x_1-u_3x_2)^3$

提取$(u_2x_1-u_3x_2)$公因子,再合并x_3^2、x_3及x_3^0项:

$g_3^{(6)} = [①(-18(u_1-u_2)(u_1-2u_2)u_2^4u_3^2-36(u_1-u_2)(u_1-2u_2)u_2^2u_3^4$
$-2(u_1-2u_2)(u_1-9u_2)u_3^6)①\times(x_1^2+x_2^2)^2$
$+②((u_1-2u_2)(-9(3u_1-4u_2)u_1u_2^5u_3+6(u_1^2+5u_1u_2-6u_2^2)u_2^3u_3^3$
$+3(11u_1^2-16u_1u_2-8u_2^2)u_2u_3^5-2(5u_1-6u_2)u_3^7)②(x_1^2+x_2^2)x_1$
$+③(9(7u_1^3-24u_1^2u_2+16u_1u_2^2+4u_2^3)u_2^4u_3^2+3(22u_1^3-88u_1^2u_2+88u_1u_2^2-4u_2^3)u_2^2u_3^4$
$+(3u_1^3-16u_1^2u_2+48u_1u_2^2-36u_2^3)u_3^6-4(2u_1-3u_2)u_3^8)③(x_1^2+x_2^2)x_2$
$+④(-9(u_1-2u_2)^2u_1^2u_2^6+9(u_1^3-9u_1u_2^2+12u_2^3)u_1u_2^4u_3^2+3(3u_1^3-28u_1^2u_2+79u_1u_2^2$
$-68u_2^3)u_1u_2^2u_3^4-(3u_1-4u_2)(3u_1^2-12u_1u_2+17u_2^2)u_1u_3^6+(3u_1-4u_2)u_1u_3^8)④x_1^2$
$+⑤(18(u_1-2u_2)^2(2u_1+u_2)u_1u_2^5u_3-114(u_1-2u_2)^2u_1u_2^3u_3^3$
$-18(u_1-2u_2)^2(2u_1-3u_2)u_1u_2u_3^5-6(u_1-2u_2)^2u_1u_3^7)⑤x_1x_2$
$+⑥(-9(4u_1^3-12u_1^2u_2-3u_1u_2^2+20u_2^3)u_1u_2^4u_3^2-3(3u_1-4u_2)$
$\times(4u_1^2-16u_1u_2+15u_2^2)u_1u_2^2u_3^4-(12u_1^2-33u_1u_2+28u_2^2)u_1u_2u_3^6+(3u_1-4u_2)u_1u_3^8)⑥x_2^2]x_3^2$
$+[⑦(6(u_1-2u_2)(u_2^2+u_3^2)u_3^2(3(u_1-u_2)u_2-u_3^2))⑦(x_1^2+x_2^2)^2$
$+⑧(6(u_1-2u_2)(4u_1-5u_2)u_1u_2^4u_3+4(u_1-2u_2)(4u_1^2-14u_1u_2+9u_2^2)u_2^2u_3^3$
$-2(u_1-2u_2)(4u_1-11u_2)u_1u_3^5-4(u_1-2u_2)u_3^7)⑧(x_1^2+x_2^2)x_1$
$+⑨(-18(2u_1^3-7u_1^2u_2+4u_1u_2^2+2u_2^3)u_2^3u_3^2-12(3u_1^3-12u_1^2u_2+16u_1u_2^2-3u_2^3)u_2u_3^4$
$+2(u_1^2+4u_1u_2+2u_2^2)u_3^6-4u_3^8)⑨(x_1^2+x_2^2)x_2$
$+⑩(9(u_1-2u_2)^2u_1^2u_2^5-18(2u_1^2-6u_1u_2+5u_2^2)u_1u_2^4u_3^2$
$-3(3u_1^3-16u_1^2u_2+20u_1u_2^2-10u_2^3)u_1u_2u_3^4-2(2u_1+3u_2)u_1u_2u_3^6+2u_1u_3^8)⑩x_1^2$
$+⑪(-3(u_1-2u_2)^2u_1(3(3u_1+2u_2)u_2^4u_3+2(3u_1-10u_2)u_2^2u_3^3-3(u_1-2u_2)u_3^5)⑪x_1x_2$
$+⑫(18(u_1^3-3u_1^2u_2-2u_1u_2^2+7u_2^3)u_1u_2^3u_3^2+6(3u_1^3-16u_1^2u_2+32u_1u_2^2-19u_2^3)u_1u_2u_3^4$
$+2(3u_1^2-14u_1u_2+9u_2^2)u_1u_3^6+2u_1u_3^8)⑫x_2^2](u_2x_1-u_3x_2)x_3$
$+[⑬(-2(u_1-2u_2)(u_2^2+u_3^2)(3(u_1-u_2)u_2-u_3^2)u_1u_3)⑬(x_1^2+x_2^2)x_1$
$+⑭(-3(u_1-2u_2)^2u_1^2u_2^4+3(u_1-2u_2)(4u_1-5u_2)u_1u_2^2u_3^2$
$+(3u_1^2-10u_1u_2+2u_2^2)(u_1-2u_2)u_1u_3^4+(u_1-2u_2)u_1u_3^6)⑭x_1^2$
$+⑮(2(u_1-2u_2)^2u_1(3(u+u_2)u_2^3u_3+(3u_1-4u_2)u_2u_3^3+u_3^5))⑮x_1x_2$
$+⑯((u_1-2u_2)(3u_2^2-u_3^2)^2u_1u_3^2)⑯x_2^2](u_2x_1-u_3x_2)^2$

与$g_2^{(4)}$、$g_2^{(5)}$同样处理:

$$g_3^{(7)} = \frac{[3(u_1-u_2)^2u_2^2-(u_1^2+6u_1u_2-6u_2^2)u_3^2+3u_3^4]^4}{(3(u_1-u_2)^2-u_3^2)^2}g_3^{(6)}$$

$=\{[①(-18(u_1-u_2)(u_1-2u_2)u_2^4u_3^2-36(u_1-u_2)(u_1-2u_2)u_2^2u_3^4$
$-2(u_1-2u_2)(u_1-9u_2)u_3^6)①\times(3(u_1-u_2)^2-u_3^2)(u_2^2+u_3^2)^3$
$+(②((u_1-2u_2)(-9(3u_1-4u_2)u_1u_2^5u_3+6(u_1^2+5u_1u_2-6u_2^2)u_2^3u_3^3$
$+3(11u_1^2-16u_1u_2-8u_2^2)u_2u_3^5-2(5u_1-6u_2)u_3^7))②\times(3u_2^2-u_3^2)u_3$
$+③(9(7u_1^3-24u_1^2u_2+16u_1u_2^2+4u_2^3)u_2^4u_3^2+3(22u_1^3-88u_1^2u_2+88u_1u_2^2-4u_2^3)u_2^2u_3^4$
$+(3u_1^3-16u_1^2u_2+48u_1u_2^2-36u_2^3)u_3^6-4(2u_1-3u_2)u_3^8)③(u_2^2-3u_3^2)u_2$

$\times(3(u_1-u_2)^2u_2^2-(u_1^2+6u_1u_2-6u_2^2)u_3^2+3u_3^4)]\times(3(u_1-u_2)^2-u_3^2)(u_2^2+u_3^2)^3$

$+[④(-9(u_1-u_2)^2u_1^2u_2^6+9(u_1^3-9u_1^2u_2+12u_2^3)u_1u_2^4u_3^2$

$+3(3u_1^3-28u_1^2u_2+79u_1u_2^2-68u_2^3)u_1u_2^2u_3^4$

$-(3u_1-4u_2)(3u_1^2-12u_1u_2+17u_2^2)u_1u_3^6+(3u_1-4u_2)u_1u_3^8)④\times(3u_2^2-u_3^2)^2u_3^2$

$+⑤(18(u_1-2u_2)^2(2u_1+u_2)u_1u_2^5u_3-114(u_1-2u_2)^2u_1u_2^4u_3^3$

$-18(u_1-2u_2)^2(2u_1-3u_2)u_1u_2^2u_3^5-6(u_1-2u_2)^2u_1u_3^7)⑤\times(3u_2^2-u_3^2)u_3(u_2^2-3u_3^2)u_2$

$+⑥(-9(4u_1^3-12u_1^2u_2-3u_1u_2^2+20u_2^3)u_1u_2^4u_3^2-3(3u_1-4u_2)(4u_1^2-16u_1u_2+15u_2^2)u_1u_2^2u_3^4$

$-(12u_1^2-33u_1u_2+28u_2^2)u_1u_2u_3^6+(3u_1-4u_2)u_1u_3^8)⑥\times(u_2^2-3u_3^2)^2u_2^2]$

$\times[3(u_1-u_2)^2u_2^2-(u_1^2+6u_1u_2-6u_2^2)u_3^2+3u_3^4]^2\}\times x_3^2(u_2x_1-u_3x_2)$

$+\{⑦(6(u_1-2u_2)(u_2^2+u_3^2)u_3^2(3(u_1-u_2)u_2-u_3^2))⑦\times(3(u_1-u_2)^2-u_3^2)(u_2^2+u_3^2)^3$

$+[⑧(6(u_1-2u_2)(4u_1-5u_2)u_1u_2^4u_3+4(u_1-2u_2)(4u_1^2-14u_1u_2+9u_2^2)u_2^2u_3^3$

$-2(u_1-2u_2)(4u_1-11u_2)u_1u_3^5-4(u_1-2u_2)u_3^7)⑧\times(3u_2^2-u_3^2)u_3$

$+⑨(-18(2u_1^3-7u_1^2u_2+4u_1u_2^2+2u_2^3)u_2^3u_3^2-12(3u_1^3-12u_1^2u_2+16u_1u_2^2-3u_2^3)u_2u_3^4$

$+2(u_1^2+4u_1u_2+2u_2^2)u_3^6-4u_3^8)⑨\times(u_2^2-3u_3^2)u_2]$

$\times[3(u_1-u_2)^2u_2^2-(u_1^2+6u_1u_2-6u_2^2)u_3^2+3u_3^4]\times(3(u_1-u_2)^2-u_3^2)(u_2^2+u_3^2)^3$

$+[⑩(9(u_1-2u_2)^2u_1^2u_2^5-18(2u_1^2-6u_1u_2+5u_2^2)u_1u_2^4u_3^2$

$-3(3u_1^3-16u_1^2u_2+20u_1u_2^2-10u_2^3)u_1u_2u_3^4-2(2u_1+3u_2)u_1u_2u_3^6+2u_1u_3^8)⑩\times(3u_2^2-u_3^2)^2u_3^2$

$+⑪(-3(u_1-2u_2)^2u_1(3(3u_1+2u_2)u_2^4u_3+2(3u_1-10u_2)u_2^2u_3^3-3(u_1-2u_2)u_3^5))⑪$

$\times(3u_2^2-u_3^2)u_3\times(u_2^2-3u_3^2)u_2$

$+⑫(18(u_1^3-3u_1^2u_2-2u_1u_2^2+7u_2^3)u_1u_2^3u_3^2+6(3u_1^3-16u_1^2u_2+32u_1u_2^2-19u_2^3)u_1u_2u_3^4$

$+2(3u_1^2-14u_1u_2+9u_2^2)u_1u_3^6+2u_1u_3^8)⑫\times(u_2^2-3u_3^2)^2u_2^2]$

$\times[3(u_1-u_2)^2u_2^2-(u_1^2+6u_1u_2-6u_2^2)u_3^2+4u_3^4]^2\}(u_2x_1-u_3x_2)^2x_3$

$+\{⑬(-2(u_1-2u_2)(u_2^2+u_3^2)u_1u_3(3(u_1-u_2)u_2-u_3^2))⑬\times(3u_2^2-u_3^2)u_3(3(u_1-u_2)^2-u_3^2)$

$\times(u_2^2+u_3^2)^3\times(3(u_1-u_2)^2u_2^2-(u_1^2+6u_1u_2-6u_2^2)u_3^2+4u_3^4)$

$-[⑭(-3(u_1-2u_2)^2u_1^2u_2^4+3(u_1-2u_2)(4u_1-5u_2)u_1u_2^3u_3^2$

$-(u_1-2u_2)(3u_1^2-10u_1u_2+2u_2^2)u_1u_3^4+u_1(u_1-2u_2)u_3^6)⑭\times(3u_2^2-u_3^2)^2u_3^2$

$-⑮(2(u_1-2u_2)^2u_1(3(u_1+u_2)u_2^3u_3+(3u_1-4u_2)u_2u_3^3+u_3^5))⑮\times(3u_2^2-u_3^2)u_3\times(u_2^2-3u_3^2)u_2$

$+⑯((3u_2^2-u_3^2)u_1u_3^2(u_1-2u_2))⑯\times(u_2^2-3u_3^2)^2u_2^2]$

$\times[3(u_1-u_2)^2u_2^2-(u_1^2+6u_1u_2-6u_2^2)u_3^2+3u_3^4]^2\}(u_2x_1-u_3x_2)^3$

记:$g_3^{(7)}/(u_2x_1-u_3x_2)^3=a_3(u_1,u_2,u_3)\left(\dfrac{x_3}{u_2x_1-u_3x_2}\right)^2+b_3(u_1,u_2,u_3)\left(\dfrac{x_3}{u_2x_1-u_3x_2}\right)$

$+c_3(u_1,u_2,u_3)$

对①(……)①~⑯(……)⑯代入 $u_1=1, u_2=0.4, u_3=0.2, x_1=1.144, x_2=0.208, x_1^2+x_2^2=1.352$，经计算可得：

①(……)① $=-0.00325120$，　　②(……)② $=-0.003665920$，

③(……)③ $=0.00258816$，　　　④(……)④ $=0.001537024$，

⑤(……)⑤ $=0.002528256$，　　⑥(……)⑥ $=-0.000180384$，

⑦(……)⑦=0.006528,　　　　⑧(……)⑧=0.01216512,
⑨(……)⑨=-0.00252416,　　⑩(……)⑩=-0.00223232,
⑪(……)⑪=-0.00667392,　　⑫(……)⑫=-0.00152568,
⑬(……)⑬=-0.01088,　　　　⑭(……)⑭=-0.0002048,
⑮(……)⑮=0.0046848,　　　 ⑯(……)⑯=0.0015488

将实例 $u_1=1, u_2=0.4, u_3=0.2, x_1=1.144, x_2=0.208, x_1^2+x_2^2=1.352$ 代入 $g_3^{(6)}$,可得:
$$g_3^{(6)} = -0.0082753995 x_3^2 + 0.0105925128 x_3 - 0.0027540529$$

再代入: $x_3^{(1)} = 0.3628718709$ (对 $\triangle D_{00} E_{00} F_{00}$),计算得 $g_3^{(6)} = 0.0000000005$;

　　　　$x_3^{(3)} = 0.9171281289$ (对 $\triangle D_{02} E_{20} F_{00}$),计算得 $g_3^{(6)} = 0.0000000013$;

　　　　$x_3^{(2)} = 2.08$ (对 $\triangle D_{01} E_{10} F_{00}$),计算得 $g_3^{(6)} = -0.0165243147$。

说明:$\triangle D_{00} E_{00} F_{00}$、$\triangle D_{02} E_{20} F_{00}$ 是正三角形,$\triangle D_{01} E_{10} F_{00}$ 则不是。

对 $g_3^{(7)}$ 也要提取公因子 $u_2 x_1 - u_3 x_2$,再代入 $u_1=1, u_2=0.4, u_3=0.2$ 可得:
$$g_3^{(7)} = -0.000000313387917 x_3^2 + 0.00000040113663 x_3 - 0.0000001042955$$

对实例来讲,从 $g_3^{(6)} \to g_3^{(7)}$ 乘了 0.0000378698,现在再将 $g_3^{(6)}$ 式除以 0.0000378698,可得:
$$g_3^{(7)} = -0.0082754046 x_3^2 + 0.010592520 x_3 - 0.002754055 = 0$$

再代入: $x_3^{(1)} = 0.3628718709$ (对 $\triangle D_{00} E_{00} F_{00}$),计算可得 $g_3^{(7)} = 0.0000000005$;

　　　　$x_3^{(3)} = 0.9171281289$ (对 $\triangle D_{02} E_{20} F_{00}$),计算得 $g_3^{(7)} = 0.0000000015$;

　　　　$x_3^{(2)} = 2.08$ (对 $\triangle D_{01} E_{10} F_{00}$),计算得 $g_3^{(7)} = -0.0165243239$。

说明:$\triangle D_{00} E_{00} F_{00}$、$\triangle D_{02} E_{20} F_{00}$ 是正三角形,而 $\triangle D_{01} E_{10} F_{00}$ 则不是。

结论:对非线性消去法是不成功的,得不到期望的结果,是失败的。

7.4　用实例简化

为了读者方便了解上述论证进程,相应于第二组 F_i 公式组及第三组 g_j 公式组,对实例 $u_1=1, u_2=0.4, u_3=0.2$,可得到实例 F_i 公式组及实例 g_j 公式组。

实例 F_i 公式:

$F_1^0 = x_1 - 1.144 = 0$

$F_2^0 = 11 x_2 - 2 x_1 = 0$

$F_3^0 = 11(x_1^2+x_2^2) x_3^3 - 3(4(x_1^2+x_2^2) + 3 x_1 - 4 x_2)(2 x_1 - x_2) x_3^2 + 3((x_1^2+x_2^2) + 2 x_1 - x_2)(2 x_1 - x_2)^2 x_3 - x_1(2 x_1 - x_2)^3 = 0$

$F_4^0 = (2 x_1 - x_2) x_4 - (x_1 + 2 x_2) x_3 = 0$

$F_5^0 = ((3 x_1 - x_2) x_4 - (x_1 + 3 x_2) x_3 + (x_1^2 + x_2^2)) x_5 + (3 x_1 + x_2 - 1)(-x_1 x_4 + x_2 x_3) = 0$

$F_6^0 = (3 x_1 + x_2 - 1) x_6 + (x_1 - 3 x_2 + 3) x_5 - (3 x_1 + x_2 - 1) = 0$

实例 g_j 公式:

$g_1^0 = 2(x_4 - 0.4) x_6 + 2(x_3 - 0.2) x_5 - (x_4^2 + x_3^2) + 0.2 = 0$

$g_2^0 = x_6^2 - 2 x_4 x_6 + x_5^2 - 2 x_3 x_5 + 0.8 x_4 + 0.4 x_3 - 0.2 = 0$

$g_3^0 = x_6^2 - 0.8x_6 + x_5^2 - 0.4x_5 - (x_4^2 + x_3^2) + 0.8x_4 + 0.4x_3 = 0$

也可对 g_1^0、g_2^0、g_3^0 用消去法来说明消去法不成功。

对 g_1^0 最后是 $g_{1,0}^{(5)} = -333.1328x_3^2 + 426.409984x_3 - 110.866596$。

对 g_2^0 最后是 $g_{2,0}^{(6)} = 139.20192x_3^2 - 178.178458x_3 + 46.326399$。

对 g_3^0 最后是 $g_{3,0}^{(6)} = -3232.57792x_3^2 + 4137.699738x_3 - 1075.801932$。

结果不是 $0 \times x_3^2 + 0 \times x_3 + 0$ 形式，但代入 $x_3 = 0.362871871$ 有：

$g_{1,0}^{(5)} = -0.00000013$，$g_{2,0}^{(6)} = 0.00000043$，$g_{3,0}^{(6)} = 0.0000007$

都约等于0。实例的推导要简单得多。

我们这里需要说明到 $g_1^{(6)}$、$g_2^{(5)}$、$g_3^{(7)}$ 为止，消去过程已经做完，余下来三项$(\cdots)\left(\dfrac{x_3}{u_2x_1-u_3x_2}\right)^2+(\cdots)\left(\dfrac{x_3}{u_2x_1-u_3x_2}\right)+(\cdots)$ 没有办法再消去了。这时是否可以来判定 $g_j=0$ 或 $g_j \neq 0$ 呢？不行的。这样会产生逻辑的混乱或错误。因为这时如能判定 $g_j=0$ 或 $g_j \neq 0$，只能得到三个三角形，要不全是正三角形，要不全是非正三角形。与真实情况不一致：两个正三角形，而另一个则不是。（算法有适用对象的概念。前面的 $h_i=0$ 公式组或者 $F_i=0$ 公式组仅适用于 $\triangle D_{00}E_{00}F_{00}$、$\triangle D_{01}E_{10}F_{00}$、$\triangle D_{02}E_{20}F_{00}$。）

这里的关键是 X_3 在起作用，由于 X_3 的取值不一样，有的成了正三角形，有的则不是正三角形。

第八章 引入 $g_j=0$ 公式组所产生的问题

本章将范例 1 的 6 个变量 $(x_1,x_2,x_3,x_4,x_5,x_6)$ 的非线性代数方程组的非线性消去法，归化为 5 个变量 (x_1,x_2,x_4,x_5,x_6) 的线性代数方程组，用 Gauss 消去法，从而严密地证明了非线性消去法过程结束，其最后的残量 g_j，不能判定 $g_j=0$ 或 $g_j\neq 0$。

对范例 1 的情况：

不论用第一种解法或第二种解法，设解出了解 x_3 的一个代数表达式，但不是用多项式或有理分式表示的。

除 x_3 外有解：

$$x_1=\frac{(3(u_1-u_2)^2-u_3^2)(3u_2^2-u_3^2)u_3}{3(u_1-u_2)^2u_2^2-(u_1^2+6u_1u_2-6u_2^2)u_3^2+3u_3^4}$$

$$x_2=\frac{(3(u_1-u_2)^2-u_3^2)(u_2^2-3u_3^2)u_2}{3(u_1-u_2)^2u_2^2-(u_1^2+6u_1u_2-6u_2^2)u_3^2+3u_3^4}$$

$$x_1^2+x_2^2=\frac{(3(u_1-u_2)^2-u_3^2)^2(u_2^2+u_3^2)^3}{[3(u_1-u_2)^2u_2^2-(u_1^2+6u_1u_2-6u_2^2)u_3^2+3u_3^4]^2}$$

x_3（暂作参数）

$$x_4=\frac{u_3x_1+u_2x_2}{u_2x_1-u_3x_2}x_3$$

$$x_5=\frac{((u_1-u_2)x_1+u_3x_2-u_1u_3)(x_2x_3-x_1x_4)}{-(u_3x_1+(u_1-u_2)x_2)x_3+((u_1-u_2)x_1-u_3x_2)x_4+u_3(x_1^2+x_2^2)}$$

$$x_6=u_1-\frac{(u_3x_1-(u_1-u_2)x_2+(u_1-u_2)u_1)(x_2x_3-x_1x_4)}{-(u_3x_1+(u_1-u_2)x_2)x_3+((u_1-u_2)x_1-u_3x_2)x_4+u_3(x_1^2+x_2^2)}$$

有：

$g_1=2(x_4-u_2)x_6+2(x_3-u_3)x_5-(x_3^2+x_4^2)+(u_2^2+u_3^2)$

$g_2=x_5^2+x_6^2-2x_4x_6-2x_3x_5+2(u_2x_4+u_3x_3)-(u_2^2+u_3^2)$

$g_3=x_5^2+x_6^2-2u_2x_6-2u_3x_5-(x_3^2+x_4^2)+2(u_2x_4+u_3x_3)$

有：

$$u_2x_1-u_3x_2=\frac{2(3(u_1-u_2)^2-u_3^2)u_2u_3(u_2^2+u_3^2)}{3(u_1-u_2)^2u_2^2-(u_1^2+6u_1u_2-6u_2^2)u_3^2+3u_3^4}$$

$$u_3x_1+u_2x_2=\frac{(3(u_1-u_2)^2-u_3^2)(u_2^2-u_3^2)(u_2^2+u_3^2)}{3(u_1-u_2)^2u_2^2-(u_1^2+6u_1u_2-6u_2^2)u_3^2+3u_3^4}$$

$$\frac{u_2x_1-u_3x_2}{u_3x_1+u_2x_2}=\frac{2u_2u_3}{u_2^2-u_3^2}$$

$$\frac{u_3x_1+u_2x_2}{u_2x_1-u_3x_2}=\frac{u_2^2-u_3^2}{2u_2u_3}$$

$$x_4=\frac{u_2^2-u_3^2}{2u_2u_3}x_3$$

① $x_3^2+x_4^2=\dfrac{(u_2^2+u_3^2)^2}{4u_2^2u_3^2}x_3^2$

$$x_2x_3-x_1x_4=\frac{(3(u_1-u_2)^2-u_3^2)\left[(u_2^2-3u_3^2)u_2x_3-(3u_2^2-u_3^2)u_3\dfrac{u_2^2-u_3^2}{2u_2u_3}x_3\right]}{3(u_1-u_2)^2u_2^2-(u_1^2+6u_1u_2-6u_2^2)u_3^2+3u_3^4}$$

$$=\frac{(3(u_1-u_2)^2-u_3^2)x_3[(u_2^2-3u_3^2)2u_2^2-(3u_2^2-u_3^2)(u_2^2-u_3^2)]}{2u_2(3(u_1-u_2)^2u_2^2-(u_1^2+6u_1u_2-6u_2^2)u_3^2+3u_3^4)}$$

$$x_2x_3-x_1x_4=\frac{-(3(u_1-u_2)^2-u_3^2)(u_2^2+u_3^2)^2x_3}{2u_2(3(u_1-u_2)^2u_2^2-(u_1^2+6u_1u_2-6u_2^2)u_3^2+3u_3^4)}$$

$(u_1-u_2)x_1+u_3x_2-u_1u_3$

$$=\frac{6(u_1-u_2)^3u_2^2u_3-2(u_1-u_2)(u_1^2-2u_1u_2-2u_2^2)u_3^3-2(u_1-u_2)u_3^5}{3(u_1-u_2)^2u_2^2-(u_1^2+6u_1u_2-6u_2^2)u_3^2+3u_3^4}$$

$$=\frac{2(u_1-u_2)(3(u_1-u_2)^2u_2^2u_3-(u_1^2-2u_1u_2-2u_2^2)u_3^3-u_3^5)}{3(u_1-u_2)^2u_2^2-(u_1^2+6u_1u_2-6u_2^2)u_3^2+3u_3^4}$$

$$u_3x_1-(u_1-u_2)x_2+(u_1-u_2)u_1=\frac{(3u_2^2-u_3^2)((u_1-u_2)^4-u_3^4)}{3(u_1-u_2)^2u_2^2-(u_1^2+6u_1u_2-6u_2^2)u_3^2+3u_3^4}$$

$$u_3x_1+(u_1-u_2)x_2=\frac{(3(u_1-u_2)^2-u_3^2)((u_1-u_2)u_2^3-3(u_1-2u_2)u_2u_3^2-u_3^4)}{3(u_1-u_2)^2u_2^2-(u_1^2+6u_1u_2-6u_2^2)u_3^2+3u_3^4}$$

$$(u_1-u_2)x_1-u_3x_2=\frac{(3(u_1-u_2)^2-u_3^2)((3u_1-4u_2)u_2^2u_3-(u_1-4u_2)u_3^3)}{3(u_1-u_2)^2u_2^2-(u_1^2+6u_1u_2-6u_2^2)u_3^2+3u_3^4}$$

$$x_5=\frac{((u_1-u_2)x_1+u_3x_2-u_1u_3)(x_2x_3-x_1x_4)}{-(u_3x_1+(u_1-u_2)x_2)x_3+((u_1-u_2)x_1-u_3x_2)x_4+u_3(x_1^2+x_2^2)}$$

$$\text{分子}=\frac{2(u_1-u_2)(3(u_1-u_2)^2u_2^2u_3-(u_1^2-2u_1u_2-2u_2^2)u_3^3-u_3^5)}{3(u_1-u_2)^2u_2^2-(u_1^2+6u_1u_2-6u_2^2)u_3^2+3u_3^4}$$

$$\times\frac{-(3(u_1-u_2)^2-u_3^2)(u_2^2+u_3^2)^2x_3}{2u_2(3(u_1-u_2)^2u_2^2-(u_1^2+6u_1u_2-6u_2^2)u_3^2+3u_3^4)}$$

$$=\frac{-(u_1-u_2)(3(u_1-u_2)^2-u_3^2)(u_2^2+u_3^2)^2(3(u_1-u_2)^2u_2^2u_3-(u_1^2-2u_1u_2-2u_2^2)u_3^3-u_3^5)x_3}{u_2(3(u_1-u_2)^2u_2^2-(u_1^2+6u_1u_2-6u_2^2)u_3^2+3u_3^4)^2}$$

$$\text{分母}=-\frac{(3(u_1-u_2)^2-u_3^2)((u_1-u_2)u_2^3-3(u_1-2u_2)u_2u_3^2-u_3^4)}{3(u_1-u_2)^2u_2^2-(u_1^2+6u_1u_2-6u_2^2)u_3^2+3u_3^4}x_3$$

$$+\frac{(3(u_1-u_2)^2-u_3^2)((3u_1-4u_2)u_2^2u_3-(u_1-4u_2)u_3^3)}{3(u_1-u_2)^2u_2^2-(u_1^2+6u_1u_2-6u_2^2)u_3^2+3u_3^4}\times\frac{u_2^2-u_3^2}{2u_2}x_3$$

$$+\frac{u_3(3(u_1-u_2)^2-u_3^2)(u_2^2+u_3^2)^3}{(3(u_1-u_2)^2u_2^2-(u_1^2+6u_1u_2-6u_2^2)u_3^2+3u_3^4)^2}$$

$$=\frac{(3(u_1-u_2)^2-u_3^2)(u_1-2u_2)(u_2^2+u_3^2)^2x_3}{2u_2(3(u_1-u_2)^2u_2^2-(u_1^2+6u_1u_2-6u_2^2)u_3^2+3u_3^4)}$$

$$+\frac{u_3(3(u_1-u_2)^2-u_3^2)^2(u_2^2+u_3^2)^3}{(3(u_1-u_2)^2u_2^2-(u_1^2+6u_1u_2-6u_2^2)u_3^2+3u_3^4)^2}$$

$$=\{(3(u_1-u_2)^2-u_3^2)(u_2^2+u_3^2)^2$$
$$\times[(u_1-2u_2)((3(u_1-u_2)^2u_2^2-(u_1^2+6u_1u_2-6u_2^2)u_3^2+3u_3^4))x_3$$
$$+2u_2u_3(3(u_1-u_2)^2-u_3^2)(u_2^2+u_3^2)]\}$$
$$/\{2u_2(3(u_1-u_2)^2u_2^2-(u_1^2+6u_1u_2-6u_2^2)u_3^2+3u_3^4)^2\}$$

$$x_5=\frac{-(u_1-u_2)(3(u_1-u_2)^2u_2^2-(u_1^2-2u_1u_2-2u_2^2)u_3^2-u_3^4)u_3x_3}{(u_1-2u_2)(3(u_1-u_2)^2u_2^2-(u_1^2+6u_1u_2-6u_2^2)u_3^2+3u_3^4)x_3+2u_2u_3(3(u_1-u_2)^2-u_3^2)(u_2^2+u_3^2)}$$

$$x_6=u_1-\frac{(u_3x_1-(u_1-u_2)x_2+(u_1-u_2)u_1)(x_2x_3-x_1x_4)}{-(u_3x_1+(u_1-u_2)x_2)x_3+((u_1-u_2)x_1-u_3x_2)x_4+u_3(x_1^2+x_2^2)}$$

其中,
$$(u_3x_1-(u_1-u_2)x_2+(u_1-u_2)u_1)\times(x_2x_3-x_1x_4)$$
$$=\frac{(3u_2^2-u_3^2)((u_1-u_2)^4-u_3^4)}{3(u_1-u_2)^2u_2^2-(u_1^2+6u_1u_2-6u_2^2)u_3^2+3u_3^4}$$
$$\times\frac{-(3(u_1^2-u_2^2)-u_3^2)(u_2^2+u_3^2)^2x_3}{2u_2(3(u_1-u_2)^2u_2^2-(u_1^2+6u_1u_2-6u_2^2)u_3^2+3u_3^4)}$$
$$=\frac{-(3u_2^2-u_3^2)(3(u_1-u_2)^2-u_3^2)((u_1-u_2)^4-u_3^4)(u_2^2+u_3^2)^2x_3}{2u_2(3(u_1-u_2)^2u_2^2-(u_1^2+6u_1u_2-6u_2^2)u_3^2+3u_3^4)^2}$$

$$x_6=u_1$$
$$+\frac{(3u_2^2-u_3^2)((u_1-u_2)^4-u_3^4)x_3}{(u_1-2u_2)(3(u_1-u_2)^2u_2^2-(u_1^2+6u_1u_2-6u_2^2)u_3^2+3u_3^4)x_3+2u_2u_3(3(u_1-u_2)^2-u_3^2)(u_2^2+u_3^2)}$$

$$x_6=\{(3(u_1-u_2)^2(2u_1^2-4u_1u_2+u_2^2)u_2^2-(2u_1^4-12u_1^2u_2^2+8u_1u_2^3+u_2^4)u_3^2$$
$$+3(u_1^2-2u_1u_2-u_2^2)u_3^4+u_3^6)x_3+2u_1u_2u_3(3(u_1-u_2)^2-u_3^2)(u_2^2+u_3^2)\}$$
$$/\{(u_1-2u_2)(3(u_1-u_2)^2u_2^2-(u_1^2+6u_1u_2-6u_2^2)u_3^2+3u_3^4)x_3$$
$$+2u_2u_3(3(u_1-u_2)^2-u_3^2)(u_2^2+u_3^2)\}$$

⑤ $u_2x_4+u_3x_3=\dfrac{u_2^2+u_3^2}{2u_3}x_3$

⑥ $2u_2x_4+2u_3x_3=\dfrac{u_2^2+u_3^2}{u_3}x_3$

② $2x_4x_6+2x_3x_5$
$$=\{(u_2^2-u_3^2)(3(u_1-u_2)^2(2u_1^2-4u_1u_2+u_2^2)u_2^2-(2u_1^4-12u_1^2u_2^2+8u_1u_2^3+u_2^4)u_3^2$$

第八章 引入 $g_j=0$ 公式组所产生的问题

$+3(u_1^2-2u_1u_2-u_2^2)u_3^4+u_3^5)x_3^2+2u_1u_2u_3(3(u_1-u_2)^2-u_3^2)(u_2^2+u_3^2)x_3\}$

$/\{2u_2u_3[(u_1-2u_2)(3(u_1-u_2)^2u_2^2-(u_1^2+6u_1u_2-6u_2^2)u_3^2+3u_3^4)x_3$

$+2u_2u_3(3(u_1-u_2)^2-u_3^2)(u_2^2+u_3^2)]\}$

$$-\frac{(u_1-u_2)(3(u_1-u_2)^2u_2^2-(u_1^2-2u_1u_2-2u_2^2)u_3^2-u_3^4)u_3x_3^2}{(u_1-2u_2)(3(u_1-u_2)^2u_2^2-(u_1^2+6u_1u_2-6u_2^2)u_3^2+3u_3^4)x_3+2u_2u_3(3(u_1-u_2)^2-u_3^2)(u_2^2+u_3^2)}$$

$=\{[3(u_1-u_2)^2(2u_1^2-4u_1u_2+u_2^2)u_2^4-(8u_1^4-18u_1^3u_2+3u_1^2u_2^2+8u_1u_2^3-2u_2^4)u_2^2u_3^2$

$+(2u_1^4+2u_1^3u_2-15u_1^2u_2^2+2u_1u_2^3+2u_2^4)u_3^4-(3u_1^2-8u_1u_2-2u_2^2)u_3^6-u_3^8]x_3^2$

$+2u_1u_2u_3(3(u_1-u_2)^2-u_3^2)(u_2^4-u_3^4)x_3\}$

$/\{2u_2u_3[((u_1-2u_2)(3(u_1-u_2)^2u_2^2-(u_1^2+6u_1u_2-6u_2^2)u_3^2+3u_3^4)x_3$

$+2u_2u_3(3(u_1-u_2)^2-u_3^2)(u_2^2+u_3^2)]\}$

③ $2u_2x_6+2u_3x_5$

$=\{[6(u_1-u_2)^2(2u_1^2-4u_1u_2+u_2^2)u_2^3-2(2u_1^4+3u_1^3u_2-21u_1^2u_2^2+17u_1u_2^3-2u_2^4)u_2u_3^2$

$+2(u_1^3-6u_1u_2^2-u_2^3)u_3^4+2u_1u_3^6]x_3+4u_1u_2^2u_3(3(u_1-u_2)^2-u_3^2)(u_2^2+u_3^2)\}$

$/\{[(u_1-2u_2)((u_1-u_2)^2u_2^2-(u_1^2+6u_1u_2-6u_2^2)u_3^2+3u_3^4)x_3$

$+2u_2u_3(3(u_1-u_2)^2-u_3^2)(u_2^2+u_3^2)]\}$

④ $x_5^2+x_6^2=\{(u_1-u_2)^2(3(u_1-u_2)^2u_2^2-(u_1^2+6u_1u_2-6u_2^2)u_3^2+3u_3^4)^2u_3^2x_3^2$

$+[3(u_1-u_2)^2(2u_1^2-4u_1u_2+u_2^2)u_2^4-(2u_1^4-12u_1^3u_2+8u_1u_2^3+u_2^4)u_3^2$

$+3(u_1^2-2u_1u_2-2u_2^2)u_3^4+u_3^5)x_3+2u_1u_2u_3(3(u_1-u_2)^2-u_3^2)(u_2^2+u_3^2)]^2\}$

$/\{[(u_1-2u_2)(3(u_1-u_2)^2u_2^2-(u_1^2+6u_1u_2-6u_2^2)u_3^2+3u_3^4)x_3$

$+2u_2u_3(3(u_1-u_2)^2-u_3^2)(u_2^2+u_3^2)]^2\}$

有了上述各个表达式后,我们就可以计算 g_j 了:

$g_1=2(x_4-u_2)x_6+2(x_3-u_3)x_5-(x_3^2+x_4^2)+(u_2^2+u_3^2)$

$=2(x_4x_6+x_3x_5)-2(u_2x_6+u_3x_5)-(x_3^2+x_4^2)+(u_2^2+u_3^2)$

g_1 是 ②-③-①+$(u_2^2+u_3^2)$

四项的公分母是:

$4u_2^2u_3^2[(u_1-2u_2)(3(u_1-u_2)^2u_2^2-(u_1^2+6u_1u_2-6u_2^2)u_3^2+3u_3^4)x_3$

$+2u_2u_3(3(u_1-u_2)^2-u_3^2)(u_2^2+u_3^2)]^2$

对 g_1 乘以这个公分母成为:

$2u_2u_3[3(u_1-u_2)^2(2u_1^2-4u_1u_2+u_2^2)u_2^4-(8u_1^4-18u_1^3u_2+3u_1^2u_2^2+8u_1u_2^3-2u_2^4)u_2^2u_3^2$

$+(2u_1^4+2u_1^3u_2-15u_1^2u_2^2+2u_1u_2^3+2u_2^4)u_3^4-(3u_1^2-8u_1u_2-2u_2^2)u_3^6-u_3^8]x_3^2$

$+4u_1u_2^2u_3^2(3(u_1-u_2)^2-u_3^2)(u_2^4-u_3^4)x_3+4u_2^2u_3^2[6(u_1-u_2)^2(2u_1^2-4u_1u_2+u_2^2)u_2^3$

$-2(2u_1^4+u_1^3u_2-21u_1^2u_2^2+17u_1u_2^3-2u_2^4)u_2u_3^2+2(u_1^3-6u_1u_2^2-u_2^3)u_3^4+2u_1u_3^6]x_3$

$+16u_1u_2^4u_3^3(3(u_1-u_2)^2-u_3^2)(u_2^2+u_3^2)-(u_2^2+u_3^2)^2[(u_1-2u_2)(3(u_1-u_2)^2u_2^2$

$-(u_1^2+6u_1u_2-6u_2^2)u_3^2+3u_3^4)x_3+2u_2u_3(3(u_1-u_2)^2-u_3^2)(u_2^2+u_3^2)]x_3^2$

$+4u_2^2u_3^2(u_2^2+u_3^2)[(u_1-2u_2)(3(u_1-u_2)^2u_2^2-(u_1^2+6u_1u_2-6u_2^2)u_3^2+3u_3^4)x_3$
$+2u_2u_3(3(u_1-u_2)^2-u_3^2)(u_2^2+u_3^2)]$

这形成$(\cdots)x_3^3+(\cdots)x_3^2+(\cdots)x_3+(\cdots)$，这种形式不能判定$g_1=0$或$g_1\neq 0$。这与7.1节最后是$(\cdots)x_3^2+(\cdots)x_3+(\cdots)$不能判定$g_j=0$或$g_j\neq 0$类似。

$g_2=④-②+⑥-(u_2^2+u_3^2)$

这四项的公分母是：

$2u_2u_3[(u_1-2u_2)(3(u_1-u_2)^2u_2^2-(u_1^2+6u_1u_2-6u_2^2)u_3^2+3u_3^4)x_3$
$+2u_2u_3(3(u_1-u_2)^2-u_3^2)(u_2^2+u_3^2)]^2$

对g_2乘以这个公分母成为：

$2u_2u_3(u_1-u_2)^2(3(u_1-u_2)^2u_2^2-(u_1^2-2u_1u_2-2u_2^2)u_3^2-u_3^4)^2u_3^2x_3^2$
$+2u_2u_3[(3(u_1-u_2)^2(2u_1^2-4u_1u_2+u_2^2)u_2^2-(2u_1^4-12u_1^3u_2+8u_1^3u_2^3+u_2^4)u_3^2$
$+3(u_1^2-2u_1u_2-2u_2^2)u_3^4+u_3^6)x_3+2u_1u_2u_3(3(u_1-u_2)^2-u_3^2)(u_2^2+u_3^2)]^2$
$-\{[3(u_1-u_2)^2(2u_1^2-4u_1u_2+u_2^2)u_2^4-(8u_1^4-18u_1^3u_2+3u_1^2u_2^2+8u_1u_2^3-2u_2^4)u_2^2u_3^2$
$+(2u_1^4+2u_1^3u_2-15u_1^2u_2^2+2u_1u_2^3+2u_2^4)u_3^4-(3u_1^2-8u_1u_2-2u_2^2)u_3^6-u_3^8]x_3^2$
$+2u_1u_2u_3(3(u_1-u_2)^2-u_3^2)(u_2^4-u_3^4)x_3\}\times[(u_1-2u_2)(3(u_1-u_2)^2u_2^2$
$-(u_1^2+6u_1u_2-6u_2^2)u_3^2+3u_3^4)x_3+2u_2u_3(3(u_1-u_2)^2-u_3^2)(u_2^2+u_3^2)]$
$+2u_2(u_2^2+u_3^2)[(u_1-2u_2)(3(u_1-u_2)^2u_2^2-(u_1^2+6u_1u_2-6u_2^2)u_3^2+3u_3^4)x_3$
$+2u_2u_3(3(u_1-u_2)^2-u_3^2)(u_2^2+u_3^2)]^2(x_3-u_3)$

这也形成$(\cdots)x_3^3+(\cdots)x_3^2+(\cdots)x_3+(\cdots)$，这种形式不能判定$g_j=0$或$g_j\neq 0$。这也与7.2节最后是$(\cdots)x_3^2+(\cdots)x_3+(\cdots)$不能判定$g_j=0$或$g_j\neq 0$类似。

$g_3=④-③-①+⑥$

这四项的公分母是：

$4u_2^2u_3^2[(u_1-2u_2)(3(u_1-u_2)^2u_2^2-(u_1^2+6u_1u_2-6u_2^2)u_3^2+3u_3^4)x_3$
$+2u_2u_3(3(u_1-u_2)^2-u_3^2)(u_2^2+u_3^2)]^2$

对g_3乘以这个公分母成为：

$4u_2^2u_3^2(u_1-u_2)^2(3(u_1-u_2)^2u_2^2-(u_1^2-2u_1u_2-2u_2^2)u_3^2-u_3^4)^2u_3^2x_3^2$
$+4u_2^2u_3^2[(3(u_1-u_2)^2(2u_1^2-4u_1u_2+u_2^2)u_2^2-(2u_1^4-12u_1^3u_2+8u_1^3u_2+u_2^4)u_3^2+$
$3(u_1^2-2u_1u_2-2u_2^2)u_3^4+u_3^6)x_3+2u_1u_2u_3(3(u_1-u_2)^2-u_3^2)(u_2^2+u_3^2)]^2$
$-4u_2^2u_3^2[6(u_1-u_2)^2(2u_1^2-4u_1u_2+u_2^2)u_2^2-2(2u_1^4+3u_1^3u_2-21u_1^2u_2^2+17u_1u_2^3-2u_2^4)u_2u_3$
$+2(u_1^3-6u_1u_2^2-u_3^3)u_3^4+2u_1u_3^6]x_3+4u_1u_2^2u_3(3(u_1-u_2)^2-u_3^2)(u_2^2+u_3^2)$
$\times[(u_1-2u_2)(3(u_1-u_2)^2u_2^2-(u_1^2+6u_1u_2-6u_2^2)u_3^2+3u_3^4)x_3$
$+2u_2u_3(3(u_1-u_2)^2-u_3^2)(u_2^2+u_3^2)]-(u_2^2+u_3^2)^2[(u_1-2u_2)(3(u_1-u_2)^2u_2^2$
$-(u_1^2+6u_1u_2-6u_2^2)u_3^2+3u_3^4)x_3+2u_2u_3(3(u_1-u_2)^2-u_3^2)(u_2^2+u_3^2)]^2x_3^2$
$+4u_2^2u_3^2(u_2^2+u_3^2)[(u_1-2u_2)(3(u_1-u_2)^2u_2^2-(u_1^2+6u_1u_2-6u_2^2)u_3^2+3u_3^4)x_3$
$+2u_2u_3(3(u_1-u_2)^2-u_3^2)(u_2^2+u_3^2)]^2x_3$

这也形成$(\cdots)x_3^4+(\cdots)x_3^3+(\cdots)x_3^2+(\cdots)x_3+(\cdots)$，这种形式不能判定$g_j=0$或$g_j\neq 0$。这也与7.3节最后是$(\cdots)x_3^2+(\cdots)x_3+(\cdots)$不能判定$g_j=0$或$g_j\neq 0$类似。

第八章 引入 $g_j=0$ 公式组所产生的问题

上述说明中,对 x_3^4 与 x_3^3 再用绪论中的范例 1 为例时说明的消去(4)的注解做消去。

此时利用 f_3 做消去时要做改变, f_3 是:

$(3u_2^2-u_3^2)u_3(x_1^2+x_2^2)x_3^3$

$=3(2u_2u_3(x_1^2+x_2^2)+u_1(u_2^2-u_3^2)x_1-2u_1u_2u_3)(u_2x_1-u_3x_2)x_3^2$

$-3(u_3(x_1^2+x_2^2)+u_1u_2x_1-u_1u_3x_2)(u_2x_1-u_3x_2)^2x_3+u_1x_1(u_2x_1-u_3x_2)^3$

将本章开头 x_1、x_2、$x_1^2+x_2^2$ 及 $u_2x_1-u_3x_2$ 的 u_1、u_2、u_3 表达式代入 $f_3=0$。

提取公因式 $\dfrac{u_3(3(u_1-u_2)^2-u_3^2)^2(u_2^2+u_3^2)^3}{[3(u_1-u_2)^2u_2^2-(u_1^2+6u_1u_2-6u_2^2)u_3^2+3u_3^4]^4}$,可得 ($x_3^4$ 及 x_3^3 消去,用下述公式) x_3 关于 u_1、u_2、u_3 的消去公式:

$(3u_2^2-u_3^2)[3(u_1-u_2)^2u_2^2-(u_1^2+6u_1u_2-6u_2^2)u_3^2+3u_3^4]^2 x_3^2$

$=6u_2u_3(3(u_1-u_2)^2u_2^2(u_1+2u_2)-(u_1^3+6u_1u_2^2-4u_2^3)u_3^2$

$+(3u_1-2u_2)u_3^4)(3(u_1-u_2)^2u_2^2-(u_1^2+6u_1u_2-6u_2^2)u_3^2+3u_3^4)x_3^2-12u_2^2u_3^2(3(u_1-u_2)^2-u_3^2)$

$\times(3(u_1-u_2)^2(2u_1+u_2)u_2^3-(2u_1^3+6u_1^2u_2-5u_2^3)u_2u_3^2+(3u_1^2+u_2^2)u_3^4-u_3^6)x_3$

$+8u_1u_2^3u_3^3(3(u_1-u_2)^2-u_3^2)^2(3u_2^2-u_3^2)$

至此,前面所述 g_1 形成 $(\cdots)x_3^3+(\cdots)x_3^2+(\cdots)x_3+(\cdots)$,可再利用一次 x_3 关于 u_1、u_2、u_3 的消去公式得 g_1,形成 $(\cdots)x_3^2+(\cdots)x_3+(\cdots)$;前面所述 g_2 形成 $(\cdots)x_3^3+(\cdots)x_3^2+(\cdots)x_3+(\cdots)$,也可再利用一次 x_3 关于 u_1、u_2、u_3 的消去公式得 g_2,形成 $(\cdots)x_3^2+(\cdots)x_3+(\cdots)$;前面所述 g_3 形成 $(\cdots)x_3^4+(\cdots)x_3^3+(\cdots)x_3^2+(\cdots)x_3+(\cdots)$,可再利用两次 x_3 关于 u_1、u_2、u_3 的消去公式得 g_3,形成 $(\cdots)x_3^2+(\cdots)x_3+(\cdots)$。

这样 g_j 都是 $(\cdots)x_3^2+(\cdots)x_3+(\cdots)$ 形。

在第七章评说 g_j 残量时,对所有 3 个适用对象 ($\triangle D_{00}E_{00}F_{00}$、$\triangle D_{01}E_{10}F_{00}$、$\triangle D_{02}E_{20}F_{00}$) 一起去判定 $g_j=0$ 或 $g_j\neq0$ 不行,无奈呀!这里对 g_j 可以一个一个地评说,只需 3 次分别代入 x_3 的 3 个根:(s_1^0、s_2^0、s_3^0 请见 §5.1.2 的最后)

$x_3^{(1)}=\dfrac{u_2x_1-u_3x_2}{s_1^0u_2+u_3}s_1^0, x_3^{(2)}=\dfrac{u_2x_1-u_3x_2}{s_2^0u_2+u_3}s_2^0, x_3^{(3)}=\dfrac{u_2x_1-u_3x_2}{s_3^0u_2+u_3}s_3^0,$

$x_1=\dfrac{(3(u_1-u_2)^2-u_3^2)u_3(3u_2^2-u_3^2)}{3(u_1-u_2)^2u_2^2-(u_1^2+6u_1u_2-6u_2^2)u_3^2+3u_3^4}, x_2=\dfrac{(3(u_1-u_2)^2-u_3^2)u_2(u_2^2-3u_3^2)}{3(u_1-u_2)^2u_2^2-(u_1^2+6u_1u_2-6u_2^2)u_3^2+3u_3^4}$

理论上这里的 g_j 对 $\triangle D_{00}E_{00}F_{00}$ 及 $\triangle D_{02}E_{20}F_{00}$ 为 0,对 $\triangle D_{01}E_{10}F_{00}$ 为非 0。

不论是第一种解法还是第二种解法,由于 x_3 的三次根式表示与多项式或有理分式表示合在一起就无法判定 $g_j=0$ 或 $g_j\neq0$,也就是说由于 x_i 表达式的不一致性,这里把 x_i 的各种不同表达式(包括对范例 2 的),它是多参数的,做幂级数或多项式展开且做误差估计是很难实现的。使得难以判定 $g_j=0$ 或 $g_j\neq0$,得不到定理所期望的结论,非线性消去法失败。也就是说在坐标是参数的情况下,引入 g_j 是不妥的,作为初等几何定理的证明,用代数方法是行不通的。

如果坐标不使用参数,坐标是数值,这一路上都是数值计算,即数值的近似计算,可以得到 $g_j=0$ 或 $g_j\neq0$ 的判定。

对范例 2,我们解出 x_i 的代数表达式后,对下面的 h_i 公式组,用 Gauss 消去法

$$\begin{cases} h_1 = x_1 - s_j^{(1)} x_2 = 0 \\ h_2 = x_1 - s_k^{(2)}(u_1 - x_2) = 0 \\ h_3 = (u_3 x_1 + u_2 x_2) x_3 + (u_2 x_1 - u_3 x_2) x_4 = 0 \\ h_4 = (-u_2 x_3 + u_3 x_4) - s_l^{(3)}(u_2^2 + u_3^2 - u_3 x_3 - u_2 x_4) = 0 \\ h_5 = (-(u_1 - u_2) x_1 + u_3 (u_1 - x_2))(u_1 - x_6) \\ \quad - (u_3 x_1 + (u_1 - u_2)(u_1 - x_2)) x_5 = 0 \\ h_6 = (-u_2 x_3 + u_3 x_4)(-u_3 x_5 + (u_1 - u_2) x_6 + u_3^2 - (u_1 - u_2) u_2) \\ \quad + (u_2^2 + u_3^2 - u_3 x_3 - u_2 x_4)((u_1 - u_2) x_5 + u_3 x_6 - u_1 u_3) = 0 \end{cases} \qquad \begin{cases} j = 1,2,3 \\ k = 1,2,3 \\ l = 1,2,3 \end{cases}$$

这里重复强调一下,由于解 x_i 的表达式的不一致性,对它们用级数或多项式对于多参数 u_1、u_2、u_3 做展开且做误差估计,极为困难,以致无法做 $g_j = 0$ 或 $g_j \neq 0$ 的判定。此处从略,其实方法相同,此时情况略有不同。

对范例 2 我们也可以直接用它的解,见本书 P136 的(☆)式。直接代入:

$$\begin{cases} g_1 = 2(x_4 - x_2) x_6 + 2(x_3 - x_1) x_5 - (x_4^2 + x_3^2) + (x_1^2 + x_2^2) = 0 \\ g_2 = (x_6^2 + x_5^2) - 2(x_6 - x_2) x_4 - 2(x_5 - x_1) x_3 - (x_1^2 + x_2^2) = 0 \\ g_3 = (x_6^2 + x_5^2) - (x_4^2 + x_3^2) - 2(x_6 - x_4) x_2 - 2(x_5 - x_3) x_1 = 0 \end{cases}$$

这里有 27 组解 $(x_1, x_2, x_3, x_4, x_5, x_6)$,一组组代入检验。有 18 组使 $g_j = 0$,9 组则不能使 $g_j = 0$。即有 18 个正三角形和 9 个非正三角形。

但由于解 x_6、x_5、x_4、x_3、x_2、x_1 的不一致性,你是无法判定 $g_j = 0$ 或 $g_j \neq 0$。这好比老虎吃天,无处下手。

这正说明在 $F_i = 0$ 公式组有解时,用代数方法也不能进行初等几何定理机器证明。

第九章 △ABC 外接圆的同心圆上一点到 △ABC 三边垂足形成的三角形面积问题

9.1 关于 Simson 线

任意 △ABC 的外接圆(圆心为 O)上任意一点 D,到三边(AB,BC,CA)的三个垂足($DE \perp BC$,E 为垂足;$DF \perp AC$,F 为垂足;$DG \perp AB$,G 为垂足)共线,称为关于 D 的 Simson 线,见图 9-1。

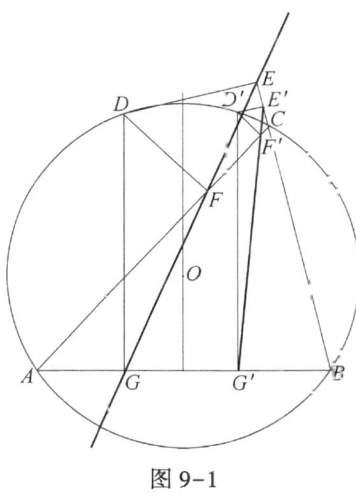

图 9-1

坐标化:$A(0,0)$、$B(u_1,0)$、$C(u_2,u_3)$、$D(x_3,u_4)$、$O(x_2,x_1)$、$E(x_5,x_4)$、$F(x_7,x_6)$、$G(x_3,0)$,A、B、C、D 在圆上。

$OA = OB$,$x_1^2 + x_2^2 = (x_2-u_1)^2 + x_1^2$,得 $h_1: 2u_1 x_2 - u_1^2 = 0$。

$OA = OC$,$x_1^2 + x_2^2 = (x_2-u_2)^2 + (x_1-u_3)^2$,得 $h_2: 2x_2 u_2 + 2x_1 u_3 - u_2^2 - u_3^2 = 0$。

$OA = OD$,$x_1^2 + x_2^2 = (x_2-x_3)^2 + (x_1-u_4)^2$,得 $h_3: x_3^2 - 2x_2 x_3 - 2u_4 x_1 + u_4^2 = 0$。

$DE \perp BC$,$\dfrac{x_4-u_4}{x_5-x_3} \times \dfrac{u_3}{u_2-u_1} = -1$,得 $h_4: -(u_1-u_2)x_5 + u_3 x_4 + (u_1-u_2)x_3 - u_3 u_4 = 0$。

E、B、C 共线,$\begin{vmatrix} x_5 & x_4 & 1 \\ u_1 & 0 & 1 \\ u_2 & u_3 & 1 \end{vmatrix} = 0$,得 $h_5: u_3 x_5 + (u_1-u_2)x_4 - u_1 u_3 = 0$。

$DF \perp AC$, $\dfrac{x_6-u_4}{x_7-x_3} \times \dfrac{u_3}{u_2} = -1$，得 $h_6 = u_2 x_7 + u_3 u_6 - u_2 x_3 - u_3 u_4 = 0$。

F、A、C 共线，$\begin{vmatrix} x_7 & x_6 & 1 \\ 0 & 0 & 1 \\ u_2 & u_3 & 1 \end{vmatrix} = -\begin{vmatrix} x_7 & x_6 \\ u_2 & u_3 \end{vmatrix} = -u_3 x_7 + u_2 x_6 = 0$，得 $h_7 = u_3 x_7 - u_2 x_6 = 0$。

注意：令 $G(x_3, 0)$ 已包含 $DG \perp AB$ 及 A、B、G 共线。

结论：E、F、G 共线。

$\begin{vmatrix} x_5 & x_4 & 1 \\ x_7 & x_6 & 1 \\ x_3 & 0 & 1 \end{vmatrix} = x_3 \times \begin{vmatrix} x_4 & 1 \\ x_6 & 1 \end{vmatrix} + \begin{vmatrix} x_5 & x_4 \\ x_7 & x_6 \end{vmatrix} = x_3(x_4 - x_6) + x_5 x_6 - x_4 x_7 = 0$

得：$g = x_4 x_7 - (x_5 - x_3) x_6 - x_3 x_4 = 0$

令 h_1、h_2 消去 x_2，可得 F_1，将 h_1 作为 F_2，h_3 作为 F_3；令 h_4、h_5 消去 x_5，得 F_4，将 h_5 作为 F_5；令 h_6、h_7 消去 x_7，得 F_6，将 h_7 作为 F_7：

$$\begin{cases} F_1 = 2u_3 x_1 - u_2^2 - u_3^2 + u_1 u_2 = 0 \\ F_2 = 2x_2 - u_1 = 0 \\ F_3 = x_3^2 - 2x_2 x_3 - 2u_4 x_1 + u_4^2 = 0 \\ F_4 = ((u_1 - u_2)^2 + u_3^2) x_4 + (u_1 - u_2) u_3 x_3 + u_3 (u_1 u_2 - u_1^2 - u_3 u_4) = 0 \\ F_5 = u_3 x_5 + (u_1 - u_2) x_4 - u_1 u_3 = 0 \\ F_6 = (u_2^2 + u_3^2) x_6 - u_2 u_3 x_3 - u_3^2 u_4 = 0 \\ F_7 = u_3 x_7 - u_2 x_6 = 0 \end{cases}$$

· g 用 F_7 消去 x_7。

$R_7 = u_3 g = u_2 x_4 x_6 - u_3 (x_5 - x_3) x_6 - x_3 x_4 u_3 = (u_2 x_4 - u_3 x_5 + u_3 x_3) x_6 - u_3 x_3 x_4 = 0$

· R_7 用 F_6 消去 x_6。

$R_6 = (u_2^2 + u_3^2) R_7 = (u_2 x_4 - u_3 x_5 + u_3 x_3)(u_2 u_3 x_3 + u_3^2 u_4) - u_3 (u_2^2 + u_3^2) x_3 x_4$

$= -u_3^2 ((u_2 x_3 + u_3 u_4) x_5 + (u_3 x_3 - u_2 u_4) x_4 - u_2 x_3^2 - u_3 u_4 x_3)$

提出公因子 $-u_3^2$，得：

$R_6' = (u_2 x_3 + u_3 u_4) x_5 + (u_3 x_3 - u_2 u_4) x_4 - u_2 x_3^2 - u_3 u_4 x_3$

· R_6' 用 F_5 消去 x_5：$u_3 x_5 = -(u_1 - u_2) x_4 + u_1 u_3$。

$R_5 = u_3 R_6' = (u_2 x_3 + u_3 u_4)(-(u_1 - u_2) x_4 + u_1 u_3)$

$+ u_3 (u_3 x_3 - u_2 u_4) x_4 - u_2 u_3 x_3^2 - u_3^2 u_4 x_3$

$= ((-u_1 u_2 + u_2^2 + u_3^2) x_3 - u_1 u_3 u_4) x_4 - u_2 u_3 x_3^2 + (u_1 u_2 - u_3 u_4) u_3 x_3 + u_1 u_3^2 u_4$

· R_5 用 F_4 消去 x_4：$((u_1 - u_2)^2 + u_3^2) x_4 = -(u_1 - u_2) u_3 x_3 + (u_1^2 - u_1 u_2 + u_3 u_4) u_3$。

第九章 △ABC 外接圆的同心圆上一点到 △ABC 三边垂足形成的三角形面积问题

$R_4 = ((u_1-u_2)^2+u_3^2)R_5 = ((-u_1u_2+u_2^2+u_3^2)x_3-u_1u_3u_4)$
$\times(-(u_1-u_2)u_3x_3+(u_1^2-u_1u_2+u_3u_4)u_3)+((u_1-u_2)^2+u_3^2)u_1u_3^2u_4$
$-((u_1-u_2)^2+u_3^2)u_2u_3x_3^2+((u_1-u_2)^2+u_3^2)(u_1u_2-u_3u_4)u_3x_3$
$= -u_1u_3^3x_3^2+u_1^2u_3^3x_3-u_1^2u_2u_3^2u_4+u_1u_2^2u_3^2u_4+u_1u_3^4u_4-u_1u_3^3u_4^2$
$= -u_1u_3^2(u_3x_3^2-u_1u_3x_3+u_1u_2u_4-u_2^2u_4-u_3^2u_4+u_3u_4^2)$

提出公因子 $-u_1u_3^2$,得:

$R'_4 = u_3x_3^2-u_1u_3x_3+u_1u_2u_4-u_2^2u_4-u_3^2u_4+u_3u_4^2$

① R'_4 用 F_3 消去 $x_3^2 : x_3^2 = 2x_2x_3+2u_4x_1-u_4^2$。

$R_3 = 2u_3x_2x_3+2u_3u_4x_1-u_3u_4^2-u_1u_3x_3+u_1u_2u_4-u_2^2u_4-u_3^2u_4+u_3u_4^2$
$= (2u_3x_2-u_1u_3)x_3+2u_3u_4x_1+u_1u_2u_4-u_2^2u_4-u_3^2u_4$

② R_3 用 F_2 消去 $x_2 : x_2 = \frac{1}{2}u_1$。

$R_2 = 2u_3u_4x_1+u_1u_2u_4-u_2^2u_4-u_3^2u_4 = u_4(2u_3x_1+u_1u_2-u_2^2-u_3^2)$

③ R_2 用 F_1 消去 $x_1 : R_1 = 0$ 可见 E、F、G 共线。

我们用原汁原味的笛卡儿几何,一样可得:

$$\begin{cases} h_1 = 2u_1x_2-u_1^2 = 0 \\ h_2 = 2u_2x_2+2x_1u_3-u_2^2-u_3^2 = 0 \\ h_3 = x_3^2-2x_2x_3-2u_4x_1+u_4^2 = 0 \\ h_4 = -(u_1-u_2)x_5+u_3x_4+(u_1-u_2)x_3-u_3u_4 = 0 \\ h_5 = u_3x_5+(u_1-u_2)x_4-u_1u_3 = 0 \\ h_6 = u_2x_7+u_3x_6-u_2x_3-u_3u_4 = 0 \\ h_7 = u_3x_7-u_2x_6 = 0 \end{cases}$$

解出 $x_2 = \frac{1}{2}u_1$,代入 $h_2 : u_1u_2+2u_3x_1-u_2^2-u_3^2 = 0$, $x_1 = \frac{1}{2u_3}(-u_1u_2+u_2^2+u_3^2)$。

x_1, x_2 代入 $h_3 : x_3^2-u_1x_3-\frac{u_4}{u_3}(u_2^2+u_3^2-u_1u_2-u_3u_4) = 0$

$x_3 = \frac{u_1}{2} \pm \sqrt{\frac{1}{4}u_1^2+\frac{u_4}{u_3}(u_2^2+u_3^2-u_1u_2-u_3u_4)}$

做的时候,当取图上 D' 位置时,上式根号前取"+";当取图上 D 位置时,上式根号前取"−"。在平面几何里这是唯一的,要不取"+",要不取"−",视它在 O 的左取"−"或右取"+"。

下面我们把 u_1、u_2、u_3、u_4、x_3 当已知数去解 $\begin{cases} h_4 \\ h_5 \end{cases}$ 与 $\begin{cases} h_6 \\ h_7 \end{cases}$,可得:

$$\begin{cases} x_4 = \dfrac{(u_1-u_2)u_3(u_1-x_3)+u_3^2 u_4}{(u_1-u_2)^2+u_3^2} \\ x_5 = \dfrac{(u_1-u_2)^2 x_3+u_1 u_3^2-(u_1-u_2)u_3 u_4}{(u_1-u_2)^2+u_3^2} \end{cases} \qquad \begin{cases} x_6 = \dfrac{u_3(u_2 x_3+u_3 u_4)}{u_2^2+u_3^2} \\ x_7 = \dfrac{u_2(u_2 x_3+u_3 u_4)}{u_2^2+u_3^2} \end{cases}$$

进一步可求出 EFG 的斜率 $K = \dfrac{u_2 x_3 + u_3 u_4}{-u_3 x_3 + u_2 u_4}$,外接圆半径

$$r = \dfrac{\sqrt{u_2^2+u_3^2}\sqrt{(u_1-u_2)^2+u_3^2}}{2u_3}。$$

我们将 $x_4、x_5、x_6、x_7$ 代入 g:

$$g = (x_7 - x_3)x_4 - (x_5 - x_3)x_6 = \left(\dfrac{u_2^2 x_3 + u_2 u_3 u_4}{u_2^2+u_3^2} - x_3\right)\dfrac{(u_1-u_2)u_3(u_1-x_3)+u_3^2 u_4}{(u_1-u_2)^2+u_3^2}$$

$$-\left(\dfrac{(u_1-u_2)^2 x_3+u_1 u_3^2-(u_1-u_2)u_3 u_4}{(u_1-u_2)^2+u_3^2} - x_3\right)\dfrac{u_3(u_2 x_3+u_3 u_4)}{u_2^2+u_3^2}$$

$$= u_3^2 \dfrac{[(-u_3 x_3+u_2 u_4)((u_1-u_2)(u_1-x_3)+u_3 u_4)-(-u_3 x_3+u_1 u_3-(u_1-u_2)u_4)(u_2 x_3+u_3 u_4)]}{(u_2^2+u_3^2)((u_1-u_2)^2+u_3^2)}$$

其中,分式的分子部分:

$[\cdots\cdots] = (-u_3 x_3+u_2 u_4)(u_1^2-u_1 u_2-u_1 x_3+u_2 x_3+u_3 u_4)$

$-(-u_3 x_3+u_1 u_3-u_1 u_4+u_2 u_4)(u_2 x_3+u_3 u_4)$

$= -u_1^2 u_3 x_3+u_1 u_2 u_3 x_3+u_1 u_3 x_3^2-u_2 u_3 x_3^2-u_3^2 u_4 x_3+u_1^2 u_2 u_4-u_1 u_2^2 u_4-u_1 u_2 u_4 x_3+u_2^2 u_4 x_3$

$+u_2 u_3 u_4^2+u_2 u_3 x_3^2-u_1 u_2 u_3 x_3+u_1 u_2 u_4 x_3-u_2^2 u_4 x_3+u_3^2 u_4 x_3-u_1 u_3^2 u_4+u_1 u_3 u_4^2-u_2 u_3 u_4^2$

$= u_1 u_3 x_3^2-u_1^2 u_3 x_3+u_1^2 u_2 u_4-u_1 u_2^2 u_4-u_1 u_3^2 u_4+u_1 u_3 u_4^2$

$= u_1 u_3\left(x_3^2-u_1 x_3-\dfrac{u_4}{u_3}(u_2^2+u_3^2-u_1 u_2-u_3 u_4)\right) = 0$

(括号内 $x_1、x_2$ 代入 h_3 所得。)

可见 $g=0$,即 $E、F、G$ 共线。

9.2 面积问题

如前所述,$\triangle ABC$ 的外接圆半径 $r = \dfrac{1}{2u_3}\sqrt{u_2^2+u_3^2}\sqrt{(u_1-u_2)^2+u_3^2}$,外接圆心为 $\left(\dfrac{1}{2}u_1, \dfrac{1}{2u_3}(-u_1 u_2+u_2^2+u_3^2)\right)$。注意,这里还用坐标化 $A(0,0)、B(u_1,0)、C(u_2,u_3)$。有一个外接圆的同心圆(圆心相同),半径为 R。其上有一点 $P(x_0,y_0)$。见图 9-2。

AB 方程为 $y=0$;AC 方程为 $y=\dfrac{u_3}{u_2}x$;BC 方程为 $y=-\dfrac{u_3}{u_1-u_2}(x-u_1)$。

设 $PU \perp AB$,U 为垂足,$U(x_0,0)$;设 $PU \perp BC$,N 为垂足。

第九章 △ABC 外接圆的同心圆上一点到 △ABC 三边垂足形成的三角形面积问题

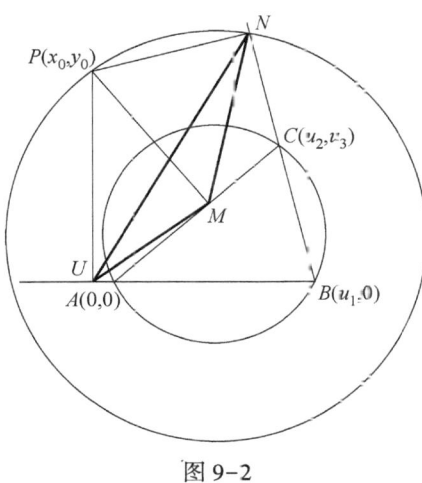

图 9-2

PN 方程为 $y-y_0=\dfrac{u_1-u_2}{u_3}(x-x_0)$，可解得：

$$N\left(\dfrac{-(u_1-u_2)u_3y_0+(u_1-u_2)^2x_0+u_1u_3^2}{(u_1-u_2)^2+u_3^2},\dfrac{u_3^2y_0-(u_1-u_2)u_2x_0+(u_1-u_2)u_1u_3}{(u_1-u_2)^2+u_3^2}\right)$$

设 $PM\perp AC$，M 为垂足，PM 方程为 $y-y_0=\dfrac{u_2}{u_3}(x-x_0)$，可解得：

$$M\left(\dfrac{u_2(u_3y_0+u_2x_0)}{u_2^2+u_3^2},\dfrac{u_3(u_3y_0+u_2x_0)}{u_2^2+u_3^2}\right)$$

由 $\dfrac{1}{2}\times$底$\times$高来计算面积。UM 方程为 $y=\dfrac{u_3y_0+u_2x_0}{u_2y_0-u_3x_0}(x-x_0)$。

法式方程为：$\dfrac{(u_2y_0-u_3x_0)y-(u_3y_0+u_2x_0)x+(u_3y_0+u_2x_0)x_0}{\sqrt{u_2^2+u_3^2}\sqrt{x_0^2+y_0^2}}=0$。

高$=\dfrac{u_1u_3^2(x_0^2+y_0^2)+u_1u_3(u_1u_2-u_2^2-u_3^2)y_0-u_1^2u_3^2x_0}{\sqrt{u_2^2+u_3^2}\sqrt{x_0^2+y_0^2}((u_1-u_2)^2+u_3^2)}$

底（UM 长）$=\dfrac{u_3}{u_2^2+u_3^2}\sqrt{u_2^2+u_3^2}\sqrt{x_0^2+y_0^2}$

面积$=\dfrac{1}{2}\dfrac{u_1u_3^2(u_3(x_0^2+y_0^2)+(u_1u_2-u_2^2+u_3^2)y_0-u_1u_3x_0)}{(u_1^2+u_2^2)((u_1-u_2)^2+u_3^2)}$

当 P 在 △ABC 外接圆上时，$x_0=x_3$，$y_0=u_4$，确实面积为零。

当 P 在半径为 R 的 △ABC 外接圆的同心圆上时，有：

$(y_0-x_1)^2+(x_0-x_2)^2=R^2$，$\left(y_0-\dfrac{u_2^2+u_3^2-u_1u_2}{2u_3}\right)^2+\left(x_0-\dfrac{1}{2}u_1\right)^2=R^2$

$x_0^2+y_0^2=R^2+\dfrac{u_2^2+u_3^2-u_1u_2}{u_3}y_0+u_1x_0-\dfrac{1}{4u_3^2}(u_2^2+u_3^2-u_1u_2)^2-\dfrac{1}{4}u_1^2$

$$面积 = \frac{u_1 u_3^2}{2(u_2^2+u_3^2)((u_1-u_2)^2+u_3^2)}\left(u_3 R^2 - \frac{1}{4}u_1^2 u_3 - \frac{1}{4u_3}(u_2^2+u_3^2-u_1 u_2)^2\right)$$

可见,同一个同心圆上的点到△ABC 三边垂足形成的三角形,面积为定值。

至此,消去法能做的,笛卡儿几何都能做,而且简便,因此,消去法存在就没有什么价值了。

还要指出,这个问题如用消去法证明,g 怎么表示出三角形面积为定值呢？这是做不到的。

参 考 文 献

[1] [德]David Hilbert(希尔伯特).希尔伯特几何基础.江泽涵,朱鼎勋,译.北京:北京大学出版社,2009.

[2] [希腊]Euclide(欧几里得).欧几里得几何原本.兰纪正,朱恩宽,译.西安:陕西科学技术出版社,2003.

[3] [美国]R. A. Johnson(约翰逊).近代欧氏几何学.单墫,译.上海:上海教育出版社,1999.

[4] [法]笛卡儿.笛卡儿几何.袁向东,译.北京:北京大学出版社,2008.

[5] 吴文俊.几何定理机器证明的基本原理(初等几何部分).北京:科学出版社,1984.

[6] F. G. Taylor and W. L. Marr. The six trisectors of each of angles of a triangle and The Relation of Morley's Theorem to the Hessian Axis and circum centre. Proceedings of Edinburgh Math. Society,(32):119—150.

[7] Zhou S C(周咸青). Mechanical geometry theorem proving. Reidel, Dordrecht,1988.

[8] Zhou S C(周咸青). Proving and discovering theorems in elementary Geometries Veing LUV'S Method. Ph D thesis department of mathematics University of Texas, Austin,1985.

[9] Wu Wen Jun. Basic Principles of Mechanical: Theorem Proving in Elementary Geometries.系统科学与数学,4(3):207—235.

[10] D. WANG. Elimination procedures for mechanical theorem proving in geometry. Annals of mathematics and Artificial intelligence,13:19—20.

[11] B. Buchberger. An Algorithm for finding a basis for the residue class ring of zero-dimensonal polynomial ideal, Doctoral Dissertation Math. Inst. University of Innsbruck, Austria,1965.

[12] Buchberger, B., Collins, G..E., and Loos, R. (Edited by). Computer Algebra: Symbolic and Algebraic Computation. springer-Verlag, New-York,1982.

[13] Becker, T, Weispfenning, V. Gröbner Bases A computational Approach to Commutative Algebra. Springer-Verlag, New-York,1993.

[14] Adams, William. W., I. Loustaunau, Philippe.,. An Introduction to Gröbner Bases. American Mathmatical Society,1994.

[15] B. Buchberger & F. Winkler (Edited by). Gröbner Bases and Applications. Cambridge Univercity Press,1998.

后 记

1984年我有幸进入人工智能领域,再加上我的教育与成长背景,我很关注数学定理的机器证明,一开始就学习四色问题的机器证明。消去法作为机器证明方法在国内出现后,我自然很快深入进去。由于我大学毕业后多年从事非线性代数领域的工作,确有一些论文有幸发表。我一开始就对非线性消去法有极大的怀疑,这是专业背景所致。于是,我开始反复做一些消去法有关作者推荐的例子。

Morley定理是一个很经典的定理,大家都知道,几何定理证明必须要有与已知条件和结论相关的全图,这是几百年来公认的规矩。查阅了所有有关的国内能找到的文献,我没有找到Morley定理的全文和全图。

国内最早出现这个定理的是吕学礼、吴文俊著《分角线相等的三角形(初等几何机器证明问题)》,人民教育出版社1985年第1版。再往前找有美国Roger、A. Johnson著 *Modern Geometry*, Houghton Mifflin 出版社 1929年出版。后来有单墫译、上海教育出版社出版的《近代欧氏几何学》中译本,1999年8月第1版。吕学礼、吴文俊专著p35-p36,Johnson专著p252有Morley定理的简单介绍。根据Johnson专著推荐,在 *Proceedings of Edinburgh Math. Society*(1914年)p119-p150中有Morley定理全文和全图。当时我女儿在爱丁堡大学数学系找到了该杂志原文,并复印了全文(本书中提到的爱丁堡论文均指它)。现在剑桥大学有该论文的电子版。

为国内同行阅读方便,上述论文主要结论摘录在本书1.1节。找到全文和全图之后,就考虑怎么画这个全图。如果先给出$\triangle ABC$,那么因一个角的三等分,只用圆规和直尺作图是有名的几何作图不能问题,是画不出来的。我用$A(0,0)$、$B(u_1,0)$、$F(u_2,u_3)$先作出$\triangle ABF$,利用$\angle BAC = 3\angle BAF = 3\alpha$,$\angle ABC = 3\angle ABF = 3\beta$,$\gamma = \frac{\pi}{3} - \alpha - \beta$,令$\angle ACE = \angle ECD = \angle DCB = \gamma$,再按定义就画出了这个全图。书中图1-1是作者画的,与爱丁堡论文的全图类似。图1-8是爱丁堡论文全图。

由于爱丁堡论文上证明的方法,大家已不太熟悉,我用三角方法证明了他的结论。

用本书4.1节推导出的F_i公式组出发,用消去法去证明$g_j = 0$或$g_j \neq 0$时,得不到所期望的$g_j = 0$或$g_j \neq 0$。消去法是做不到尽头的,只能得出全否定结论。(见本书第七章及第八章。)

首先,指出这个F_i公式组不适用全部的27个三角形,仅适用于内Morley三角形($\triangle D_{00}E_{00}F_{00}$)、$\triangle D_{01}E_{10}F_{00}$、$\triangle D_{02}E_{20}F_{00}$。用它不能证明27个三角形中有18个正三

角形。

怎么去证明 $g_j \neq 0$ 呢？只要证明出 g_j 不是 $0+0\times x_3+0\times x_3^2$ 形，即 $g_j \neq 0$，严格地证明对所有 u_1、u_2、u_3 取值，它不是 $0+0\times x_3+0\times x_3^2$ 形，还是有些麻烦的。我用"指证法"证明了它，得到了结论。我在本书第八章给出了针对任意 u_1、u_2、u_3 的严格证明。

早在我还是上海市松江二中高中生时，我的老师（原中央大学数学系教授）周为群先生在指导我做日本上野清著《几何学讲义》、朱凤豪著《新三角学讲义》及《范氏大代数》等三本书的全书习题时（我的数学基础就是这样得来的）,他告诉我,要证明初始条件都满足而定理结论不成立，只需指出一个特例，它使初始条件都满足而结论不成立，则原结论就不成立。如结论是正三角形，只要找出一个特例，相应结论不是正三角形，则原结论不成立。这就叫作"指证法"，也叫"特例指证法"。老师培养我的这个习惯，使我对一个定理有怀疑时，总想用指证法去找特例。我证明 4.1 节从 F_i 公式组出发，$g_j=0$ 将得不到时，我不去证明对所有 u_1、u_2、u_3 取值情况。我用 $u_1=1$, $u_2=0.4$, $u_3=0.2$ 指证 g_j 不是 $0+0\times x_3+0\times x_3^2$ 形，程序得不到 $g_j=0$，这就是指证法。用消去法只能得到 $g_j \neq 0$，即只能证明所有三角形都不是正三角形。我在第七章就是用指证法。

我在 5.2 节推导出适用于全部 27 个三角形的 h_i 公式组。这个 h_i 公式组是不能用消去法或其他代数方法推导出三角阵列的 F_i 公式组，从而消去法无法进行。

综上所述，我可以说消去法在非线性情况下是不成功的。消去法仅在线性情况下成立，这就是高斯消去法。

Morley 定理 27 个三角形都适用的 h_i 公式组，能得到用 u_1、u_2、u_3 表示系数的 x_1、x_2、x_3、x_4、x_5、x_6 的线性的 F_i 公式组，或者说能解出用 u_1、u_2、u_3 表示的坐标 x_1、x_2、x_3、x_4、x_5、x_6 的表达式吗？h_i 公式组有三个三次方程，三次方程是解不出参数的有理式或多项式的。绕了一个弯，用对 $A(0,0)$、$B(u_1,0)$、$F(u_2,u_3)$ 的设定，我还是解出了用 u_1、u_2、u_3 表示的 x_1、x_2、x_3、x_4、x_5、x_6 的坐标表达式及 x_1、x_2、x_3、x_4、x_5、x_6 的线性的三角阵列的 F_i 公式组。进一步用高斯消去法或原汁原味的笛卡儿几何（解析几何）去证明关于 27 个三角形的 Morley 定理。从证明其中 18 个为正三角形以及其他的 9 个正三角形，反过来也说明了我推导的结果（关于 x_1、x_2、x_3、x_4、x_5、x_6 的坐标表达式及 F_i 公式组）是准确的。

我得指出，用 $A(0,0)$、$B(u_1,0)$、$F(u_2,u_3)$ 设定可以得到我的结论。如果用 $A(0,0)$、$B(u_1,0)$、$C(u_2,u_3)$ 设定就得不到这个结论。这与作图时绘出 $\triangle ABC$，则作不出 Morley 定理的全图一致。还与初等几何一个角只用圆规与直尺作图不能三等分的初等几何作图不能问题一致。至此 Morley 定理的一切已完满解决。

本书在 5.2 节利用类比三角学中的三倍角公式，用卡丹公式解出了 $(*)h_i=0$ 公式组的精确解。但不是多项式或有理分式表示的。代入 $g_j=0$ 公式组，由于 x_i 的表达式不一致，无法判定 $g_j=0$ 或 $g_j \neq 0$。

我还要认真指出：9.2 节关于 $\triangle ABC$ 外接圆的同心圆上一点到 $\triangle ABC$ 三边垂足形成

的三角形面积为定值。这个结论用原汁原味的笛卡儿几何极为容易,无须去发现。反过来,用消去法 g 无法表示出三角形面积为定值。

早在《Hilbert 几何基础》中译本(江泽涵等译,科学出版社 1958 年版)出版后的第二年,在我的恩师 Hilbert 和 Courant 的弟子朱公瑾教授严格的教导下,我认真、深入地学习了 Hilbert 几何基础(这不是课程教学,是对我个人的传授)。我真正体会和理解了 Hilbert 几何基础公理系统的正确和伟大。没有当年恩师的教导,就不可能有今天的这本书。Hilbert 是世界上研究一门数学公理系统的第一人,这个公理系统使初等几何(欧氏几何)在数字化(坐标化)后,等价于笛卡儿几何(解析几何)。作为初等几何的机器证明,Hilbert 几何基础公理系统已足够了,不需要引入其他系统。本书的第二个任务是维护 Hilbert 几何基础这个公理系统的正确与伟大。

想写这本书已有二十多年,十五六年来我一直在不断地积累、整理、验证着资料、丰富着内容。在推演过程中用去的八开草稿纸就有几万张之多,今天这本书总算写完了。在此我要深深地感谢我的四位已故恩师朱公瑾、徐桂芳、游兆永和周为群教授,是他们帮助我打下数学的坚实基础,令我行进在数学大道上。恩师朱公瑾教授和师叔赵孟养教授"为人低调少言、治学严谨勤奋、待人慷慨平和"的人格深深地影响着我。感谢北京理工大学王遇科教授,是他领我进入人工智能的大门。感谢原北京有线电厂(738 厂)陈明远、陈万芳高工,是他们帮助我完成 751 光笔图形显示器软件系统,使我具有编制系统软件和编译器的能力。感谢原总参谋部 61 所所长王鸿武教授和总工李德毅院士对我在原总参谋部 61 所工作期间的关心和帮助。感谢汪应洛院士、林彬高工、张学琴教授在工作和生活上对我的关心和帮助。感谢九三学社北京市委组织部与学苑出版社领导对本书出版所给予的支持、帮助。感谢本书责任编辑李耕、徐志琴同志为本书出版所做的努力与工作。感谢康羽同志为本书作精美的封面设计。本书主要是数学推导,排版是很不容易的。感谢北京市海天计算机技术公司为本书所做的贡献。

数学是实实在在、仔仔细细的东西,一点疏忽不得。尽管如此,书中若有失误或不当之处,敬请读者批评指正。

朱望规
2018 年 3 月于北京